建筑施工图设计
——设计要点、编制方法

单立欣　穆丽丽　编著

机械工业出版社

本书针对年轻建筑师在施工图设计中经常遇到的问题，力求对施工图设计进行比较系统、详细的介绍。本书以科学性、时代性、工程实践性为编写原则，总结了作者多年来的实践经验，书中涉及的标准、规范均采用近年来最新颁布的国家标准和行业规范。全书分为建筑工程设计工作概述、施工图的内容和基本要求、房屋建筑制图的一般规定、建筑专业施工图、常用建筑详图设计要点、各个设计阶段的专业配合、建筑施工图校审等章节。

本书可供从事建筑设计的技术人员，施工、管理人员和大专院校相关专业的师生参考使用。

图书在版编目（CIP）数据

建筑施工图设计：设计要点. 编制方法/单立欣　穆丽丽编著.
—北京：机械工业出版社，2010.4（2022.1 重印）
ISBN 978-7-111-30316-9

Ⅰ.①建…　Ⅱ.①单…②穆…　Ⅲ.①建筑制图　Ⅳ.①TU204

中国版本图书馆 CIP 数据核字（2010）第 060137 号

机械工业出版社（北京市百万庄大街 22 号　邮政编码 100037）
策划编辑：葛　楠　责任编辑：葛　楠　版式设计：霍永明
责任校对：刘怡丹　封面设计：鞠　杨　责任印制：常天培
固安县铭成印刷有限公司印刷
2022 年 1 月第 1 版第 11 次印刷
184mm×260mm·18.75 印张·459 千字
标准书号：ISBN 978-7-111-30316-9
定价：58.00 元

电话服务　　　　　　　　网络服务
客服电话：010-88361066　机　工　官　网：www.cmpbook.com
　　　　　010-88379833　机　工　官　博：weibo.com/cmp1952
　　　　　010-68326294　金　书　网：www.golden-book.com
封底无防伪标均为盗版　机工教育服务网：www.cmpedu.com

前　言

近年来，伴随着中国经济的高速发展，国内的设计行业获得了强劲的增长，市场对建筑的综合品质和完成度的要求都普遍提高了，对设计人员的专业能力和服务水平也提出了更高的要求。

施工图是一个建筑物从方案到建成的重要阶段，是建筑师创作意图的完整体现，也是施工的依据性文件。由于建筑类型多种多样，建筑形式千差万别，涉及的建筑法规、技术、材料繁杂，施工图设计要综合考虑建筑的艺术、功能、技术、经济、安全、节能、环保等诸多因素，初学者掌握往往有一定的难度。

在多年来的工作实践中，我深深地体会到，要实现一个优秀的设计作品，设计人员需要持续的激情和高度的责任感。其中，施工图设计是至关重要的一个设计阶段，对建筑师的专业素养要求很高。施工图设计人员要熟悉施工图的工作程序和表达方法，严格遵守规范和法规，但又绝不仅仅是满足规范、审批和施工的要求就可以了，而是在收集和掌握更多的设计资料之后，首先对方案进行深化和优化，对于方案中没有解决得很妥善的问题，应在施工图初期调整好，对于新产生的问题，应与方案主创人员协商，必要时修改布局，重新整合空间。

目前，几乎所有工程项目的施工图设计周期都非常紧张，对于承担施工图设计的建筑师，更需要有很强的综合能力、控制能力、沟通能力和组织能力。施工图设计需要各个专业的配合，建筑专业要充分了解各专业需要的条件，也要让各专业的设计人员充分理解建筑师的设计意图，使整个设计团队更有效地协作，从而把结构构件和设备专业的机房和管线等，与建筑有机地结合。另外，在施工图设计阶段设计人员需要与电梯、擦窗设备等厂家配合，预留合适的土建条件；与幕墙、金属屋面等专业设计单位配合，确定合理的构造；并且要为室内设计、景观设计等后续的深化设计预留设计空间……

很多年轻建筑师觉得施工图很繁琐，尤其是详图最难掌握，实际上，在施工图设计阶段应更注重从整体上把握建筑的效果，这样在一些具体问题上，就会比较容易做出判断，建成的项目才能协调。在以大局为重的设计思想指导下，再去注重细节的控制，因为建筑的简约、精准、结构性、构造性等，很多是依靠细部来体现的，这就要求建筑师熟悉常规的材料和构造原理，在采用新材料、新的构造做法时，能运用得当。

建筑设计自始至终都是一个动态的过程，优秀的建筑师总是抓住每一个机会完善自己的作品。对年轻的建筑师来说，很多东西没接触过，实在想象不出来，所以要和有经验的建筑师常交流，多沟通。在刚开始接触施工图设计时，可以参考画得比较清楚而详细的施工图纸。完成一个项目的施工图之后，尽可能多去施工现场，多听取施工人员的意见，及时修改自己设计不合理的地方，使设计意图表达得更清晰更合理。另外，多去参观优秀的建筑作品，增加对建筑实体的感性认识，也对提高自己的设计水平很有帮助。

　　要想做好施工图设计，需要一定的工程经验，但由于规范、技术和材料也在不断地修编、改进和推陈出新，建筑师必须特别注重学习和知识更新，在工作中注意资料信息的收集。总之，建筑设计的能力是在反复"实践—积累—思考"的过程中逐步提高的。

　　本书针对年轻建筑师在施工图设计中经常遇到的问题，对施工图设计进行比较系统、详细的介绍，力求内容详实准确、丰富实用，文字简洁、查阅方便，从而推动工作效率和设计质量的提高。然而，由于水平和客观条件所限，肯定存在不少需要改进和完善的地方，真诚欢迎建筑业界同仁赐教指正。

单立欣

2011 年 3 月

目　录

第一章　建筑工程设计工作概述

第一节　建筑工程设计的阶段

一、设计阶段的划分

通常认为，建筑是建筑物和构筑物的总称。其中供人们生产、生活或进行其他活动的房屋或场所都叫做"建筑物"，人们习惯上也称之为建筑，如住宅、学校、办公楼等。而人们不在其中生产、生活的建筑，称为"构筑物"，如水坝、烟囱等。

建筑工程设计是指建筑物在建造之前，设计者按照建设任务，把施工过程和使用过程中所存在的或可能发生的问题，事先作好通盘的设想，拟定好解决这些问题的办法、方案，用图纸和文件表达出来，作为备料、施工组织工作和各工种在制作、建造工作中互相配合协作的共同依据。便于整个工程得以在预定的投资限额范围内，按照周密考虑的预定方案，统一步调，顺利进行。并使建成的建筑物充分满足使用者和社会所期望的各种要求。为了使建筑设计顺利进行，少走弯路，少出差错，取得良好的成果，通过长期的实践，建筑设计者创造、积累了一整套科学的方法和手段。基本的设计程序一般分为以下几个工作阶段：

1. 方案设计　建筑方案设计是建筑设计中最为关键的一个环节。它是每一项建筑设计从无到有、去粗取精、去伪存真、由表及里的具体化、形象化的表现过程，是一个集工程性、艺术性和经济性于一体的创造性过程。

2. 初步设计　各专业对方案或重大技术问题的解决方案进行综合技术经济分析。论证技术上的适用性、可靠性和经济上的合理性。

3. 技术设计　指重大项目和特殊项目为进一步解决某些具体的技术问题，或确定某些技术方案而进行的设计。一般工程通常将技术设计的一部分工作纳入初步设计阶段，称为扩大初步设计，简称"扩初"；另一部分工作则留待施工图设计阶段进行。

4. 施工图设计　施工图设计是建筑设计的最后阶段。它的主要任务是满足施工要求，即在初步设计或技术设计的基础上，综合建筑、结构、设备各专业，相互交底，核实校对，深入了解材料供应，施工技术、设备等条件，把对工程施工的各项具体要求反映在图纸上，做到整套图纸齐全、准确无误。施工图设计的内容主要包括：确定全部工程尺寸和用料，绘制建筑、结构、设备等全部施工图纸，编制工程说明书、结构计算书和预算书等。

二、不同阶段工作比较

民用建筑工程一般分为方案设计、扩大初步设计、施工图设计和施工配合四个阶段。设计工序为：编制各阶段设计文件、配合施工和参加验收、工程总结。

对于技术要求简单的民用建筑工程，经有关主管部门同意，并且合同中有不做初步设计的约定，可在方案设计审批后直接进入施工图设计。施工配合是从设计交底起至竣工验收的全过程，包括施工配合、技术处理等。各阶段设计工作的依据、应解决的问题及工作的主要内容见表 1-1-1。

表 1-1-1　建筑工程设计不同阶段工作

设计阶段	设 计 依 据	应解决的问题	主 要 内 容
方案设计	1. 项目可行性研究报告 2. 政府有关主管部门对立项报告的批文 3. 设计任务书 4. 相关法律法规	满足环境的设计条件，把握功能的合理布局与设计，符合技术的基本要求，创造愉悦的空间形式，符合相应的法规规范	1. 透视图 2. 设计说明书(各专业) 3. 总图、建筑设计图纸 4. 模型(根据需要) 5. 概念方案均应编制工程造价匡算，建筑方案应编制工程造价估算
初步设计	1. 经审定的方案设计 2. 设计任务书 3. 相关法律法规	各专业对方案或重大技术问题的解决方案进行综合技术经济分析	1. 设计说明书(各专业) 2. 设计图纸(各专业) 3. 主要设备、材料表 4. 工程概算
施工图设计	1. 经审定的初步设计 2. 设计任务书 3. 相关法律法规	着重解决施工中的技术措施、工艺做法、用料等，为施工安装、工程预算、设备和配件的安放、制作等提供完整的图纸依据	1. 合同要求所涉及的所有专业的设计图纸(含图纸目录、说明和必要的设备、材料表) 2. 合同要求的工程预算书(工程预算书不是施工图设计文件必须包括的内容)
施工配合	1. 施工图设计文件 2. 交底记录单 3. 建设方、施工单位、监理以及设计单位在施工过程中发现和提出的需作设计变更的问题	从设计交底起至竣工验收的全过程，包括施工配合、技术处理等。常见问题包括： 1. 建设方的功能调整、使用标准变化、用料及设备选型更改等要求 2. 施工单位和监理提出的由于施工质量、施工困难等需要处理的问题 3. 发现原设计错误、疏漏等问题	1. 图纸会审、技术交底 2. 设计变更和设计洽商 3. 设计技术咨询 4. 材料样板确认 5. 参加隐蔽工程和阶段性验收 6. 工程竣工验收

三、名词解释

1. 设计周期　根据有关设计深度和设计质量标准所规定的各项基本要求完成设计文件所需要的时间称为设计周期。设计周期是工程项目建设总周期的一部分。根据有关建筑工程设计法规、基本建设程序及有关规定和建筑工程设计文件深度的规定制定设计周期定额。设计周期定额考虑了各项设计任务一般需要投入的力量。对于技术上复杂而又缺乏设计经验的重要工程，经主管部门批准，在初步设计审批后可以增加技术设计阶段。技术设计阶段的设计周期根据工程特点具体议定。设计周期定额一般划分方案设计、初步设计、施工图设计三个阶段，每个阶段的周期可在总设计周期的控制范围内进行调整。

由于设计市场竞争激烈，有的单位为了承接设计任务，不得不压缩设计周期。设计周期过短，容易造成图纸质量低、设计深度不够，对各方都不利。应根据建设工程总进度目标对设计周期的要求、《民用建筑设计劳动定额》(2000 版)、类似工程项目的设计进度、工程项目的技术先进程度等，确定科学合理的设计周期，才能确保设计的质量和水平。

2. 项目建议书　项目建议书是对拟建项目的一个总体轮廓设想,是根据国家国民经济和社会发展长期规划、行业规划和地区规划,以及国家产业政策,经过调查研究、市场预测及技术分析,着重从客观上对项目建设的必要性做出分析,并初步分析项目建设的可能性。其作用为:

（1）项目建议书是国家挑选项目的依据。国家对项目,尤其是大中型项目的比选和初步确定是通过审批项目建议书来进行的。项目建议书的审批过程实际就是国家对新提议的众多项目进行比较筛选,综合平衡的过程。项目建议书经批准后,项目才能列入国家长远计划。

（2）经批准的项目建议书是编制可行性研究报告和作为拟建项目立项的依据。

（3）涉及利用外资的项目,在项目建议书批准后,方可对外开展工作。

3. 可行性研究　可行性研究是指在投资决策前,对与项目有关的资源、技术、市场、经济、社会等各方面进行全面的分析、论证和评价,判断项目在技术上是否可行、经济上是否合理、财务上是否盈利,并对多个可能的备选方案进行择优的科学方法。其目的是使开发项目的决策科学化、程序化,从而提高决策的可靠性,并为开发项目的实施和控制提供参考。

我国从 20 世纪 70 年代开始引进可行性研究方法,并在政府的主导下加以推广。1981年原国家计委明确把可行性研究作为建设前期工作中一个重要的技术经济论证阶段,纳入了基本建设程序。1983 年 2 月,原国家计委正式颁布了《关于建设项目进行可行性研究的试行管理办法》对可行性研究的原则、编制程序、编制内容、审查办法等做了详细的规定,以指导我国的可行性研究工作。其作用为:

（1）作为建设项目论证、审查、决策的依据。

（2）作为编制设计任务书和初步设计的依据。

（3）作为筹集资金,向银行申请贷款的重要依据。

（4）作为与项目有关的部门签订合作,协作合同或协议的依据。

（5）作为引进技术,进口设备和对外谈判的依据。

（6）作为环境部门审查项目对环境影响的依据。

4. 立项　项目立项（立项批准）是建设项目在决策阶段中最后一个环节,是项目决策的标志。经过对项目建设上的必要性、协调性、技术上的可行性、先进性,经济上的合理性、效益性进行详尽地科学论证,投资决策者认为可行,决定项目上马,而拟报请国家计划部门,列入基本建设计划的建设项目。

5. 设计任务书　设计任务书是业主对工程项目设计提出的要求,是工程设计的主要依据。进行可行性研究的工程项目,可以用批准的可行性研究报告代替设计任务书。设计任务书一般应包括以下几方面内容:

（1）设计项目名称、建设地点。

（2）批准设计项目的文号、协议书文号及其有关内容。

（3）设计项目的用地情况,包括建设用地范围、地形,场地内原有建筑物、构筑物,要求保留的树木及文物古迹的拆除和保留情况等。还应说明场地周围道路及建筑等环境情况。

（4）工程所在地区的气象、地理条件、建设场地的工程地质条件。

（5）水、电、气、燃料等能源供应情况，公共设施和交通运输条件。

（6）用地、环保、卫生、消防、人防、抗震等要求和依据资料。

（7）材料供应及施工条件情况。

（8）工程设计的规模和项目组成。

（9）项目的使用要求或生产工艺要求。

（10）项目的设计标准及总投资。

（11）建筑造型及建筑室内外装修方面要求。

6. 工程概预算　　工程概预算是设计上对工程项目所需全部建设费用计算成果的笼统名称。在设计的不同阶段，其名称、内容各有不同。总体设计时称估算；初步设计时称总概算；技术设计时称修正概算；施工图设计时称预算。

工程概预算的内容：工程概预算的内容包括四方面，即建筑安装工程费，设备工具、器具购置费，工程建设其他费用和预备费。

第二节　　建设工程法律制度

建筑师在工作中，必须严格遵守法律、法规，执行工程建设强制性标准及有关行业管理的各项规定，恪守职业道德。

由于我国不断增加和修改建筑法律法规，建筑师在工作中应不断地积累和学习，及时更新，熟悉和掌握工程项目建设各个阶段应该遵守的相关建设法律法规，以及违反建设法律法规应负的法律责任，做到知法、懂法、守法和用法。

一、建设工程法律法规规章体系

（一）建设法规的定义

建设法规是指国家立法机关或授权的行政机关制定的旨在调整国家及其有关机构、企事业单位、社会团体、公民之间的建设活动中或建设行政管理活动中发生的各种社会关系的法律、法规的统称。

从事工程建设活动时还必须严格遵守除建设法规以外的有关环境和自然资源保护、灾害防御等方面的法律、法规。

（二）建设工程法律法规规章体系的构成

建设法规体系，是指把已经制定和需要制定的建设法律、建设行政法规和建设部门规章衔接起来，形成一个相互联系、相互补充、相互协调的完整统一的框架结构。

我国的建设法规体系采用的是阶梯形结构，即：

（1）建设法律：建设工程法律是指由全国人民代表大会及其常务委员会通过的规范工程建设活动的法律规范，由国家主席签署主席令予以公布。如《中华人民共和国建筑法》[一]、《中华人民共和国城市规划法》[二]。

（2）建设行政法规：建设工程行政法规是指由国务院根据宪法和法律制定的规范工程建设活动的各项法规，由总理签署国务院令予以公布。如《建设工程质量管理条例》、《村庄

[一]　以下简称为《建筑法》。

[二]　以下简称为《城市规划法》。

和集镇规划建设管理条例》。

（3）建设部门规章：建设工程部门规章是指住房和城乡建设部按照国务院规定的职权范围，独立或同国务院有关部门联合，根据法律和国务院的行政法规、决定、命令，制定的规范工程建设活动的各项规章。属于住房和城乡建设部制定的由部长签署建设部令予以公布。如《超限高层建筑工程抗震设防管理规定》、《建筑工程施工许可管理办法》。

（4）地方性建设法规：如《上海市建筑市场管理条例》。

（5）地方性建设规章：如《广东省房屋建筑工程和市政基础设施工程施工招标评标定标办法》（试行）。

建设法律的法律效力最高，层次越往下的法规的法律效力越低。法律效力低的建设法规不得与法律效力高的建设法规相抵触，否则，其相应规定视为无效。

二、建筑法规的调整范围及确立的基本制度

（一）建筑法规的调整范围

我国《建筑法》适用于一切从事建筑活动的主体和各级依法负责对建筑活动实施监督管理的政府机关。《建筑法》规定的建筑活动，是指各类房屋建筑及其附属设施的建造和其配套的线路、管道、设备的安装活动，也适用于其他专业建筑工程的建筑活动。

（二）建筑法规确立的基本制度

建筑法规确立的基本制度包括：①建筑许可制度；②建筑工程发包承包制度；③建筑工程监理制度；④建筑安全生产管理制度；⑤建筑工程质量监督制度。

三、建筑许可法规

（一）建筑许可的概念

许可——准许或容许，即行政管理机关根据个人、组织的申请，依法准许申请者从事某种活动的行政行为，申请者的申请一旦获准，被批准者即依法获得了从事所申请行业活动的某种权利能力或从业资格。

根据《建筑法》的规定，建筑许可包括三种法律制度：施工许可证制度，从事建筑活动单位资质制度，从事建筑活动个人资格制度。

（二）建筑工程施工许可

建筑工程施工许可证，是指建筑工程开始施工前，建设单位向建设行政主管部门申请的许可可以施工的证明。

我国政府对建设工程质量实行监督管理的两个主要手段分别是：施工许可制度和竣工验收备案制度。

建筑工程开工前，建设单位应当按照国家有关规定，向工程所在地县级以上人民政府建设行政主管部门申请领取施工许可证；但是，国务院建设行政主管部门确定的限额以下的小型工程除外。按照国务院规定的权限和程序批准开工报告的建筑工程，不再领取施工许可证。

（三）建筑活动从业资格许可

从事建筑活动的建筑施工企业、勘察单位、设计单位和工程监理单位，应当具备下列条件：

（1）有符合国家规定的注册资本。

（2）有与其从事的建筑活动相适应的具有法定执业资格的专业技术人员。

（3）有从事相关建筑活动所应有的技术装备。

（4）法律、行政法规规定的其他条件。

从事建筑活动的建筑施工企业、勘察单位、设计单位和工程监理单位，按照其拥有的注册资本、专业技术人员、技术装备和已完成的建筑工程业绩等资质条件，划分为不同的资质等级，经资质审查合格，取得相应等级的资质证书后，方可在其资质等级许可的范围内从事建筑活动。

外国投资者在中华人民共和国境内设立外商投资建筑业企业，并从事建筑活动，应当依法取得对外贸易经济行政主管部门颁发的外商投资企业批准证书，在国家工商行政管理总局或者其授权的地方工商行政管理局注册登记，并取得建设行政主管部门颁发的建筑业企业资质证书。

违反法律规定，对不具备相应资质等级条件的单位颁发该等级资质证书的，由其上级机关责令收回所发的资质证书，对直接负责的主管人员和其他直接人员给予行政处分，构成犯罪的，依法追究刑事责任。

（四）专业技术人员职业资格

专业技术人员职业资格包括：注册建筑师、注册监理工程师、注册结构工程师、注册城市规划师、注册造价工程师、注册建造师。

（五）建设行政许可和行政审批项目（表1-2-1）

表1-2-1　建设行政许可和行政审批项目

建设行政许可项目(60项)

序号	项目名称	实施机关	设定依据
1	建筑业企业资质核准	住房和城乡建设部、省级人民政府建设行政主管部门	法律:《建筑法》第十三条
2	监理企业资质核准	住房和城乡建设部、省级人民政府建设行政主管部门	法律:《建筑法》第十三条
3	建筑工程施工许可证核发	县级以上人民政府建设行政主管部门	法律:《建筑法》第七条
4	工程建设项目招标代理机构资格核准	住房和城乡建设部、省级人民政府建设行政主管部门	法律:《招标投标法》[⊖]第十四条
5	建设工程设计单位资质核准	住房和城乡建设部、省级人民政府建设行政主管部门	法律:《建筑法》第十二条、十三条;《建设工程勘察设计管理条例》第七条;《建设工程质量管理条例》第十八条
6	建设工程勘察单位资质核准	住房和城乡建设部、省级人民政府建设行政主管部门	法律:《建筑法》第十二条、十三条;《建设工程勘察设计管理条例》第七条;《建设工程质量管理条例》第十八条
7	建设工程质量检测单位资质核准	住房和城乡建设部、省级人民政府建设行政主管部门	行政法规:《建设工程质量管理条例》第三十一条

⊖　即《中华人民共和国招标投标法》，下同。

（续）

建设行政许可项目(60 项)			
序号	项 目 名 称	实 施 机 关	设 定 依 据
8	城市规划区内建设项目选址审批	市、县人民政府城市规划行政主管部门	法律:《城市规划法》[○]第三十条
9	建设用地规划许可审批	市、县人民政府城市规划行政主管部门	法律:《城市规划法》第三十一条
10	建设工程规划许可审批	市、县人民政府城市规划行政主管部门	法律:《城市规划法》第三十二条
11	城市规划区内临时建设许可审批	市、县人民政府城市规划行政主管部门	法律:《城市规划法》第三十三条
12	村镇建设项目选址审批	县级人民政府村镇建设行政主管部门	行政法规:《村庄和集镇规划建设管理条例》第十九条
13	城市房屋拆迁许可证核发	市、县人民政府房屋拆迁管理部门	行政法规:《城市房屋拆迁管理条例》第六条
14	城市房屋拆迁单位资格核准	市、县人民政府房屋拆迁管理部门	行政法规:《城市房屋拆迁管理条例》第十条
15	未完成拆迁补偿安置的建设项目转让审批	市、县人民政府房屋拆迁管理部门	行政法规:《城市房屋拆迁管理条例》第十九条
16	拆迁产权不明确房屋补偿安置方案审核	市、县人民政府房屋拆迁管理部门	行政法规:《城市房屋拆迁管理条例》第十九条
17	房屋拆迁延长暂停期限审批	市、县人民政府房屋拆迁管理部门	行政法规:《城市房屋拆迁管理条例》第十二条
18	房地产开发企业资质核准	住房和城乡建设部、省级人民政府房地产主管部门	行政法规:《城市房地产开发经营管理条例》第八条
19	商品房预售许可核准	县级以上人民政府房地产管理部门	法律:《城市房地产管理法》[○]第四十四条
20	划拨土地使用权和地上建筑物、其他附着物转让、出租、抵押审批	市、县人民政府土地管理部门和房产管理部门	行政法规:《城镇国有土地使用权出让和转让暂行条例》第四十五条
21	特殊车辆在城市道路上行驶审批（包括经过城市桥梁）	城市人民政府市政工程行政主管部门	行政法规:《城市道路管理条例》第二十八条
22	依附于城市道路建设各种管线、干线等设施审批	城市人民政府市政工程行政主管部门	行政法规:《城市道路管理条例》第二十九条
23	临时占用城市道路审批	城市人民政府市政工程行政主管部门	行政法规:《城市道路管理条例》第三十条
24	挖掘城市道路审批	城市人民政府市政工程行政主管部门	行政法规:《城市道路管理条例》第二十条

　⊖　即《中华人民共和国城市规划法》,下同。

　⊜　即《中华人民共和国城市房地产管理法》,下同。

（续）

<table>
<tr><td colspan="4" align="center">建设行政许可项目(60 项)</td></tr>
<tr><td>序号</td><td>项 目 名 称</td><td>实 施 机 关</td><td>设 定 依 据</td></tr>
<tr><td>25</td><td>搬动、拆除、封闭存放生活垃圾的设施核准</td><td>县级以上地方人民政府环境卫生行政主管部门</td><td>法律：《固废法》[○]第四十条</td></tr>
<tr><td>26</td><td>临时占用城市绿地核准</td><td>城市人民政府园林绿化行政主管部门</td><td>行政法规：《城市绿化条例》第二十条</td></tr>
<tr><td>27</td><td>修剪、砍伐城市树木审批</td><td>城市人民政府园林绿化行政主管部门</td><td>行政法规：《城市绿化条例》第二十一条</td></tr>
<tr><td>28</td><td>城市规划区内取用地下水许可初审</td><td>县级以上人民政府建设行政主管部门</td><td>行政法规：《取水许可制度实施办法》第十条、第十一条</td></tr>
<tr><td>29</td><td>古树名木的迁移买卖和转让审批</td><td>城市人民政府园林绿化行政主管部门</td><td>行政法规：《城市绿化条例》第二十五条</td></tr>
<tr><td>30</td><td>因工程建设确需改装、拆除或者迁移城市公共"供水设施的审批</td><td>县级以上人民政府城市供水和城市规划行政主管部门</td><td>行政法规：《城市供水条例》第三十条</td></tr>
<tr><td>31</td><td>由于工程施工、设备维修等原因确需停止供水的审批</td><td>城市人民政府城市供水行政主管部门</td><td>行政法规：《城市供水条例》第二十二条</td></tr>
<tr><td>32</td><td>城市园林绿化企业资质核准</td><td>住房和城乡建设部、省级人民政府园林绿化行政主管部门、设区的市人民政府园林绿化行政主管部门</td><td>行政法规：《城市绿化条例》第十六条</td></tr>
<tr><td>33</td><td>物业管理企业资质核准</td><td>住房和城乡建设部、省级人民政府房地产行政主管部门、设区的市人民政府房地产行政主管部门</td><td>行政法规：《物业管理条例》第三十二条</td></tr>
<tr><td>34</td><td>物业管理经理人执业资格注册</td><td>住房和城乡建设部</td><td>行政法规：《物业管理条例》第三十三条</td></tr>
<tr><td>35</td><td>城市户外广告、霓虹灯及桥梁上大型广告、悬挂物设置审批</td><td>城市人民政府市政工程设施行政主管部门</td><td>行政法规：《城市市容和环境卫生管理条例》第十一条</td></tr>
<tr><td>36</td><td>建筑施工企业安全生产许可证核发</td><td>住房和城乡建设部、省级人民政府建设行政主管部门</td><td>行政法规：《安全生产许可证条例》第二条</td></tr>
<tr><td>37</td><td>房地产估价师执业资格注册</td><td>住房和城乡建设部</td><td>法律：《城市房地产管理法》第五十八条</td></tr>
<tr><td>38</td><td>勘察设计工程师执业资格注册</td><td>住房和城乡建设部</td><td>法律：《建筑法》第十四条
行政法规：《建设工程勘察设计管理条例》第九条</td></tr>
<tr><td>39</td><td>建筑师执业资格注册</td><td>住房和城乡建设部</td><td>法律：《建筑法》第十四条
行政法规：《注册建筑师条例》第五条</td></tr>
<tr><td>40</td><td>采用不符合工程建设强制性标准的新技术、新工艺、新材料核准</td><td>住房和城乡建设部</td><td>行政法规：《建设工程勘察设计管理条例》第二十九条</td></tr>
</table>

　○　即《中华人民共和国固体废物污染环境防治法》，下同。

（续）

建设行政许可项目(60 项)			
序号	项目名称	实施机关	设定依据
41	监理工程师执业资格注册	住房和城乡建设部	法律:《建筑法》第十四条
42	施工单位的主要负责人、项目负责人、专职安全生产管理人员安全任职资格审批	住房和城乡建设部、省级人民政府建设行政主管部门	行政法规:《建设工程安全生产管理条例》第三十六条
43	建造师执业资格注册	住房和城乡建设部	法律:《建筑法》第十四条
44	造价工程师执业资格注册	住房和城乡建设部	法律:《建筑法》第十四条
45	房产测绘单位资格初审	住房和城乡建设部、省级人民政府建设行政主管部门	法律:《测绘法》[⊖]第二十二条、第二十三条
46	城市规划师执业资格注册	住房和城乡建设部	
47	工程造价咨询单位资质认定	住房和城乡建设部、省级人民政府建设行政主管部门	
48	城市规划编制单位资质认定	县级以上人民政府城市规划行政主管部门	
49	城市建筑垃圾处置核准	城市人民政府市容环境卫生行政主管部门	
50	从事城市生活垃圾经营性清扫、收集、运输、处理服务审批	所在城市的市人民政府市容环境卫生行政主管部门	
51	城市排水许可证核发	所在城市的市人民政府排水行政主管部门	
52	燃气设施改动审批	县级以上地方人民政府建设行政主管部门	国务院决定:《国务院对确需保留的行政审批项目设定行政许可的决定》(国务院令第412号)
53	外商投资企业从事城市规划服务资格证书核发	建设部、商务部	
54	风景名胜区建设项目选址审批	县级以上人民政府建设行政主管部门	
55	改变绿化规划、绿化用地的使用性质审批	城市人民政府绿化行政主管部门	
56	超限高层建筑工程抗震设防审批	省级人民政府建设行政主管部门	
57	城市桥梁上架设各类市政管线审批	所在城市的市人民政府市政工程设施行政主管部门	
58	房地产估价机构资质核准	县级以上人民政府房地产行政主管部门	
59	城市新建燃气企业审批	所在城市的市人民政府建设行政主管部门	
60	出租汽车经营资格证、车辆运营证和驾驶员客运资格证核发	县级以上地方人民政府出租汽车行政主管部门	

⊖ 即《中华人民共和国测绘法》，下同。

（续）

建设行政审批项目(11 项)			
序号	项目名称	实施机关	设定依据
1	城市总体规划审批及调整审批	国务院及地方人民政府	法律:《城市规划法》第二十一条、第三十二条
2	城市分区规划审批	城市人民政府	法律:《城市规划法》第二十一条 部门规章:《城市规划编制办法》(建设部令第 14 号)第四条
3	城市详细规划审批	城市人民政府、城市人民政府城市规划行政主管部门	法律:《城市规划法》第二十一条
4	国家历史文化名城审核	住房和城乡建设部、国家文物局	法律:《文物保护法》第八条
5	村庄、集镇总体规划、建设规划及调整审批	县级人民政府	行政法规:《村庄和集镇规划建设管理条例》第十四条、第十五条
6	风景名胜区审批	国务院、省级人民政府	行政法规:《风景名胜区管理暂行条例》第三条
7	风景名胜区规划及修编审批	国务院及地方人民政府	行政法规:《风景名胜区管理暂行条例》第七条 部门文件:《风景名胜区管理暂行条例实施办法》[(87)城城字第 281 号]第二十四条
8	设市城市、建制镇和其他乡镇建设用地和人口规模核定审核	住房和城乡建设部(商国家发展和改革委员会和国土资源部) 省级人民政府建设行政主管部门(商发改委和国土资源主管部门)	国务院办公厅文件:《国务院关于保留部分非行政许可审批项目的通知》(国办发[2004]62 号)
9	城镇体系规划审批	所在城市的市人民政府规划行政主管部门	国务院办公厅文件:《国务院关于保留部分非行政许可审批项目的通知》(国办发[2004]62 号)
10	廉租住房申请核准	县级以上人民政府房地产行政主管部门	国务院办公厅文件:《国务院关于保留部分非行政许可审批项目的通知》(国办发[2004]62 号)

（续）

序号	项 目 名 称	实 施 机 关	设 定 依 据
11	建设工程影响古树名木审批	所在城市人民政府	国务院办公厅文件：《国务院关于保留部分非行政许可审批项目的通知》（国办发〔2004〕62号）

国务院决定保留的建设行政许可项目

序号	项 目 名 称	实 施 机 关
1	城市规划师执业资格注册	住房和城乡建设部
2	工程造价咨询单位资质认定	住房和城乡建设部、省级人民政府建设行政主管部门
3	城市规划编制单位资质认定	县级以上人民政府城市规划行政主管部门
4	城市建筑垃圾处置核准	城市人民政府市容环境卫生行政主管部门
5	从事城市生活垃圾经营性清扫、收集、运输、处理服务审批	所在城市的市人民政府市容环境卫生行政主管部门
6	城市排水许可证核发	所在城市的市人民政府排水行政主管部门
7	燃气设施改动审批	县级以上地方人民政府建设行政主管部门
8	外商投资企业从事城市规划服务资格证书核发	住房和城乡建设部、商务部
9	风景名胜区建设项目选址审批	县级以上人民政府建设行政主管部门
10	改变绿化规划、绿化用地的使用性质审批	城市人民政府绿化行政主管部门
11	超限高层建筑工程抗震设防审批	省级人民政府建设行政主管部门
12	城市桥梁上架设各类市政管线审批	所在城市的市人民政府市政工程设施行政主管部门
13	房地产估价机构资质核准	县级以上地方人民政府房地产行政主管部门
14	城市新建燃气企业审批	所在城市的市人民政府建设行政主管部门
15	出租汽车经营资格证、车辆运营证和驾驶员客运资格证核发	县级以上地方人民政府出租汽车行政主管部门

国务院办公厅通知保留的建设行政许可项目

序号	项 目 名 称	实 施 机 关
1	城镇体系规划审批	所在城市的市人民政府规划行政主管部门
2	影响古树名木的建设工程避让和保护措施审批	所在城市的市人民政府

（续）

	国务院办公厅通知保留的建设行政许可项目	
序号	项 目 名 称	实 施 机 关
3	设市城市、建制镇和其他乡镇建设用地和人口规模核定	住房和城乡建设部（商国家发展和改革委员会和国土资源部）省级人民政府建设行政主管部门（商发展改革部门和国土资源主管部门）
4	廉租住房申请的审核登记	县级以上地方人民政府房地产行政主管部门

第三节　工程建设项目审批程序

一、工程建设项目审批程序

工程建设项目审批程序各地区要求不尽相同，同一地区由于项目的规模、性质、重要性等不同，政府投资或开发商投资等因素，项目审批程序也不完全一致。一般工程建设项目的行政许可程序分为六个阶段：

（一）选址定点阶段

（1）发展和改革委员会审查可行性研究报告和进行项目立项。

（2）国土资源局进行土地利用总体规划和土地供应方式的审查。

（3）建委⊖办理投资开发项目建设条件意见书。

（4）环保局办理生产性项目环保意见书（表）。

（5）文化局、地震局、园林局、水利局对建设工程相关专业内容和范围进行审查。

（6）规划部门办理项目选址意见书。

（二）规划总图审查及确定规划设计条件阶段

（1）人防办⊜进行人防工程建设布局审查。

（2）国土资源局办理土地预审。

（3）公安消防支队、公安交警支队、教育局、水利局、城管局、环保局、园林局、文化局对建设工程相关专业内容和范围进行审查。⊜

（4）规划部门对规划总图进行评审，核发《建设用地规划许可证》。

（5）规划部门确定建设工程规划设计条件。

（三）初步设计和施工图设计审查

（1）规划部门对初步设计的规划要求进行审查。

（2）消防局对初步设计的消防设计进行审查。

⊖　即建设委员会，下同。

⊜　即人民防空办公室，下同。

⊜　根据《建设工程消防监督管理规定》（公安部令第106号），建设单位应当向公安机关消防机构申请消防设计审核的工程，需在设计过程中申请消防审核，并在建设工程竣工后向出具消防设计审核意见的公安机关消防机构申请消防验收。对于不需要向公安机关消防机构申请消防设计审核的工程，只需在取得施工许可、工程竣工验收合格之日起七日内进行消防设计、竣工验收备案。

（3）交警支队对初步设计的交通条件进行审查。

（4）人防办对初步设计的人防设计进行审查。

（5）国土资源局进行用地预审。

（6）市政部门、环保局、卫生局、地震局等相关部门对初步设计的相关专业内容进行审查。

（7）建委制发初步设计批复，并对落实初步设计批准文件的要求进行审查。

（8）建委对施工图设计文件进行政策性审查，根据业主单位意见，核发技术性审查委托通知单。

（9）建委根据施工图设计文件审查机构发出的《建设工程施工图设计文件审查报告》，发放《建设工程施工图设计文件审查批准书》。

（四）规划单体审查阶段

（1）公安消防支队进行消防设计审查。

（2）人防办进行人防设施审查。

（3）建委、市政部门、园林局、环保局、卫生局按职责划分对相关专业内容和范围进行审查。

（4）规划部门对变更部分的规划设计补充核准规划设计条件，在建设单位缴纳有关规费后，核发《建设工程规划许可证》。

（五）施工报建阶段

（1）建设单位办理施工报建登记。

（2）建设方对工程进行发包，确定施工队伍。招标类工程通过招投标确定施工队伍，非招标类工程直接发包，并取得中标通知书。

（3）建委组织职能部门对工程开工条件进行审查，核发《建筑工程施工许可证》。

（4）根据《建设工程消防监督管理规定》（公安部令第106号），应进行消防设计备案的工程，建设单位应当在取得施工许可之日起七日内，通过省级公安机关消防机构网站的消防设计备案受理系统进行消防设计备案。或者报送纸质备案表由公安机关消防机构录入消防设计受理系统。

（六）建设工程竣工综合验收备案阶段

（1）建筑工程质量监督站（机构）对建设单位提供的竣工验收报告进行备案审查。

（2）财政部门对建设项目应缴纳的行政事业性收费和基金进行核实验收。

（3）规划部门、市政部门、水利局、环保局、文化局、卫生局、公安消防支队、园林局以及其他需要参加验收的部门，按照法律、法规、规章的有关规定对相关专业内容和范围进行验收。规划部门根据上述部门和本部门验收情况核发《建设工程规划验收许可证》（正本）。

（4）根据《建设工程消防监督管理规定》（公安部令第106号），应进行消防设计备案的工程，建设单位应当在工程竣工验收合格之日起七日内，通过省级公安机关消防机构网站的竣工验收备案受理系统进行竣工验收备案。或者报送纸质备案表由公安机关消防机构录入竣工验收备案受理系统。

（5）建委综合各部门验收、审查意见，对符合审核标准和要求的，出具建设工程项目竣工综合验收备案证明；不符合标准或要求的，作退件处理并要求限期整改。

二、工程建设项目审批流程（图1-3-1）

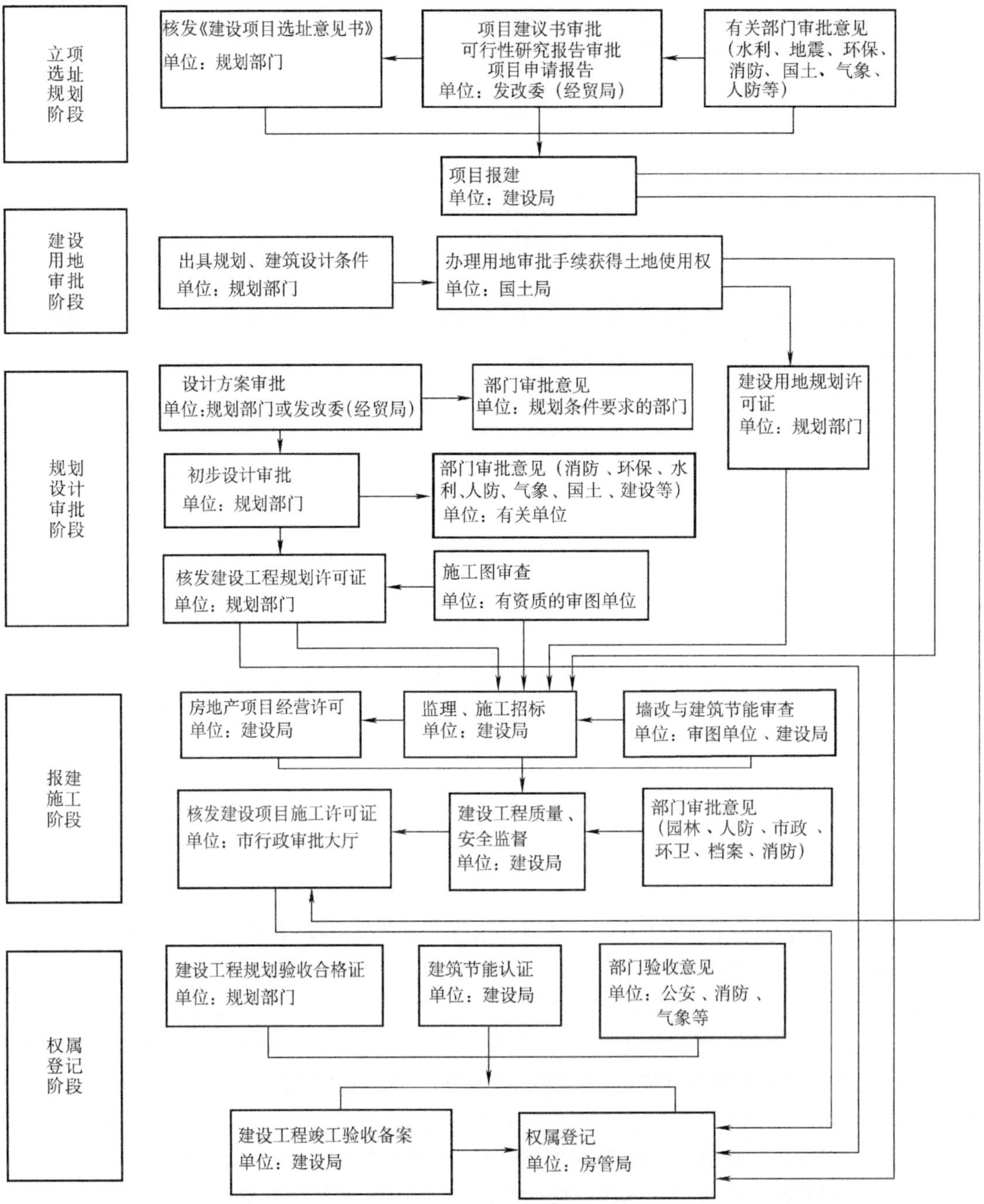

立项选址规划阶段	核发《建设项目选址意见书》单位：规划部门	项目建议书审批 可行性研究报告审批 项目申请报告 单位：发改委（经贸局）	有关部门审批意见（水利、地震、环保、消防、国土、气象、人防等）

项目报建
单位：建设局

建设用地审批阶段	出具规划、建筑设计条件 单位：规划部门	办理用地审批手续获得土地使用权 单位：国土局

建设用地规划许可证
单位：规划部门

规划设计审批阶段	设计方案审批 单位：规划部门或发改委(经贸局)	部门审批意见 单位：规划条件要求的部门

初步设计审批
单位：规划部门

部门审批意见（消防、环保、水利、人防、气象、国土、建设等）
单位：有关单位

核发建设工程规划许可证
单位：规划部门

施工图审查
单位：有资质的审图单位

报建施工阶段	房地产项目经营许可 单位：建设局	监理、施工招标 单位：建设局	墙改与建筑节能审查 单位：审图单位、建设局

核发建设项目施工许可证
单位：市行政审批大厅

建设工程质量、安全监督
单位：建设局

部门审批意见（园林、人防、市政、环卫、档案、消防）

权属登记阶段	建设工程规划验收合格证 单位：规划部门	建筑节能认证 单位：建设局	部门验收意见 单位：公安、消防、气象等

建设工程竣工验收备案
单位：建设局

权属登记
单位：房管局

图 1-3-1　工程建设项目审批流程

第二章　施工图的内容和基本要求

第一节　建筑施工图的概念和内容

一、施工图的概念

施工图设计是根据已批准的初步设计或设计方案，通过详细的计算和设计，编制出完整的可供进行施工和安装的设计文件。施工图设计内容以图纸为主，应包括封面、图纸目录、设计说明(或首页)、图纸、工程预算等。

施工图设计文件编制深度应按中华人民共和国住房和城乡建设部《建筑工程设计文件编制深度规定》(2008 年版)有关部分执行。设计文件要求齐全、完整，内容、深度应符合规定，文字说明、图纸要准确清晰，整个设计文件应经过严格的校审，经各级设计人员签字后，方能交付。施工图设计文件的深度应满足以下要求：

(1) 能据以编制施工图预算。

(2) 能据以安排材料、设备订货和非标准设备的制作。

(3) 能据以进行施工和安装。

(4) 能据以进行工程验收。

二、建筑施工图的内容

建筑施工图是表示建筑物的总体布局、外部造型、内部房间布置、细部构造、内外装修、固定设施和施工要求的图样。主要包括封面、总平面图、设计说明、门窗表、建筑平面图、建筑立面图、建筑剖面图和建筑详图等。

第二节　建筑施工图的特点和设计要点

一、建筑施工图的特点

施工图设计是在方案设计和扩大初步设计的基础上，为满足施工的具体要求，分建筑、结构、暖通空调、给水排水、电气、电讯等专业进行深入细致的设计，完成一套完整地反映建筑物整体及各细部构造和结构的图样，以及有关的技术资料，即为施工图设计。产生的全部图样称为施工图。建筑施工图的特点有：

(一) 严肃性

(1) 未经原设计单位的同意，任何个人和部门不得擅自修改施工图纸。

(2) 一旦发生质量或使用事故，施工图则是判断技术与法律责任的主要依据。

(二) 承前性

(1) 必须以方案和初步设计为依据，忠实于既定的基本构思和设计原则。不能变形走样。如有重大修改，应从方案角度进行审定确认或者调整初步设计。

(2) 施工图设计是通过建筑专业和其他专业间的反复推敲、协调的量化过程，深化、修正、完善最初的建筑构思。

（三）复杂性

（1）要考虑到建筑的总体布局、平面构成、空间处理、立面造型等。

（2）要推敲色彩、用料，细部构造，无障碍设计。

（3）要落实防火、抗震、隔声、防水、防潮、节能、环保等技术措施。

（4）特别是要和其他专业配合协作。因为本专业认为最合理的设计方案，对于其他专业，可能造成技术上的不合理甚至不可行。所以必须通过各专业之间反复磋商、磨合，才能较好地完成施工图设计。为了做好配合工作，必须做一些基本的知识储备。

（四）精确性

因为施工图是建筑工程设计最后阶段的设计文件，是用来指导施工的。所以交代必须具体、准确、详尽，也就是件件有交代，处处有依据，杜绝错、漏、碰、缺。

（五）逻辑性

（1）图纸的编排要有逻辑性，并且已经形成了约定俗成的规律。

（2）图纸的表达方法按照 GB/T 50001—2010《房屋建筑制图统一标准》，及 GB/T 50104—2010《建筑制图标准》执行。

（3）图纸深度按照《建筑工程设计文件编制深度规定》（2008 年版）执行。

二、施工图设计要点

要想做好施工图设计，不仅要有高度的创作热情，同时必须具备相当的专业素养。设计者应该充分了解设计意图，在施工图的构造做法和材料选择上，都应符合方案的设计意图，对于方案处理不好之处，如空间高度、宽度等不合适的地方，要争取调整过来，而不是凑合着满足规范，因为满足规范只是一个基本要求，并不是舒适要求，要求必须更高，才能取得好的效果。具体设计要点有：

（1）做好初步设计。初步设计是施工图设计的基础。原则问题要在初步设计阶段解决，如柱网。

（2）落实编制依据。建设、规划、消防、人防等主管部门对本工程的审批文件应一一落实，设计必须符合相关部门批件的规定。

（3）满足规划要求。建筑工程设计应符合规划批准的建设用地位置，建筑面积及控制高度应在规划许可的范围内。

（4）熟悉工艺要求。一般建筑也应根据使用要求组织好人流、车流、货流。餐饮、宾馆、商场、医院、剧场、电影院等均有特殊的工艺流程。

（5）尊重功能需要。应从使用者的角度出发，研究使用者的行为，考虑使用是否方便舒适。

（6）正确使用规范。设计要遵守现行国家及地方有关本建筑设计的工程建设规范、规程，特别是防火规范。规范、规程应齐全、正确，并为有效版本。

（7）做好专业之间的协调。

（8）清楚构造做法。

（9）熟悉新材料的性能和适用条件、具体做法。

（10）重视图面效果，线形、字体及比例、剖切符号、索引符号与详图符号、引出线、定位轴线及尺寸标注要求均按照 GB/T 50001—2010《房屋建筑制图统一标准》及 GB/T

50104—2010《建筑制图标准》的规定。保证出图时图面符号、文字统一，从最基础的方面开始图纸质量的控制。

三、施工图绘制步骤

施工图的绘制步骤如下：

1. 确定绘制图纸的数量　根据房屋的外形、平面布置和构造内容的复杂程度，以及施工的具体要求，决定绘制哪些图纸。对施工图的内容和数量要作全面的规划，防止重复和遗漏。在保证按时按质顺利完成任务的前提下，图纸的数量以少为好。

2. 选择合适的比例　在保证图样能清晰表达其内容的情况下，根据不同图纸的不同要求，选用不同的比例。

3. 进行合理的图面布置　图面布置要主次分明、排列均匀紧凑、表达清晰。在图纸大小许可的情况下，尽量保持各图之间的投影关系，或将同类型的、内容关系密切的图样，集中在一张或顺序连续的几张图纸上，以便对照查阅。

4. 绘图　绘制建筑施工图的顺序，一般按平、立、剖、详图顺序来进行。

当前，电子计算机的应用越来越广泛深入，电子计算机辅助建筑设计正在促使建筑设计这门科学技术开始向新的领域发展。建筑设计作为建筑业的龙头专业，在信息时代发生了深刻的变化。计算机成了建筑师主要的设计工具，使工作效率显著提高，同时还把建筑师带向完全不同的新的工作方式。在这种新兴的设计方式中，设计人员逐渐发现计算机并不只是一个绘图工具，而且还有相当强大的功能帮助建筑师更出色地搞好设计。在建筑设计中应用的信息技术也从最初的计算机辅助绘图发展到协同设计、虚拟现实等多个方面。这个新的动向目前虽处于开始阶段，但它的发展必将为建筑设计工作开辟崭新的境界。人们正在积极地探索如何应用信息技术提高建筑设计的效率和质量。

第三节　全套施工图的内容和编排

一、施工图文件的内容

（1）总封面（参见本书第四章第一节）。

（2）合同要求所涉及的所有专业的设计图纸（含图纸目录、说明和必要的设备、材料表）。

（3）合同要求的工程预算书。工程预算书不是施工图设计文件必须包括的内容。但当合同明确要求编制工程预算书，且合同规定的设计费中包括单独收取的工程预算书编制费时，设计方应按合同的要求向建设方提供工程预算书。

二、施工设计图纸的编排

全套施工图纸应按专业顺序编排。一般应为图纸目录、总图、建筑图、结构图、给水排水图、暖通空调图、电气图、电讯图等。各专业的图纸，应该按图纸内容的主次关系、逻辑关系有序排列。建筑施工图简称"建施"。图纸编号如：建施-1、建施-2……，同理，总图施工图简称"总施"，结构施工图简称"结施"，给水排水施工图简称"水施"，暖通空调施工图简称"设施"，电气施工图简称"电施"，电讯施工图简称"迅施"等。

有的单位将图纸目录单独编写在 A4 图页上，也有的单位各专业的图纸目录均编排在本专业的首页上。

图纸编排的原则是：全局性图纸在前，局部详图在后；先施工的在前，后施工的在后；

布置图在前，构件图在后；重要图纸在前，次要图纸在后。

　　在施工图开始设计时，应首先编排图纸目录。设计主持人对建筑专业图纸量的估计的准确程度，应能达到98%；另外，建筑工程施工图纸应整齐统一，最好采用一种图纸规格，实在有困难，不能超过两种规格(不含目录及表格所采用的 A4 幅面)。每张图纸的充满程度应在80%以上，在表达清晰的前提下，图纸内容以充实紧凑为好(表 2-3-1)。

表 2-3-1　全套施工图的内容

全套施工图	建筑专业	建筑设计说明		建筑设计说明　图纸目录 材料作法表 房间用料表　门窗表
		总平面图		
		建筑平面图		
		建筑立面图		
		建筑剖面图		
		建筑详图	平面节点详图	楼梯详图 电梯井道详图
			立面节点详图	坡道详图 卫生间详图 其他平面详图(如:机房)
			剖面节点详图	墙身详图 吊顶详图(复杂项目要画管线综合图) 其他详图(如:防水节点) 门窗详图
	结构专业	结构设计说明		
		基础图		
		结构布置图		
		构件详图		
	设备专业	给水排水施工图		施工图说明 系统图 平面图 安装详图
		暖通空调施工图		
		电气施工图		
		电讯施工图		

第三章　房屋建筑制图的一般规定

图样是工程界的技术语言，为了使建筑图纸规格统一，图面简洁清晰，符合施工要求，利于技术交流，必须在图样的内容、格式、画法、图纸、字体、尺寸标注、采用的符号、技术要求等各方面有一个统一标准。建筑工程设计必须遵守相应专业的制图规范。现行的总图以及建筑、结构、给水排水、暖通空调、电气等专业的制图标准主要有：①GB/T 50001—2010《房屋建筑制图统一标准》；②GB/T 50103—2010《总图制图标准》；③GB/T 50104—2010《建筑制图标准》；④GB/T 50105—2010《建筑结构制图标准》；⑤GB/T 50106—2010《给水排水制图标准》；⑥GB/T 50114—2010《暖通空调制图标准》

标准对施工图中常用的图纸幅面规格与图纸编排顺序、图线、字体、比例、符号、定位轴线、常用建筑材料图例、图样画法、尺寸标注、计算机制图的文件、图层和制图规则等内容作了具体规定。

第一节　图纸幅面规格和图签

一、幅面及图框尺寸

图幅是指图纸幅面的大小，所有绘制的图形都必须在图纸幅面以内。为了便于绘制、保存和使用图纸，图纸幅面应按规范选用。图纸幅面即图纸的大小，以长×宽的尺寸确定。标准图纸幅面大小有五种，即 A0、A1、A2、A3、A4。A0 幅面最大，大小为 841mm ×1189mm，宽(b)：长(l) = 1:1.4142，面积为 1m^2；A1 幅面为 A0 幅面的一半（以长边对折裁开）；其他都是后一号为前一号幅面的一半。绘图时应优先采用标准幅面尺寸，必要时允许按规定加长。A0、A2、A4 幅面按 A0 幅长边的 1/8 倍数加长；A1 与 A3 则按 A0 幅短边的 1/4 整数倍加长。GB/T 50001—2010《房屋建筑制图统一标准》中规定的图纸幅面标准尺寸、长边加长后尺寸以及图框尺寸见表 3-1-1 以及图 3-1-1。

表 3-1-1　幅面及图框尺寸　　　　　　　　　　　　　　（单位：mm）

幅面代号	幅面标准尺寸 $b \times l$（宽×长）	长边加长后尺寸	除装订边以外，其他三个边图框线与幅面线间宽度 c	图框线与装订边间宽度 a
A0	841 × 1189	1486(A0 + 1/4l)　1635(A0 + 3/8l)　1783(A0 + 1/2l) 1932(A0 + 5/8l)　2080(A0 + 3/4l)　2230(A0 + 7/8l) 2378(A0 + l)	10	25
A1	594 × 841	1051(A1 + 1/4l)　1261(A1 + 1/2l)　1471(A1 + 3/4l) 1682(A1 + l)　1892(A1 + 5/4l)　2102(A1 + 3/2l)		
A2	420 × 594	743(A2 + 1/4l)　891(A2 + 1/2l)　1041(A2 + 3/4l) 1189(A2 + l)　1338(A2 + 5/4l)　1486(A2 + 3/2l) 1635(A2 + 7/4l)　1783(A2 + 2l)　1932(A2 + 9/4l) 2080(A2 + 5/2l)		
A3	297 × 420	630(A3 + 1/2l)　841(A3 + l)　1051(A3 + 3/2l) 1261(A3 + 2l)　1471(A3 + 5/2l)　1682(A3 + 3l) 1892(A3 + 7/2l)	5	
A4	210 × 297	无		

注：1. 有特殊需要的图纸，可采用 $b \times l$（宽×长）为 841×891 与 1189×1261 的幅面。

2. 表中 b 为幅面短边尺寸，l 为幅面长边尺寸，c 为图框线与幅面线间宽度，a 为图框线与装订边间宽度。

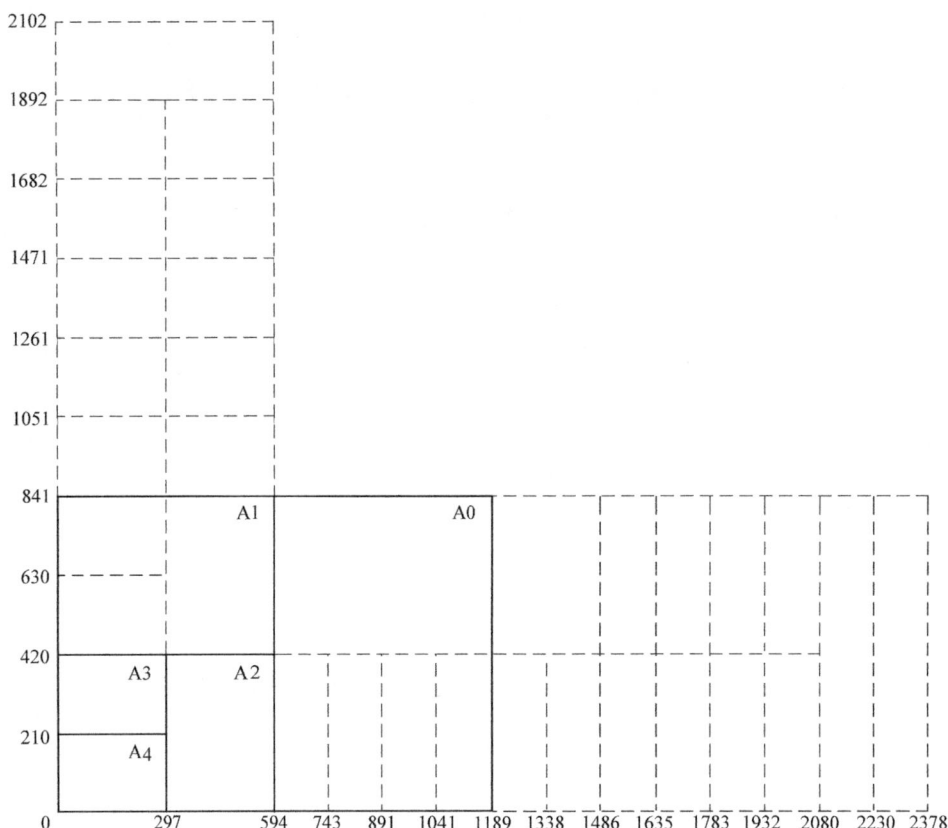

图 3-1-1 图纸的基本幅面和加长幅面

注：图中实线所示为基本幅面，虚线所示为加长幅面。

二、图框格式、标题栏和会签栏

图框是图纸上绘图区的边界线。图框线为粗实线，图框的格式有横式和立式两种。通常，A0～A3 图纸宜横式使用，必要时，也可立式使用。

图纸中应有标题栏、图框线、幅面线、装订边线和对中标志。图纸的标题栏及装订边的位置，应符合下列规定：①横式使用的图纸，应按图 3-1-2、图 3-1-3 的形式进行布置；②立式使用的图纸，应按图 3-1-4、图 3-1-5 的形式进行布置。

图中标题栏是用来记录图纸有关信息资料的，标题栏又称图标，内容一般包括：工程名称、设计单位名称、图纸名称、项目负责人、设计总负责人、设计、制图、校对、审核、审定、项目编号、图号、比例、日期等。

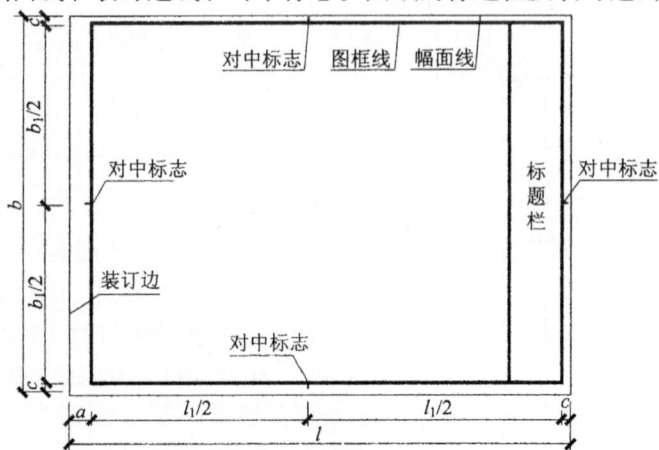

图 3-1-2 A0～A3 横式幅面(一)

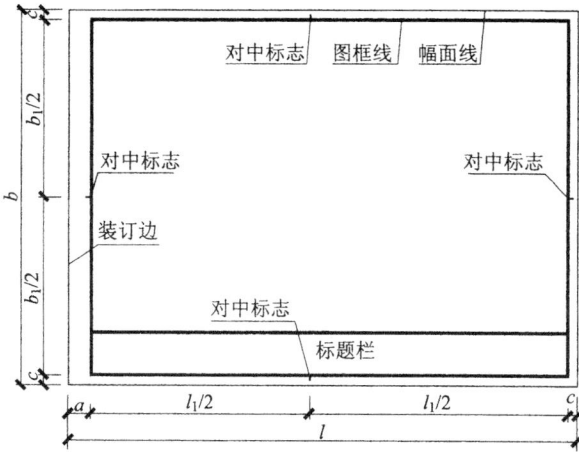

图 3-1-3 A0 ~ A3 横式幅面（二）

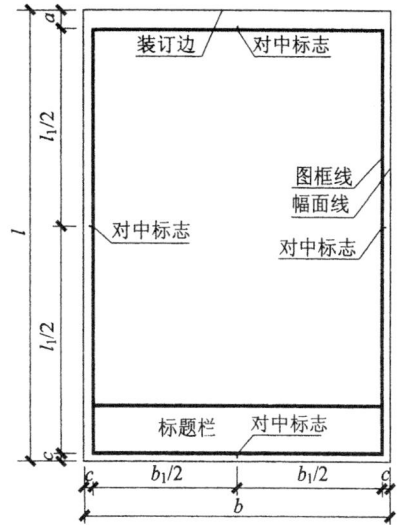

图 3-1-4 A0 ~ A4 立式幅面（一）

标题栏应符合图 3-1-6、图 3-1-7 的规定，根据工程的需要选择确定其尺寸、格式及分区。签字栏应包括实名列和签名列，并应符合下列规定：

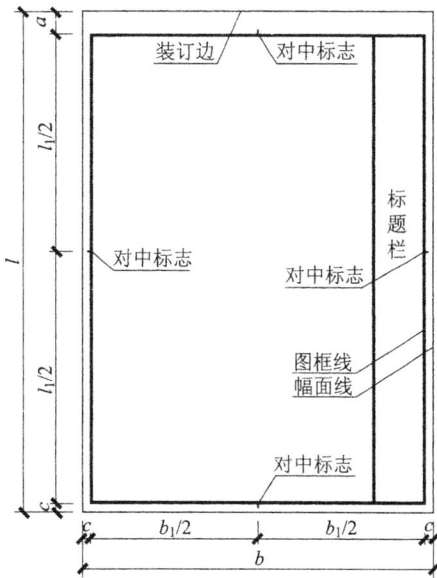

图 3-1-5 A0 ~ A4 立式幅面（二）

图 3-1-6 标题栏（一）

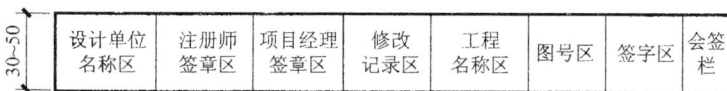

图 3-1-7 标题栏（二）

表 3-1-2　图框和标题栏线的宽度　　　　　　（单位：mm）

幅面代号	图框线	标题栏外框线	标题栏分格线	幅面代号	图框线	标题栏外框线	标题栏分格线
A0、A1	b	$0.5b$	$0.25b$	A2、A3、A4	b	$0.7b$	$0.35b$

（1）涉外工程的标题栏内，各项主要内容的中文下方应附有译文，设计单位的上方或左方，应加"中华人民共和国"字样。

（2）在计算机制图文件中当使用电子签名与认证时，应符合国家有关电子签名法的规定。

标题栏中的工程名称是指建设项目的名称；项目是指该建设项目中的具体工程；图名常用以表明本张图的主要内容；设计号是设计部门对该工程的编号；图别表明本图所属工种和实际阶段；图号是指图纸的编号。

会签栏是各设计专业负责人签字用的一个表格，会签栏内应填写会签人员所代表的专业、姓名、日期(年、月、日)。

图签签字：不少于三个人签字(设计、校对、审核、审定)，设计主持人不能兼作审核人和审定人，重要工程和大型工程(面积大于 2 万 m^2)，审核人和审定人不能由一个人兼任。

注意目录上的图号、图名应与相应图纸上的图号、图名完全一致。设计号、工程名称、单项名称应与合同及初步设计一致。结构类型应与结构设计相符。

每个设计单位均有标准图签。标题栏和会签栏及装订边的位置、样式均应按照设计单位标准图签设置。

三、图纸的折叠装订

图纸应按国家标准 GB/T 10609.3—2009《技术制图　复制图的折叠方法》折叠后装订，其中，需装订成册的复制图折叠方法分为有装订边的复制图和无装订边的复制图，无装订边的在装订时需要粘贴装订胶带。本书只介绍较常用的有装订边的折叠方法，见图 3-1-8 ~ 图 3-1-21。不装订成册的复制图的折叠方法也有两种，本书介绍较易掌握的第二种，见图 3-1-22 ~ 图 3-1-29。

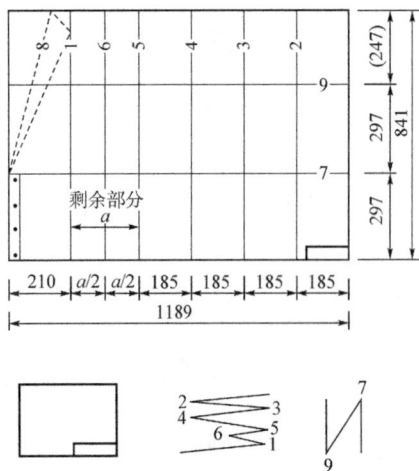

图 3-1-8　A0 折成 A4(有装订边)横式幅面

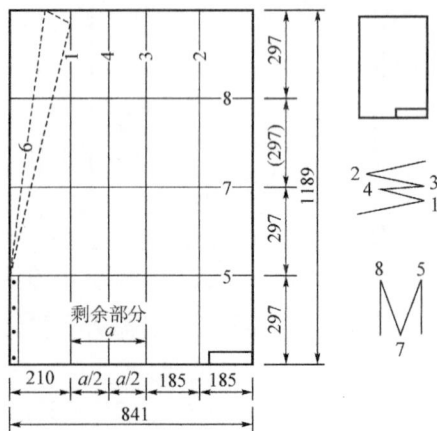

图 3-1-9　A0 折成 A4(有装订边)立式幅面

（一）图纸折叠的一般要求

（1）图纸折叠前要按裁剪图线裁剪整齐，其图纸幅面均需符合规定。

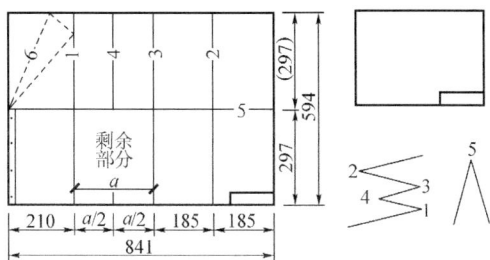

图 3-1-10　A1 折成 A4（有装订边）横式幅面

图 3-1-11　A1 折成 A4（有装订边）立式幅面

图 3-1-12　A2 折成 A4（有装订边）横式幅面

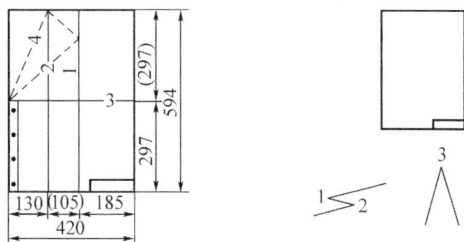

图 3-1-13　A2 折成 A4（有装订边）立式幅面

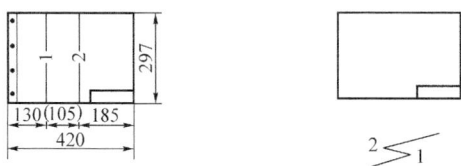

图 3-1-14　A3 折成 A4（有装订边）横式幅面

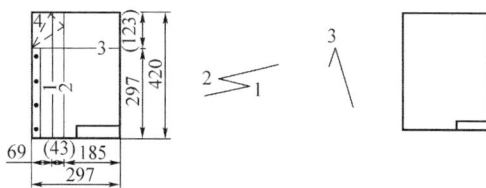

图 3-1-15　A3 折成 A4（有装订边）立式幅面

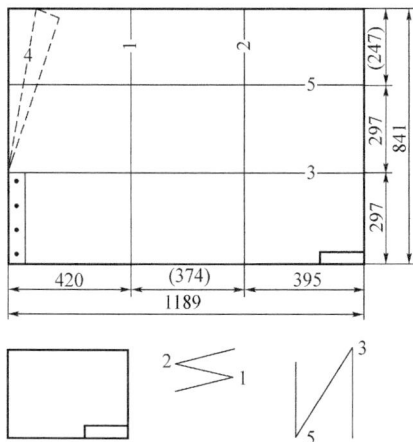

图 3-1-16　A0 折成 A3（有装订边）横式幅面

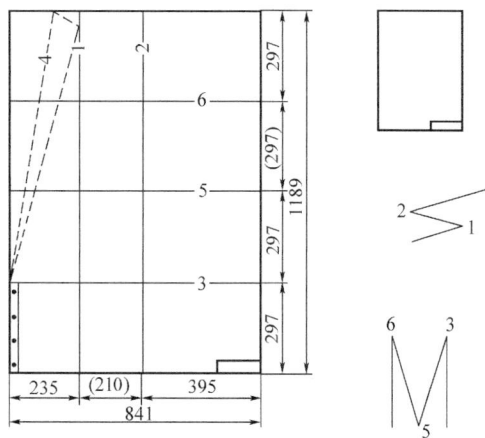

图 3-1-17　A0 折成 A3（有装订边）立式幅面

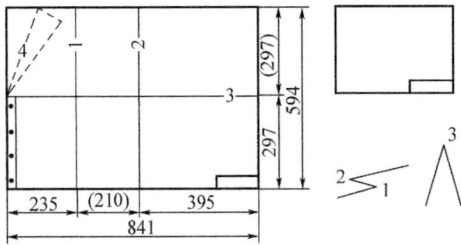

图 3-1-18　A1 折成 A3(有装订边)横式幅面

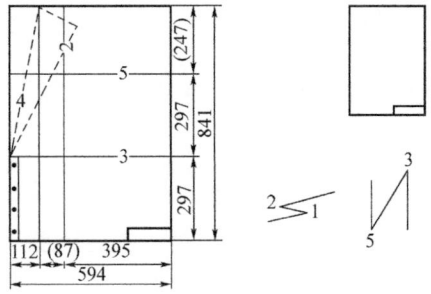

图 3-1-19　A1 折成 A3(有装订边)立式幅面

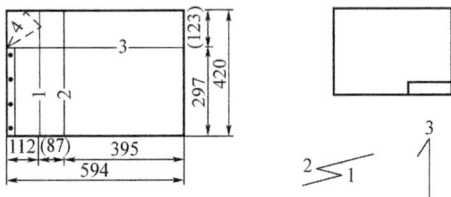

图 3-1-20　A2 折成 A3(有装订边)横式幅面

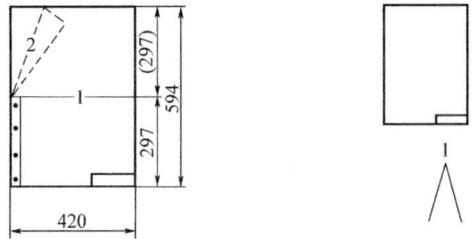

图 3-1-21　A2 折成 A3(有装订边)立式幅面

（2）图面折向内，折成手风琴箱式。

（3）折叠后幅面尺寸为 A4(210mm×297mm)或 A3(297mm×420mm)图纸尺寸。根据需要，可采用有装订边的或无装订边的折叠方法。

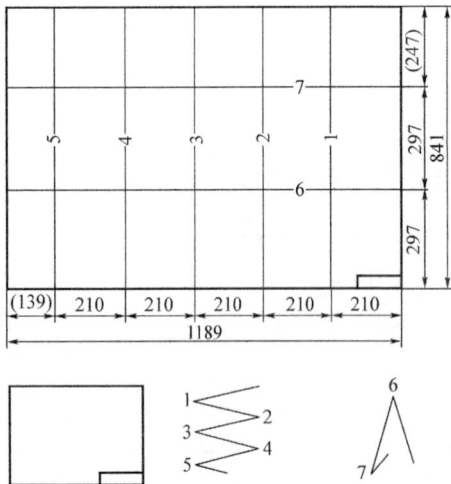

图 3-1-22　A0 折成 A4(不装订)横式幅面

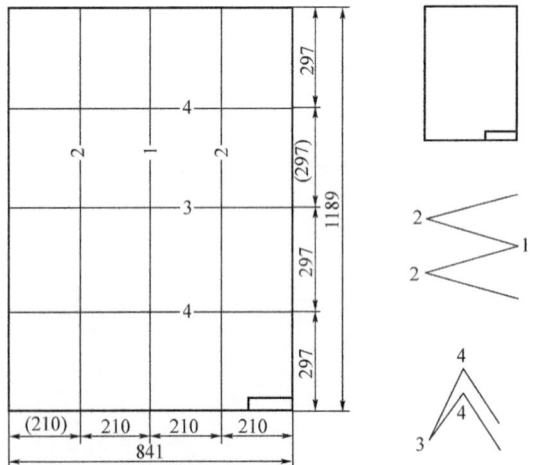

图 3-1-23　A0 折成 A4(不装订)立式幅面

（4）图标及图章露在外面。

（5）A0~A3 号图纸在装订时，在装订边处折一三角折进装订边或剪一缺口。

（二）图纸折叠方法

图纸折叠前，准备好一块略小于 A4 图纸尺寸(一般为 292mm×205mm)的模板。折叠时，先把模板放在图纸左下方，从右向左依次折叠，然后再纵向折叠。

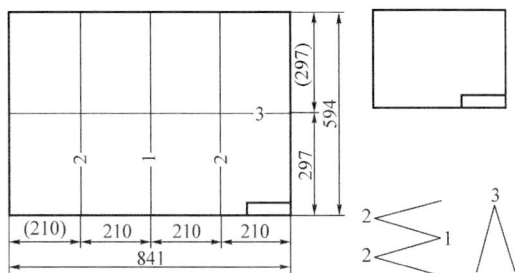

图 3-1-24　A1 折成 A4(不装订)横式幅面　　　图 3-1-25　A1 折成 A4(不装订)立式幅面

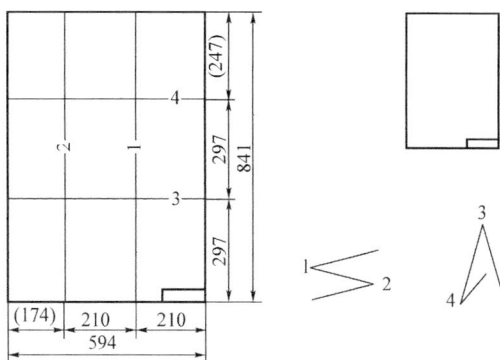

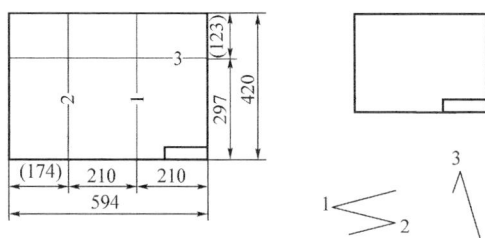

图 3-1-26　A2 折成 A4(不装订)横式幅面　　　图 3-1-27　A2 折成 A4(不装订)立式幅面

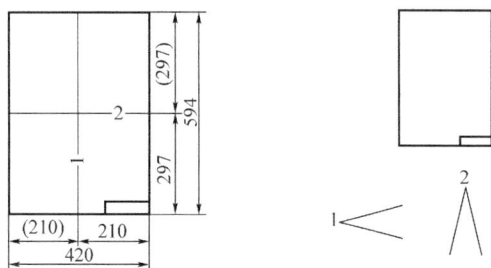

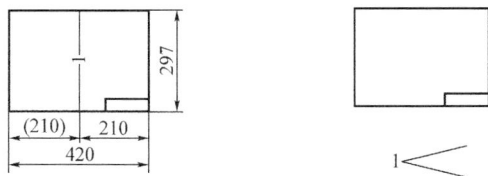

图 3-1-28　A3 折成 A4(不装订)横式幅面　　　图 3-1-29　A3 折成 A4(不装订)立式幅面

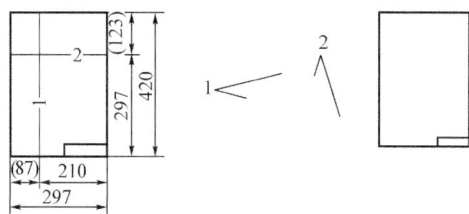

第二节　图　　线

图线是制图最基本、最重要的知识。图线的核心内容是线型和线宽两个元素。它是表达设计思想的基本语言，设计者必须熟练掌握各种线形和线宽所表达的内容。选取规定的线型和线宽，用以表明内容的主次。在绘制时应根据图纸内容选择合适的线宽组，图面才能清晰美观。初学者往往因不重视线宽比，影响图面效果。

一、图线的形式

建筑专业制图采用的各种线型，应符合 GB/T 50104—2010《建筑制图标准》中的规定，线型主要有：实线、虚线、单点长划线、折断线和波浪线等。图线的宽度一般分粗线、中粗线、中线、细线等，粗线：中粗线：中线：细线 =4:3:2:1，见表 3-2-1。

表 3-2-1　图线的线型和宽度

名　称		线　型	线宽	用　途
实线	粗	———————	b	1. 平、剖面图中被剖切的主要建筑构造(包括构配件)的轮廓线 2. 建筑立面图或室内立面图的外轮廓线 3. 建筑构造详图中被剖切的主要部分的轮廓线 4. 建筑构配件详图中的外轮廓线 5. 平、立、剖面的剖切符号
实线	中粗	———————	$0.7b$	1. 平、剖面图中被剖切的次要建筑构造(包括构配件)的轮廓线 2. 建筑平、立、剖面图中建筑构配件的轮廓线 3. 建筑构造详图及建筑构配件详图中的一般轮廓线
	中	———————	$0.5b$	小于 $0.7b$ 的图形线、尺寸线、尺寸界线、索引符号、标高符号、详图材料做法引出线、粉刷线、保温层线、地面、墙面的高差分界线等
	细	———————	$0.25b$	图例填充线、家具线、纹样线等
虚线	中粗	— — — —	$0.7b$	1. 建筑构造详图及建筑构配件不可见的轮廓线 2. 平面图中的起重机(吊车)轮廓线 3. 拟建、扩建建筑物轮廓线
	中	— — — —	$0.5b$	投影线、小于 $0.7b$ 的不可见轮廓线
	细	— — — —	$0.25b$	图例填充线、家具线等
单点长划线	粗	—— — ——	b	起重机(吊车)轨道线
	细	—·—·—·—	$0.25b$	中心线、对称线、定位轴线
折断线	细	—— ⌇ ——	$0.25b$	部分省略表示时的断开界线
波浪线	细	～～～～	$0.25b$	部分省略表示时的断开界线，曲线形构间断开界限 构造层次的断开界限

　　注：地平线宽可用 $1.4b$。

　　图线的宽度 b，宜从 1.4、1.0、0.7、0.5、0.35、0.25、0.18、0.13mm 线宽系列中选取。图线宽度不应小于 0.1mm。每个图样，应根据复杂程度与比例大小，先选定基本线宽 b，再选用表 4.0.1 中相应的线宽组。

表 3-2-2　线宽组

线　宽　比	线宽组/mm			
b	1.4	1.0	0.7	0.5
$0.7b$	1.0	0.7	0.5	0.35
$0.5b$	0.7	0.5	0.35	0.25
$0.25b$	0.35	0.25	0.18	0.13

　　注：1. 需要缩微的图纸，不宜采用 0.18mm 及更细的线宽。
　　　　2. 同一张图纸内，各不同线宽中的细线，可统一采用较细的线宽组的细线。

二、图线的运用

一般在建筑施工图中，常把 b 定为 0.5mm 或 0.7mm，见表 3-2-3。绘制较简单的图样时，可采用两种线宽的线宽组，其线宽比为 $b: 0.25b$。

表 3-2-3　常用线宽组

线宽比	线宽组/mm	
粗 b	0.7	0.5
中粗 $0.7b$	0.5	0.35
中 $0.5b$	0.35	0.25
细 $0.25b$	0.18	0.15

（一）平面图（图 3-2-1）

（1）粗实线 b——凡是被水平切平面剖切到的墙、柱的断面轮廓。

（2）中粗实线 $0.7b$——被剖切到的次要部分的轮廓线和可见的构配件轮廓线，如墙身、窗台、台阶、梯段等。

（3）中实线 $0.5b$——小于 $0.7b$ 的图形线、尺寸线、尺寸界线、索引符号、标高符号、保温层线、地面墙面的高差分界线等。

（4）中（粗）虚线 $0.5b(0.7b)$——被剖切到的不可见轮廓线，如高窗、墙洞等。

（5）细实线 $0.25b$——图例填充线、家具线、纹样线等。

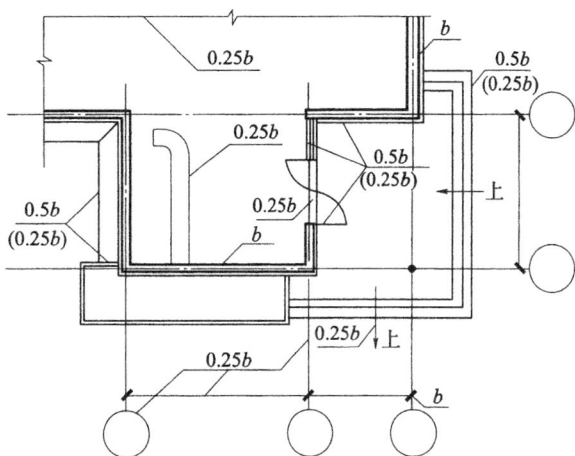

图 3-2-1　平面图图线宽度选用示例

（二）立面图、剖面图（图 3-2-2）

（1）室外地坪线宜画成线宽为 $1.4b$ 的加粗实线（当 b 定为 0.5mm 时，$1.4b$ 为 0.7mm）。

（2）建筑立面图的外轮廓线，应画成线宽为 b 的粗实线。

（3）在外轮廓线之内的凹进或凸出墙面的轮廓线，都画成线宽为 $0.7b$ 的中粗实线。

（4）小于 $0.7b$ 的图形线、尺寸线、尺寸界线、索引符号、标高符号、详图材料作法引出线、粉刷线、保温层线等，都画成线宽为 $0.5b$ 的中实线。

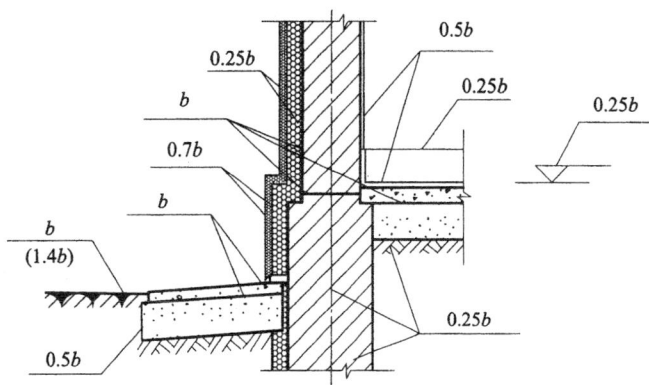

图 3-2-2　墙身剖面图图线宽度选用示例

（5）一些较小的构配件和细部轮廓线，表示立面上凹进或凸出的一些次要构造或装饰线，如墙面上的引条线、勒脚、雨水管等图形线，还有一些图例线，都可画成线宽为 $0.25b$

的细实线。

（三）详图（图3-2-3）

（1）剖到的结构构件和建筑墙体，应画成线宽为 b 的粗实线。

（2）比较主要作法层次的分界线或轮廓线、示意预埋件的虚线，都画成线宽为 $0.5b$ 的中实线。

（3）一些较小的构配件和细部看线，如窗框内部的凹凸线、材料填充的图例线，都可画成线宽为 $0.25b$ 的细实线。

常用线型设置见表3-2-4。

图线不得与文字、数字或符号重叠、混淆，不可避免时，应首先保证文字等的清晰。

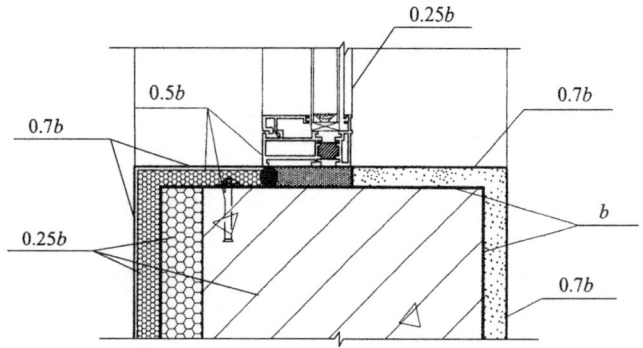

图 3-2-3　详图图线宽度选用示例

表3-2-4　常用线型设置表

名称	规格/mm		适 用 范 围	备 注
特粗线 $1.4b$	1.0	0.7	室外地坪线（立面、剖面）	室外地坪线
粗线 b	0.7	0.5	剖断线（平面、剖面）立面外轮廓线	墙体、柱面
中粗线 $0.7b$	0.5	0.35	被剖切到的次要部分的轮廓线和可见的构配件轮廓线，立面在外轮廓线之内的凹进或凸出墙面的轮廓线	墙身、窗台、台阶
中线 $0.5b$	0.35	0.25	标注、投影线	文字、数字、未剖到的实体
细线 $0.25b$	0.25	0.13	轴线、填充线	轴线、门的开启线、图例

第三节　比　　例

所有图纸都是按照一定比例来绘制的。在设计之初，一般要根据工程的平面和立面尺寸，选择合适的比例，确定采用多大的图幅。比例的选用在制图规范里有详细的规定。

（1）图样的比例，应为图形与实物相对应的线性尺寸之比。比例的大小，是指其比值的大小，如 1:50 大于 1:100。

（2）比例宜注写在图名的右侧，字的基准线应取平；比例的字高宜比图名的字高小一号或二号。

（3）比例的符号为"："，比例应以阿拉伯数字表示，如 1:1、1:2、1:100 等（图3-3-1）。

一层平面图 1:100　　　①1:20

图 3-3-1　比例的注写

（4）绘图所用的比例，应根据图样的用途与被绘对象的复杂程度，从表3-3-1中选用，并优先用表中常用比例。

（5）一般情况下，一个图样应选用一种比例。根据专业制图需要，同一图样可选用两种比例。

表 3-3-1　绘图所用的比例

常用比例	1:1、1:2、1:5、1:10、1:20、1:30、1:50、1:100、1:150、1:200、1:500、1:1000、1:2000
可用比例	1:3、1:4、1:6、1:15、1:25、1:40、1:60、1:80、1:250、1:300、1:400、1:600、1:5000、1:10000、1:20000、1:50000、1:100000、1:200000

（6）特殊情况下也可自选比例，这时除应注出绘图比例外，还必须在适当位置绘制出相应的比例尺。

建筑施工图常用比例见表 3-3-2。

表 3-3-2　建筑施工图常用的比例

图 纸 内 容	常 用 比 例	可 用 比 例
封面、图纸目录、建筑设计说明、材料做法表、房间装修用料表、门窗表	无比例	
总平面图	1:1000 或 1:500	
平面图、立面图、剖面图、吊顶平面图（镜像）	1:200、1:100 或 1:50 （施工图不宜小于 1:100。有困难时可选用 1:150,但应注意避免标注挤在一起）平面图、立面图、剖面图的比例应一致。吊顶平面图（镜像）的比例应与平面图一致	1:150
楼梯详图、电梯井道、机房、底坑详图、卫生间详图、设备用房详图、核心筒放大详图	1:50（主要平面、剖面） 局部节点放大，如栏杆、踏步做法、电梯牛腿、盥洗台、隔断、残疾人扶手等根据需要选用 1:20、1:10、1:5 等	1:30
墙身详图、地下防水节点	1:20 个别构件根据需要选用 1:10、1:5 等	1:30
门窗详图	一般为 1:20，也可选用 1:50、1:100 等	1:30
防火分区图	可与平面图一致，也可适当缩小比例，选用 1:150、1:200、1:500 等，但轴线等符号字体应保持清晰	1:250 1:300 1:400 1:600

第四节　字　　体

图纸中的文字、数字（或符号）必须做到：字体端正、笔画清楚、排列整齐、间隔均匀。尺寸大小协调一致。汉字、字符和数字并列书写时，汉字字高略高于字符和数字字高，中西文字高比例设置建议为 1:0.7。

1. 字高　各种字体的大小要选择适当。字体的高度（单位:mm）常用的有七种：20、14、10、7、5、3.5、2.5。如需书写更大的字，其高度应按 $\sqrt{2}$ 的比值递增。

2. 汉字　图样上的汉字应采用国家正式公布推行的简化字。汉字最小高度应不小于 3.5mm，字高大于 10mm 的文字宜采用 True type 字体。图样及说明中的汉字，宜采用长仿宋体或黑体，同一图纸字体种类不应超过两种。长仿宋体的高宽关系应符合表 3-4-1 的规定，参见图 3-4-1，黑体字的宽度与高度应相同。大标题、图册封面、地形图等的汉字也可书写成其他字体，但应易于辨认，规格可根据图面大小而定。

表 3-4-1　长仿宋体高宽关系

（单位：mm）

字高	20	14	10	7	5	3.5
字宽	14	10	7	5	3.5	2.5

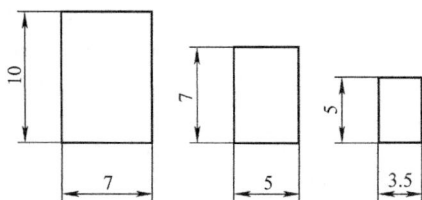

图 3-4-1　长仿宋体高宽关系

3. 拉丁字母、阿拉伯数字与罗马数字宜采用单线简体或 ROMAN 字体。字高不应小于 2.5mm。

拉丁字母、阿拉伯数字与罗马数字，当需写成斜体字时，其斜度应是从字的底线逆时针向上倾斜 75°。斜体字的高度和宽度应与相应的直体字相等。

数量的数值注写，应采用正体阿拉伯数字。各种计量单位凡前面有量值的，均应采用国家颁布的单位符号注写。单位符号应采用正体字母。

分数、百分数和比例数的注写，应采用阿拉伯数字和数学符号。例如：四分之三、百分之二十五和一比二十应分别写成 3/4、25% 和 1:20。

当注写的数字小于 1 时，应写出各位的"0"，小数点应采用圆点，齐基准线书写。例如：0.01。

4. 文字用途和相应字号　施工图中推荐使用的文字用途和相应字高见表 3-4-2：

表 3-4-2　文字用途和相应字高

文 字 用 途	字高/mm	宽高比	文 字 用 途	字高/mm	宽高比
图纸名称	10	0.8	说明文字	3.5	0.8
说明文字标题	5	0.8	总说明	5	0.8
标注文字	3.5	0.8	标注尺寸	3	0.8

第五节　符　　号

一、剖切符号

在建筑施工图中，剖切符号是表示剖面图的剖切位置以及剖视方向的符号（图 3-5-1）。因为一般建筑都会绘制两个以上的剖面图，所以剖切符号必须按规定的顺序编号。剖切符号的绘制要求在制图规范里有详细的规定。

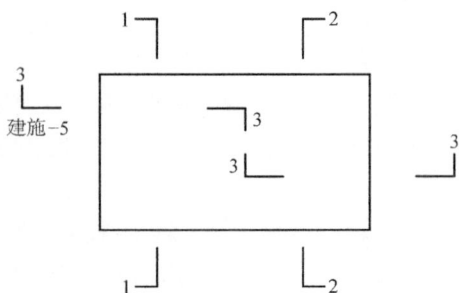

图 3-5-1　剖视的剖切符号

（1）剖视的剖切符号应由剖切位置线及投射方向线组成，均应以粗实线绘制。剖切位置线的长度宜为 6～10mm；投射方向线应垂直于剖切位置线，长度应短于剖切位置线，宜为 4～6mm。绘制时，剖视的剖切符号不应与其他图线相接触。

（2）剖视剖切符号的编号宜采用阿拉伯数字，按顺序由左至右、由下至上连续编排，并应注写在剖视方向线的端部。

（3）需要转折的剖切位置线，应在转角的外侧加注与该符号相同的编号。

（4）建（构）筑物剖面图的剖切符号宜注在 ±0.000 标高的平面图或首层平面图上。局部剖面图（不含首层）的剖切符号应注在包含剖切部位的最下面一层的平面图上。

（5）剖面图如与被剖切图样不在同一张图内，可在剖切位置线的另一侧注明其所在图纸的编号，也可以在图上集中说明。

二、索引符号与详图符号

在建筑施工图中，为了表达清楚一些局部，需另画详图。一般用索引符号注明画出详图的位置、详图的编号以及详图所在的图纸编号。索引符号内的详图编号与图纸编号均应和详图所在的图纸和编号对应一致，以方便施工时查阅图样。索引符号与详图符号的绘制要求在制图规范里有详细的规定，见表 3-5-1。

（1）索引符号由直径为 8mm ~ 10mm 的圆和其水平直径组成，圆及其水平直径均应以细实线绘制。

（2）索引符号当用于索引剖视详图，应在被剖切的部位绘制剖切位置线，并以引出线引出索引符号，引出线所在的一侧应为剖视方向。

表 3-5-1　索引符号与详图符号

名　称	符号示例	说　明
详图的索引符号	⊘ 5／— ——详图的编号／——详图在本张图纸上 　 ⊘ 5／— ——局部剖面详图的编号／——剖面详图在本张图纸上	细实线单圆圈直径应为 10mm，详图在本张图纸上 局部剖面详图为剖开后从上往下投影
	⊘ 5／4 ——详图的编号／——详图所在的图纸编号 　 ⊘ 5／4 ——局部剖面详图的编号／——剖面详图所在的图纸编号	详图不在本张图纸上，详图所在的图纸编号为 4 局部剖面详图为剖开后从下往上投影
详图的符号	J103 ⊘ 5／4 ——标准图册编号／——标准详图编号／——详图所在的图纸编号	引用标准图册上的详图
	◯ 5 ——详图的编号	粗实线单圆圈直径应为 14mm，被索引的在本张图纸上
	◯ 5／2 ——详图的编号／——被索引的图纸编号	被索引的不在本张图纸上

三、标高

标高表示建筑物某一部位相对于基准面（标高的零点）的竖向高度，是竖向定位的依据。

（一）绝对标高和相对标高

标高按基准面选取的不同分为绝对标高和相对标高。绝对标高是以一个国家或地区统一规定的基准面作为零点的标高。我国规定以青岛附近黄海的平均海平面作为标高的零点；相对标高是以建筑物室内主要地面为零点测出的高度尺寸。

（二）建筑标高和结构标高（图 3-5-2）

房屋各部位的标高以及建筑标高和结构标高的区别：建筑标高是指包括粉刷层在内的、装修完成后的标高；结构标高则是不包括构件装修层厚度的构件表面的标高。建筑标高 - 楼地面装修厚度（面层做法）= 结构标高。如建筑标高是 3.000，面层做法为 40 厚细石混凝土，则结构标高为 2.960。

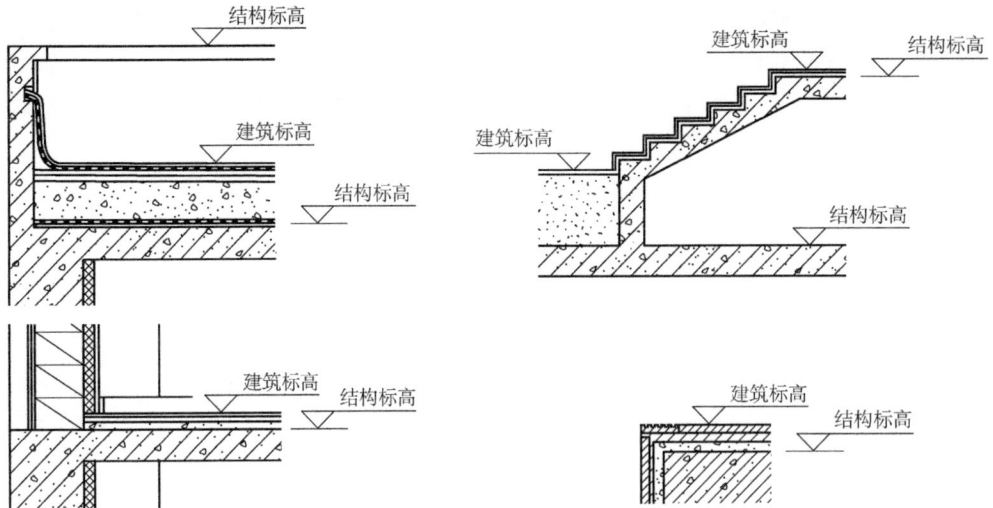

图 3-5-2　建筑标高和结构标高

一般情况下，建筑施工图各层标注标高为完成面标高（建筑标高），屋面标高为结构标高。因屋面如果采用建筑找坡，建筑标高是变值。这时所注写的结构标高后应加注"（结）"，以避免混淆。

（三）标高注写方法（图 3-5-3 ~ 图 3-5-5）

标高符号及其标注方法应符合下列规定：

（1）标高符号应以等腰直角三角形表示，用细实线绘制，高宜为 3mm。其顶角应落在被标注高度线或其延长线上，顶角一般应向下，也可向上。标高数字可根据需要注写在标高符号的左侧或右侧。

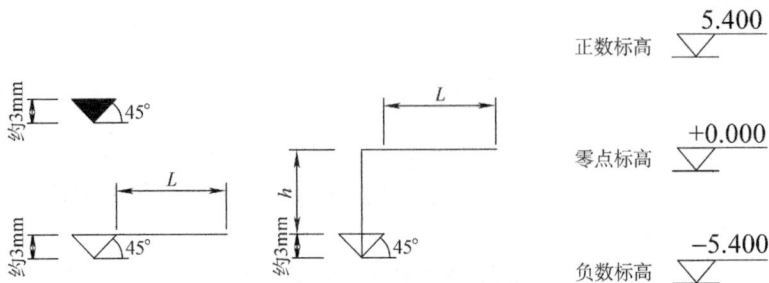

图 3-5-3　标高符号的画法
注：L——取适当长度注写标高数字；h——根据需要取适当高度。

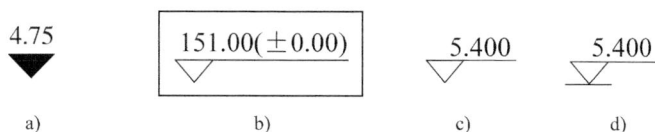

图 3-5-4 标高符号的形式

a）总平面图上的室外标高符号 b）总平面图上的室内标高符号

c）平面图上的楼地面标高符号 d）立面图、剖面图各部位的标高符号

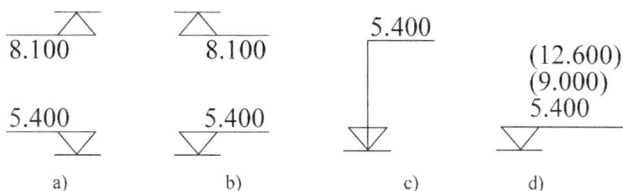

图 3-5-5 立面图与剖面图上标高符号的标注

a）左边标注时 b）右边标注时 c）引出标注时 d）多层标注时

（2）标高数值应标注在三角形底边及其延长线上，三角形底边的延长线之长 L 宜超出数字长度 1~2mm。

（3）标高数值应以米（m）为单位，注写到小数点以后第三位。在总平面图中，可注写到小数字点以后第二位。

（4）正数标高不注 " + "，负数标高应注 " - "，例如 3.000、-0.600。零点标高应注写成 ±0.00 或 ±0.000。

（5）在图样的同一位置需表示几个不同标高时，标高数字可以多层标注的形式注写。如标注位置不够，也可按引出标注的形式注写。

（6）标注平面标高时，标高符号的顶角不应落在任何线上。

（7）总平面图室外地坪标高符号，宜用涂黑的三角形表示；实际在竖向设计中常采用等高线来表示室外标高。总图中标注的标高应为绝对标高，当标注相对标高，则应注明相对标高与绝对标高的换算关系。

总图方格网交叉点标高表示方法，见图 3-5-6。

总图排水沟的图例，见表 3-5-2。

图 3-5-6 总图方格网交叉点标高表示方法

注：图中 "78.35" 表示原地面标高，"77.85" 表示设计标高，" -0.50 " 为施工高度，" - " 表示挖方（" + " 表示填方）。

表 3-5-2 总图排水沟的图例

适 用 范 围	排 水 明 沟	有盖的排水沟
用于比例较大的图面		
用于比例较小的图面		

注：图中 "1" 表示 1% 的沟底纵向坡度，"40.00" 表示变坡点间的距离，箭头表示水流方向，"107.50" 表示沟底标高。

（8）总图中建筑物标注室内 ±0.00 处的绝对标高在一栋建筑物内宜标注一个 ±0.00 标高，当有不同地坪标高以相对 ±0.00 的数值标注。

四、引出线

在平面制图中，用以确定标注内容的具体位置的线，即为引出线。

（1）引出线应以细实线绘制，宜采用水平方向的直线、与水平方向成30°、45°、60°、90°的直线，或经上述角度再折为水平线。文字说明宜注写在水平线的上方，也可注写在水平线的端部。索引详图的引出线，应与水平直径线相连接，见图3-5-7。

（2）同时引出几个相同部分的引出线，宜互相平行，也可画成集中于一点的放射线，见图3-5-8。

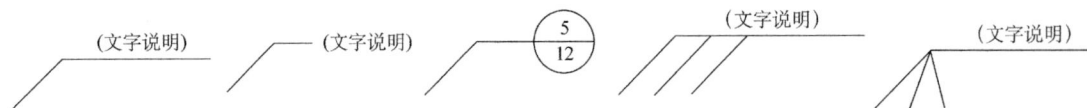

图 3-5-7　引出线　　　　　　　　　　　图 3-5-8　共用引出线

（3）多层构造或多层管道共用引出线，应通过被引出的各层。文字说明宜注写在水平线的上方，或注写在水平线的端部，说明的顺序应由上至下，并应与被说明的层次相互一致；如层次为横向排序，则由上至下的说明顺序应与左至右的层次相互一致，见图3-5-9。

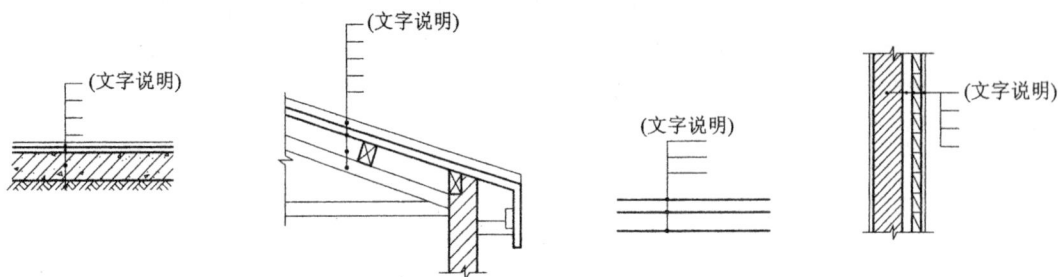

图 3-5-9　多层共用引出线

五、其他符号

（一）图形折断符号

较长的构件，如沿长度方向的形状相同或按一定规律变化，可断开省略绘制，断开处应用折断符号来表示。

折断符号有直线折断和曲线折断，以及两边折断和单边折断。直线折断线两端应超出图形线 2～3mm。其尺寸应按原构件长度标注，见图3-5-10。

（二）对称符号

当房屋施工图的图形完全对称时，可只画该图形的一半，并画出对称符号，以节省图纸篇幅。对称符号即是在对称中心线（细单点长画线）的两端画出两段

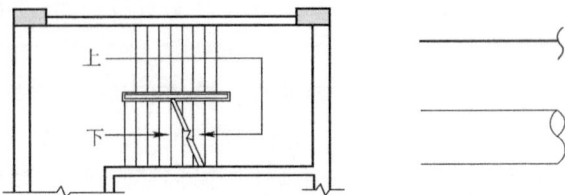

图 3-5-10　直线折断和曲线折断

平行线（细实线）。平行线长度为 6～10mm，间距为 2～3mm，对称线垂直平分于两对平行线，两端超出平行线宜为 2～3mm，见图3-5-11。

（三）连接符号

对于较长的构件，当其长度方向的形状相同或按一定规律变化时，可断开绘制，断开处应用连接符号表示。连接符号为折断线（细实线），两部位相距过远时，折断线两端靠图样一侧应标注大写拉丁字母表示连接编号，两个被连接的图样应用相同的字母编号，见图 3-5-12。

图 3-5-11　对称符号

（四）指北针

在总平面图及底层建筑平面图上，一般都画有指北针，以指明建筑物的朝向。指北针形状见图 3-5-13。圆的直径宜为 24mm，用细实线绘制。指针尾端的宽度 3mm；需用较大直径绘制指北针时，指针尾部宽度宜为圆的直径的 1/8。指针涂成黑色，针尖指向北方，并注"北"或"N"字。见图 3-5-13。

（五）变更云线　在工程洽商或变更中，对图纸中局部变更部分宜采用云线，并宜注明修改版次，见图 3-5-14。

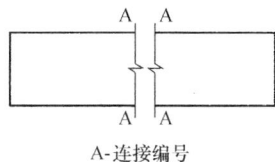

A-连接编号

图 3-5-12　连接符号

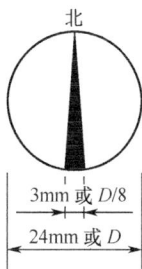

3mm 或 $D/8$
24mm 或 D

图 3-5-13　指北针

图 3-5-14　变更云线
注：1 为修改次数。

（六）风玫瑰图

根据某一地区气象台观测的风气象资料绘制出的图形称风玫瑰图。分为风向玫瑰图和风速玫瑰图两种，一般多用风向玫瑰图。风向频率是指在一定时间内各种风向出现的次数占所有观察次数的百分比。根据各方向风的出现频率，以相应的比例长度，按风向从外面向中心吹，描在用 8 个或 16 个方位所表示的图上，然后将各相邻方向的端点用直线连接起来，绘成一个形式宛如玫瑰的闭合折线，就是风向玫瑰图。从风向玫瑰图可了解该地区常年的盛行风向（主导风向）以及夏季风主导风方向，见图 3-5-15。

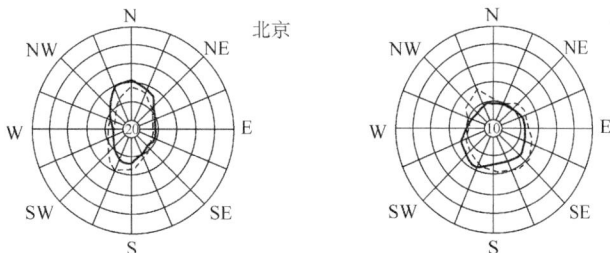

建筑物的位置朝向和当地主导风向有密切关系。如把清洁的建筑物布置在主导风向的上风向；把污染建筑布置在主导风向的下风向，以免受污染建筑散发的有害物的影响。风玫瑰图是一个地区，特别是平原地区风的一般情

图 3-5-15　风玫瑰图

注：

1. 风玫瑰图上所表示的风的吹向，是自外吹向中心。

2. 中心圈内的数值为全年的静风频率。

3. 风玫瑰图中每圆圈的间隔为频率5%。

4. 风玫瑰图上图形线条为：

———— 表示全年

– – – – 表示夏季

全年是历年年风向的平均值；夏季是6、7、8三个月风向的平均值。

况。但由于地形、地物的不同，它对风气候起到直接的影响。由于地形、地面情况往往会引起局部气流的变化，使风向、风速改变，因此在进行建筑总平面设计时，要充分注意到地方小气候的变化，在设计中善于利用地形、地势，综合考虑对建筑的布置。

（七）坡度标注

在房屋施工图中，其倾斜部分通常加注坡度符号，该符号为单面箭头。箭头应指向下坡方向，坡度的大小用数字注写在箭头上方，见图 3-5-16a、b。对于坡度较大的坡屋面、屋架等，可用直角三角形的形式标注它的坡度，见图 3-5-16c。

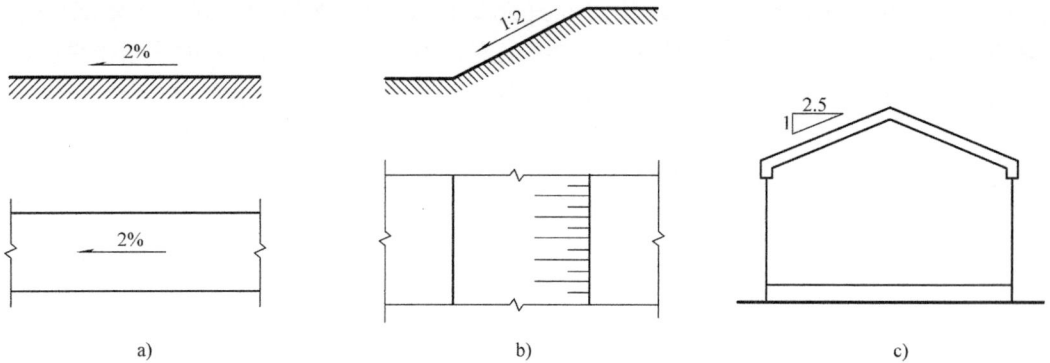

a)　　　　　　　　　　　b)　　　　　　　　　　　c)

图 3-5-16　坡度标注方法

第六节　定位坐标和定位轴线

一、定位坐标

表示建筑物、构筑物位置的坐标应根据设计不同阶段要求标注，当建筑物与构筑物与坐标轴线平行时，可注其对角坐标。与坐标轴线成角度或建筑平面复杂时，宜标注三个以上坐标，坐标宜标注在图纸上。根据工程具体情况，建筑物、构筑物也可用相对尺寸定位。

（1）坐标定位分为测量坐标和建筑坐标两种（图 3-6-1）。坐标网格应以细实线表示。一

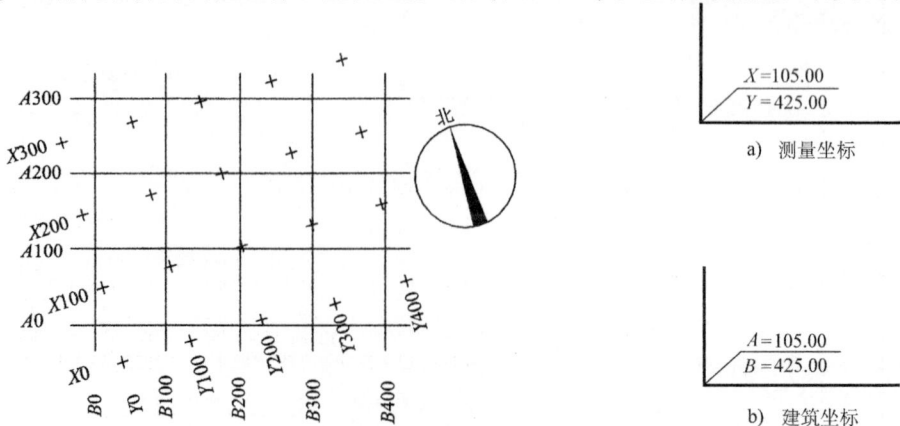

图 3-6-1　坐标网格

注：图中 X 为南北方向轴线，X 的增量在 X 轴线上；Y 为东西方向轴线，Y 的增量在 Y 轴线上。
A 轴相当于测量坐标网中的 X 轴，B 轴相当于测量坐标网中的 Y 轴。

般采用 100m×100m 或 50m×50m。测量坐标网应画成交叉十字线，坐标代号宜用"X、Y"表示，南北方向的轴线为 X，东西方向的轴线为 Y；建筑坐标适用于房屋朝向与测量坐标方向不一致的情况。一般将建设地区的某一点定为"0"，沿建筑物主轴方向画成网格通线，坐标代号宜用"A、B"表示，垂直方向为 A 轴，水平方向为 B 轴。

（2）坐标值为负数时，应注"－"号，为正数时，"＋"号可省略。

（3）总平面图上有测量和建筑两种坐标系统时，应在附注中注明两种坐标系统的换算公式。

二、定位轴线

房屋施工图中的定位轴线是设计和施工中定位、放线的重要依据。凡承重的墙、柱子、大梁、屋架等构件，都要画出定位轴线并对轴线进行编号，以确定其位置。对于非承重的分隔墙、次要构件等，有时用附加轴线（分轴线）表示其位置，也可注明它们与附近轴线的相关尺寸以确定其位置。

定位轴线应用细单点长画线绘制，轴线末端画细实线圆圈，直径为 8~10mm。

定位轴线圆的圆心，应在定位轴线的延长线或延长线的折线上，且圆内应注写轴线编号。平面图上定位轴线的编号，宜标注在图样的下方或左侧。横向编号应用阿拉伯数字，从左至右顺序编号，竖向编号应用大写拉丁字母，从下至上顺序编写。拉丁字母的 I、O、Z 不得用作轴线编号。如字母数量不够使用，可增用双字母或单字母加数字注脚，如 AA、BA、…、YA 或 A1、B1、…、Y1，见图 3-6-2。

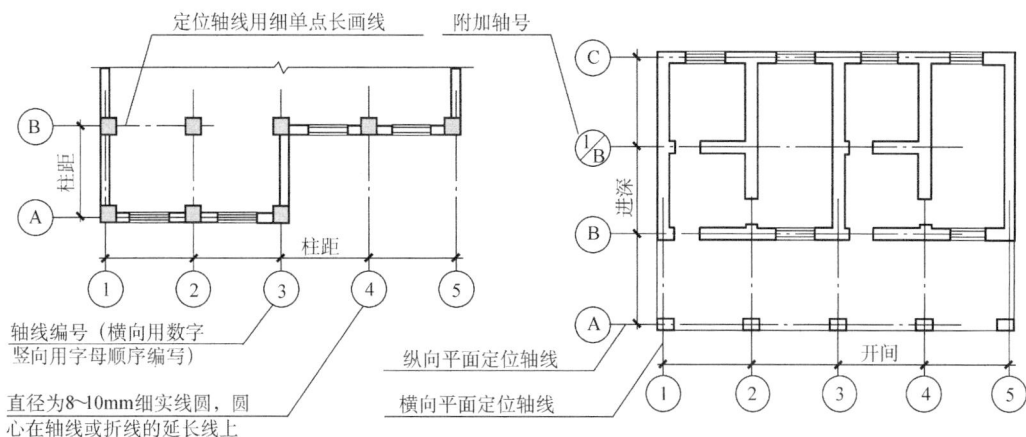

图 3-6-2　定位轴线及编号方法

组合较复杂的平面图中定位轴线也可采用分区编号（图 3-6-3），编号的注写形式应为"分区号—该分区编号"。分区号采用阿拉伯数字或大写拉丁字母表示。

在两轴线之间，有的需要增加附加轴线，附加定位轴线的编号，应以分数形式表示（图3-6-4），并应按下列规定编写：

（1）两根轴线间的附加轴线，应以分母表示前一轴线的编号，分子表示附加轴线的编号，编号宜用阿拉伯数字顺序编写。

（2）1 号轴线或 A 号轴线之前的附加轴线的分母应以 01 或 0A 表示。

对于详图上的轴线编号，若该详图同时适用多根定位轴线，则应同时注明各有关轴线的编号，见图 3-6-5。

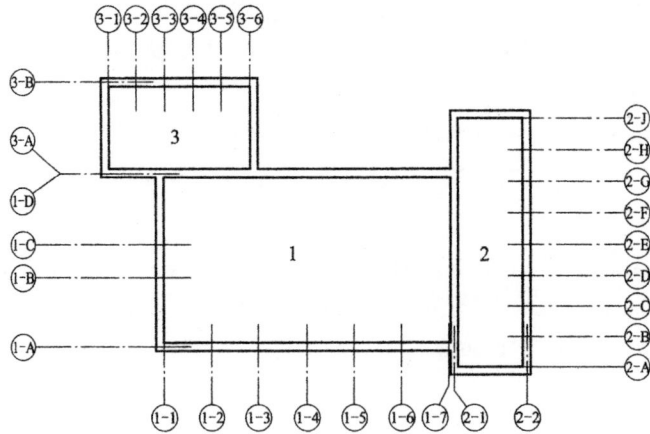

图 3-6-3　定位轴线的分区编号

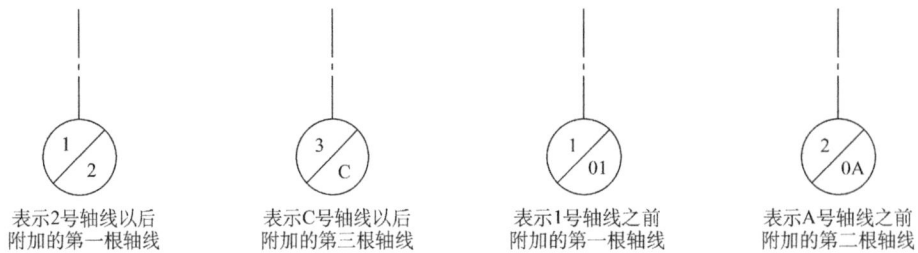

图 3-6-4　附加轴线

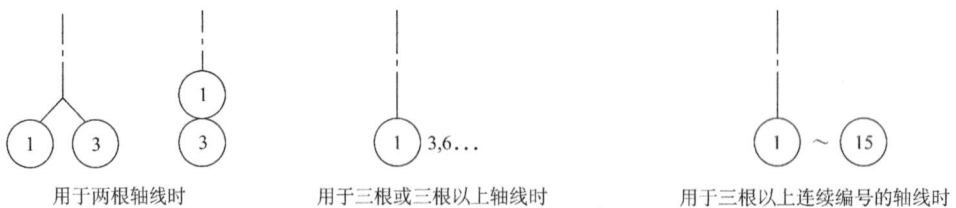

表示2号轴线以后附加的第一根轴线　　表示C号轴线以后附加的第三根轴线　　表示1号轴线之前附加的第一根轴线　　表示A号轴线之前附加的第二根轴线

用于两根轴线时　　　　　用于三根或三根以上轴线时　　　　　用于三根以上连续编号的轴线时

图 3-6-5　详图的轴线编号

　　圆形与弧形平面图中的定位轴线,其径向轴线应以角度进行定位,其编号宜用阿拉伯数字表示,从左下角或 −90°(若径向轴线很密,角度间隔很小)开始,按逆时针顺序编写;其环向轴线宜用大写拉丁字母表示,从外向内顺序编写,见图3-6-6、图 3-6-7。

　　折线形平面图中定位轴线的编号可按图 3-6-8 的形式编写。

　　平面较大的建筑物,可分区绘制平面图,但每张平面图均应绘制组合示意图。各区应分别用大写拉丁字母编号。在组合示意图中要提示的分区,应采用阴影线或填充的方式表示。各分区视图的分区部位及编号均应一致,并应与组合示意图一致,见图3-6-9。

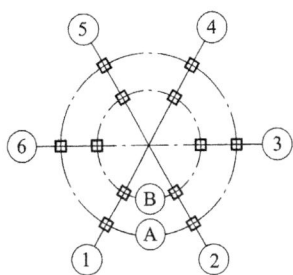

图 3-6-6　圆形平面定位轴线的编号

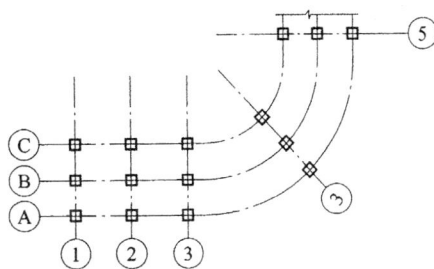

图 3-6-7　弧形平面定位轴线的编号

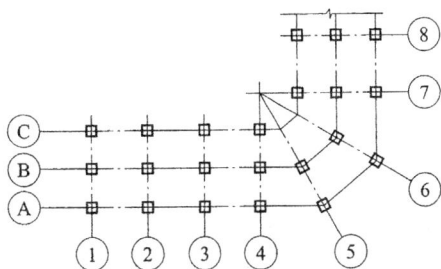

图 3-6-8　折线形平面定位轴线的编号

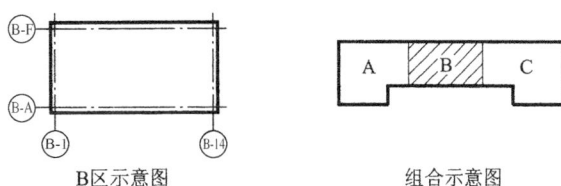

B区示意图　　　　　组合示意图

图 3-6-9　分区绘制建筑平面图

第七节　尺　寸　标　注

在建筑施工图中，图形只能表达建筑物的形状，建筑物各部分的大小还必须通过标注尺寸才能确定。房屋施工和构件制作都必须根据尺寸进行，因此尺寸标注是制图的一项重要工作，必须认真细致、准确无误，如果尺寸有遗漏或错误，必将给施工造成困难和损失。注写尺寸时，应力求做到正确、完整、清晰、合理。

一、尺寸的组成（图 3-7-1）

图样上的尺寸，包括尺寸界线、尺寸线、尺寸起止符号和尺寸数字。

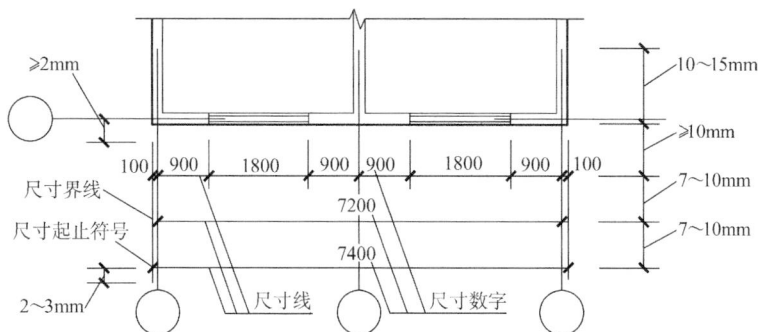

图 3-7-1　尺寸的组成

（1）尺寸界线应用细实线绘制，一般应与被注长度垂直，其一端应离开图样轮廓线不小于2mm，另一端宜超出尺寸线2~3mm。图样轮廓线、轴线、中心线可用作尺寸界线。

（2）尺寸线应用细实线绘制，应与被注长度平行。图样本身的任何图线均不得用作尺寸线。

（3）尺寸起止符号一般用中粗斜短线绘制，其倾斜方向应与尺寸界线成顺时针45°角，长度宜为2~3mm。半径、直径、角度与弧长的尺寸起止符号，宜用箭头表示，见图3-7-2、3-7-3。

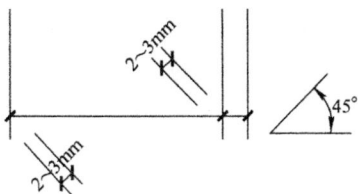

图3-7-2　尺寸起止符号

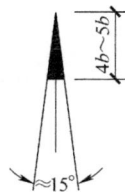

图3-7-3　箭头尺寸起止符号

（4）尺寸数字

1）图样上的尺寸，应以尺寸数字为准，不得从图上直接量取。

2）图样上的尺寸单位，除标高及总平面图以m为单位外，其他必须以mm为单位。

3）尺寸数字的方向，应按图3-7-4a的规定注写。若尺寸数字在30°斜线区内，也可按图3-7-4b的形式注写。

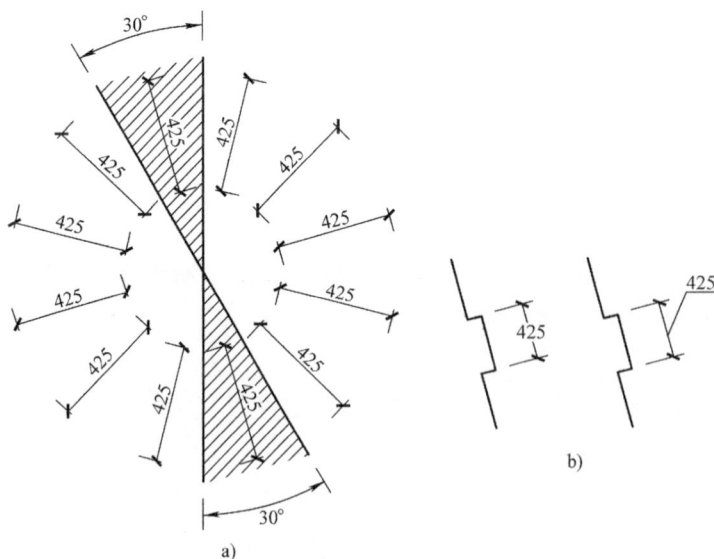

图3-7-4　尺寸数字的注写方向

二、半径、直径、球的尺寸标注（图3-7-5~图3-7-9）

三、角度、弧度、弧长的标注（图3-7-10~图3-7-12）

四、复杂图形尺寸标注

（1）外形为非圆曲线的构件，可用坐标形式标注尺寸，见图3-7-13。

（2）复杂的图形，可用网格形式标注尺寸，见图3-7-14。

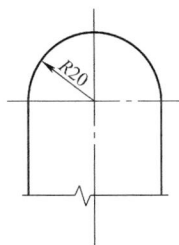

图 3-7-5　半径标注方法

注：半径的尺寸线应一端从圆心开始，另一端画箭头指向圆弧。半径数字前应加注半径符号"R"。

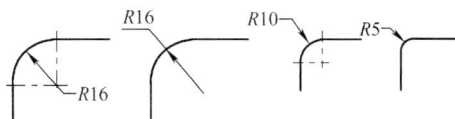

图 3-7-6　小圆弧半径的标注方法

图 3-7-7　大圆弧半径的标注方法

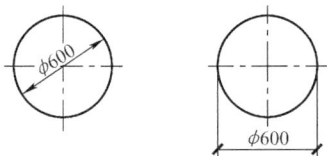

图 3-7-8　圆直径的标注方法

注：标注圆的直径尺寸时，直径数字前应加注直径符号"φ"。在圆内标注的尺寸线应通过圆心，两端画箭头指至圆弧。

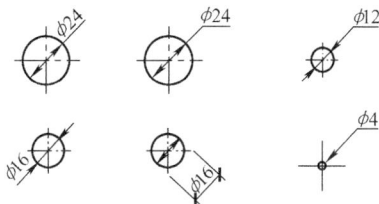

图 3-7-9　小圆直径的标注方法

注：较小圆的直径尺寸，可标注在圆外。

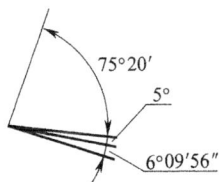

图 3-7-10　角度标注方法

注：角度的尺寸线应以圆弧表示。该圆弧的圆心是该角的顶点，角的两条边为尺寸界线。起止符号应以箭头表示，如没有足够位置画箭头，可用圆点代替，角度数字应沿尺寸线方向注写。

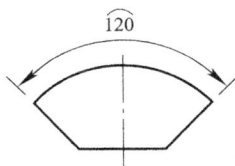

图 3-7-11　弧长标注方法

注：标注圆弧的弧长时，尺寸线应以与该圆弧同心的圆弧线表示，尺寸界线应指向圆心，起止符号用箭头表示，弧长数字上方应加注圆弧符号"⌒"。

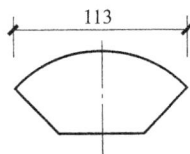

图 3-7-12　弦长标注方法

注：标注圆弧的弦长时，尺寸线应以平行于该弦的直线表示，尺寸界线应垂直于该弦，起止符号用中粗斜短线表示。

五、尺寸的简化标注

（1）连续排列的等长尺寸，可用"等长尺寸×个数＝总长"或"个数等分＝总长"的形式标注，见图 3-7-15。

（2）对称构配件采用对称省略画法时，该对称构配件的尺寸线应略超过对称符号，仅

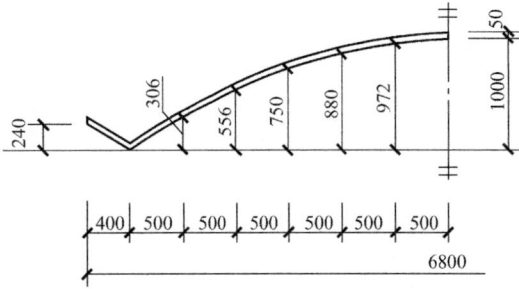

图 3-7-13　坐标法标注曲线尺寸

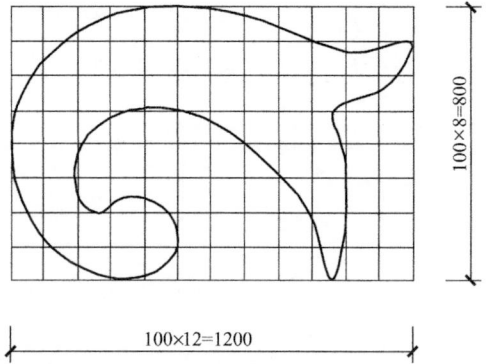

图 3-7-14　网格法标注曲线尺寸

在尺寸线的一端画尺寸起止符号，尺寸数字应按整体全尺寸注写，其注写位置宜与对称符号对齐，见图 3-7-16。

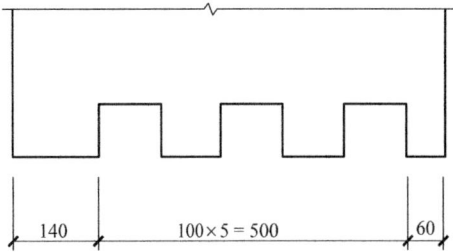

图 3-7-15　相似构件尺寸标注方法

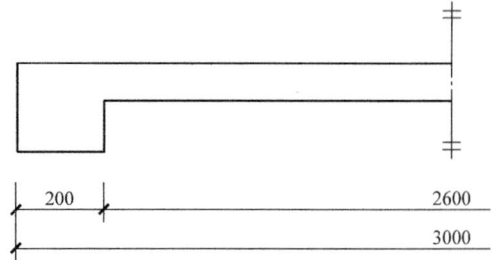

图 3-7-16　对称构件尺寸标注方法

（3）数个构配件，如仅某些尺寸不同，这些有变化的尺寸数字，可用拉丁字母注写在同一图样中，另列表格写明其具体尺寸，见图 3-7-17。

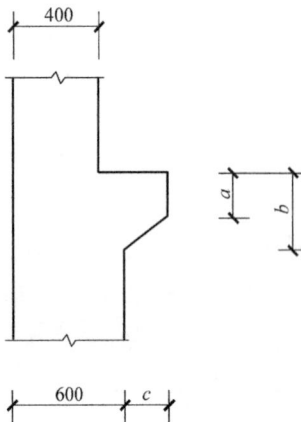

构件编号	a	b	c
Z-1	200	200	200
Z-2	250	450	200
Z-3	200	450	250

图 3-7-17　相似构配件尺寸表格式标注方法

六、尺寸标注常见问题（表 3-7-1）

表 3-7-1 尺寸标注常见问题

错　误	正　确	说　明
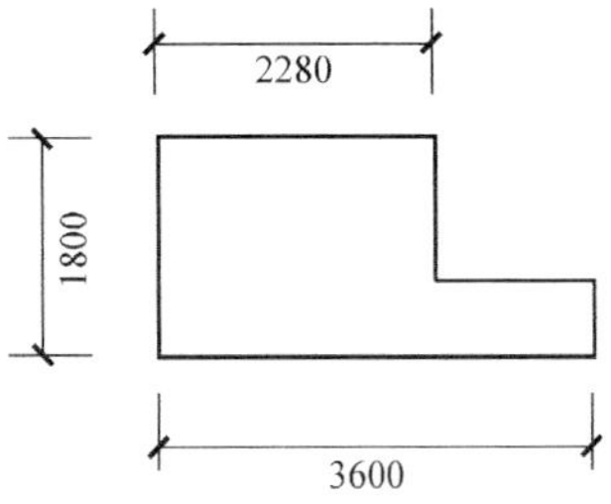	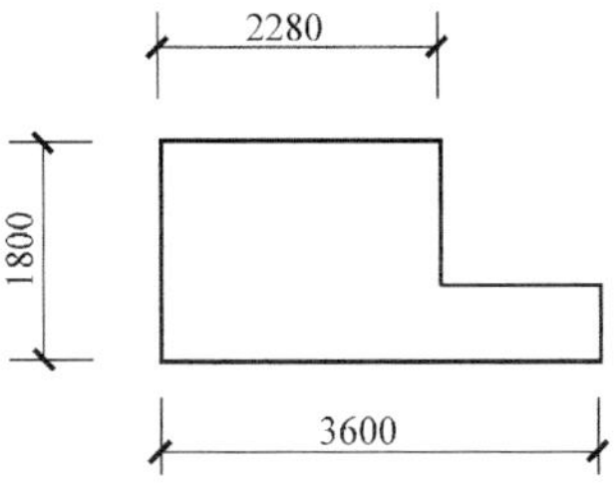	尺寸数字应写在尺寸线的中间，在水平尺寸线上的应从左到右写在尺寸线上方，在铅直尺寸线上的，应从下到上写在尺寸线的上方
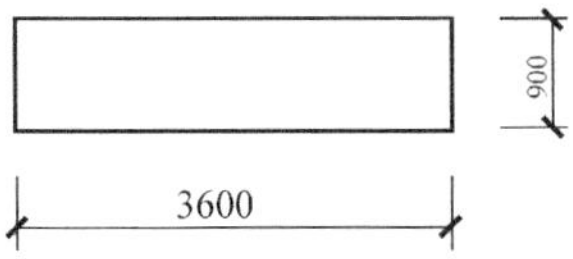	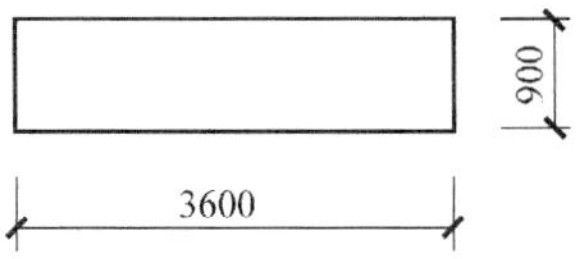	同一张图纸内尺寸数字应大小一致
		在断面图中写数字处，应留空不画断面线
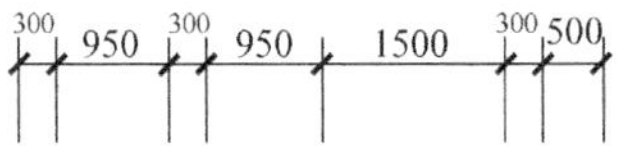	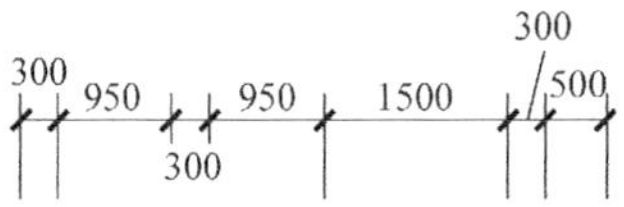	两尺寸界线之间比较窄时，尺寸数字可注写在尺寸界线外侧，或上下错开，或用引出线引出再标注
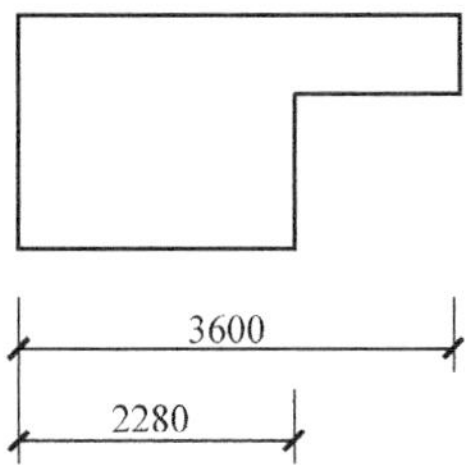	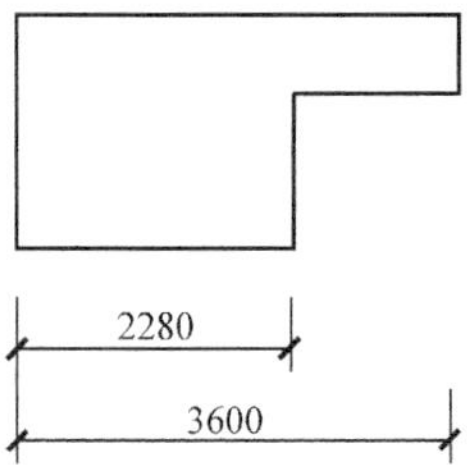	长尺寸在外，短尺寸在内
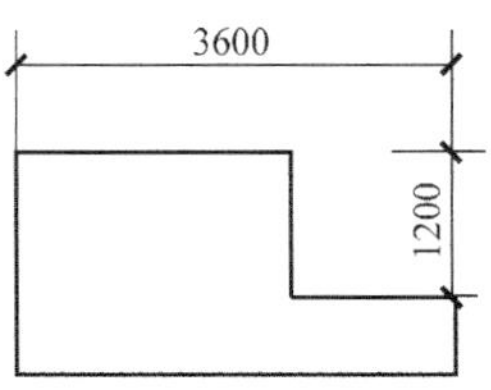	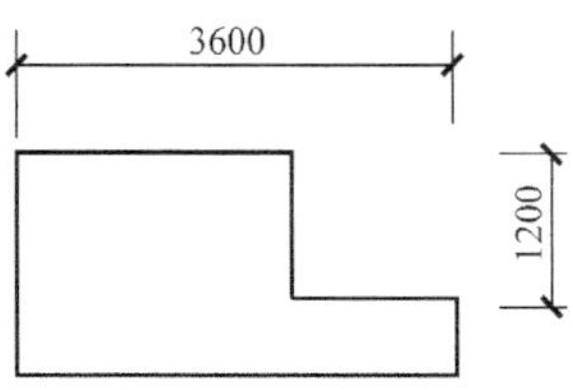	不能用尺寸界线作为尺寸线
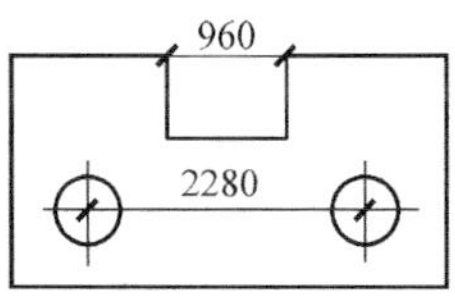	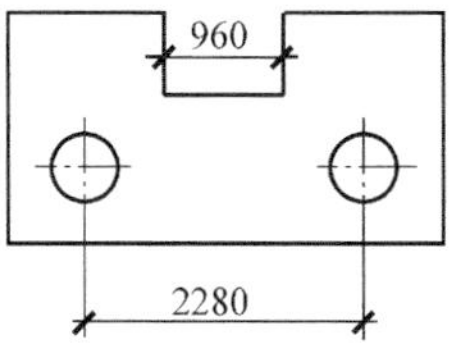	轮廓线、中心线可以作为尺寸界线，但不能用作尺寸线

第八节　图　　例

一、一般规定

1. 规范只规定常用建筑材料的图例画法，对其尺度比例不作具体规定。使用时，应根据图样大小而定，并应注意下列事项：

（1）图例线应间隔均匀，疏密适度，做到图例正确，表示清楚。

（2）不同品种的同类材料使用同一图例时（如某些特定部位的石膏板必须注明是防水石膏板时），应在图上附加必要的说明。

（3）两个相同的图例相接时，图例线宜错开或使倾斜方向相反（图3-8-1）。

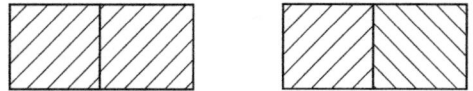

（4）两个相邻的涂黑图例（如混凝土构件、金属件）间，应留有空隙。其宽度不得小于0.7mm（图3-8-2）。

图 3-8-1　相同图例相接时的画法

2. 下列情况可不加图例，但应加文字说明：

（1）一张图纸内的图样只用一种图例时。

（2）图形较小无法画出建筑材料图例时。

3. 需画出的建筑材料图例面积过大时，可在断面轮廓线内，沿轮廓线作局部表示（图3-8-3）。

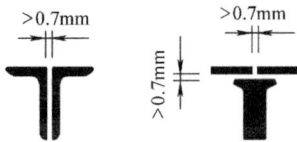

图 3-8-2　相邻涂黑图例的画法　　　　　　图 3-8-3　局部表示图例

4. 当选用本标准中未包括的建筑材料时，可自编图例。但不得与本标准所列的图例重复。绘制时，应在适当位置画出该材料图例，并加以说明。

二、常用图例

常用图例包括常用建筑材料图例（表3-8-1）、建筑构造及配件图例（表3-8-2）、总平面图中常用的图例。

表 3-8-1　常用建筑材料图例

序号	名称	图例	备　注	序号	名称	图例	备　注
1	自然土壤		包括各种自然土壤	5	石材		—
2	夯实土壤		—	6	毛石		—
3	砂、灰土		—	7	普通砖		包括实心砖、多孔砖、砌块等砌体，断面较窄不易绘出图例线时，可涂红，并在图纸备注中加注说明，画出该材料图例
4	砂砾石碎砖三合土		—	8	耐火砖		包括耐酸砖等砌体

（续）

序号	名称	图例	备注	序号	名称	图例	备注
9	空心砖		指非承重砖砌体	17	木材		1. 上图为横断面，上左图为垫木、木砖或木龙骨 2. 下图为纵断面
10	饰面砖		包括铺地砖、马赛克、陶瓷锦砖、人造大理石等	18	胶合板		应注明为×层胶合板
11	焦渣、矿渣		包括与水泥、石灰等混合而成的材料	19	石膏板		包括圆孔、方孔石膏板、防水石膏板等
12	混凝土		1. 本图例指能承重的混凝土及钢筋混凝土 2. 包括各种强度等级、骨料、添加剂的混凝土 3. 在剖面图上画出钢筋时，不画图例线 4. 断面图形小，不易画出图例线时，可涂黑	20	金属		1. 包括各种金属 2. 图形小时，可涂黑
13	钢筋混凝土			21	网状材料		1. 包括金属、塑料网状材料 2. 应注明具体材料名称
14	多孔材料		包括水泥珍珠岩、沥青珍珠岩、泡沫混凝土、非承重加气混凝土、软木、蛭石制品等	22	液体		应注明具体液体名称
				23	玻璃		包括平板玻璃、磨砂玻璃、夹丝玻璃、钢化玻璃、中空玻璃、夹层玻璃、镀膜玻璃等
15	纤维材料		包括矿棉、岩棉、玻璃棉、麻丝、木丝板、纤维板等	24	橡胶		
				25	塑料		包括各种软、硬塑料及有机玻璃等
16	泡沫塑料材料		包括聚苯乙烯、聚乙烯、聚氨酯等多孔聚合物类材料	26	防水材料		构造层次多或比例大时，采用上面图例
				27	粉刷		本图例采用较稀的点

注：序号1、2、5、7、8、13、14、16、17、18、24、25图例中的斜线、短斜线、交叉斜线等一律为45°。

表3-8-2　建筑构造及配件图例

序号	名称	图例	序号	名称	图例
1	墙体	1. 上图为外墙，下图为内墙 2. 外墙细线表示有保温层或有幕墙 3. 应加注文字或涂色或图案填充表示各种材料的墙体 4. 在各层平面图中防火墙宜着重以特殊图案填充表示	2	隔断	1. 加注文字或涂色或图案填充表示各种材料的轻质隔断 2. 适用于到顶与不到顶隔断
			3	玻璃幕墙	幕墙龙骨是否表示由项目设计决定
			4	栏杆	—

（续）

序号	名称	图　例		序号	名称	图　例	
5	楼梯		1. 上图为顶层楼梯平面，中图为中间层楼梯平面，下图为底层楼梯平面 2. 需设置靠墙扶手或中间扶手时，应在图中表示	12	墙预留洞、槽		1. 上图为预留洞，下图为预留槽 2. 平面以洞（槽）中心定位 3. 标高以洞（槽）底或中心定位 4. 宜以涂色区别墙体和预留洞（槽）
6	坡道	长坡道	上图为两侧垂直的门口坡道，中图为有挡墙的门口坡道，下图为两侧找坡的门口坡道	13	地沟	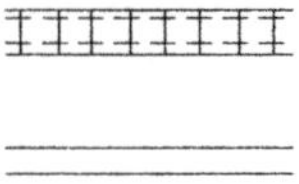	上图为有盖板地沟，下图为无盖板明沟
				14	烟道	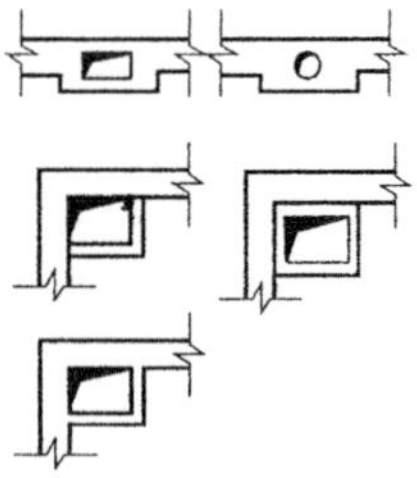	1. 阴影部分亦可填充灰度或涂色代替 2. 烟道、风道与墙体为相同材料，其相接处墙身线应连通 3. 烟道、风道根据需要增加不同材料的内衬
7	台阶		—	15	风道	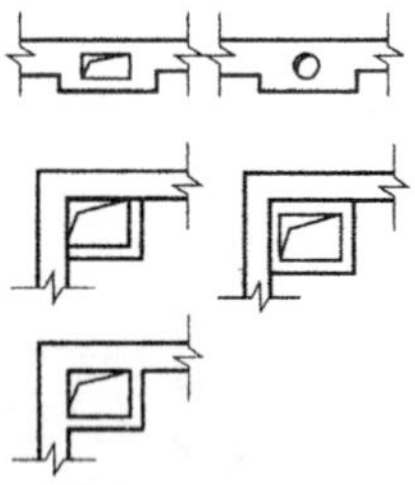	
8	平面高差		用于高差小的地面或楼面交接处，并应与门的开启方向协调	16	新建的墙和窗	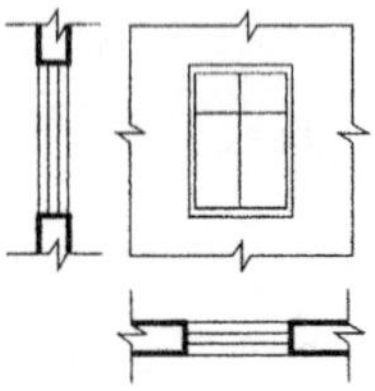	—
9	检查口		左图为可见检查口，右图为不可见检查口	17	改建时保留的墙和窗	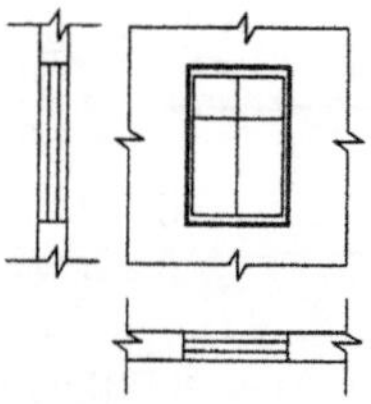	只更换窗，应加粗窗的轮廓线
10	孔洞		阴影部分亦可填充灰度或涂色代替				
11	坑槽		—				

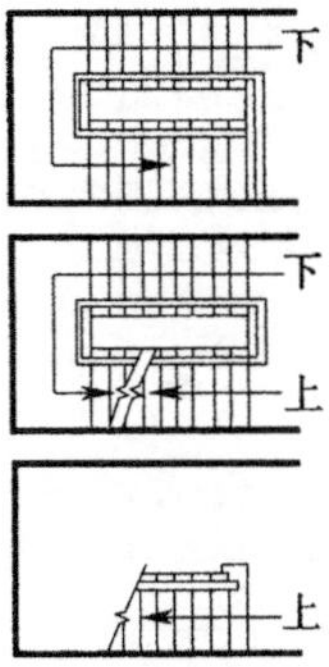

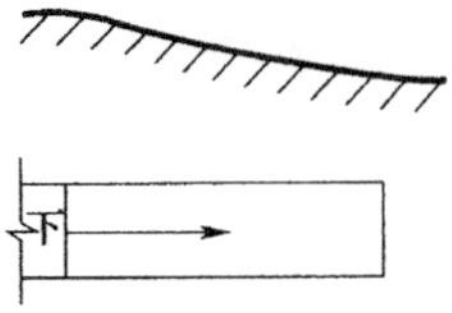

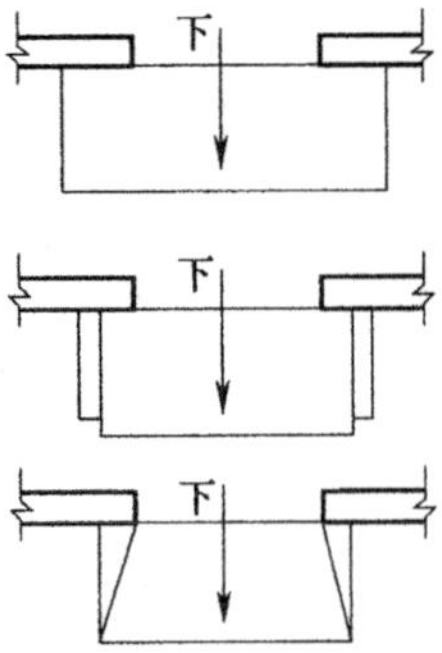

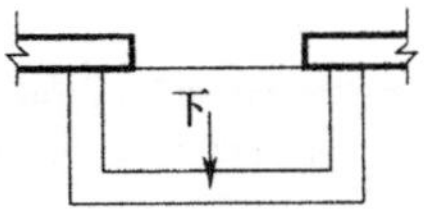

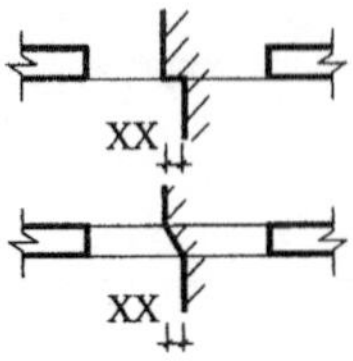

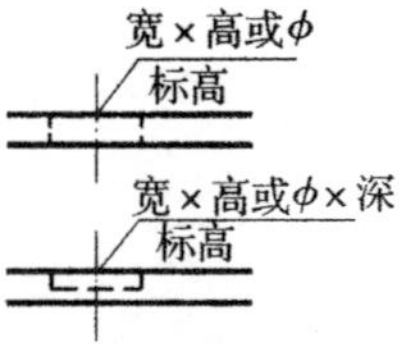

（续）

序号	名称	图　　例		序号	名称	图　　例	
18	拆除的墙		—	24	单面开启单扇门(包括平开或单面弹簧)		1. 门的名称代号用 M 表示 2. 平面图中，下为外，上为内 　门开启线为 90°、60° 或 45°，开启弧线宜绘出 3. 立面图中，开启线实线为外开，虚线为内开。开启线交角的一侧为安装合页一侧。开启线在建筑立面图中可不表示，在立面大样图中可根据需要绘出 4. 剖面图中，左为外，右为内 5. 附加纱扇应以文字说明，在平、立、剖面图中均不表示 6. 立面形式应按实际情况绘制
19	改建时在原有墙或楼板新开的洞		—		双面开启单扇门(包括双面平开或双面弹簧)		
20	在原有墙或楼板洞旁扩大的洞		图示为洞口向左边扩大		双层单扇平开门		
21	在原有墙或楼板上全部填塞的洞		全部填塞的洞 图中立面填充灰度或涂色	25	单面开启双扇门(包括平开或单面弹簧)		1. 门的名称代号用 M 表示 2. 平面图中，下为外，上为内 　门开启线为 90°、60° 或 45°，开启弧线宜绘出 3. 立面图中，开启线实线为外开，虚线为内开。开启线交角的一侧为安装合页一侧。开启线在建筑立面图中可不表示，在立面大样图中可根据需要绘出 4. 剖面图中，左为外，右为内 5. 附加纱扇应以文字说明，在平、立、剖面图中均不表示 6. 立面形式应按实际情况绘制
22	在原有墙或楼板上局部填塞的洞		左侧为局部填塞的洞 图中立面填充灰度或涂色		双面开启双扇门(包括双面平开或双面弹簧)		
23	空门洞		h 为门洞高度 h=		双层双扇平开门		

（续）

序号	名称	图　例		序号	名称	图　例	
26	折叠门		1. 门的名称代号用 M 表示 2. 平面图中，下为外，上为内 3. 立面图中，开启线实线为外开，虚线为内开。开启线交角的一侧为安装合页一侧 4. 剖面图中，左为外，右为内 5. 立面形式应按实际情况绘制	28	推杠门		1. 门的名称代号用 M 表示 2. 平面图中，下为外，上为内 门开启线为 90°、60°或 45° 3. 立面图中，开启线实线为外开，虚线为内开。开启线交角的一侧为安装合页一侧。开启线在建筑立面图中可不表示，在室内设计门窗立面大样图中需绘出 4. 剖面图中，左为外，右为内 5. 立面形式应按实际情况绘制
26	推拉折叠门			29	门连窗		
27	墙洞外单扇推拉门		1. 门的名称代号用 M 表示 2. 平面图中，下为外，上为内 3. 剖面图中，左为外，右为内 4. 立面形式应按实际情况绘制	30	旋转门		1. 门的名称代号用 M 表示 2. 立面形式应按实际情况绘制
27	墙洞外双扇推拉门			30	两翼智能旋转门		
27	墙中单扇推拉门		1. 门的名称代号用 M 表示 2. 立面形式应按实际情况绘制	31	自动门		1. 门的名称代号用 M 表示 2. 立面形式应按实际情况绘制
27	墙中双扇推拉门			32	折叠上翻门		1. 门的名称代号用 M 表示 2. 平面图中，下为外，上为内 3. 剖面图中，左为外，右为内 4. 立面形式应按实际情况绘制

（续）

序号	名称	图　例	序号	名称	图　例
33	提升门		37	横向卷帘门	
34	分节提升门	1. 门的名称代号用 M 表示　2. 立面形式应按实际情况绘制		竖向卷帘门	
35	人防单扇防护密闭门			单侧双层卷帘门	—
	人防单扇密闭门	1. 门的名称代号按人防要求表示　2. 立面形式应按实际情况绘制		双侧单层卷帘门	
36	人防双扇防护密闭门		38	固定窗	1. 窗的名称代号用 C 表示　2. 平面图中，下为外，上为内　3. 立面图中，开启线实线为外开，虚线为内开。开启线交角的一侧为安装合页一侧。开启线在建筑立面图中可不表示，在门窗立面大样图中需绘出　4. 剖面图中，左为外、右为内。虚线仅表示开启方向，项目设计不表示　5. 附加纱窗应以文字说明，在平、立、剖面图中均不表示　6. 立面形式应按实际情况绘制
	人防双扇密闭门	1. 门的名称代号按人防要求表示　2. 立面形式应按实际情况绘制			

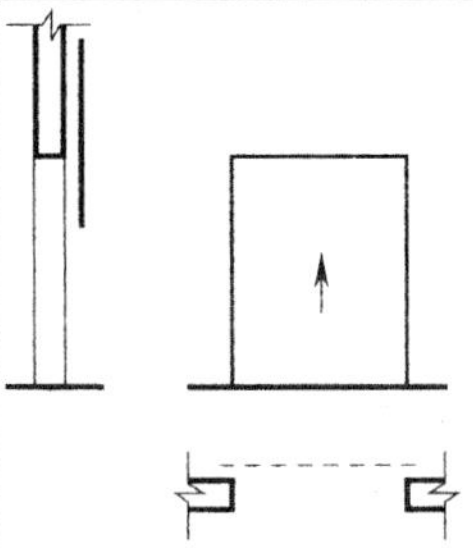

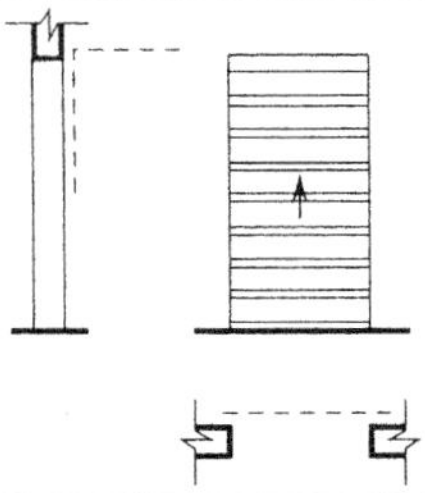

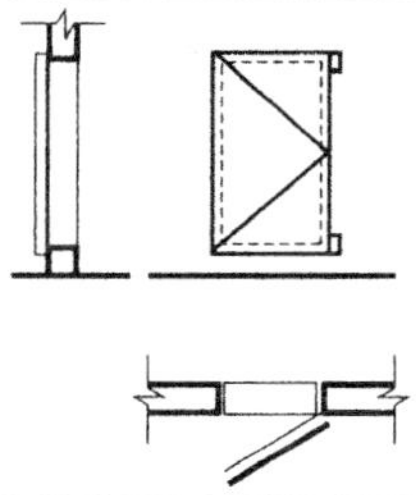

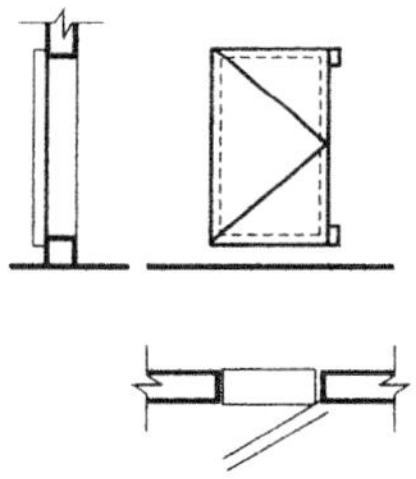

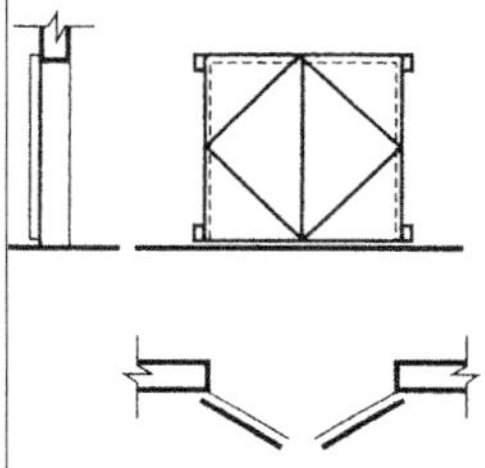

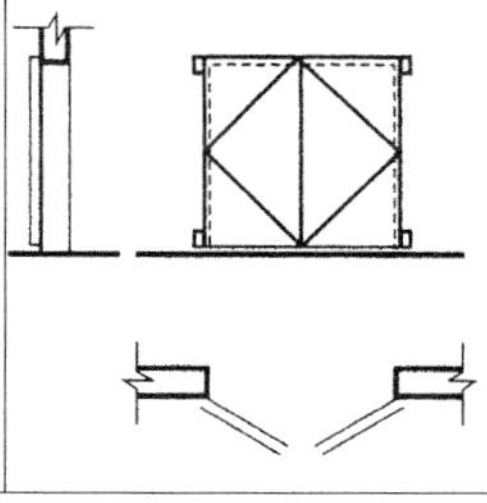

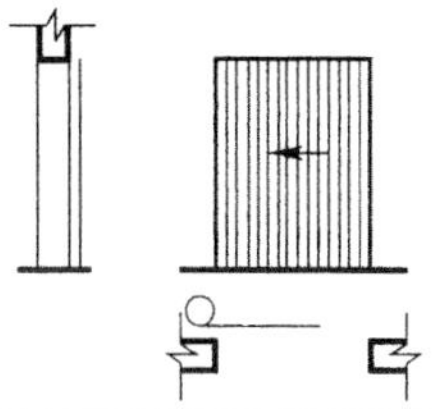

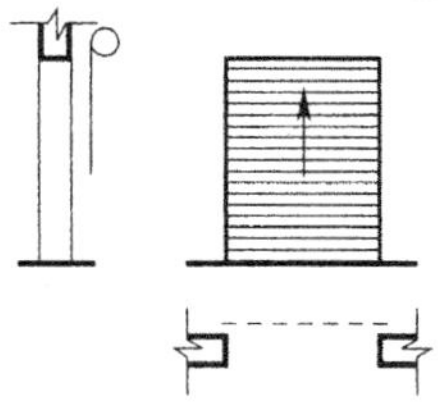

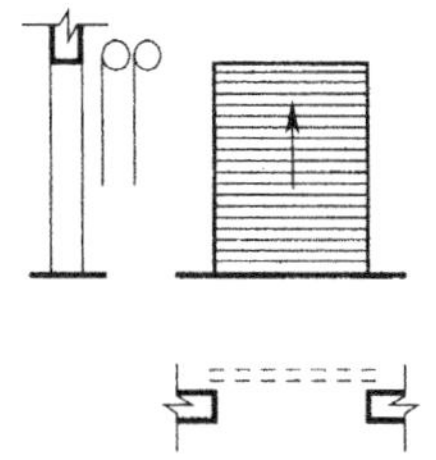

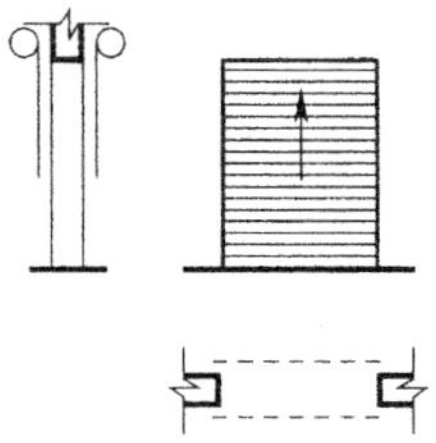

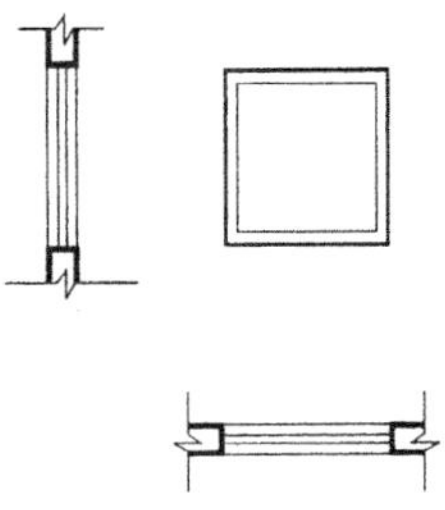

（续）

序号	名称	图 例	序号	名称	图 例
39	上悬窗		43	单层外开平开窗	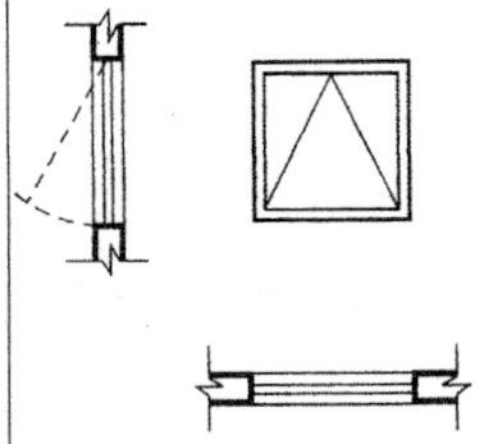 1. 窗的名称代号用 C 表示 2. 平面图中，下为外，上为内 3. 立面图中，开启线实线为外开，虚线为内开。开启线交角的一侧为安装合页一侧。开启线在建筑立面图中可不表示，在门窗立面大样图中需绘出
	中悬窗	1. 窗的名称代号用 C 表示 2. 平面图中，下为外，上为内 3. 立面图中，开启线实线为外开，虚线为内开。开启线交角的一侧为安装合页一侧。开启线在建筑立面图中可不表示，在门窗立面大样图中需绘出 4. 剖面图中，左为外、右为内。虚线仅表示开启方向，项目设计不表示 5. 附加纱窗应以文字说明，在平、立、剖面图中均不表示 6. 立面形式应按实际情况绘制		单层内开平开窗	
40	下悬窗			双层内外开平开窗	4. 剖面图中，左为外、右为内。虚线仅表示开启方向，项目设计不表示 5. 附加纱窗应以文字说明，在平、立、剖面图中均不表示 6. 立面形式应按实际情况绘制
41	立转窗		44	单层推拉窗	1. 窗的名称代号用 C 表示 2. 立面形式应按实际情况绘制
42	内开平开内倾窗			双层推拉窗	1. 窗的名称代号用 C 表示 2. 立面形式应按实际情况绘制

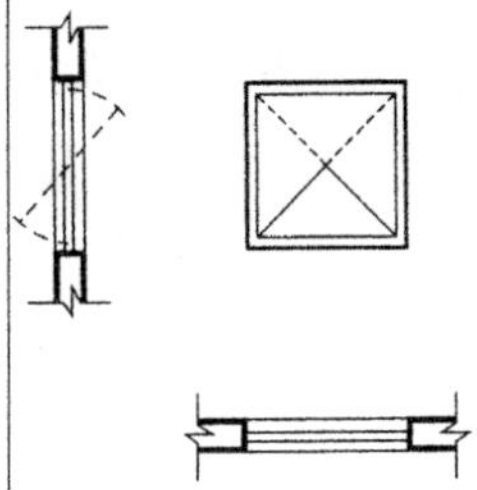

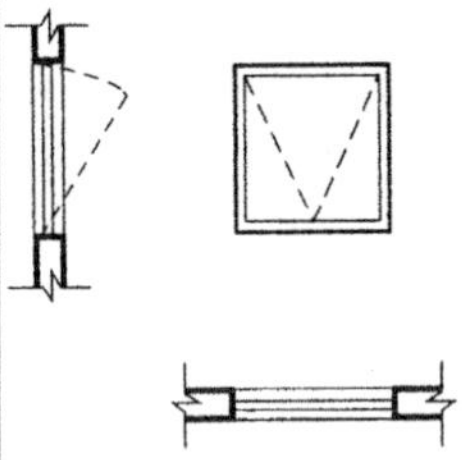

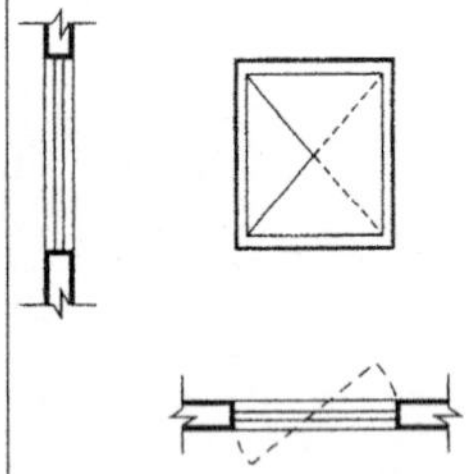

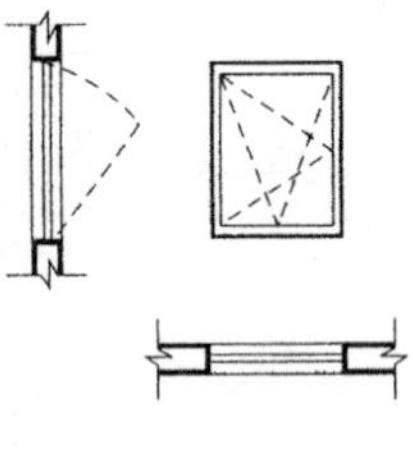

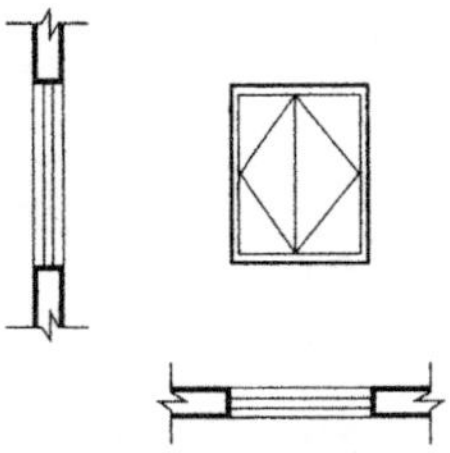

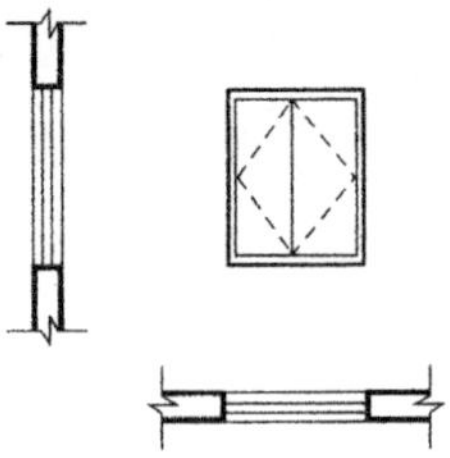

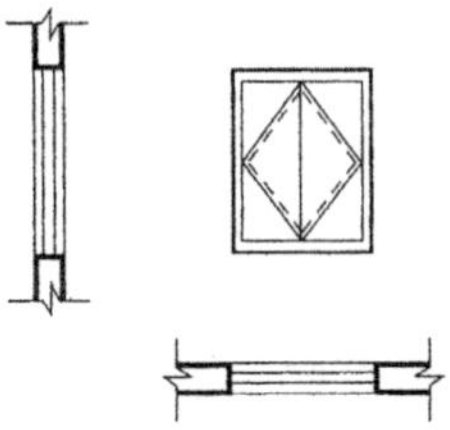

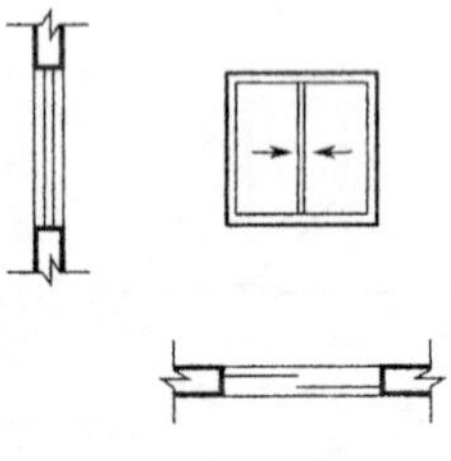

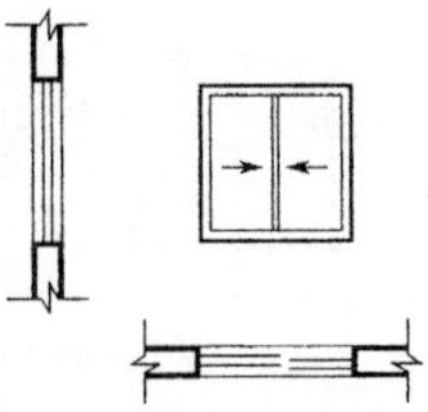

（续）

序号	名称	图 例		序号	名称	图 例	
45	上推窗		1. 窗的名称代号用 C 表示 2. 立面形式应按实际情况绘制	48	平推窗		1. 窗的名称代号用 C 表示 2. 立面形式应按实际情况绘制
46	百叶窗		1. 窗的名称代号用 C 表示 2. 立面形式应按实际情况绘制	49	电梯		1. 电梯应注明类型，并按实际绘出门和平衡锤或导轨的位置
47	高窗	$h=$	1. 窗的名称代号用 C 表示 2. 立面图中，开启线实线为外开，虚线为内开。开启线交角的一侧为安装合页一侧。开启线在建筑立面图中可不表示，在门窗立面大样图中需绘出 3. 剖面图中，左为外、右为内 4. 立面形式应按实际情况绘制 5. h 表示高窗底距本层地面高度 6. 高窗开启方式参考其他窗型	50	杂物梯、食梯		2. 其他类型电梯应参照本图例按实际情况绘制
				51	自动扶梯	下 上	箭头方向为设计运行方向
				52	自动人行道		
				53	自动人行坡道	上	箭头方向为设计运行方向

第四章 建筑专业施工图

第一节 封面和图纸目录

一、封面（图4-1-1）

全套施工图应有总封面。总封面的格式可由设计单位自行设计，内容应包括（可不限于）以下内容：①项目名称；②设计单位名称；③项目的设计编号；④设计阶段；⑤编制单位法定代表人、技术总负责人和项目总负责人的姓名及其签字或授权盖章；⑥设计日期（即设计文件交付日期）。

图4-1-1 施工图封面示例

说明：

（1）施工图应有总封面是《建筑工程设计文件编制深度规定》（2008年版）的要求。对于各专业图纸较多的大型工程，建议出专业分册封面，不同专业分册封面格式应统一。

（2）封面的内容应不少于上述6条，允许自行增加。示例中增加了透视图，便于审图单位和施工单位了解工程的形象。

（3）封面的大小应与装订图册大小一致。应按A1、A2、A3、A4标准图幅，字体大小应随图幅调整，做到协调美观。

二、图纸目录

（一）建筑施工图的主要内容

1. 封面

2. 图纸目录

3. 建筑设计说明

4. 建筑设计图纸（包括新设计的图纸和重复使用的标准图）

5. 计算书（供内部使用，一般不对外。审图单位要审查节能设计热工计算书）（图 4-1-2）

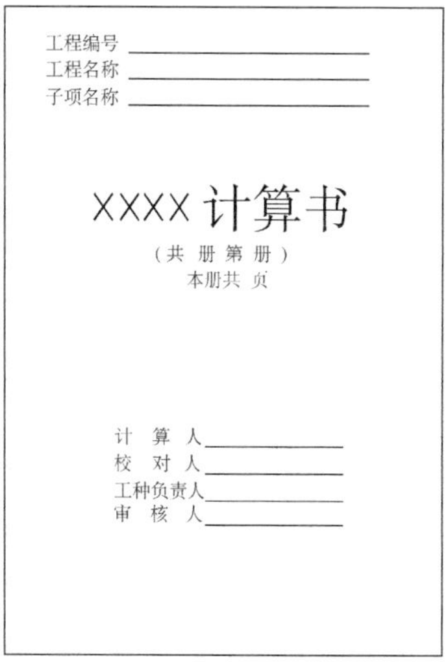
工程编号 ______
工程名称 ______
子项名称 ______

XXXX 计算书
（共 册 第 册）
本册共 页

计 算 人______
校 对 人______
工种负责人______
审 核 人______

图 4-1-2　计算书封面示例

说明：

建筑专业的计算书一般包括根据工程性质特点进行的热工、视线、日照、采光、声学、防护、防火、安全疏散等方面的计算。计算书不属于必须交付的设计文件，但应作为技术文件归档。

（二）图纸目录格式

图纸目录格式见表 4-1-1。

表 4-1-1　图纸目录

图　　号	图 纸 名 称	图 纸 规 格	备　　注
建施-1			
建施-2			
……			

（三）建筑施工图图纸目录的编排

图纸目录说明工程由哪几类专业图纸组成，各专业图纸的名称、张数和图纸顺序，以便查阅图纸。图纸目录应先列新绘制图纸，后列选用的标准图或重复利用图。

（1）仅有一张建筑施工图时，要在图纸上注明“建筑施工图仅在此页”。

（2）当有几张建筑施工图时，图纸目录必须在首页，可与其他图纸内容共同编排。也有的单位将图纸目录单独编写在 A4 图页上。

（3）当有很多建筑施工图时，图纸目录可单独成张，为全套图纸的第一张。

（4）图纸规格：图纸幅面规格按照 GB/T 50001—2010《房屋建筑制图统一标准》。幅面不宜过大，宜多用 A1 图纸。一个工程的幅面规格尽量用一种，有困难时，不多于二种。图名要与图纸的完全一致，一个字都不能偏差。注意排版和序号。

（四）图纸目录内容

1. 图纸目录

2. 建筑设计说明（包括防火设计专篇、节能设计专篇、人防设计说明）

3. 材料做法表

4. 房间装修用料表

5. 门窗表

6. 总平面图（总平面图按“总施”另行出图时，可不编入建施图纸目录）

7. 防火分区图（可比例缩小集中绘制）

8. 轴线关系与分段示意图(用于复杂平面,如果需要分段,分段轴线号前面应加注分段序号)

9. 地下室平面图(按施工顺序自下而上编排,从最下层开始排。)

10. 地沟或设备基础平面图(根据复杂程度,可单独绘制,也可在一层平面上表示。)

11. 一层平面图(或首层平面图)

12. 各层平面图

13. 屋顶平面图

14. 立面图(一般4个面都要绘制,因不一定为正南正北,立面图一般按轴线号命名)

15. 剖面图(如1-1剖面图、2-2剖面图、3-3剖面图)

16. 平面节点放大图(在尺寸过多的部位,应放大比例绘制,如高层核心筒、人防口部、管井密集的部位、住宅单元平面等)

17. 立面节点放大图

18. 剖面节点放大图(如地下防水节点,墙身详图,室内外台阶、花池等)

19. 楼梯详图

20. 电梯井道、机房、底坑详图

21. 坡道详图

22. 卫生间详图

23. 设备用房详图(如水泵房、配电室、水箱间、直燃机房、中水处理机房、空调机房、冷冻机房)

24. 吊顶平面图(对不进行二次装修的有室内吊顶的部位,应绘制包括吊顶分格、造型及风、水、电专业的相关设施,如风口、喷淋、灯具、烟感、音响等的吊顶综合平面图,吊顶平面图用镜像投影法绘制)

25. 门窗详图(少的时候可以和门窗表编排在一起,多的时候编排在最后)

➡ **说明**:

平面图、立面图、剖面图的比例应一致。剖面应选择有代表性的典型部位、构造复杂的部位剖切,如果工程空间变化较多,应多画几个剖面。标高关系复杂的建筑,平面可以用标高来命名。

(五)选用的标准图

为了加快设计与施工的速度,提高设计与施工的质量,把各种常用、大量的房屋建筑及建筑构配件,按国家标准规定的统一模数,根据不同规格标准,设计编出成套的施工图,以供选用。这种图样,称为标准图或通用图。将其装订成册即为标准图集。

标准图有两种:一种是整幢房屋的标准设计(定型设计);另一种是目前大量使用的建筑构配件标准图集。建筑标准图集的代号常用汉字"建"或字母"J"表示,如国家建筑标准设计图集《地下建筑防水构造》代号为"02J301"。天津市05系列建筑标准设计图集《住宅卫生间》代号为"05J11—2"。

1. 标准图集的使用要注意以下几点:

(1)标准图集的使用范围限制在图集批准单位所在的地区。

(2)标准图集也在不断地更新,不能使用已经废止的标准图集。

（3）引用标准图集，要注意图集的适用范围，注明必要的参数和设计要求。

（4）应符合工程项目所在地区审批部门对标准图的选用要求。

2. 选用标准图目录格式（表4-1-2）

表4-1-2　选用标准图目录

序号	图集号	图集名称	备注
1	FJ01～03	防空地下室建筑设计（2007年合订本）	国家建筑标准设计图集（编制单位：中国建筑标准设计研究院）
2	08BJ6-1	地下工程防水	建筑构造通用图集（华北标BJ系列图集）（编制单位：华北地区建筑设计标准化办公室）
3	05J6	外装修	05系列建筑标准设计图集（编制单位：天津市建筑设计院）

第二节　建筑设计说明

设计说明是对图样中无法表达清楚的内容用文字加以详细的说明，其主要内容有：建筑设计依据、建设工程概况、建筑装修、构造的要求，以及设计人员对施工单位的要求。

一、施工图设计说明编写示例

说明：

本"施工图设计说明编写示例"为一般民用建筑工程设计说明的基本格式提要，在参考时应特别注意：

（1）必须结合具体工程所在国家、城市的法律、法规和工程的大小，突出重点，对说明的内容予以增减。

（2）当采用新技术、新材料时，应予以补充说明。

（3）在具体工程中没有的内容，应该删除相关条目，不能照搬照抄。

（一）设计依据

1. 设计任务书

2. 经主管部门批准的初步设计文件（文件号）

3. 地质勘察报告（详勘）

4. 规划部门的审查意见（文件号）

5. 消防审查意见（文件号）

6. 人防办的审查意见（文件号）

7. 园林局审查意见（树木砍伐、移栽许可申请，园林绿地指标审查）

8. 交通局的审核意见（公安局交警支队对初步设计的交通条件进行审查）

9. 建设方提供的地形图

10. 建设方对本工程初步设计或方案设计文件的确认意见

11. 工程所在地区的气象、地理条件

12. 现行的国家和地方有关建筑设计规范、规程和规定

说明：

（1）业主在施工图阶段需要改变使用功能时，必须经初步设计批准部门同意。

（2）根据工程的不同性质和所在地区、涉及的主管或相关部门的批复意见均为工程的依据性文件，如文物、环保、卫生、市政、电信、邮政等部门的意见。

（3）工程的依据性文件还包括酒店管理公司流程、设施要求或厨房工艺、洗衣房工艺等设计单位配合的工艺设计图。

（二）项目概况

（1）(本工程项目名称)位于_____，东临_____，南临_____，西侧为_____，北侧为_____，是　(功能)　建筑。建设单位是_____。

（2）本工程的建筑类别、主要设计意图、设计的主要范围和内容。

说明：

建筑的类型繁多，分类的方法也有多种。按建筑的使用性质，一般分为工业建筑(厂房、仓库、发电站等)、农业建筑(农机站、饲养厂等)及民用建筑。民用建筑又分为居住建筑和公共建筑。居住建筑是指供家庭和集体生活起居用的建筑。公共建筑是供人们从事政治、文化、商业等公共活动用的建筑，如各类办公建筑、学校建筑、文化科技馆等。常见民用建筑分类如表4-2-1：

表4-2-1　民用建筑分类一览表

分类	建 筑 类 别	建 筑 物 举 例
居住建筑	住宅建筑	住宅、公寓、老年人住宅等
	宿舍建筑	职工宿舍、职工公寓、学生宿舍、学生公寓等
公共建筑	教育建筑	托儿所、幼儿园、中小学校、高等院校、职业学校、特殊教育学校等
	办公建筑	各级党委、政府办公楼、企业、事业、团体、社区办公楼等
	科研建筑	实验楼、科研楼、设计楼等
	文化建筑	剧院、电影院、图书馆、博物馆、档案馆、文化馆、展览馆、音乐厅等
	商业建筑	百货公司、超级市场、菜市场、旅馆、餐馆、饮食店、洗浴中心、美容中心等
	服务建筑	银行、邮电、电信、会议中心、殡仪馆等
	体育建筑	体育场、体育馆、游泳馆、健身房等
	医疗建筑	综合医院、专科医院、康复中心、急救中心、疗养院等
	交通建筑	汽车客运站、港口客运站、铁路旅客站、空港航站楼、地铁站等
	纪念建筑	纪念碑、纪念馆、纪念塔、故居等
	园林建筑	动物园、植物园、海洋馆、游乐场、旅游景点建筑、城市建筑小品等
	综合建筑	多功能综合大楼、商住楼等

（3）本工程总用地面积_____ m^2，总建筑面积_____ m^2，其中地上_____ m^2，地下_____ m^2，建筑基底面积_____ m^2，容积率_____。

（4）建筑层数、高度：地上_____层，地下_____层。地上为_____(功能)，地下为_____(功能)。建筑高度_____ m。

（5）建筑耐久年限：设计使用年限为_____年。

建筑类别：_____类(防火分类,仅用于高层建筑)。

建筑耐火等级：地上_____级，地下_____级。

人防工程等级：_____级。防化等级为_____级，人防地下室建筑面积为_____ m²，战时用途为_____，平时用途为_____。

🔘 **说明：**

建筑耐久年限应按 GB 50352—2005《民用建筑设计通则》第 3.2.1 条的规定填写，见表 4-2-2。

表 4-2-2　设计使用年限分类

类　　别	设计使用年限(年)	示　　例
1	5	临时性建筑
2	25	易于替换结构构件的建筑
3	50	普通建筑和构筑物
4	100	纪念性建筑和特别重要的建筑

人防建筑面积、等级、防化等级、战时用途、平时用途均须由当地人防办核定，按照 GB 50038—2005《人民防空地下室设计规范》进行设计，并按当地人防办提供的图集选用人防设备。

（6）建筑结构形式为_____结构，建筑结构的类别为_____类，使用年限为_____年，抗震设防烈度为_____度。

🔘 **说明：**

根据 GB 50068—2001《建筑结构可靠度设计统一标准》规定，建筑结构的类别为 1、2、3、4 类，使用年限为 5、25、50、100 年。

（7）停车数量：机动车_____辆，其中地面_____辆，地下_____辆；非机动车_____辆，其中地面_____辆，地下_____辆。

（8）能反映建筑规模的主要技术经济指标，如住宅的套型和套数；旅馆的客房数与床位数；医院的门诊、人次/日和住院部的床位数。

🔘 **说明：**

常见民用建筑规模的含义见表 4-2-3：

表 4-2-3　民用建筑规模

建　筑　物	建　筑　规　模
单元式多层及 高层住宅	总户数、户型及其户数
低层独立式住宅	建筑面积/户
宿舍	总床位数及床位数/间
旅馆	等级和标准客房数
疗养院	总床位数

（续）

建　筑　物	建　筑　规　模
医院	总床位数及门诊人次/日
幼托、中、小学	班数
大专院校	在校学生数
图书馆	藏书册数及阅览座位数
会堂、影院、剧院、体育场、体育馆	观众席位数
博物馆	等级（国家、省、市、县等）及类型（综合、专业）
文化馆	总使用面积及主要活动用房（观演、游艺、展览、阅览等）的使用面积
办公楼	办公使用面积
档案馆	馆藏档案卷数
法院	级别（高级、中级、基层）及审判庭席位数
银行	级别（总行、分行、支行、营业所等）、营业厅面积及办公面积
商业建筑	类型（购物中心、超市、百货商店、专业商店等）及营业面积
饮食建筑	就餐人数（单位内部食堂）或席位数（营业店馆）
铁路客运站	站级（特大、大、中、小型）及旅客最高聚集人数/日
公路客运站	站级（一、二、三、四级）及旅客日发送量（人次）
港口客运站	站级（一、二、三、四级）及旅客最大聚集量/日和年发客量（万人）
航空港	站别（国际、国内）及最大容量（架次/小时）
地铁站	类别（终点、中间、换乘等）及最大客流量/小时
停车场、库	类别（公用、专用、储备等）及停车位数

（三）标高及单位

（1）本工程 ±0.000 相当于绝对标高_____ m。

（2）各层标注标高为建筑完成面标高，屋面标高为结构面标高。

（3）本工程标高以 m 为单位，总平面图尺寸以 m 为单位，其他尺寸以 mm 为单位。

（4）本工程钢筋混凝土尺寸见结施图，本施工图中不重复表示。

➡ **说明**：

±0.000 相当于绝对标高的数值是由总图设计专业根据竖向设计给出的。绝对标高基准面的选取，我国规定以黄海平均海水面作为基准面，即绝对标高的零点。

（四）墙体

1. 地下部分

（1）外墙：外墙为防水钢筋混凝土墙，详结施。

（2）内墙：除钢筋混凝土墙外，为_____厚轻集料混凝土空心砌块，用_____（强度等级）砂浆砌筑；轻集料混凝土空心砌块标准密度等级_____；强度≥_____。（应采用防火、防潮的墙体材料）。

2. 地上部分

（1）外墙：除钢筋混凝土墙外，为_____厚轻集料混凝土空心砌块，用_____砂浆砌筑。

（2）内墙：除钢筋混凝土墙外，一部分内隔墙采用_____厚轻集料混凝土空心砌块，用_____砂浆砌筑；轻集料混凝土空心砌块标准密度等级_____；强度≥_____；另一部分内隔墙采用_____厚轻钢龙骨石膏板，其构造和技术要求见_____。防火墙的耐火极限≥3h。

内墙的透明部分采用玻璃隔断。走廊的玻璃隔断耐火极限应不小于1h。防火分区之间的玻璃隔断及防火间距不满足规范要求的，玻璃隔断内应安装耐火极限大于等于3h的防火卷帘。

（3）水、暖、强电、弱电管井井壁采用200厚轻集料混凝土实心砌块墙，用_____砂浆砌筑，其构造和技术要求见_____，内抹10厚DP-MR砂浆或10厚1:2.5水泥砂浆，随砌随抹光。

（4）需做基础的隔墙除另有要求者外，均随混凝土垫层做元宝基础，上底宽500mm，下底宽300mm，高300mm；位于楼层的隔墙可直接安装于结构梁（板）面上，特殊者见_____。

（5）墙身防潮层：在室内地坪下约60处做20厚1:2水泥砂浆内加3%~5%防水剂的墙身防潮层(在此标高为钢筋混凝土构造,或下为砌石构造时可不做),室内地坪变化处防潮层应重叠搭接，并在有高低差埋土一侧的墙身做20厚1:2水泥砂浆防潮层，如埋土一侧为室外，还应刷1.5厚聚氨酯防水涂料(或其他防潮材料)。

（6）隔墙均砌至梁或板，墙端部及柱间均设置构造柱，墙的构造柱、水平配筋带、门窗、洞口设置过梁的做法详结施总说明。

（7）轻集料混凝土空心砌块砌筑前，先浇筑细石混凝土基座，高150；宽同墙厚(有保温要求时,应考虑"热桥")。

（8）本图水、电、空调墙上留洞，圆孔以直径尺寸和中心标高表示，方洞以宽×高与底距地面尺寸表示。钢筋混凝土构件上的预留孔详见结施图，非承重墙上的留洞详见建施图和设备施工图纸，非承重墙上的洞口按结构总说明加强，洞口待安装后周边堵塞密实，楼面用细石混凝土，墙身用砌体或混凝土，标号不低于周边结构的要求，变形缝处双墙留洞的封堵，应在双墙分别增设套管，套管与穿墙管之间嵌堵_____，防火墙上留洞的封堵为_____，特殊做法详各专业施工图。小于300的洞不再表示。

（9）图例（表4-2-4）

表4-2-4　图例

墙 体 材 料	≤1:100	>1:100
钢筋混凝土墙		
轻集料混凝土空心砌块墙		
保温层		
玻璃隔断		
轻钢龙骨埃特板墙		

3. 外墙保温

外墙外保温采用_____厚岩棉保温层。

局部作外墙内保温的部位，内保温材料采用_____厚(硬质无机纤维喷涂)。

➲ 说明：

一、粘土砖

国家发改委推进禁用实心粘土砖工作，并鼓励各地积极发展和推广替代实心粘土砖的优质新型墙体材料，逐步淘汰粘土制品。2010 年底中国所有城市均禁用实心粘土砖，北京市所有建筑工程(包括基础部分)禁止使用粘土砖(包括掺加其他原料,但粘土用量超过 20% 的实心砖、多孔砖、空心砖)。也不允许采用粘土和页岩陶粒及以粘土和页岩陶粒为原料的建材产品。

资料显示，生产粘土砖每年耗用我国粘土资源达十多亿立方米，相当于毁田 50 万亩，同时消耗 7000 多万 t 标准煤。而粘土砖在使用中因保温隔热性能差致使建筑能耗总量很大。

二、墙体设计在使用功能上应考虑的因素

因墙体的作用不同，在选择墙体材料和确定构造方案时，应根据墙体的性质和位置，分别满足结构、热工、隔声、防火、工业化等要求。

1. 结构要求

(1) 对于承重墙，合理选择墙体结构布置方案，按结构要求各层的承重墙上、下对齐，墙垛、门、窗洞口位置尺寸也必须满足规范要求，上、下对齐为佳。

(2) 对于非承重墙，也必须满足足够的强度和稳定性。

2. 热工要求

(1) 墙体的保温要求：对有保温要求的墙体，须提高其构件的热阻，通常采取以下措施：

1) 增加墙体的厚度　墙体的热阻与其厚度成正比，可以通过增加墙体厚度的方法提高墙身的热阻。

2) 选择导热系数小的墙体材料　要增加墙体的热阻，常选用导热系数小的保温材料，如泡沫混凝土、加气混凝土、陶粒混凝土、膨胀珍珠岩、膨胀蛭石、浮石及浮石混凝土、FTC 相变自调温保温材料、矿棉及玻璃棉等。其保温构造有单一材料的保温结构和复合保温结构之分。

3) 采取隔蒸汽措施　为防止墙体产生内部凝结，常在墙体的保温层靠高温一侧，即蒸汽渗入的一侧，设置一道隔蒸汽层。隔蒸汽材料一般采用沥青、卷材、隔汽涂料以及铝箔等防潮、防水材料。

(2) 墙体的隔热要求：对有隔热要求的墙体，通常采取以下措施：

1) 外墙采用浅色而平滑的外饰面，如白色外墙涂料、玻璃马赛克、浅色墙地砖、金属外墙板等，以反射太阳光，减少墙体对太阳辐射的吸收。

2) 在外墙内部设通风间层，利用空气的流动带走热量，降低外墙内表面温度。

3) 在窗口外侧设置遮阳设施，以遮挡太阳光直射室内。

4) 在外墙外表面种植攀缘植物使之遮盖整个外墙，吸收太阳辐射热，从而起到隔热作用。

3. 隔声方面的要求

应按建筑物使用功能要求确定砌块墙体的隔声标准等级及墙体厚度，并应符合国家标准 GB 50118—2010《民用建筑隔声设计规范》的规定。提高隔墙隔声性能的措施有：

(1) 适当提高砌块的密度或增加墙体的厚度。

(2) 适当降低砌块的孔洞率或在其孔洞内填塞吸声材料。

(3) 双层墙的构造应避免出现"声桥"。

(4) 加强对埋设管道管线的孔洞和缝隙的密封处理。

4. 防火方面的要求

（1）墙体的燃烧性能和耐火极限必须符合防火规范的规定。

（2）按照防火规范要求划分防火分区，防火分区之间的隔墙为防火墙，其耐火极限不应低于 3h。除了防火墙以外，还有一些墙体有较高的防火要求，如附设在建筑物内的消防控制室、固定灭火系统的设备室、消防水泵房和通风空气调节机房等，应采用耐火极限不低于 2.00h 的隔墙和 1.50h 的楼板与其他部位隔开。另外，承重墙、非承重外墙、楼梯间、前室的墙和电梯中的墙，住宅建筑单元之间的墙和分户墙，疏散走道两侧的隔墙和房间隔墙，均有耐火极限的要求。在设计时应予以特别注意。

5. 防水方面的要求

（1）用于建筑物围护结构的外墙及用于厨房、卫生间、实验室、地下室等房间的墙应采取防潮、防水措施。

（2）需做防水设计的隔墙及轻集料混凝土砌块墙与楼地面交接处的墙根应先凿毛，再现浇高度不小于 200mm、厚度同隔墙的 C20 混凝土。

6. 建筑工业化要求

主要包括提高机械化施工程度、降低劳动强度；采用轻墙材料以减轻重量，降低成本等方面。

（五）地下室防水工程

（1）地下室防水工程执行 GB 50108—2008《地下工程防水技术规范》和地方的有关规程和规定。

（2）本工程场地的地下水位为_____，根据地下室使用功能、防水等级，采用_____道设防，设防做法为_____。详见地下室墙身、底部详图。

（3）地下室外墙预留通道、穿墙管必须做好防水处理，做法见_____。

（4）临空且具有厚覆土层的地下室顶板，其防水做法应参照种植屋面，排水坡度为 0.3%~0.5%。根据不同的气候区，覆土层大于等于规定厚度时可取消保温层。

（5）防水混凝土的施工缝、穿墙管道预留洞、转角、坑槽、后浇带等部位和变形缝等地下工程薄弱环节应按 GB 50108—2008《地下工程防水技术规范》处理。

➡ **说明：**

地下工程防水标准见表 4-2-5。

表 4-2-5　地下工程防水标准

防 水 等 级	标 准
一级	不允许渗水，结构表面无湿渍
二级	不允许渗水，结构表面可有少量湿渍 　工业与民用建筑：总湿渍面积不应大于总防水面积(包括顶板、墙面、地面)的 1/1000；任意 100m² 防水面积上的湿渍不超过 2 处，单个湿渍的最大面积不大于 0.1m² 　其他地下工程：总湿渍面积不应大于总防水面积的 2/1000；任意 100m² 防水面积上的湿渍不超过 3 处，单个湿渍的最大面积不大于 0.2m²；其中，隧道工程还要求平均渗水量不大于 0.05L/(m²·d)，任意 100m² 防水面积上的渗水量不大于 0.15L/(m²·d)
三级	有少量漏水点，不得有线流和漏泥沙 　任意 100m² 防水面积上的漏水或湿渍点数不超过 7 处，单个漏水点的最大漏水量不大于 2.5L/d，单个湿渍的最大面积不大于 0.3m²
四级	有漏水点，不得有线流和漏泥沙 　整个工程平均漏水量不大于 2L/(m²·d)；任意 100m² 防水面积上的平均漏水量不大于 4L/(m²·d)

不同防水等级的适用范围见表 4-2-6。

表 4-2-6　不同防水等级的适用范围

防水等级	适用范围	应用举例
一级	人员长期停留的场所；因有少量湿渍会使物品变质、失效的贮物场所及严重影响设备正常运转和危及工程安全运营的部位；极重要的战备工程、地铁车站	如地下办公用房等人员长期停留场所；档案库、文物库等少量湿迹会使物品变质、失效的贮物场所；配电间、地下铁道车站顶部等少量湿迹会严重影响设备正常运转和危及工程安全运营的场所或部位；指挥工程等极重要的战备工程
二级	人员经常活动的场所；在有少量湿渍的情况下不会使物品变质、失效的贮物场所及基本不影响设备正常运转和工程安全运营的部位；重要的战备工程	如一般生产车间等人员经常活动的场所；地下车库属有少量湿迹不会使物品变质、失效的场所，电气化隧道、地铁隧道、城市公路隧道、公路隧道侧墙等有少量湿迹基本不影响设备正常运转和工程安全运营的场所或部位；人员掩蔽工程属重要的战备工程
三级	人员临时活动的场所；一般战备工程	如城市地下公共管线沟等人员临时活动的场所；战备交通隧道和疏散干道等一般战备工程
四级	对渗漏水无严格要求的工程	

对于一个工程(特别是大型工程)，因工程内部各部分的用途不同，其防水等级可以有所差别，设计时可根据表中适用范围的原则分别予以确定，但要防止防水等级低的部位的渗漏水影响防水等级高的部位的情况。

(六) 屋面工程

(1) 本工程的屋面防水等级为_____级，防水层合理使用年限为_____年，设防做法为_____。

(2) 屋面做法及屋面节点索引见建施_____"屋面平面图"，露台、雨篷等见"各层平面图"及有关详图。

(3) 屋面排水组织见屋面平面图，内排水雨水管见水施，外排雨水斗、雨水管采用_____，除图中另有注明者外，雨水管的公称直径均为 DN _____。

(4) 隔汽层的设置：本工程的_____部位屋面设置隔汽层，其构造见屋_____。

➡ **说明：**

隔汽层是为了防止室内水蒸气通过屋面渗透到保温层内，在屋面铺设的一层气密性、水密性的防护材料。纬度 40°以北室内湿度 >75% 或其他地区室内湿度 >80% 的房间屋面及有恒温、恒湿要求的房间屋面应设隔汽层，隔汽层至女儿墙(或其他墙面)应沿墙面向上连续铺设，与防水层相接。倒置式屋面可不设隔汽层。

(5) 特种屋面：金属屋面、蓄水隔热屋面等另见详图。

(6) 屋面上的各设备基础的防水构造见_____。

➡ **说明：**

设备基础如屋顶风机、空调机组、冷却塔、通信微波天线、擦窗机轨道等。

屋面防水等级和设防要求见表 4-2-7。

表 4-2-7　屋面防水等级和设防要求

项　目	屋面防水等级			
	Ⅰ级	Ⅱ级	Ⅲ级	Ⅳ级
建筑物类别	特别重要或对防水有特殊要求的建筑	重要的建筑和高层建筑	一般的建筑	非永久性的建筑
防水层合理使用年限	25 年	15 年	10 年	5 年
设防要求	三道或三道以上防水设防	二道防水设防	一道防水设防	一道防水设防
防水层选用材料	宜选用合成高分子防水卷材、高聚物改性沥青防水卷材、金属板材、合成高分子防水涂料、细石防水混凝土等材料	宜选用高聚物改性沥青防水卷材、合成高分子防水卷材、金属板材、合成高分子防水涂料、高聚物改性沥青防水涂料、细石防水混凝土、平瓦、油毡瓦等材料	宜选用高聚物改性沥青防水卷材、三毡四油沥青防水卷材、金属板材、高聚物改性沥青防水涂料、合成高分子防水涂料、细石防水混凝土、平瓦、油毡瓦等材料	可选用二毡三油沥青防水卷材、高聚物改性沥青防水涂料等材料

注：1. 本规范中采用的沥青均指石油沥青，不包括煤沥青和煤焦油等材料。

2. 石油沥青纸胎油毡和沥青复合胎柔性防水卷材，是限制使用材料。

3. 在Ⅰ、Ⅱ级屋面防水设防中，如仅做一道金属板材时，应符合有关技术规定。

4. 对"一道防水设防"应正确理解，它是指具有单独防水能力的一道防水层次。

5. 同一建筑物不同部位的屋面防水等级设防要求可以不同。

（七）门窗工程

（1）建筑外门窗抗风压性能分级为_____，气密性能分级为_____，水密性能分级为_____、保温性能分级为_____、隔声性能分级为_____。

⇨ 说明：

以前，很多建筑设计文件对外窗的设计仅限于建筑立面的效果，确定外窗的形式和规格，而很少对外窗进行结构计算和对空气渗透、雨水渗漏、抗风压以及保温、隔声、采光等重要性能提出具体要求，更无节点详图。这一方面使施工单位在制作加工和安装时无依据；另一方面也使建设单位和质量监督部门在质量检查验收时，无质量检查依据。而作为质检部门对外窗的测试也只能依据是否达到国标或行标中的最低级予以判定，无法对是否满足实际工程需要做出评价。由于建筑外门窗在不同区域、不同楼层的质量要求不同，仅达到最低标准势必导致外门窗在使用过程中存在隐患。因此设计文件必须根据工程使用功能的要求，结合本地区的气候特点，确定建筑外门窗的物理性能指标。

（2）门窗玻璃的选用应遵照 JGJ 113—2009《建筑玻璃应用技术规程》和《建筑安全玻璃管理规定》发改运行［2003］2116 号及地方主管部门的有关规定。

（3）门窗立面均表示洞口尺寸，门窗加工尺寸要按照装修面厚度由承包商予以调整。

（4）门窗立樘：外门窗立樘详墙身节点图，内门窗立樘除图中另有注明者外，双向平开门立樘墙中，单向平开门立樘与开启方向墙面平，管道竖井门设门槛，高_____。

（5）门窗选料、颜色、玻璃见"门窗表"附注，门窗五金件要求为_____。

（6）除图中另有注明者外，内门均做盖缝条或贴脸，其做法见_____（门一侧内墙为釉面砖装修不做），门洞哑口做筒子板，其做法见_____。

（7）防火墙和公共走廊上疏散用的平开防火门应设闭门器，双扇平开防火门安装闭门器和顺序器，常开防火门须安装信号控制关闭和反馈装置。

（8）防火卷帘应安装在建筑的承重构件上，卷帘上部如不到顶，上部空间应用耐火极限与墙体相同的防火材料封闭，构造做法为_____。

（9）特种门安装的说明。

💡 **说明：**

特种门是指隔声门、冷库门、自动门、全玻门、旋转门、金属卷帘门、联动装置门、泄爆门窗、汽车库专用门、人防门、安全门、金库门以及医院各专用门等。

（八）幕墙工程

（1）玻璃幕墙的设计、制作和安装应执行 JGJ102—2003　J280—2003《玻璃幕墙工程技术规范》。

（2）金属与石材幕墙的设计、制作和安装应执行 JGJ122—2001　J133—2001《金属与石材幕墙工程技术规范》和 GB/T 21086—2007《建筑幕墙》。

（3）本工程的幕墙立面图仅表示立面形式、分格、开启方式、颜色和材质要求，其中玻璃部分应执行 JGJ133—2009　J255—2009《建筑玻璃应用技术规程》、《建筑安全玻璃管理规定》发改运行[2003]2116号。

（4）幕墙工程的承包商应依据建筑设计，进行施工图二次设计，二次设计经确认后，及时向建筑设计单位提供预埋件和受力部位的详细资料，以便在结构施工图中表达清楚，施工中及时预埋。

（5）幕墙工程应满足防火墙两侧、窗间墙、窗坎墙的防火要求，同时应满足外围护结构的各项物理、力学性能要求。

（6）幕墙工程应配合土建、机电、擦窗设备、景观照明工程的各项要求。

（7）采光顶棚可视同玻璃幕墙，由承包商二次设计。

（九）外装修工程

（1）外装修设计和做法索引见"立面图"及外墙详图。

（2）承包商进行二次设计的轻钢结构、装饰物等，经确认后，向建筑设计单位提供预埋件的设置要求。

（3）设有外墙外保温的建筑构造详见索引标准图及外墙详图。

（4）外装修选用的各项材料其材质、规格、颜色等，均由施工单位提供样板，经建设和设计单位确认后进行封样，并据此验收。

（十）内装修工程

（1）内装修工程执行 GB 50222—1995《建筑内部装修设计防火规范》（2001年修订版），楼地面部分执行 GB 50037—1996《建筑地面设计规范》；一般装修见"室内装修做法表"。

（2）楼地面构造交接处和地坪高度变化处，除图中另有注明者外均位于齐平门扇开启面处。

（3）凡设有地漏的房间均应做防水层，图中未注明整个房间做坡度者，均在地漏周围1m范围内做1%~2%坡度坡向地漏；有水房间的楼地面应低于相邻房间≥20mm或做挡水门槛，有大量排水的应设排水沟和集水坑；南方多雨潮湿地区无地下室的底层地面应做防潮处理。

➲ **说明：**

有水经常浸湿和水流淌的地面应设置防水隔离层，室内有防潮、防霉功能要求的也应设防水隔离层，如水处理间、通风、空调机房、水箱间、水泵房、冷冻机房、厨房、卫生间、淋浴间、洗衣房、热力站等设备用房及物流库、粮食衣物存放间等。

（4）防静电、防震、防腐蚀、防爆、防辐射、防尘、屏蔽等特殊装修，做法为_____。

（5）内装修选用的各项材料，均由施工单位制作样板和选样，经确认后进行封样，并据此进行验收。

（十一）油漆涂料工程

（1）室内装修所采用的油漆涂料见"室内装修做法表"。

（2）（现外门窗多采用铝合金、塑钢等材料）外木（钢）门窗油漆选用_____色_____漆，做法为_____；内木门窗油漆选用_____色_____漆，做法为_____（含门套构造）。

（3）楼梯、平台、护窗钢栏杆选用_____色_____漆，做法为_____（钢构件除锈后先刷_____防锈漆）。

（4）木扶手油漆选用_____色_____漆，做法为_____。

（5）室内外各项露明金属件的油漆为刷防锈漆2道后再做同室内外部位相同颜色的_____漆，做法为_____（注意沿海地区应选防腐能力强的底漆，如无机环氧富锌底漆；非沿海地区可选一般防腐能力的环氧底漆或聚氨酯底漆）。

（6）各项油漆均由施工单位制作样板，经确认后进行封样，并据此进行验收。

（十二）室外工程（室外设施）

外挑檐、雨篷、室外台阶、坡道、散水、窗井、排水明沟或散水带明沟、庭院围墙、围墙门（指住宅首层小院落）做法见_____。

（十三）建筑设备、设施工程

（1）本工程电梯（自动扶梯、自动人行道）按_____公司产品样本设计，选型见电梯（自动扶梯、自动人行道）选型表，电梯（自动扶梯、自动人行道）对建筑技术要求见电梯（自动扶梯、自动人行道）图。

（2）卫生洁具、成品隔断由建设单位与设计单位商定，并应与施工配合。

（3）厨房设备见_____厨房专业设计公司的深化设计图纸。

（4）灯具、送回风口等影响美观的器具须经建设单位与设计单位确认样品后，方可批量加工、安装。

（5）本工程外墙外窗清洗维护设备为_____，见_____。

（6）本工程采用机械停车，应在施工前与设备厂家配合，做好预留预埋。

（7）本工程的游泳池、水景等设备，应在施工前由专业厂家配合深化设计，做好预留预埋。

（8）本工程的景观照明应在施工前由专业厂家配合深化设计，做好预留预埋。

（十四）对采用新技术、新材料的做法及对特殊建筑选型和必要的建筑构造说明

（十五）其他施工中注意事项

（1）图中所选用标准图中有对结构专业的预埋件、预留洞，如楼梯、平台钢栏杆、门窗、建筑配件等，本图所标注的各种留洞与预埋件应与各专业密切配合后，确认无误方可施工。

（2）两种材料的墙体交接处，应根据饰面材质在做饰面前加钉金属网或在施工中加贴玻璃丝网格布，防止裂缝。

（3）预埋木砖及贴邻墙体的木质面均做防腐处理，露明铁件均做防锈处理。

（4）施工中应严格执行国家各项施工质量验收规范。

二、施工图的建筑设计说明相关规范、规定

在编写施工图的建筑设计说明时应注意遵守国家和行业的规范规定，如：

（1）根据《中华人民共和国建筑法》第五十七条的规定："建筑设计单位对设计文件选用的建筑材料、建筑构配件和设备，不得指定生产厂、供应商"。

（2）《中华人民共和国大气污染防治法》第四十四条：城市饮食服务业的经营者，必须采取措施，防治油烟对附近居民的居住环境造成污染。

（3）建设部关于建设领域推广应用新技术、新产品，严禁使用淘汰技术与产品的《技术与产品公告》。

（4）有关民用建筑，建筑材料有害物质限量，应根据建设部《关于加强建筑工程室内环境质量管理工作的若干意见》（建办质（2002）17 号）文件及 GB 50325—2010《民用建筑工程室内环境污染控制规范》，加以说明。

（5）建筑无障碍设计，内容涉及面比较广，应按照 JGJ 50—2001《城市道路和建筑物无障碍设计规范》，进行设计并加以说明。

（6）节能，成为施工图设计与审查的重点内容。应参照《全国民用建筑工程设计技术措施　节能专篇-建筑》以及国家和地方规范、规定进行设计并加以说明（详见本章《第三节节能设计文件》）。

第三节　节能设计文件

建筑节能是贯彻我国可持续发展战略的重要举措。为了提高建筑节能设计、审查、备案、认定的质量，国家和各地区均颁布了一系列标准和规定。所有民用建筑施工图都必须编制节能设计文件。节能设计文件由设计过程文件和施工指导文件两部分构成。节能设计过程文件包括节能设计计算书和节能审查备案登记表。节能设计施工指导文件指建筑施工图中的节能设计专篇和节能设计构造详图。各类节能设计文件应相互统一，相关内容和数据应完全一致。各类节能设计文件均应报送施工图审查机构审查，审查合格的文件才能正式使用。

一、建筑热工设计气候分区及建筑节能设计要点

由于各个地区气候分区不同，采取节能的措施也是不一样的。现行规范按居住建筑与公共建筑两部分列出了我国主要城市所处的气候分区。居住建筑分为五个气候区，并根据正在修编的采暖技术建筑节能标准加以细分。公共建筑则没有温和地区的要求。居住建筑主要城市所处城市气候分区见表 4-3-1，公共建筑主要城市所处气候分区见表 4-3-2。

表 4-3-1 居住建筑主要城市所处气候分区

气 候 分 区		代表性城市
严寒地区 （Ⅰ区）	严寒 A 区	博克图、满洲里、海拉尔、呼玛、海伦、伊春、富锦、大柴旦
	严寒 B 区	哈尔滨、安达、佳木斯、齐齐哈尔、牡丹江
	严寒 C 区	大同、呼和浩特、通辽、沈阳、本溪、阜新、长春、延吉、通化、四平、酒泉、西宁、乌鲁木齐、克拉玛依、哈密、抚顺、张家口、丹东、银川、伊宁、吐鲁番、鞍山
寒冷地区 （Ⅱ区）	严寒 A 区	唐山、太原、大连、青岛、安阳、拉萨、兰州、平凉、天水、喀什
	严寒 B 区	北京、天津、石家庄、徐州、济南、西安、宝鸡、郑州、洛阳、德州
夏热冬冷地区 （Ⅲ区）	—	南京、蚌埠、盐城、南通、合肥、安庆、九江、武汉、黄石、岳阳、汉中、安康、上海、杭州、宁波、宜昌、长沙、南昌、株洲、永州、赣州、韶关、桂林、重庆、达县、万州、涪陵、南充、宜宾、成都、遵义、凯里、绵阳
夏热冬暖地区 （Ⅳ区）	北区	福州、莆田、龙岩、梅州、兴宁、龙川、新丰、英德、贺州、柳州、河池
	南区	泉州、厦门、漳州、汕头、广州、深圳、香港、澳门、梧州、茂名、湛江、海口、南宁、北海、百色、凭祥
温和地区 （Ⅴ区）	温和地区 A 区	西昌、贵阳、安顺、遵义、昆明、大理、腾冲
	温和地区 B 区	攀枝花、临沧、蒙自、景洪、澜沧

表 4-3-2 公共建筑主要城市所处气候分区

气 候 分 区	代表性城市
严寒地区 A 区	海伦、博克图、伊春、呼玛、海拉尔、满洲里、齐齐哈尔、富锦、哈尔滨、牡丹江、克拉玛依、佳木斯、安达
严寒地区 B 区	长春、乌鲁木齐、延吉、通辽、通化、四平、呼和浩特、抚顺、大柴旦、沈阳、大同、本溪、阜新、哈密、鞍山、张家口、酒泉、伊宁、吐鲁番、西宁、银川、丹东
寒冷地区	兰州、太原、唐山、阿坝、喀什、北京、天津、大连、阳泉、平凉、石家庄、德州、晋城、天水、西安、拉萨、康定、济南、青岛、安阳、郑州、洛阳、宝鸡、徐州
夏热冬冷地区	南京、蚌埠、盐城、南通、合肥、安庆、九江、武汉、黄石、岳阳、汉中、安康、上海、杭州、宁波、宜昌、长沙、南昌、株洲、永州、赣州、韶关、桂林、重庆、达县、万州、涪陵、南充、宜宾、成都、贵阳、遵义、凯里、绵阳
夏热冬暖地区	福州、莆田、龙岩、梅州、兴宁、英德、河池、柳州、贺州、泉州、厦门、广州、深圳、湛江、汕头、海口、南宁、北海、梧州

注：本表摘自 GB 50189—2005《公共建筑节能设计标准》。

建筑热工设计应与地区气候相适应：
（1）严寒地区：必须充分满足冬季保温要求，一般可不考虑夏季防热。
（2）寒冷地区：应满足冬季保温要求，部分地区兼顾夏季防热。
（3）夏热冬冷地区：必须满足夏季防热要求，适当兼顾冬季保温。
（4）夏热冬暖地区（北区）：必须充分满足夏季防热要求，同时兼顾冬季保温。
　　　　　　　　　　（南区）：必须充分满足夏季防热要求，可不考虑冬季保温。
（5）温和地区：部分地区应考虑冬季保温，一般可不考虑夏季防热。

二、节能设计专篇

《节能设计专篇》的内容和编制深度必须符合国家规范和地方规定。不同地区对《节能设计专篇》编制深度和格式要求有所不同，但基本要求大体相似。以下为施工图阶段《节能设计专篇》的基本格式提要，在参考时应特别注意必须根据具体工程所在地区的气候区和所设计工程节能设计的具体要求相应调整。

1. 工程概况

工程概况应包括：项目名称、建筑类型、层数、总建筑面积、建设工程所在城市、其城市所在的气候分区，采暖度日数_____，空调度日数_____。建筑物朝向，建筑物节能计算面积等内容。

2. 设计依据

（1）GB 50176—1993《民用建筑热工设计规范》。

（2）GB 50189—2005《公共建筑节能设计标准》。

（3）所在气候区居住建筑节能设计标准。

（4）所在省、市、地区民用建筑节能设计标准。

（5）《全国民用建筑工程设计技术措施节能专篇》建筑、结构、给水排水、暖通空调·动力、电气等各分册。

（6）GB 50034—2004《建筑照明设计标准》。

（7）各专业相关的规范、相关产品标准。

3. 节能水平设计要求

应明确工程项目的节能水平的设计要求（如节能 50%、节能 65% 等）。

（一）建筑专业

1. 围护结构的规定性指标

（1）建筑物外表面积_____；体积_____；体形系数_____。

➡ 说明：

JGJ 26—2010《严寒和寒冷地区居住建筑节能设计标准》中对体型系数的定义为：建筑物与室外大气接触的外表面积与其所包围的体积的比值。外表面积中，不包括地面和不采暖楼梯间隔墙和户门的面积。北京市地方标准 DB 11/687—2009《公共建筑节能设计标准》中，对体形系数的定义同上，补充说明外表面积中，不包括不与室外空气直接接触的地面、地下室墙面和顶面的面积。单位为 m^2/m^3。

建筑体形系数越大，单位建筑面积对应的外表面面积越大，传热损失就越大。

（2）屋面的传热系数或传热阻、居住建筑的热惰性指标，规范要求为_____，设计控制指标为_____。

（3）外墙的传热系数或传热阻、居住建筑的热惰性指标，规范要求为_____，设计控制指标为_____。

（4）接触室外空气的架空或挑空楼板传热系数或传热阻，规范要求为_____，设计控制指标为_____。

（5）地下室为采暖、空调空间时的地下室外墙、地面热阻，规范要求为_____，设计控制指标为_____。

地下室为非采暖、空调空间时的地下室与采暖、空调空间间隔的墙体、顶板传热系数或传热阻，规范要求为_____，设计控制指标为_____。

（6）其他与节能有关的楼板、墙体传热系数或传热阻，规范要求为_____，设计控制指标为_____。

（7）门窗（含透明幕墙）

居住建筑各朝向的窗墙面积比、传热系数或传热阻、遮阳系数或遮阳率、气密性等级等设计指标规范要求为_____，设计控制指标为_____；户门的传热系数或传热阻规范要求为_____，设计控制指标为_____。

公共建筑各朝向的窗墙面积比、传热系数或传热阻、遮阳系数或遮阳率、可见光投射比、可开启面积比、气密性等级等设计指标规范要求为_____，设计控制指标为_____。

（8）屋面透明部分与屋面面积比、传热系数或传热阻、遮阳系数或遮阳率、气密性等级，规范要求为_____，设计控制指标为_____。

（9）各种冷桥的传热系数或传热阻，规范要求为_____，设计控制指标为_____。

2. 节能设计构造做法

（1）施工图设计中应明确围护结构的构造做法，包括屋面、墙体（含非透明幕墙）、楼板、接触室外空气的架空或挑空楼板，采暖空调地下室的外墙、地面或非采暖空调地下室与采暖、空调空间间隔的墙体、顶板，其他围护墙、楼板，冷桥等。

构造做法应包括主要构造图、关键保温材料的主要性能指标要求和厚度要求。如果引用标准图，应标明图集号、图号。

（2）施工图设计中应明确外窗、透明幕墙、屋面透明部分等部位的构造做法。构造做法应包括主要构造图，型材和玻璃（或其他透明材料）的品种和主要性能指标要求，中空层厚度、气密性、传热系数、遮阳系数、可开启面积比等。如引用标准图，应标明图集号、图号。

（3）施工图设计中应明确外窗、透明幕墙、屋面透明部分等部位的遮阳构造做法。构造做法应包括主要构造图、材料或配件的品种和主要性能指标要求、安装节点等。如引用标准图，应标明图集号、图号。

（4）施工图设计中应明确分户门的类型和节能构造做法或要求。

3. 保温材料的燃烧性能、密度和导热系数等相关性能指标。

说明：

由于近年来多起建筑保温火灾事件发生，造成严重人员伤亡和财产损失，保温材料的防火性能引起了业内各界的高度重视。民用建筑外保温材料选用参见本书第四章第五节《材料做法表》中的"外墙保温做法"。

建筑内保温材料的燃烧性能应参照 GB50222—1995《建筑内部装修设计防火规范》（2001年修订版），根据不同的建筑使用功能选用。内保温更应选择不燃或难燃，并在火灾时不会散发有毒气体的材料和构造。

4. 当需要进行建筑围护结构热工性能的权衡判断时必须具有相关专业的技术参数，设计计算文件应明确：

（1）居住建筑

1）主要计算参数，包括体形系数、围护结构构造与指标、总建筑面积与采暖空调面积、采暖空调平面图、气候条件等。

2）夏季空调与冬季采暖的耗冷（热）量、耗电量。

（2）公共建筑

1）参照建筑与所设计建筑的形状、大小、内部的空间划分和使用功能；参照建筑与所设计建筑的体形系数、外窗（透明幕墙）的窗墙面积比、屋顶透明部分的面积占屋顶总面积的百分比等指标；各围护结构的传热系数及其他热工性能。

2）规定的计算条件，包括采暖空调要求、气候条件。

3）所设计建筑的全年采暖和空气调节能耗；参照建筑的全年采暖和空气调节能耗。

（3）计算书与计算软件

应明确计算软件的名称，主要计算参数、中间结果和结论。

（二）给水排水专业、暖通专业、电气专业（略）

三、节能设计计算书

节能设计计算书是编制建筑节能设计专篇的重要依据。

（一）建筑专业节能设计计算书主要内容

（1）规定性指标计算书。

1）保温材料的性能指标：导热系数和密度等。

2）建筑物的热工计算：外墙、屋面、地面（有架空层的首层地面）、不采暖楼梯间内隔墙、建筑外挑部分等。

3）体形系数、窗墙比及外门窗性能指标。

4）轻质外墙隔热和不结露的验算以及外墙内保温墙体和热桥部位内部冷凝受潮验算。

（2）当部分规定性指标未满足规范限值要求时，应进行综合指标计算。

（二）给水排水专业、暖通专业、电气专业节能设计计算书主要内容（略）

四、节能审查备案登记表

在交送节能设计审查时，居住建筑要填写《居住建筑节能设计备案表》。居住建筑为商住混合建筑时，需附《公共建筑节能设计备案表》。公共建筑要填写《公共建筑节能设计备案表》。

以上表格各一式三份，加盖施工图审查机构专用章，备案后分别留存备案、审查、建设单位。

第四节　消防设计专篇

国家、省级重点工程和其他设置建筑自动消防设施的建筑工程设计应当编制消防设计专篇。该专篇包括设计依据、工程概况说明和工程项目中涉及的下列内容：

一、设计依据

（1）设计中贯彻的国家和地方颁布的有关消防技术政策、法规、规范、规定。

（2）政府有关主管部门项目批准的批文。

（3）工程设计依据。

（4）建设单位提供的生产工艺等资料。

二、工程概况

（1）工程名称、工程地点、工程规模、建设单位名称等基本情况，编制单位，编制年月；写明编制单位法定代表人。技术总负责人，项目总负责人和各专业负责人的姓名，并经上述人员签署或授权盖章。

（2）工程建设的规模和设计范围

1）工程的设计规模及项目组成；

2）分期建设（应说明近期、远期的工程）的情况；

3）承担的设计范围与分工。

（3）工程性质及使用功能、结构形式、抗震设防烈度、设计使用年限。

（4）建筑类别及建筑耐火等级。

（5）主要技术经济指标：

建设用地面积：_____；

总建筑面积：_____；

（其中:地上建筑面积为_____,地下建筑面积为_____）；

建筑高度：_____；

建筑层数（其中:地上建筑层数为_____,地下建筑层数为_____）；

建筑密度：_____容积率：_____绿化率：_____；

机动车停车位：_____（其中:地上停车位为_____,地下停车位为_____）；

自行车停车位：_____。

（6）本工程具有特殊火灾危险性的消防设计和需要设计审批时解决或确定的问题。

三、总平面消防设计

（1）说明场地所在地的名称及位置，四邻已有和规划的建筑物与构筑物情况、场地内保留建构筑物的情况。

（2）说明建筑物、构筑物满足防火间距的情况，若防火间距不足采取何种措施。

（3）说明在总平面设计中，对功能分区的划分、远期规划方面的设计。

（4）说明竖向布置方式（平坡式或台阶式）。

（5）说明人流和车流的组织，出入口的确定，各种交通流线的组织情况。

（6）消防车道形式、车道宽度（m）、转弯半径（m）、回车场尺寸、过街楼通道净尺寸（宽×高）。

（7）高层建筑消防扑救场地的布置及主要设计技术条件，消防车的登高立面及登高面操作场地的位置及尺寸（m×m）。

四、建筑消防设计

（1）主要建筑构件（如防火墙、承重墙、楼梯间的墙、电梯井的墙、非承重外墙、疏散走道两侧的隔墙、房间隔墙、柱、梁、楼板、疏散楼梯、屋顶承重构件、吊顶）的耐火性能、耐火等级。

（2）防火和防烟分区的设置（复杂工程应绘制防火、防烟分区图）及防火分区的防火分隔措施（防火墙、防火门窗或防火卷帘等）。

（3）消防控制室、消防水泵房的位置及是否设置直通室外的安全出口。

（4）防火建筑构造，各部位的防火分隔材料，如防火墙的材料（耐火极限≥3h）；管道井每隔_____层封堵，封堵材料为_____；建筑幕墙在每层楼板外沿设置耐火极限不低于1.00h、高度不低于0.8m的不燃烧实体墙或防火玻璃。幕墙与每层楼板、隔墙处的缝隙均采用防火封堵材料封堵；外墙保温材料为_____，其燃烧性能为_____。

（5）防火门或防火卷帘的设置为：

1）防火墙、防火隔间、避难走道前室：甲级防火门、耐火极限≥3h 的特级复合防火卷帘。

2）当中庭相连通楼层的建筑面积之和大于一个防火分区的建筑面积时，房间与中庭回廊相通的门或窗，与中庭相通的过厅、通道等处：火灾时可自行关闭的甲级防火门窗或耐火极限≥3h 的特级复合防火卷帘门。

3）防烟楼梯间及其前室、消防电梯前室、通向室外楼梯的门：乙级防火门。

4）封闭楼梯间首层扩大前室、高层建筑、人员密集的公共建筑、人员密集的多层丙类厂房设置封闭楼梯间时，楼梯间的门：乙级防火门。

5）地下、半地下室与地上层共用楼梯间时，在首层采用耐火极限不低于 2.00h 的不燃烧体隔墙将地下、半地下部分与地上部分的连通部位完全隔开，隔墙上所开的门：乙级防火门。

6）电缆井、管道井、排烟道、排气道、垃圾道等竖向管道井，应分别独立设置；其井壁应为耐火极限不低于 1.00h 的不燃烧体；井壁上的检查门应采用丙级防火门。

7）设备机房：主要位于地下室和避难层，锅炉房、变压器室、柴油发电机房、通风空气调节机房等布置在民用建筑内时，应采用耐火极限不低于 2.00h 的不燃烧体隔墙和不低于 1.50h 的不燃烧体楼板与其他部位隔开，采用甲级防火门；消防控制室、固定灭火系统的设备室、消防水泵房等，采用甲级防火门。

（6）消防电梯台数、每台载重量(kg)、速度(m/s)、前室面积(m²) 停靠层数、独用或合用前室面积(m²)。

（7）安全疏散设计。公共建筑每层疏散人数、疏散宽度、疏散楼梯形式及疏散距离。包括建筑物内走道、楼梯、安全出口的位置；楼梯间类型、数量、宽度，防烟楼梯间前室的设置；每个分区及最大层疏散宽度(附计算书)。

疏散距离是否满足规范要求(主要包括位于两个安全出口之间的最远房间的距离、位于袋形走道两侧或尽端的最远房间的距离、观众厅、展览厅、营业厅等任何一点至最近的疏散出口的直线距离、其他房间内最远一点至房门的直线距离)以及通向屋顶和地下室楼梯的安全疏散设施的设计。

（8）人员密集的公共场所(如影剧院、体育馆、观众厅、会议厅、歌舞厅、多功能厅等)，设置位置、面积、最大容纳人数(或测算的密度定员数)、疏散时间、疏散走道的设置、安全出口的数量、走道和安全出口的总宽度，每个安全出口的宽度、座位的排列、排距等设计。

（9）避难层及屋顶直升飞机停机坪设置。避难层数量、避难层所在层次、通往避难层的防烟楼梯设置情况说明、避难层的净面积_____(m²)(按 5.00 人/m² 计算)。

避难层有无设置消防电梯出口、屋顶有无设置直升机停机坪、直升机停机坪与屋顶突出物关系、层顶平台出口数量、每个出口净宽度。

（10）锅炉房的锅炉容量及台数、单台最大容量、燃料种类、燃料小时耗量、设置形式，如为附设，应说明设置位置、相邻和上、下层房间使用性质、对建筑采用何种防火措施；如为独立设置，应说明四周建筑情况和间距。另外，还应说明锅炉房的泄压面积(m²)、换气次数(次/h)、事故排风换气次数(次/h)。

（11）柴油发电机房的位置、对建筑采用的防火措施、柴油闪点、储油间存量。

（12）汽车库的停车数量、汽车疏散出口数量、疏散出口坡道最小净宽度、疏散出口坡道坡度(%)。

（13）在使用功能上有特殊要求的建(构)筑物或个别部位、房间(如无窗厨房、洁净厨房、厨房燃料用房、筒仓、地下建筑）的危险性和所采取的防火防爆措施。

（14）建筑物内装修的材料、燃烧性能等级和做法。

五、消防给水排水与灭火设施

（1）室内外消防用水总量的计算。

（2）水源形式、供水能力和贮存量。

（3）室内外消防给水设计流量、管网形式、管径、水压及加压措施和消火栓、消防卷盘的位置、间距、保护半径、室内消防水箱的贮水量。

（4）自动喷水灭火系统的保护单元设计要点。

（5）固定、半固定泡沫灭火装置及其他灭火装置和油罐的喷水冷却系统的设计要点。

（6）含有易燃、可燃液体的污水、雨水管道的水封分隔措施。

（7）消防电梯间井底排水措施。

（8）气体灭火系统保护单元的设计要点。

（9）灭火器的配置设计（含类型、规格、数量及设置位置）。

六、通风、空调、采暖与防排烟

（1）通风及除尘系统的形式、排出物质的成分和含量。

（2）通风、空调管道的材质、保温敷设形式、保温材料材质、管道内防火阀的选型和设置位置。

（3）防烟、排烟措施的设计要点，设备类型、规格、数量。

（4）采暖系统的设计及所采取的防火措施。

七、电气

（1）供电的负荷等级、电源的数量及消防用电的可靠性，消防用电与非消防用电的切换设计。

（2）火灾自动报警系统设计，事故照明、疏散指示标志、事故广播、消防电梯、消防水泵等设备位置、规格、数量及控制与联动系统设计，消防控制室的位置等方面的设计。

（3）爆炸和火灾危险场所的等级、电气线路及设备的选型、规格。

（4）防雷、防静电等装置的设计要点。

第五节　材料做法表

材料做法表或工程做法表主要是对建筑各部位构造做法用表格的形式加以详细说明。

一、材料做法表的内容

1. 屋面做法

2. 外装修做法（外墙、台阶、坡道、散水）

3. 楼、地面做法

4. 内装修做法（内墙、踢脚、顶棚）

5. 地下防水做法

二、材料作法表相关政策、规定

（一）节能

随着《公共建筑节能设计标准》GB 50189—2005、《居住建筑节能设计标准》以及各地的地方节能标准的发布和实施，根据我国各城市所处气候分区，对各地的建筑室内热环境、建筑围护结构的热工性能参数、围护结构热工性能的权衡判断、暖通和空气调节节能设计做出了详细规定。相应的，材料做法要考虑屋面、外墙、底面接触室外空气的架空或外挑楼板、地面、地下室外墙等外围护结构以及非采暖空调房间（楼梯间、电梯井、公共通道、地下室、设备间、管道中等）与采暖空调房间相邻的隔墙或楼板的传热系数，保温（隔热）层的厚度和构造。

（二）环保

商务部、公安部、建设部、交通部四部门于 2003 年 10 月 16 日颁发的《关于限期禁止在城市城区现场搅拌混凝土的通知》（商改发[2003]341 号），进一步明确了我国预拌混凝土发展的方针政策和发展要求，首次对现场搅拌混凝土做出了"禁止"的明确规定。限期禁止城区现场搅拌混凝土的城市名单有 124 个；2007 年 6 月 6 日，商务部、公安部、建设部、交通部、质检总局、环保总局等六部门下发了《关于在部分城市限期禁止现场搅拌砂浆工作的通知》（商改发[2007]205 号）。根据通知要求，北京等 10 个城市从 2007 年 9 月 1 日起正式启动禁止在施工现场搅拌砂浆的规定，工程中将使用预拌砂浆，其他 117 个城市也已经分期分批实施"禁现"。这一举措进一步加大了散装水泥的推广力度。

预拌砂浆按生产的搅拌形式分为两种：干拌砂浆与湿拌砂浆。按使用功能分为两种：普通预拌砂浆和特种预拌砂浆。按用途分为预拌砌筑砂浆、预拌抹灰砂浆、预拌地面砂浆及其他具有特殊性能的预拌砂浆。按照胶凝材料的种类，可分为水泥砂浆和石膏砂浆。

设计单位应当按照预拌砂浆有关标准和规程进行设计，在施工图设计文件中明确预拌砂浆品种和等级。施工图审查单位要将预拌砂浆设计情况列入审查范围。

（三）砂浆相关知识

1. 术语和定义

（1）砂浆 mortar　砂浆是由胶凝材料、细骨料、掺加料和水按一定比例配制而成的建筑工程材料。砂浆按用途不同分为砌筑砂浆、抹面砂浆和特种砂浆。砂浆常用的胶凝材料有水泥、石灰、石膏。按胶凝材料不同砂浆又可分为水泥砂浆、石灰砂浆和混合砂浆。混合砂浆有水泥石灰砂浆、水泥粘土砂浆和石灰粘土砂浆等。

（2）预拌砂浆 ready-mixed mortar　预拌砂浆系指由专业生产厂家生产的，用于一般工业与民用建筑工程的砂浆，包括干拌砂浆和湿拌砂浆。

（3）干拌砂浆 dry-mixed mortar　又称砂浆干拌（混）料，是指由专业生产厂家生产、经干燥筛分处理的细集料与无机胶结料、矿物掺合料和外加剂按一定比例混合而成的一种颗粒状或粉状混合物。在施工现场按使用说明加水搅拌即成为砂浆拌合物。产品的包装形式可分为散装或袋装。干拌砂浆包括水泥砂浆和石膏砂浆。

（4）湿拌砂浆 wet-mixed mortar　简称湿拌砂浆，是指由水泥、砂、保水增稠材料、水、粉煤灰或其他矿物掺合料和外加剂等组分按一定比例，经计量、拌制后，用搅拌输送车运至使用地妥善存储，并在规定时间内使用完毕的砂浆拌合物，包括砌筑、抹灰和地面砂浆等。

（5）普通预拌砂浆 ordinary ready-mixed mortar　普通预拌砂浆系预拌砌筑砂浆、预拌抹灰砂浆和预拌地面砂浆的统称，可以是干拌砂浆，也可以是湿拌砂浆。

（6）特种预拌砂浆 special ready-mixed mortar　特种预拌砂浆是指具抗渗、抗裂、高粘结和装饰等特殊功能的预拌砂浆，包括预拌防水砂浆、预拌耐磨砂浆、预拌自流平砂浆、预拌保温砂浆等。

（7）保水增稠材料 water-retentive and plastic material　保水增稠材料是指用于预拌砂浆中改善砂浆和易性的非石灰型粉状材料。

（8）存放时间　对于湿拌砂浆，存放时间是指湿拌砂浆运到工地后按一定的方法储存与保管，能保证砂浆的使用性能的时间。对于干拌砂浆，存放时间是指砂浆干拌料装袋或装罐后到加水搅拌使用的时间，干拌砂浆存放时间应短于其有效期。

2. 分类

砂浆按照应用形式可以分为预拌砂浆（商品砂浆）与现场拌合砂浆两类；按照所用胶凝材料可以分为水泥类、石膏类、石灰类、水玻璃类和磷酸盐类；按照使用功能大致分为结构性砂浆、功能性砂浆与装饰性砂浆，其中结构性砂浆用于砌筑、抹灰、粘接、锚固、界面处理、非承重构件等，可以按照抗压强度分为不同的强度标号；功能性砂浆可以用于保温、防火、防水、修补等；装饰性砂浆可以用于外墙、内墙、地面等；按照施工方法又可以分为手工镘抹和机械喷涂。

预拌砂浆按生产的搅拌形式分为两种：干拌砂浆与湿拌砂浆；按使用功能分为两种：预拌砂浆和特种预拌砂浆；按用途分为预拌砌筑砂浆、预拌抹灰砂浆、预拌地面砂浆及其他具有特殊性能的预拌砂浆。按照胶凝材料的种类，可分为水泥砂浆和石膏砂浆。

3. 预拌砂浆与传统砂浆对应关系（表4-5-1）

表4-5-1　预拌砂浆与传统砂浆对应关系

种　类	预拌砂浆	传统砂浆
砌筑砂浆	DMM5.0、WMM5.0	M5.0混合砂浆、M5.0水泥砂浆
	DMM7.5、WMM7.5	M7.5混合砂浆、M7.5水泥砂浆
	DMM10、WMM10	M10混合砂浆、M10水泥砂浆
抹灰砂浆	DPM5.0、WPM5.0	1:1:6混合砂浆
	DPM10、WPM10	1:1:4混合砂浆
	DPM115、WPM15	1:3水泥砂浆
地面砂浆	DSM20、WSM20	1:2水泥砂浆

4. 各种砂浆的代号（表4-5-2～表4-5-4）

表4-5-2　砂浆的代号及适用场所

砂浆 Mortar	预拌砂浆　代号F Factory-made mortar	干拌砂浆　代号D Dry-mixed mortar	抹灰砂浆 plastering mortar	代号DP
			地面找平砂浆 Screed mortar	代号DS
			砌筑砂浆 Masonry mortar	代号DM
		湿拌砂浆　代号W Wet-mixed mortar	抹灰砂浆 plastering mortar	代号WP
			地面找平砂浆 Screed mortar	代号WS
			砌筑砂浆 Masonry mortar	代号WM
	现场拌合砂浆　代号S　Site-made mortar			

表 4-5-3　普通干拌砂浆的代号及适用场所

普通干拌砂浆 ordinary dry-mixed mortar	抹灰砂浆 代号 DP	高保水性抹灰砂浆　代号 DP-HR Dry-mixed High Water retentive Rendering/plastering mortar	用于加气混凝土墙面、烧结砖、多孔砖墙面
		中等保水性抹灰砂浆　代号 DP-MR Dry-mixed Middle Water retentive Rendering/plastering mortar	用于普通混凝土砌块和轻质混凝土砌块墙面，轻质混凝土条板墙面，现浇混凝土墙面
		低保水性抹灰砂浆　代号 DP-LR Dry-mixed Low Water retentive Rendering/plastering mortar	用于灰砂砖墙面、大模混凝土墙面
		粉刷石膏抹灰砂浆　代号 DP-G Dry-mixed Gypsum plaster	用于各类墙体特别适用于加气混凝土砌块或条板墙的内墙抹灰及混凝土板板底抹灰
		腻子　代号 DSP Dry-mixed Skin plaster	
	地面（屋面）找平砂浆 代号 DS	水泥基自流平砂浆　代号 DSLF Dry-mixed Cementitious self-leveling floor mortar	
		石膏基自流平砂浆　代号 DSLF-G Dry-mixed Gypsum self-leveling floor mortar	
	砌筑砂浆 代号 DM	高保水性砌筑砂浆　代号 DM-HR Dry-mixed High Water retentive masonry mortar	用于加气混凝土砌块和烧结砖
		中等保水性砌筑砂浆　代号 DM-MR Dry-mixed Middle Water retentive masonry mortar	用于普通混凝土砌块和轻质混凝土砌块
		低保水性砌筑砂浆　代号 DM-LR Dry-mixed Low Water retentive masonry mortar	用于灰砂砖
		防渗砌筑砂浆　代号 DM-W	用于首层室内地坪下的墙体砌筑，可达到防潮作用

表 4-5-4　特种干拌砂浆的代号及适用场所

特种干拌砂浆 special dry-mixed mortar	保温板粘结砂浆　代号 DEA adhesive mortar for EPS	
	外保温抹面砂浆　代号 DBI Dry-mixed Basecoat mortar for ETICS	
	瓷砖粘结砂浆　代号 DTA Dry-mixed adhesives for Tiles	

（续）

	瓷砖嵌缝剂 代号 DTG Dry-mixed grout for Tiles	
特种 干拌 砂浆 special dry-mixed mortar	界面处理剂 代号 DIT Dry-mixed Interface treating mortar	在"多层"系统中形成最初粘结层，通常以薄层的形式施工
	饰面砂浆 代号 DDR Dry-mixed Decorative mortar	
	防水砂浆 代号 DW Dry-mixed Waterproofing mortar	在规定压力下防止水渗入底层的砂浆
	自流平砂浆 代号 DSL Dry-mixed Self-leveling mortar	
	耐磨地坪 代号 DFH Dry-mixed Floor hardener mortar	

三、材料作法表编制要点

（一）屋面做法

屋面构造按一般情况可分为保护层、防水层、找平层、保温（隔热）层、找坡层、隔汽层和结构基层等。

1. 防水层 应按 GB 50345—2004《屋面工程技术规范》的要求，并根据项目性质和重要程度以及所在地区的具体降水条件确定其屋面防水等级和屋面防水构造。例如，雨量特别稀少的干热地区，可适当减少防水道数，但应选用能耐较大温度变形的防水材料和能防止暴晒的保护层，以适应当地特殊气候条件。

2. 找坡层 宜采用屋顶结构找坡。平屋面宜采用轻质材料找坡，如 1∶8 水泥陶粒等，也可利用现制保温层兼做找坡层。

3. 保温（隔热）层 保温层应按所在地区的节能标准或建筑热工要求确定其厚度。由于倒置式屋面是将憎水性保温材料设置在防水层上的屋面，防水层受到保护，避免热应力、紫外线以及其他因素对防水层的破坏；而挤塑板及硬泡聚氨酯等材料的出色的抗湿性能使其具有长期稳定的保温隔热性能与抗压强度。与传统正置式保温屋面构造比较，倒置式屋面虽然造价较贵，但性能更优越，应优先采用。

隔热层可采用设隔热材料层、设架空层和采用种植土屋面、蓄水屋面等。采用架空隔热层时，架空的空间高度宜为 150～200mm，空气间层应有无阻滞的通风进、出口。架空板与女儿墙之间应留出不小于 250mm 的空隙。屋面宽度较大时，宜设通风屋脊。

夏热冬冷地区应同时按冬季保温和夏季隔热的要求，分别求出保温层和隔热层的厚度，两者取其厚者。

4. 找平层 找平层可采用 DS（地面砂浆）或细石混凝土。找平层厚度在板状保温层上时，不宜小于 20mm。当找平层厚度大于或等于 30mm 时，应采用 C20 细石混凝土。找平层应设分格缝并嵌填密封材料，其纵横间距不宜大于 6m。

5. 隔汽层 常年湿度很大，且经常处于饱和湿度状态的房间，如公共浴室、厨房的主食蒸煮间等，在其屋面保温层下应设隔汽层。一般情况下，在纬度 40°以北且室内空气湿度大于 75% 或其他地区室内湿度大于 80% 时，保温层下应设隔汽层。如虽符合以上条件，但经过计算，保温层内不致产生冷凝水时，也可不设隔汽层。

（二）外墙保温做法

外墙保温是外墙做法中的重要构造层次，外墙保温经历了外墙内保温、夹心保温和外墙外保温的发展历程。外墙外保温技术因其包覆在主体结构的外侧，能够有效保护建筑的主体结构，延长建筑物的使用寿命；有效减少了建筑结构热桥，增加建筑的有效使用空间；同时消除了因围护结构保温隔热性能差，导致外墙室内一侧产生结露和霉变的现象，提高了室内居住环境的舒适度，是目前大力推广的建筑节能技术。有的工程，也会采用外墙内保温或夹心保温，如现浇清水混凝土外墙作为外饰面的项目，这时应处理好热桥的保温做法和内装修的做法。

由于近年来多起建筑保温火灾事件发生，造成严重人员伤亡和财产损失，保温材料的防火性能引起了业内各界的高度重视。2009 年 9 月 25 日国家公安部和住建部联合发布了《民用建筑外保温系统及外墙装饰防火暂行规定》公通字［2009］46 号，规定民用建筑外保温材料的燃烧性能宜为 A 级，且不应低于 B2 级。2011 年 3 月 14 日，公安部消防局下发《关于进一步明确民用建筑外保温材料消防监督管理有关要求的通知》（公消［2011］65 号），要求各地消防部门在新标准发布前，从严执行《民用建筑外保温系统及外墙装饰防火暂行规定》第二条规定，民用建筑外保温材料一律采用燃烧性能为 A 级的材料。

目前我国建筑外墙保温所普遍采用的聚苯板、挤塑板、聚氨酯等保温材料，虽保温效果良好，但即使加阻燃剂，也只相当于 B2 级；胶粉聚苯颗粒的燃烧性能为 B1 级，但保温效果不理想，单独使用很难达到建筑节能要求；酚醛泡沫材料的燃烧性能为 B1 级，经过特殊处理后能达到 A 级，是目前可供选择的保温材料之一。燃烧性能为 A 级的保温材料中，泡沫玻璃、泡沫铝、泡沫陶瓷的价格较高，泡沫混凝土与加气混凝土因导热系数较大，需要比较大的厚度，适合用于框架填充墙的外墙。还有无机保温砂浆，其中 FTC 自调温相变节能材料不仅燃烧性能为 A 级，导热系数还能达到 0.030W/m·K，保温砂浆施工现场湿作业量大，当设计厚度较厚时，需采取相应的措施防止脱落和开裂；岩棉和玻璃棉燃烧性能为 A 级，保温节能效果良好，是目前幕墙普遍采用的保温材料，但在其吸水、受潮后就会严重影响其保温效果，构造设计中应特别加以注意。JDHT 是一种岩棉或玻璃棉复合板，其中间夹心材料采用岩棉板或玻璃棉板，正、背面为纤维水泥板或玻镁板，板侧边用玻纤网格布封包，抹 1.5 厚专用防水涂料，也是一种解决方式，可供参考。总之，探寻一种经久耐用、经济高效、安全防火的建筑保温新材料，是业界共同面临的一个新课题。

（三）外装修做法

外装修做法主要包括外墙、台阶、坡道、散水等，其中最主要的是建筑的外墙做法。外墙装修材料主要有清水混凝土、清水砌体、水泥砂浆抹灰、装饰抹灰（水刷石、斩假石、干粘石）、涂料、面砖以及各类幕墙，如玻璃、金属、石材、预制混凝土板、陶土板、GRC 板、千思板等。

1. 清水混凝土　清水混凝土是一次成型，在拆除浇筑模板后，直接采用现浇混凝土的自然色作为饰面的做法。清水混凝土可以根据水泥的种类、骨料的种类和颜色调配不同色调，或添加无机颜料制成彩色混凝土，还可以通过在模板上加衬模等方式选择不同的纹理和质感，脱模后局部缺陷可以用专用调整材修补，然后在表面涂长效氟碳透明保护剂。清水混凝土外墙的保温只能采用内保温或夹层保温的做法，设计时应特别注意避免热桥处出现冷凝水的问题。

2. 涂料　外墙涂料因其颜色质感丰富、价格便宜、施工简便，使用非常广泛。主要有合成树脂乳液型、溶剂型和无机型。外墙涂料最大的问题是易污染、易裂缝、不耐久。一般5年内就需要再次涂刷。应尽量选用高弹性、高保色和有自洁功能的产品。

3. 面砖　外墙面砖装饰具有质地均匀、结构致密、防水耐沾污能力强、色泽耐久性好等优点，在外墙装饰中被普遍应用。因其存在脱落的隐患，有的地区高层建筑及临街建筑限制使用。北方地区更应慎用外墙面砖，其吸水率应不大于3%，以免因面砖含水量高发生冻融破坏或剥落，特别是在外墙外保温面层上粘贴面砖，增加了墙体自重，面砖与外保温层的热膨胀系数有很大的差异，更容易出现面砖开裂、脱落等质量事故。

4. 建筑幕墙（包括各类玻璃、金属、石材和各类新型非金属材料幕墙）　建筑幕墙是由面板和支承结构体系（支承装置与支承结构）组成的，可相对主体结构有一定位移能力或自身有一定变形能力、不承担主体结构所受作用的建筑外围护墙。我国现行行业标准JGJ 3—2002《高层建筑混凝土结构技术规程》第4.9.5条明确指出：150m以上的高层建筑外墙宜采用各类建筑幕墙。

新型建筑材料的使用扩大了建筑幕墙的使用范围，玻璃、石材、铝单板、复合铝板、蜂窝铝板、微晶玻璃、瓷板、陶土板、树脂木纤维板、纤维增强水泥板、石材蜂窝板等等，大大增加了建筑幕墙的内涵和外延。建筑幕墙需要由专业公司配合深化设计。

建筑幕墙的设计责任：

（1）建筑设计单位的责任是确认幕墙设计单位的幕墙选型和设计是否符合建筑设计的要求并协调总体建筑设计与幕墙设计之间的关系。

（2）建筑设计单位应按幕墙设计单位提出的要求将预埋件的设置在土建图中表达清楚，并保证结构对幕墙荷载的结构安全。

（3）幕墙设计及其安全性由幕墙的具体设计和分包单位负责。

5. 台阶和坡道　坡道和步数较少的台阶，其垫层做法与地面垫层做法类似。一般采用素土夯实后按台阶形状尺寸做C15混凝土或砖、石结构层。标准较高的或地基土质较差的还可在下面加一层灰土、三合土、碎砖或碎石垫层。对于步数较多或地基土质太差的台阶，可根据情况架空成钢筋混凝土台阶，以避免过多填土或产生不均匀沉降。严寒地区的台阶还得考虑地基土冻胀因素，可用含水率低的砂石垫层换土至冰冻线以下。防冻胀层所用材料一般为中粗砂、砂卵石、炉渣或炉渣灰土等。

由于台阶和坡道位于易受雨水腐蚀的环境之中，因此，台阶、坡道构造应慎重考虑防滑和抗风化问题。面层应采用防滑、耐磨、抗冻材料，如砖、混凝土、水泥石屑、斩假石（剁斧石）、天然石材、防滑地面砖等。

注意：寒冷地区和多雨地区台阶不应采用光滑材料作为面层，防止雨雪天气人员滑倒摔伤。坡道面层对防滑要求更高。混凝土坡道可在水泥砂浆面层上划格或刷毛，以增加摩擦力，亦可设防滑条，或做成锯齿形。天然石坡道可对表面做粗糙处理。

6. 散水和明沟　散水的作用是及时排出雨水，保护墙基免受雨水的侵蚀，明沟的作用与散水相同。散水适用于年降水量小于等于900mm的地区；明沟适用于年降水量大于

900mm 的地区。GB 50037—1996《建筑地面设计规范》中规定：建筑物四周应设置散水、排水明沟或散水带明沟。散水的设置应符合下列要求：散水的宽度，应根据土壤性质、气候条件、建筑物的高度和屋面排水形式确定，宜为 600 ~ 1000mm；当采用无组织排水时，散水的宽度可按檐口线放出 200 ~ 300mm。散水的坡度可为 3% ~ 5%。当散水采用混凝土时，宜按 10m 间距设置伸缩缝。转角处应做 45°缝。混凝土散水、明沟与外墙之间应设缝，缝宽可为 20 ~ 30mm，缝内应填沥青类材料。

湿陷性黄土地区必须做散水，其坡度不得小于 5%；膨胀土地区的散水伸缩缝间距 $\not>$ 3m，宽度 $\not<$ 1200mm；垫层采用灰土或三合土；在寒冷、严寒冻胀土地区，散水和明沟应设防冻胀层，即用中粗砂、砂卵石、炉渣或炉渣灰土等材料换土至冰冻线以下。

常用散水材料有：细石混凝土、混凝土、水泥砂浆、卵石、块石、花岗岩；散水垫层以前常用 3∶7 灰土或卵石灌 M2.5 混合砂浆。现在多采用 80 厚 C15 混凝土。

建筑墙根落在广场、道路等不透水的地面时就可以不再设置散水。现在的建筑材料和技术有很大改善，所以很多建筑把散水设计成暗埋式的，散水面上撒中型粒径鹅卵石或覆土绿化，从而与环境有机结合。

（四）楼地面做法

底层地面的基本构造层一般为面层、垫层和地基；楼层地面的基本构造层一般为面层和楼板。当基本构造层不能满足要求时，可增设结合层、防水层、填充层、找平找坡层、附加垫层及防潮层等。

结构专业根据楼地面构造的厚度确定降板高度。因此，建筑专业应仔细考虑楼地面采用的装修材料及所需的垫层厚度。尽可能准确确定楼地面构造的厚度。

1. 面层　直接承受各种物理和化学作用的建筑地面表面层，又称地面，是人们经常接触的部分，同时也对室内起装饰作用。对面层的要求为：坚固、耐磨、平整、洁净、美观、易清扫、防滑、适当弹性和较小的导热性。

按面层材料和施工方式的不同，地面可分为四类：

（1）整体类地面：水泥砂浆、细石混凝土、水磨石、菱苦土地面等。

（2）铺贴类地面：水泥花砖、缸砖、陶瓷地砖、马赛克、人造石板、预制混凝土板、天然石板、木地板、油地毡、橡胶地毡、塑料地毡及无纺织地毯等。

（3）涂料类地面：各种高分子合成涂料所形成的地面。

（4）防静电楼地面：防静电水磨石、环氧树脂、水泥砂浆楼地面；防静电活动地板、网络地板、PVC 导静电地板、防静电地毯等。防静电楼地面的面层、找平层、结合层材料内添加导电粉(石墨粉、炭黑粉、金属粉、NFJ 金属骨料或高分子防静电剂等)，使其表面电阻率、体积电阻率等主要技术指标满足使用要求，并应设置静电接地。

2. 结合层　面层与下一层相连接的中间层。注意：如果使用预拌砂浆，原"6 厚建筑胶水泥砂浆粘结层"的做法应换成"DTA(陶瓷砖粘结剂)粘结"。

3. 填充层　在建筑地面上起隔声、保温、找坡和暗敷管线等作用的构造层。水热或电热地板采暖的楼地面，在填充层下需增设绝热层，在填充层内需铺设散热管线；该填充层一般用 C15 细石混凝土并适当配以钢丝网防裂。

4. 隔离层　防止建筑地面上各种液体或地下水、潮气渗透地面等作用的构造层；仅防止地下潮气透过地面时，可称作防潮层。

5. 找平层　在垫层、楼板上或填充层(轻质、松散材料)上起整平、找坡或加强作用的构造层。注意：如果使用预拌砂浆，原"20厚1:3水泥砂浆找平"的做法应换成"20厚DS(地面砂浆)找平"。

6. 垫层　垫层是楼地面面层与基层的中间层，是承受并传递地面荷载于基土上的构造层。要求能够传递由面层传来的荷载，要有良好的刚性、韧性和较大的蓄热系数，有防潮、防水的能力。

7. 地基　地面地基的基土应均匀密实，压实系数不应小于0.9，其含水量应控制在规范许可范围内。

8. 防冻胀层　季节性冰冻地区的地面，在冻深范围内应设置防冻胀层，材料一般为中粗砂、砂卵石、炉渣:素土:石灰=7:2:1的炉渣灰土层。防冻胀层应注意排水。其厚度详见GB 50037—1996《建筑地面设计规范》的有关规定。

9. 垫层下的保温层　GB 50189—2005《公共建筑节能设计标准》中表4.2.2-6给出了不同气候地区地面热阻限值，要求严寒地区的周边地面热阻不小于2.0(m²·K)/W，非周边地面热阻不小于1.8(m²·K)/W；寒冷地区建筑的周边地面和非周边地面热阻均不小于1.5(m²·K)/W；夏热冬冷地区地面热阻不小于1.2(m²·k)/w；夏热冬暖地区地面热阻不小于1.0(m²·k)/w。周边地面指距外墙内表面2m以内的地面，地面热阻指建筑基础持力层以上各层材料热阻之和。一般情况下，严寒地区和寒冷地区的底层地面均需设保温层才能满足规范要求。

(五) 内装修做法

内装修除楼地面以外，一般包括内墙、踢脚、墙裙、顶棚或吊顶的做法。

1. 内墙　应根据建筑用房具体功能要求确定内墙面的选材、质感、色彩及功能配置。

内墙装修的作用有：保护墙体，延长墙体的耐久性。改善墙体功能方面的不足，根据室内使用要求，增强其保温、隔热、隔声、吸声、防潮、防火等功能。

内墙面材料种类主要包括：清水墙面、涂料墙面、壁纸墙面、石材墙面、面砖墙面、玻璃墙面、幕墙墙面、吸声墙面等。

2. 踢脚　为保证墙身清洁、抗冲击、墙体与地面交接构造节点处理及墙身外观要求，宜采用踢脚。踢脚选材应根据墙、地面装饰材料确定。

3. 墙裙　根据建筑使用功能、室内装修及其他需求确定是否设置墙裙。墙裙选材应根据墙、地面装饰材料确定，同时应满足低吸水率、耐污染、易清洁、抗冲击的要求。

4. 顶棚　顶棚包括结构板底式及吊挂式两种形式。

结构板底式是直接在室内顶面上进行抹灰、镶板、喷涂、裱贴，适用于一般住宅、办公楼、车库、库房、设备机房，施工简单、造价低。非采暖房间的上部若为采暖房间，顶棚需要做保温材料，设备机房顶棚往往还需要做吸声材料。保温或吸声材料不应受温湿度影响而改变理化性能，造成环境污染并应符合GB 50222—1995《建筑室内装修设计防火规范》(2001年修订版)的要求。

悬吊式吊顶是在楼板下面悬吊顶棚，隐蔽水、风、电等机电设施及管线，在吊顶上组织灯光和送、回风口、紧急广播、烟感、喷淋，同时还可以利用高度的变化进行各种造型，充分利用吊顶材料的质感肌理增加装饰效果，一般用于高级住宅及公共建筑。悬吊式吊顶通常

分三种形式:

（1）活动式（装配式）是将吊顶面板直接镶嵌在龙骨上，可拆可装、灵活方便。适用于厨房、卫生间、需要经常检修维护吊顶内机电设备的场所。

（2）隐蔽式是将吊顶面板用螺钉或胶粘剂固定在龙骨底面，形成整体的装饰效果。这种吊顶使用最为广泛。

（3）开敞式是使用一定形状的单元体，多个实体组合在一起，有遮有透，充分利用其格栅通透的特点组织灯光照明和送风、回风、烟感、喷淋。可保持发挥原建筑机电设计安装的使用效果。这种吊顶工业化水平高，多用于大型公共建筑、车站、机场、商场、餐饮等场所。

常用的顶棚材料主要有金属板、木板、塑料板、玻璃、膜材、石膏板和矿棉板及其类似板材、格栅、垂片等。龙骨主要包括轻钢龙骨、铝合金龙骨和木龙骨等。

（六）地下防水做法

地下室防水的设计应遵守 GB 50108—2008《地下工程防水技术规范》的有关规定，对于地下部分体形复杂、变形缝曲折的，除说明一般用料层次做法外，还应辅以防水节点详图才能交代清楚。

➡ **说明：**

地下工程的防水设防要求，应根据使用功能、使用年限、水文地质、结构形式、环境条件、施工方法及材料性能等因素确定。

设防要求有明挖法和暗挖法两种，应按照规范确定设防要求，见表4-5-5。

表 4-5-5　明挖法地下工程防水设防要求

工程部位		主体结构							施工缝							后浇带					变形缝(诱导缝)					
防水措施		防水混凝土	防水卷材	防水涂料	塑料防水板	膨润土防水材料	防水砂浆	金属防水板	遇水膨胀止水条(胶)	外贴式止水带	中埋式止水带	外抹防水砂浆	外涂防水涂料	水泥基渗透结晶型防水涂料	预埋注浆管	补偿收缩混凝土	外贴式止水带	预埋注浆管	遇水膨胀止水条(胶)	防水密封材料	中埋式止水带	外贴式止水带	可卸式止水带	防水密封材料	外贴防水卷材	外涂防水涂料
防水等级	一级	应选	应选一至二种						应选二种							应选	应选二种				应选	应选一至二种				
	二级	应选	应选一种						应选一至二种							应选	应选一至二种				应选	应选一至二种				
	三级	应选	宜选一种						宜选一至二种							应选	宜选一至二种				应选	宜选一至二种				
	四级	宜选	—						宜选一种							应选	宜选一种				应选	宜选一种				

明挖法地下工程防水一、二、三级主体结构必须选用防水混凝土，再根据等级不同辅以其他加强防水材料。防水混凝土是在普通混凝土的基础上，通过调整配合比或掺加外加剂、掺合料等措施配制而成，其抗渗等级不得小于 P6。防水混凝土的设计抗渗等级应符合表 4-5-6 的要求。

表 4-5-6　防水混凝土设计抗渗等级

工程埋置深度 H/m	设计抗渗等级	工程埋置深度 H/m	设计抗渗等级
$H < 10$	P6	$20 \leqslant H < 30$	P10
$10 \leqslant H < 20$	P8	$H > 30$	P12

注：1. 本表适用于 Ⅰ、Ⅱ、Ⅲ类围岩（土层及软弱围岩）。

　　2. 山岭隧道防水混凝土的抗渗等级可按国家现行有关规定执行。

防水混凝土适用范围：

防水混凝土适用于一般工业与民用建筑物的地下室、地下水泵房、水池、水塔、大型设备基础、沉箱、地下连续墙等防水建筑。

防水混凝土不适用于裂缝开展宽度大于 0.2mm，并有贯通的裂缝混凝土结构。这是因为防水混凝土厚度在不小于 250mm 时，防水混凝土结构表面裂缝宽度小于 0.2mm 时，不至于造成影响使用的明显渗漏，小于 0.1mm 的防水混凝土裂缝在微渗情况下，有"自愈"能力。对于个别特殊重要工程，薄壁结构或处在侵蚀性水中的结构裂缝允许宽度应控制在 0.1~0.15mm。防水混凝土结构不可能没有裂缝，但裂缝宽度控制太小，如在 0.1mm 以内，则结构配筋率增大，造价提高，钢筋稠密，混凝土浇筑困难，出现振捣不密实等缺陷，反而对混凝土抗渗性不利。

遭受剧烈振动或冲击结构不适用于防水混凝土结构，原因是振动和冲击使得混凝土结构内部产生拉应力，当拉应力大于混凝土自身抗拉强度的情况下，这时就会出现结构裂缝，产生渗漏现象。

防水混凝土的环境温度不得高于 80℃，一般应控制在 50~60℃ 以下，最好接近常温。这主要是因为防水混凝土抗渗性随着温度提高而降低，温度越高降低越明显。温度升高，混凝土硬化后其残留内部的水分蒸发，混凝土内部产生许多毛细孔，形成渗水通路，加之，水泥与水的水化作用，导致水泥凝胶破裂、干缩，混凝土内部组织结构破坏，抗渗性能严重降低。

另外，若防水混凝土处于有害的侵蚀性介质中，则防水混凝土的耐侵蚀要求应根据介质的性质按有关标准执行。这是因为我国地下水特别是浅层地下水受污染比较严重，混凝土并非是水性材料，钢筋的侵蚀破坏不容忽视。特别是中、高层建筑增多、投资大、要求使用年限长、防水等级大多为一级防水，所以必须采取多道防水措施。

第六节　房间用料表

一、房间用料表的内容

房间用料表见表 4-6-1。

表 4-6-1　房间用料表

楼　层	房间名称	楼、地面			内墙面		踢　脚		顶　棚	
		编号	材料	厚度	编号	材料	编号	材料	编号	材料

二、房间用料表相关规范、规定

(1) GB 50222—1995《建筑内部装修设计防火规范》(2001 年修订版)。

(2) GB 50325—2010《民用建筑工程室内环境污染控制规范》。

(3) GB 50037—1996《建筑地面设计规范》。

(4) JGJ 113—2009《建筑玻璃应用技术规程》。

(5) GB 18580—2001《室内装饰装修材料人造板及其制品中甲醛释放限量》。

(6) GB 18581—2009《室内装饰装修材料溶剂型木器涂料中有害物质限量》。

(7) GB 18582—2008《室内装饰装修材料　内墙涂料中有害物质限量》。

(8) GB 18583—2008《室内装饰装修材料　胶粘剂中有害物质限量》。

(9) GB 18584—2001《室内装饰装修材料　木家具中有害物质限量》。

(10) GB 18585—2001《室内装饰装修材料　壁纸中有害物质限量》。

(11) GB 18586—2001《室内装饰装修材料聚氯乙烯卷材地板中有害物质限量》。

(12) GB 18587—2001《室内装饰装修材料地毯、地毯衬垫及地毯用胶粘剂中有害物质释放限量》。

(13) GB 24410—2009《室内装饰装修材料　水性木器涂料中有害物质限量》。

(14) GB 18588—2001《混凝土外加剂中释放氨限量》。

(15) GB 6566—2010《建筑材料放射性核素限量》。

(16) 各类建筑的设计规范。

三、房间用料表编制要点

房间装修用料表是建筑用料说明的一部分。

建筑的室外做法，如墙体、墙身防潮层、地下室防水、屋面、外墙面、勒脚、散水、台阶、坡道、油漆、涂料等的材料和做法，在材料做法表中说明其所用材料及构造层次，在立面图、墙身详图、防水节点详图中标明其使用部位及构造做法，有的可以在平面图上引注。

建筑的室内装修部分，除在材料做法表中说明其构造做法以外，常用表格形式表达各种材料使用的部位，在表上填写相应的做法或代号，即房间装修用料表。

房间装修用料表应与材料做法表配合使用，一般是首先确定在不同空间的楼地面、墙面、踢脚、墙裙、顶棚等应采用什么材料，再考虑采用什么构造。对构造的优化中有时也会对材料选择作适当的调整。

较复杂或较高级的民用建筑应另行委托室内装修设计。凡属二次装修的部分，可在房间装修用料表的备注栏注明"二次装修"，另详室内施工图设计图纸，但对原建筑设计、结构设计和设备设计有较大改动时，应征得原设计单位和设计人员的同意。

（一）房间装修用料设计原则

（1）设计应综合考虑建筑室内楼地面、内墙面、顶棚及其相对关系和空间效果等，并充分考虑适用、经济和装饰效果相结合的原则。

（2）应根据建筑具体功能使用要求及建设标准确定楼地面、内墙面、顶棚的类型、材料、技术要求及构造做法、防火要求、隔声减震、保温隔热要求等。

（3）应优先选择符合环保要求的建筑材料。选用无毒、无害、无污染（环保）、有益于人体健康的装修材料和产品，采用取得国家环保认证标志的产品。节约资源，珍惜使用不可再生的自然材料资源，提倡使用可重复使用、可循环使用、可再生使用的材料。

根据 GB 6566—2010《建筑材料放射性核素限量》，装修材料放射性水平划分为三类（主要适用于非金属、非有机物类吊顶材料，如石膏板等）：

1）A 类装饰装修材料：装饰装修材料中天然放射性核素镭 - 226、钍 - 232、钾 - 40 的放射性比活度同时满足 $I_{Ra} \leqslant 1.0$，$I_r \leqslant 1.3$ 要求的为 A 类装饰装修材料。A 类装饰材料产销与使用范围不受限制。

2）B 类装饰装修材料：不满足 A 类装饰装修材料要求但同时满足 $I_{Ra} \leqslant 1.3$，$I_r \leqslant 1.9$ 要求的为 B 类装饰装修材料。B 类装饰装修材料不可用于Ⅰ类民用建筑的内饰面，但可用Ⅱ类民用建筑物、工业建筑内饰面及其他一切建筑物的外饰面。

3）C 类装饰装修材料：不满足 A、B 类装饰装修材料要求但满足 $I_r \leqslant 2.8$ 要求的为 C 类装饰装修材料。C 类装饰装修材料只可用于建筑的外饰面及室外其他用途。

🔘 说明：

1）I_{Ra} 为内照射指数；I_r 为外照射指数。

民用建筑工程根据控制室内环境污染的不同要求，划分为以下两类：①Ⅰ类民用建筑工程：住宅、医院、老年建筑、幼儿园、学校教室等民用建筑工程；②Ⅱ类民用建筑工程：办公楼、商店、旅馆、文化娱乐场所、书店、图书馆、展览馆、体育馆、公共交通等候室、餐厅、理发店等民用建筑工程。

（二）楼地面材料选择要点

（1）应根据建筑功能使用要求确定楼地面材料（包括面层、垫层、结合层等）。除有特殊使用要求外，楼地面面层应选择防滑、耐磨、不起尘、易清洁的材料。

（2）有给水设备或有浸水可能的楼地面，应采取防水措施。需经常冲洗的楼地面，应采用吸水率低、表面平整、易冲洗、防滑性能优越的面层材料，并应设防水层。地面标高应比走道或其他房间低 20mm。

（3）配电室等用房楼地面标高宜稍高于走道或其他房间，一般高差 20～30mm 或采取挡水门槛的方式，以防止水进入房间。

（4）档案库区内楼地面应比库区外高 20mm。

（5）有较高清洁要求的楼地面宜采用现浇水磨石、涂料或块材面层；有高清洁度及空气洁净要求的房间，其地面面层应易于除尘、清洗，可采用树脂胶泥自流平、树脂砂浆或 PVC 板材等。

（6）存放食品、饮料或药物等的房间，其存放物有可能与楼地面面层直接接触时，严

(7）公共建筑中有大量人流、有小型推车行驶、楼地面磨损较大的场所，其面层应采用防滑、耐磨、不易起尘的无釉地砖、花岗石、玻化砖或增强的细石混凝土等材料。

（8）对于有较高安静要求的房间，如星级酒店客房、高档会议厅、贵宾接待室、音乐厅、医院病房、广播录音室等，宜采用地毯、软木地板等隔声效果较好的地面材料，或采用隔声楼面。

（9）供儿童及老年人活动的地面，宜采用木、塑料或地毯等面层。

（10）老年人居住建筑公共楼梯踏步应采用防滑材料。当设防滑条时，不宜突出踏步面。同时应采用不同颜色或材料区分踏步和走廊地面。

（11）舞池宜采用表面光滑、耐磨而略有弹性的木地面、水磨石地面等，卡拉OK厅、迪斯科舞厅则应采用花岗石、微晶玻璃石、钒钛瓷砖、钛金不锈钢覆面地砖、玻璃板等地面。

（12）一般性体育比赛厅、文艺排练厅、表演厅宜采用木地面。

（13）书刊、文件库房宜采用阻燃塑料、水磨石等不易起尘、易清洁的地面。

（14）对于图书馆的非书资料库、计算机房、档案馆的拷贝复印室、交通工具停放和维修区、易燃物品库等用房，楼地面不应采用容易产生静电及火花的材料。

（15）有防静电要求的地面，应采用导电的面层，如弱电机电、消防控制室、计算机机房及其他电子设备房间，常采用防静电活动地板。在室内温度为$(23+2)℃$，相对湿度为45% RH~55% RH时，防静电活动地板系统电阻为：导静电型$R<1.0\times10^6\Omega$，静电耗散型$R=1.0\times10^6\Omega~1.0\times10^{10}\Omega$。

（16）语言教室应做防尘地面。

（17）学校教室楼地面应选择光反射系数为0.20~0.30的饰面材料。

（18）有空气洁净度要求的建筑室内楼地面面层应避免眩光，面层材料的光反射系数宜为0.15~0.35。

（19）汽车库楼地面应采用强度高、具有耐磨防滑性能的非燃烧体材料，并应设不小于1%的排水坡度。当汽车库面积较大，设置坡度可能导致做法太厚时，可酌情调整或局部设置坡度。

（20）当采用玻璃楼面时，应使用安全玻璃，并依据结构承载要求选择玻璃厚度，一般应避免采用透光率高的玻璃。

（21）楼面所用石材厚度不宜超过25mm。天然石材含有放射性物质，应根据其放射性物质比活度高低分级选用。采用石材楼地面时，应满足石材地面防滑指标要求，见表4-6-2。

表4-6-2 石材地面防滑指标要求

防 滑 等 级	0级	1级	2级	3级	4级
抗滑值	$F_B<25$	$25\leq F_B<35$	$35\leq F_B<45$	$45\leq F_B<55$	$F_B\geq55$
摩擦系数	≥0.5				

注：1. 上表摘自北京市地方标准DB11/T 512—2007《建筑装饰工程石材应用技术规程》。抗滑值F_B是用摆式摩擦系数测定仪测定的路面摩擦系数摆值。F_B值越大，抗滑性能越好。

2. 石材防滑材料应基本保持石材的装饰效果和使用功能。

3. 通常情况下，防滑等级应不低于1级；对于室内老人、儿童、残疾人等活动较多的场所，防滑等级应达到2级；对于室内易浸水的地面，防滑等级应达到3级；对于室内有设计坡度的干燥地面，防滑等级应达到2级，有设计坡度的易浸水的地面，防滑等级应达到4级；对于室外有设计坡度的地面，防滑等级应达到4级，其他室外地面的防滑等级应达到3级。

（22）冷库楼地面应采用隔热材料，隔热材料的抗压强度不应小于 0.25MPa。

（23）楼面填充层材料的自重不应大于 $11kN/m^2$。

（24）室外安全楼梯踏步面层应有防滑措施。

（25）室外地面面层应避免选用釉面或磨光面等反射率较高和光滑的材料，以减少光污染和热岛效应及雨雪天气滑跌。

（26）室外地面宜选择具有渗水透气性能的饰面材料及垫层材料。

（三）内墙面、踢脚、墙裙材料选择要点

内墙面通常由踢脚、墙裙、墙面三大部分组成，也可根据建筑用房具体功能要求确定内墙面的组成。墙裙通常在有特殊需要时采用。应根据建筑用房具体功能要求确定内墙面的选材、质感、色彩及功能配置。

1. 内墙面

（1）为残障人、老年人服务的建筑内墙体及墙面不应采用易燃、易碎的材料。

（2）教室内墙面应采用浅色的装修。前墙饰面材料的反射系数应为 0.50~0.60，侧墙与后墙饰面材料的反射系数应为 0.70~0.80。

（3）图书馆、档案馆建筑的摄影室、拷贝还原间的内墙不宜采用白色反光材料。

（4）疗养建筑激光室的内墙面应采用深色调的饰面材料。

（5）电影院、剧院的观众厅宜选择深色调的饰面材料。

（6）进行乒乓球、网球、羽毛球等小球比赛项目的体育建筑比赛大厅的内墙面应选择深色调的饰面材料。

（7）当采用玻璃隔墙时，应采用安全玻璃并符合《建筑安全玻璃管理规定》和 JGJ 113—2009《建筑玻璃应用技术规程》，同时应在玻璃隔墙上设置防撞警示标识。走廊两侧如果采用玻璃隔墙，其耐火极限应不小于 1.00h。

（8）对于机场建筑、医院、汽车库等，应考虑行李车、移动病床、汽车对内墙面、独立柱及凸出构件的撞击，可结合踢脚或墙裙设置特殊的防撞设施，防撞设施应与内墙有可靠的连接。医院的康复病房走道两侧墙面宜装靠墙扶手。

（9）抹灰的总厚度不宜超过 35mm。当大于或等于 35mm 时应采用加强措施。

（10）当抹灰层要求具有防水、防潮功能时，应选用防水砂浆。

（11）人防工程内墙抹灰不得掺入纸筋等可能霉烂的材料。

2. 踢脚

踢脚应满足低吸水率、耐污染、易清洁、抗冲击的要求。踢脚线的主要功能是保护墙面，材料基本与地面一致。亦分层制作，通常比墙面抹灰突出 4~6mm。常用踢脚材料主要包括水泥、预制水磨石、木、金属、石材、地砖、塑料等。踢脚高度宜控制在 80~150mm 以内。当墙身装饰面材采用低吸水率、耐污染、宜清洁、抗冲击的材料时（如面砖、人造石、石材等），墙身装饰面材可代替踢脚功能，不另设踢脚。

3. 墙裙

（1）常用墙裙材料主要包括水泥墙裙、油漆墙裙、木墙裙、金属墙裙、石材墙裙、地砖墙裙、塑料墙裙等。

（2）墙裙的高度一般不宜低于 1.2m。

（3）墙裙顶部宜与内墙面齐平，以免积尘。

（4）疗养建筑光疗室内墙面应设有不低于 1.2m 的绝缘墙裙。

（5）学校用房墙裙高度要求见表 4-6-3。

表 4-6-3　学校用房墙裙高度要求

房 间 名 称	墙裙高度/m
教室、实验室、图书阅览室、科技活动室、体育器材室、门厅、走道、楼梯间	1.00（儿童）~ 1.20
风雨操场、舞蹈教室	2.10
厕所、饮水间、盥洗室、保健室、食堂和厨房	1.20 ~ 1.50
淋浴室	1.80 ~ 2.00

（四）顶棚材料选择要点

（1）顶棚设计应妥善处理装饰效果和防火安全的要求，顶棚的燃烧性能和耐火极限应符合现行防火规范的要求，采用非燃烧体材料或难燃烧体材料。严禁采用在燃烧时产生大量浓烟或有毒气体的材料。要做到安全适用、经济合理。

（2）必须采用有效的技术措施保障顶棚安全使用，避免对人员生命及财产造成损害。尤其是采用非常规的、重量较大的吊顶时，应根据其荷载进行结构计算，确定吊杆及与结构连接节点的强度。

（3）吊顶设计要注意合理性和安全性，硬质材料使用过多会影响室内的声场效果。反光、镜面材料易造成眩光。吊顶材料品种不宜过多，装饰不宜繁琐。石材及易碎的硬质材料、没有安全保证措施的玻璃应慎用。

（4）一般性使用要求的房间，无洁净要求的设备用房、机房或库房等可不设置吊挂式顶棚。

（5）用钢筋混凝土屋面板或楼板底面做顶棚时，为防止龟裂和剥落，不宜在钢筋混凝土底板做抹灰层，宜采用清水模板现浇钢筋混凝土，其面层处理可用表面刮浆、喷涂或其他便于施工又牢固的装饰做法。人防工程严禁抹灰，应在清水板底喷涂料。

（6）吊挂式顶棚分上人顶棚和不上人顶棚，采用何种形式应根据房间用途和顶棚的使用性质确定。上人的顶棚或重型顶棚应在结构板内预留钢筋或预埋铁件与顶棚吊杆可靠连接；不上人的轻型吊顶可采用后置连接件（如射钉、膨胀螺栓），后置连接件应有足够的安全度。不具备结构板内预留条件的顶棚，当采用可上人顶棚时，应对顶棚与结构板连接节点进行结构安全度计算。

（7）顶棚内设置的各类管道（线）、设施或器具，需要有人员进入检修更换时，顶棚的龙骨间应铺设检修马道，并设置便于人员进入的开口或便于开启的顶棚人孔。

（8）当顶棚内空间高度有限，人员不能进入检修时，应采用便于拆卸的装配式顶棚或在需要经常检修部位的顶棚设置检修孔。人孔和检修孔的位置应结合顶棚装饰效果、顶棚内各类管道（线）、设施或器具的布置设计。

（9）潮湿房间的顶棚，应采用吸水率低的顶棚材料及防锈龙骨，不宜选用木质及未经防水处理的石膏板材或穿孔板材作为吊挂式顶棚材料。潮湿房间的钢筋混凝土顶板，应适当增加其钢筋保护层的厚度，以减少水气对钢筋的锈蚀。

（10）当采用玻璃顶棚时，应选择安全玻璃（复合夹丝玻璃、夹层玻璃和钢化玻璃）。当顶棚距地高度大于 5m 时，不应采用钢化玻璃，防止其破碎后，玻璃颗粒伤人。玻璃顶棚若兼有人工采光要求时，应采用冷光源。任何空间，普通玻璃均不能作为顶棚材料使用。

（11）有洁净要求的空间，顶棚构造均应采取可靠严密的措施，表面要平整、光滑、不起尘。

（12）大、中型公用浴室、游泳馆的顶棚面应设较大的坡度，使顶棚凝结水能顺坡沿墙面流下。

（13）图书馆、档案馆建筑的摄影室、拷贝还原间的顶棚不宜采用白色反光材料。

（14）疗养建筑激光室的顶棚应采用深冷色调的饰面材料。

（15）顶棚内填充的吸声、保温材料应选择技术性能优越且整体性好无散落的材料。

第七节　门　窗　表

门窗表是对建筑物上所有不同类型的门窗统计后列成的表格，以备施工、预算需要。门窗表包括类别、编号、洞口尺寸、每层数量和总数量、选用或参考图集和说明。

人防工程门窗表一般都直接放在人防平面图中，便于主管部门审图。

一、门窗表的推荐格式

门窗表推荐格式见表 4-7-1。

表 4-7-1　门窗表

类　　别	设计编号	洞口尺寸/m		樘　　　　数						备　　注
		宽	高	地下二层	地下一层	一层	二层	…	总计	
门										
窗										
百叶										
卷帘										
玻璃幕墙										
玻璃隔断										

二、门窗类别的编排顺序

（1）外门、外门联窗。

（2）内门、内门联窗。

（3）外窗（包括竖带形窗、横带形窗、大型组合窗及部分玻璃幕墙）。

（4）内窗、内玻璃隔断。

（5）人防门窗应单独列表或列于此表下部。

三、常用门窗编号

（一）常用门窗类别编号（表 4-7-2）

表 4-7-2　常用门窗类别编号

门	木门—M；钢门—GM；塑钢门—SGM；铝合金门—LM；卷帘门—JM；防盗门—FDM；防火门—FM 甲（乙、丙）；防火隔声门—FGM 甲（乙、丙）；防火卷帘门—FJM；门联窗—MLC 人防门—参照国家人防办出版的 RFJ01—2008《人防工程防护设备选用图集》或中国建筑标准设计研究院出版的 07FJ03《防空地下室防护设备选用》
窗	木窗—MC；钢窗—GC；铝合金窗—LC；木百叶窗—MBC；钢百叶窗—GBC；铝合金百叶窗—LBC；塑钢窗—SC；防火窗—FC 甲（乙、丙）；隔声窗—GSC；全玻无框窗—QBC
幕墙	MQ
玻璃隔断	GD

（二）编号方法（表 4-7-3）

表 4-7-3　编号方法

方法 1	类别代号后加顺序号，例如：LC-1、LC-2……，M1、M2……再在门窗表中注洞口尺寸、采用标准图及型号、功能备注；此法在图中清楚，但平面图上不知门窗洞口尺寸
方法 2	类别代号后加洞口宽高编写及代号，例如 GC1215、GC1215A、GC1215B、GM1021、GM1021A、GM1021B……此法字数较多，但平面图中可看出洞口尺寸
方法 3	直接将采用标准图集中的型号写在平面图上

（三）门窗设计说明及注意事项

说明可写在各门窗立面图中或门窗表的备注栏内，大致内容如下：

（1）采用标准图的尺寸或构造改动。

（2）门窗加工尺寸要按洞口尺寸减去相关饰面材料或保温层厚度。

（3）门窗立樘位置。

（4）外门窗附纱与否，纱的材料与形式（平开、卷轴、固定挂扇等）。

（5）玻璃颜色、材质（浮法玻璃、净片、镀膜、钢化、夹胶、防火、中空等）。

（6）框的材质与颜色。

（7）应使用防火玻璃或安全玻璃的部位。

（8）外门窗的抗风压、气密、水密、保温、隔声性能要求。

（9）各种单块玻璃的最大允许面积应遵照 JGJ 113—2009《建筑玻璃应用规程》的有关规定。

第八节　建筑总平面图

建筑总平面图是假设在建设区的上空向下投影所得的水平投影图。总平面图反映新建建筑物的平面形状、层数、位置、标高、朝向及其周围的总体情况。它是新建建筑物定位、施工放线、土方施工及施工总平面设计的重要依据。

建筑总平面图一般由总图设计专业工程师设计。小工程编排在建筑施工图里，大工程单独为一个子项，子项号为"00"。

在施工图设计阶段，总平面专业文件应包括图纸目录、设计说明、设计图纸、计算书。

一、图纸目录和设计说明

（一）图纸目录

先列新绘图纸，后列标准图。场地过大需多张组合时，图号应为分级号，如管线综合图需放大比例，由多张组合时图号宜为总施 4-1、4-2……。总平面的图纸目录因图纸数量较少，也可合并于首张图纸中。图纸一般有：①总平面图；②竖向布置图；③土方工程图；④管线综合图；⑤景观环境绿化设计示意图；⑥详图。

设计图纸的增减：当工程设计内容简单时，竖向布置图可与总平面图合并。当路网复杂时，可增绘道路平面图。土方图和管线综合图可根据设计需要确定是否出图。管道综合根据工程需要进行竖向综合，可增加断面图或管道竖向综合表，表示管线交叉点标高及净距。当绿化或景观环境另行委托设计时，可根据需要绘制绿化及建筑小品的示意性和控制性布置图。当详图不多时，详图可分别绘制在有关施工图纸上。

（二）设计说明

如初步设计与施工图设计为不同设计单位时，需有整体设计说明，如为同一单位设计时，施工图设计说明可分别写在相关的图纸上。如果重复利用某工程的施工图图纸及其说明时，应详细注明其编制单位、工程名称、设计编号和编制日期；列出主要技术经济指标表（此表也可列在总平面图上），见表 4-8-1。

表 4-8-1　民用建筑主要技术经济指标表

序　号	名　　称	单　位	数　量	备　注
1	总用地面积	ha 或 m²		
2	总建筑面积	m²		地上、地下部分可分列
3	建筑基底总面积	m²		
4	道路广场总面积	m²		含停车场面积并应注明停车泊位数
5	绿地总面积	m²		可加注公共绿地面积
6	容积率			(2)/(1)
7	建筑密度	%		(3)/(1)
8	绿地率	%		(5)/(1)
9	小汽车停车泊位数	辆		室内、外应分列
10	自行车停放数量	辆		

注：1. 当工程项目（如城市居住区）有相应的规划设计规范时，技术经济指标的内容应按其执行。

2. 计算容积率时，通常不包括 ±0.00 以下地下建筑面积。

二、总平面布置图

（一）总平面布置图的概念

根据建设项目的性质、规模、组成内容和使用要求，因地制宜地结合当地的自然条件、环境关系，按国家有关方针政策、有关规范和规定合理布置建筑、组织交通线路、布置绿化，使其满足使用功能或生产工艺要求，称为建筑总平面布置。总平面布置应有必要的说明和设计图纸。说明的内容主要应阐述总平面布置的依据、原则、功能分区、交通组织、街景空间组织、环境美化设计、建筑小品和绿化布置等。

　　基地总平面设计应以所在城市总体规划、分区规划、控制性详细规划及当地主管部门提供的规划条件为依据。应结合工程特点、使用要求，注重节地、节能、节水、节材、保护环境和减少污染，为人们提供健康适用的空间，以适应建设发展的需要。应结合当地气候条件、自然地形、周围环境、地域文化和建筑环境，因地制宜地确定规划指导思想。应保护自然植被、自然水域、水系，保护生态环境。基地内建筑物应按其不同功能争取最好朝向和自然通风，满足防火、卫生、安全等规范要求。应考虑防灾（如防洪、防震、防海潮、防滑坡、防泥石流等）要求，并考虑相应措施。规划总平面考虑远期发展时，应做到远近期结合，达到技术经济的合理性。

　　（二）总平面布置图图示内容

　　（1）地形测量图，保留的地形、植被。道路红线和建筑红线或用地界线的位置。

　　（2）测量坐标图、坐标值。

　　（3）场地施工坐标网、坐标值；场地界限的测量坐标值，相邻城市现状和规划道路的红线测量坐标，相邻道路中心线交叉点的测量坐标。铁路和排水沟的主要坐标（或相互关系尺寸）。

　　（4）与场地相邻的水系、湖泊、河流的名称、流向，城市绿化带位置。

　　（5）与场地规划有关的相邻主要已有建筑物、构筑物的位置、坐标或相对尺寸、名称、层数。

　　（6）场地内保留的建筑物、构筑物、名木、古树的位置、坐标或相对尺寸及保护范围。拆废旧建筑的范围边界。

　　（7）场地内保留的市政管线位置、坐标或相对尺寸，管线名称、管径、压力及保护范围。

　　（8）代征地范围，分期建设范围。

　　（9）场地内建筑红线范围，场地内地上新建建筑物、构筑物（人防工程、地下车库、油库、贮水池等隐蔽工程以虚线表示）、围墙的位置、名称、层数、室内设计标高。建筑物、构筑物使用编号时，应列出"建筑物和构筑物名称编号表"。以粗实线表示建筑物底层±0.00外墙轮廓线并标注定位坐标、建筑物名称、层数、编号、檐口高度，如单幢建筑高度变化时以细线标出建筑物不同檐口高度。新建住宅标出不同单元组合。建筑物出入口位置，公共建筑宜标明各出入口，住宅当道路通至单元门时可不标。

　　（10）地下建筑物以粗虚线表示其最大范围，如其覆土厚度不同根据工程需要进行区别。地下建筑的地面出入口坡道或楼梯间以实线表示。

　　（11）场地内道路系统中，主干道如车行、人行分设时，需分别表示车行道、人行道。并应标明主干道、次干道、道路中心线交叉点处坐标，如主、次干道为曲线时应标明中心线相交所成角度、转弯半径、曲线长、切线长、外矢距、道路类型编号、剖面位置、编号及详图索引（如道路系统单独出图时，可在道路系统图中表示）。标明场地机动车、人行道与外部交接处的主、次出入口。

　　（12）广场、地上停车场、运动场、消防登高场地，以边线定位，主要广场定位标明相关尺寸。挡土墙、围墙、排水沟，以中心线或相对尺寸定位。

　　（13）环境景观绿化设计仅表示重点景观如水景、水系等的控制性示意图。

　　（14）如有分期建设项目，标明各期建设用地范围，对后期建设与前期项目有调整、改变的，应予以表示或说明。

（15）指北针或风玫瑰图宜放在图纸右上角，整套图应保持一致。

（16）图纸上的说明有：

1）设计依据

a. 建设审批单位对本工程初步设计（或方案设计）的批复文件号。

b. 当地城市建设规划管理部门对本工程初步设计或方案设计的审批意见（文件号、日期）。

c. 当地消防、人防、园林、交通等主管部门对本工程初步设计的审批意见（文件号、日期）。

d. 地形测量图提供单位，测量坐标、高程系统。如自设坐标系统需说明与原地形测量系统换算关系。如高程系统采用地方系统，需说明高程系统换算关系。

2）标注尺寸单位。

3）需要特别说明的问题。

4）补充图例。

5）主要技术经济指标和工程量表。如为居住小区，应符合 GB 50180—1993《城市居住区规划设计规范》(2002 年版)的规定，并需列出各幢住宅单元组合及各种套型数量，单项工程注明总用地、总建筑面积，其中包括地上、地下建筑面积，建筑基底面积，建筑高度、层数，道路广场占地面积，绿化面积，建筑密度，容积率，绿地率，停车数量(地上、地下)。

6）图纸名称、比例。

三、竖向布置图

（一）竖向布置图概念

根据建设项目的使用要求，结合用地地形特点和施工技术条件，合理确定建筑物、构筑物道路等的标高，做到充分利用地形，少挖填土石方，使设计经济合理，是竖向布置设计的主要工作。竖向布置的目的是改造和利用地形，使确定的设计标高和设计地面能满足建筑物、构筑物之间和场地内外交通运输的合理要求，保证地面水有组织的排除，并力争土石方工程量最小。竖向设计应说明设计依据，如城市道路和管道的标高、工艺要求、运输、地形、排水、洪水位等情况以及土石方平衡、取土或弃土地点、场地、平整方法等。还应说明竖向布置方式(平坡式或台阶式)，地表水排除方式(明沟或暗沟系统)等。如采用明沟系统，还应阐述其排放地点的地形、高程等情况。

（二）竖向布置图图示内容

（1）场地测量坐标网，坐标值，保留的原有地形、标高。

（2）场地四周相邻的现有或规划城市道路中心线交叉点的现有或设计标高。

（3）场地四周相邻的河流、水系、湖泊的最高、最低水位。

（4）场地内保留的水系、水面、排水沟最高、最低水位数据。

（5）场地内保留的树木的地坪标高，场地内保留的建筑物、构筑物的室外地坪标高。

（6）场地内保留的市政管城位置、范围。

（7）场地四周用地界限标高，场地建筑红线范围内，新建地上建筑物、构筑物名称、编号，室内地坪设计标高(±0.00)及室外散水坡下四角设计地面标高，地下建筑物出入口地面设计标高，无障碍设计的标高。

（8）场地内道路、主干道、次干道、住宅区组团路道路中心线交叉点的设计标高。道路、排水沟的起点、变坡点、转折点和终点的设计标高（路面中心和排水沟顶及沟底）、纵坡度、纵坡距、关键性坐标，道路标明双面坡或单面坡，如地形坡度变化大，应根据规范要求设置竖曲线并标明其半径。

（9）广场、停车场、运动场地的设计标高。环境景观设计中各部位应给出控制性设计标高，如下沉式广场、台地、水景、水系、院落等。

（10）挡土墙、护坡或土坎标明顶部、底部标高，护坡标明坡度，排洪沟、排水明沟标明沟顶、沟底标高。也可表示出雨水口位置。

（11）标注设计标高，用箭头表示地面坡向、排水方向；或用设计等高线表示地面起伏，等高线应注明高程，其等高距可依地形复杂程度确定。

（12）道路需表示路型、横断面（单坡、双坡），或以剖面编号表示不同路型。

（13）地形复杂时，宜表示场地剖面图。

（14）指北针或风玫瑰图宜放在图纸右上角。

（15）图纸上的说明有：

1）设计依据

a. 地形测量图的绘制单位及高程系统。

b. 城市规划主管部门提供的场地相邻城市道路的设计标高。

c. 城市规划主管部门提供的场地相邻城市水系（河流、湖泊、引水渠等）最高最低水位标高。

d. 城市规划主管部门提供的场地相邻城市道路的污水、雨水管线接口位置及管底标高、管径。

2）需要特别说明的问题。

3）标注尺寸单位。

4）补充图例。

（16）当工程简单时，可与总平面图合并。

四、土方工程图

（一）土方工程图概念

工程建设中将天然密实土的挖掘、运输、填筑、场地平整、原土夯实等工程以及排水、降水、边坡支护等辅助工程，称作土方工程。

其中，平整场地项目是指建筑物场地厚度在 ±300mm 以内的挖、填、运、找平以及指定运距内的土方运输。挖土方是指室外地坪标高 300mm 以上竖向布置的挖土或山坡切土以及指定运距内的土方运输项目。挖基础土方是指建筑物的带形基础、设备基础、满堂基础、独立基础、人工挖孔桩等土方以及指定运距内的土方运输。管沟土方是指各类管沟土方的挖土、回填以及指定运距内的土方运输。

竖向布置设计应考虑土方工程平衡设计，从而避免不必要的挖方或填方，节约造价，减少经济损失。

（二）土方工程图图示内容

（1）场地四界的施工坐标。场地范围界限坐标、建筑用地红线范围。

（2）场地四周相邻的城市已有道路的现有标高，规划道路的道路中心线设计标高。

（3）场地四周相邻的河流、水系、湖泊。

（4）场地内保留的水系、湖泊、排洪沟。

（5）场地内保留的建筑物、构筑物、树木、市政管线位置、范围。

（6）设计的建筑物、构筑物位置(用细虚线表示)，道路、水系。

（7）场地内挡土墙、台地、下沉广场。

（8）土方工程图一般做法是根据地形复杂程度与工程需要，在用地范围内以 20m×20m 或 40m×40m 布置方格网。标注方格网十字交叉点的右下为自然标高，右上为设计标高，左上为施工高度，数字前正号表示填方，负号表示挖方。根据施工填挖方度标明零点线(填挖区分界线)，每个方格内填写填挖土方数据。以表格方式小计每行方格网的填挖方量(纵向、横向均可)，并标注总的土方填、挖工程量。

（9）土方工程平衡表(表 4-8-2)。

表 4-8-2　土方工程平衡表

序　号	项　　　目	土方量/m³		说　　　明
		填　　方	挖　　方	
1	场地平整			
2	室内地坪填土和地下建筑物、构筑物挖土、房屋及构筑物基础			
3	道路、管线地沟、排水沟			包括路堤填土、路堑和路槽挖土
4	土方损益			指土壤经过挖填后的损益数
5	合计			

注：表列项目随工程内容增减。

（10）图纸上的说明：

1）土方工程量计算，环境景观设计部分仅按竖向设计中相关控制标高计算，景观设计中的筑台、坡地、人工湖、溪流等土方工程量另行计算。

2）土方工程平衡表中项目依工程内容增减。

（11）土方工程也可用场地剖面表示，如不作土方工程图，以场地大剖面计算土方时，应有剖面图及土方工程量计算书。

五、管线综合图

（一）管线综合图的概念

在建筑总平面设计的同时，根据有关规范和规定，综合解决各专业工程技术管线布置及其相互间的矛盾，从全局出发，使各种管线布置合理、经济，最后将各种管线统一布置在管线综合平面图上。根据各种管线的介质、特点和不同的要求，合理安排各种管线敷设顺序。地下管线宜敷设在车行道以外的地段，特殊困难情况应采取加固措施，方可在车行道下布置检修较少的给水管或排水管。地下管线应避免将饮用水管与生活、生产污水排水管或含碱腐蚀、有毒物料的管线共沟敷设，如并列敷设应保证一定的安全间距。尽可能将性质类似、埋深接近的管线排列在一起。地下管线发生交叉时，应符合下列条件要求：①离建筑物的水平排序，由近及远宜为：电力管线或电信管线、煤气管、热力管、给水管、雨水管、污水管。

②各类管线的垂直排序，由浅入深宜为：电信管线、热力管、小于 10kV 电力电缆、大于 10kV 电力电缆、煤气管、给水管、雨水管、污水管。地下管道均可以敷设在绿化地带内，但不宜在乔木下。管线敷设发生矛盾时应本着临时性管道让永久性管道；管径小的让管径大的；可以弯曲的让不可弯曲或难弯曲的；新设计的让原有的；有压力的让自流的；施工量小的让施工量大的原则进行处理。

（二）管线综合图图示内容

（1）场地四界坐标，建筑用地红线（或道路红线）范围。

（2）场地周围相邻城市道路中心线交叉点坐标。

（3）场地内室外各种地下管线与城市市政管线接入点的位置，污水、雨水管线接入点的管底标高。

（4）场地内保留的建筑物、构筑物、树木、市政管线位置。

（5）场地内新建建筑物、构筑物、道路均以细线表示。

（6）场地内室外各种地下管线、管沟的平面布置，注明各种管线与建筑物、构筑物的平面距离，各种管线管沟之间的距离。管线密集的地段宜适当增加断面图，标明管线与建筑物、构筑物、绿化之间及管线之间的距离。

（7）室外各种地下管线、管沟主要检查井、污水化粪池位置、相对尺寸。

（8）管道竖向综合，可根据工程需要将主要地下管线管沟交叉点的编号，管线交叉点垂直距离分析参考表4-8-3，也可在交叉点上直接标出管线类型、管顶与管底标高。

表4-8-3　管道竖向综合表

管线交叉点编号	交叉点管线名称	地面设计标高/m	设计管顶标高/m	埋深/m	管径/mm	交叉管线垂直净距/m	备　　注
1	上水管						
	燃气管						
……							

（9）指北针或风玫瑰图宜放在图纸右上角。

（10）图纸上的说明：

1）设计依据，城市有关部门提供的各种地下管线与城市管线接口协议。

2）管线布置的特殊处理。

3）尺寸单位。

（11）管线及检查井图例。

六、绿化及建筑小品布置图

绿化景观、建筑小品施工图，内容详见绿化景观环境设计施工图。总平面施工图设计中绿化建筑小品布置图仅为方案及控制示意。

图纸中应表示：

（1）测量坐标网、坐标值。

（2）场地周围环境、城市道路、绿化带。

（3）场地周围已有水系、湖泊、河流名称、排洪沟。

（4）场地内保留的地形、地物，包括建筑、构筑物、古树、名木、其他植被。

（5）场地内新建建筑物、构筑物道路、停车场、运动场、挡土墙、围墙，以及地下建筑物轮廓及不同覆土厚度范围。

（6）绿化环境景观设计方案，主要包括：

1）主入口、广场布置、控制标高。

2）绿地、人行步道及硬质铺地的定位。水系、水面、水景布置、控制标高。

3）建筑小品的位置（坐标或定位尺寸）、设计标高、详图索引。

4）绿地面积。

5）指北针或风玫瑰。

6）图纸说明，包括：

a. 设计依据。

b. 与绿化环境景观设计需要协调的问题。

c. 尺寸单位。

d. 图例。

e. 施工要求等。

七、总图详图

总图一般需要进行详图设计。比如道路横断面、路面结构，反映管线上下、左右尺寸关系的剖面图，以及挡土墙、护坡、排水沟、池壁、广场、活动场地、停车场、花坛绿地、建筑小品等详图，清楚地交待场地的排水、场地内道路与城市道路的关系，方便施工，也保证总图的合理性。

图纸中应表示：

（1）道路主干道、次干道、组团路道路横断面类型、剖面，包括车行道、人行道、绿化带布置及其宽度，道路横断面类型，单坡、双坡及坡向。

（2）各类道路路面结构、材料、做法。

（3）各类道路路缘石做法，平道牙、立道牙。

（4）地上停车场构造做法。

（5）场地内可利用的自然水系，护坡处理。

（6）排洪沟、排水沟、渗水井等构造做法。

（7）挡土墙构造做法（如与景观墙结合时可在景观设计中体现）。

（8）不属于景观设计的运动场地（如学校中的各类运动场构造做法）。

（9）不属于景观设计的台阶，无障碍设计等构造详图。

八、名词解释

（一）建筑基地

也可以称为建筑用地。它是有关土地管理部门批准划定为建筑使用的土地。建筑基地应给定四周范围尺寸或坐标。基地应与道路红线相连接，否则应设通路与道路红线相连接，建筑基地地面宜高出城市道路的路面，否则应有排除地面水的措施。基地如果有滑坡、洪水淹没或海潮侵袭的可能时，应有安全防护措施。车流量较多的基地（包括出租汽车站、车场等），其通路连接城市道路的位置应符合有关规定。人员密集建筑的基地（电影院、剧场、会堂、博览建筑、商业中心等），应考虑人员疏散的安全和不影响城市正常交通，符合当地规划部门的规定和有关专项建筑设计规范。

（二）建筑红线

建筑红线由道路红线和建筑控制线组成。道路红线是城市道路（含居住区级道路）用地的规划控制线；建筑控制线是建筑物基底位置的控制线。基地与道路邻近一侧，一般以道路红线为建筑控制线，如果因城市规划需要，主管部门可在道路线以外另定建筑控制线，一般称后退道路红线建造。任何建筑都不得超越给定的建筑红线。GB 50352—2005《民用建筑设计通则》规定建筑物的台阶、平台、窗井、地下建筑及建筑基础，除基地内连通城市管线以外的其他地下管线，不允许突出道路红线。允许突出道路红线的建筑突出物：1. 在人行道地面上空：①2m 以上允许突出窗扇、窗罩，突出宽度不大于 0.4m；②2.50m 以上允许突出活动遮阳，突出宽度不应大于人行道宽度减 1m，并不应大于 3m；③3.50m 以上允许突出阳台、凸形封窗、雨棚、挑檐，突出宽度不应大于 1m；④5m 以上允许突出雨棚、挑檐，突出宽度不应大于人行道宽减 1m，并不大于 3m。2. 在无人行道的道路上空：①2.50m 以上允许突出窗扇、窗罩，突出宽度不应大于 0.4m；②5m 以上允许突出雨棚、挑檐，突出宽度不应大于 1m。

（三）地形图

按照一定的投影方法、比例和专用符号把地面上的地形和地物通过测量绘制而成的图形，是规划和总平面设计的一项重要资料依据。地形图上的比例尺是地面上一段长度与图上相应一段长度之比。例如地形图比例尺是 1∶1000，就是地面上 1000m 的长度反映在图上的长度是 1m。根据不同用途的需要，地形图的比例可以不同。地理位置地形图比例尺为 1∶25000 或1∶50000；区域位置地形图比例尺为 1∶5000 或 1∶10000，等高线间距为 1 ~ 5m；厂址地形图比例尺为 1∶500、1∶1000 或 1∶2000，等高线间距为 0.25 ~ 1m，厂外工程地形图，厂外铁路、道路、供水排水管线、热力管线、输电线路、原料成品输送廊道等带状地形图比例尺为 1∶500 ~ 1∶2000。地形图上的方向用指北针表示，在指北针箭头处注上"北"或"N"字。一般情况下地形图的上部为北向，下部为南向，即称上北下南。

第九节　建筑平面图

建筑平面图是表示建筑物平面形状、房间及墙（柱）布置、门窗类型、建筑材料等情况的图样，是施工放线、墙体砌筑、门窗安装、室内装修等项施工的依据。

平面图是建筑专业施工图中最重要、最基本的图纸，其他图纸（如立面图、剖面图及某些详图）多是以它为依据派生和深化而成的。

同时，建筑平面图也是其他专业（如总平面、结构、设备、装修）进行相关设计与制图的主要依据。反之，其他专业（特别是结构与设备）对建筑的技术要求也主要表示在平面图中（如墙厚、柱子断面尺寸、管道竖井、留洞、地沟、地坑、明沟等）。因此，建筑施工图的平面图与其他图相比，较为复杂，绘制也要求全面、准确、简明。

一、建筑平面图的图示内容

（一）基本内容

各层平面图一般是在建筑物门窗洞口处水平剖切的俯视图（屋面平面图是位于屋面以上的俯视图。大空间影剧院，体育场、馆的剖切位置可酌情确定），应按直接正投影法绘制。

建筑平面图应表达水平剖切剖到的及可见的全部建筑构造，如墙体、柱子、烟道、通风道、管井、楼梯、爬梯、电梯、门窗、雨篷、挑台、卫生洁具、明沟、坡道等，有的楼层平面还应表示室外所见的阳台、下层的雨篷顶面和局部屋面。（一般仅绘下一层投影可见轮廓）底层则应表示相邻的室外柱廊、平台、散水、台阶、坡道、花坛等。应特别注意，有水的房间和室外空间应比其他房间略低，应在平面图上画出高差线，并注明标高。

平面图不应绘制非固定设施，如家具、屏风、活动隔墙等。但旅馆或住宅又需要在平面图中布置家具和设备（如冰箱、洗衣机、空调室内机等），作为设备专业布置管线的依据，最终出图时应取消，但当不影响图面清晰时也可保留，宜采用最细的虚线示意家具和设备的位置。

建筑墙体（非承重墙）当采用砌体材料时一般都有构造柱，在墙的转角、交接处及自由端，较长的墙中间也要加构造柱（每隔 3～4m 加一个）。建筑平面图要画出构造柱的位置，有的工程门窗洞口设置抱框，也应该画出。构造柱、混凝土带、抱框做法详见结施总说明。

如果平面过长，可以分段绘制，并且应在各段平面图上绘出组合示意图，标出分区编号，并明显表示出本段的位置。参见图3-6-9分区绘制建筑平面图。

（二）轴线

建筑平面图要用细点画线绘制定位轴线。凡是结构承重并做有基础的墙、柱均应编轴线及轴线号。定位轴线的编号，横向编号应用阿拉伯数字，从左至右顺序编写，竖向编号应用大写拉丁字母，从下至上顺序编写。但拉丁字母中的 I、O、Z 不得用作轴线编号，以免与数字1、0及2混淆。在较简单或对称的房屋中，平面图的轴线编号一般标注在图形的下方及左侧。较复杂或不对称的房屋，图形上方和右侧也可以标注。对于一些与主要承重构件相联系的次要构件，它的定位轴线一般作为附加轴线，编号用分数表示，如"1/A"。分母表示前一轴线的编号，如"A"；分子表示附加轴线的编号，用阿拉伯数字顺序编写。

定位轴线的编写参见第三章第六节。

（三）尺寸

建筑平面图必须标注足够的尺寸（单位为 mm）和必要的标高（单位为 m）。建筑平面图上标注的尺寸均为未经装饰的结构完成面尺寸，标高一般均为建筑完成面标高，屋面等建筑找坡的部位则注结构完成面标高并加注（结）或（结构）。

（1）外部尺寸：为便于读图和施工，外部尺寸一般标注三道尺寸。第一道外包（或轴线）总尺寸，第二道开间进深轴线尺寸，第三道门窗洞口和窗间墙、变形缝等尺寸及与轴线关系。错台或分段外包尺寸可在一、二道之间标注，其他细部尺寸在图形轮廓线和第一道之间标注。

（2）内部尺寸：标明房间的净空大小和室内的门窗洞口的大小、墙体的厚度等尺寸。内部必须标出墙的定位、墙厚及洞口尺寸。内部门窗洞口除了标注定位尺寸，还应标注窗台距地高，门洞（指不装门的洞口）应注洞宽、洞高尺寸。

钢筋混凝土墙或柱的尺寸因结构图已注明，而施工是据结构图配模，建筑施工图可以不再标注，但建筑师应与结构工程师讨论商定结构构件尺寸，仔细核对模板图，并在图纸上如实画出。

（3）标高：各层平面应标注完成面的标高以及标高有变化的楼、地面的标高，楼梯另有详图，可不单独标注标高。

楼梯、台阶、坡道应标上下箭头，并注明"上"或"下"，"上"或"下"是相对本层的标高而言的。

（四）房间名称和门窗号

建筑平面图必须在每个房间标注房间名称，装修做法不同的房间，房间名称最好区分开。平面图上的房间名称要与房间用料表上的房间名称一致。

平面图还必须标注门窗号。门的开启方向应在平面图上表示，窗在平面图上不表示开启方向。由于单扇（或双扇）单面平开门与单扇（或双扇）防火门的平面图例相同，卷帘门和提升门的平面图例也一样，窗的平面图例也都基本相同，所以，不同种类的门窗依靠编号区别，并与门窗表中的门窗类别、门窗号一一对应。如果建筑有上下两层窗或局部夹层的情况，应该增加高窗平面图或夹层平面图。当在一个空间里的窗分上、下两樘时，窗号可重叠标注为：上 LC01，下 LC02；

（五）索引详图

建筑平面图应对楼梯、电梯，坡道、卫生间编号，并标出索引详图图号。机房或其他平面放大图也都要标出索引详图图号。各层或多层共用的详图索引号可不必层层标注，一般注在底层和标准层即可。

（六）虚线

建筑平面图中还要用虚线画出一些图示范围以外但需要表达的内容，如高窗、通气孔、沟槽、隔板、吊橱等，特别是设备在建筑墙上的留洞，大于 300mm × 300mm 的都要画出来并标注清楚。（在结构墙上的留洞,在结构墙上表示,但建筑专业必须核对。）

（七）面积

住宅单元平面应注出各房间使用面积、阳台面积，在图中注明各单元平面的使用面积、阳台面积和建筑面积、本层建筑面积，其他类建筑各层平面亦宜在图名下注出本层的建筑面积。

（八）其他

人员密集场所应注明限定使用人数。房间如有特殊设计要求，如洁净度、恒温、无菌、防爆及较重荷载等应在平面图中注明。当新建建筑与旧建筑或构筑物衔接时应区分新建建筑和保留建筑，有预留扩建条件时应注明。

二、地下室平面图

（一）地下室平面图要增加的内容

地下室外围护墙一般为钢筋混凝土墙体，外侧应画出防水层的保护层，并索引防水节点。

地下室平面需标明天井、盲沟、排水沟、集水坑位置与尺寸。

（二）地下室设计要点

建筑物的地下部分由于在室外地面之下，因此，地下室的采光、通风、防水、结构处理以及安全疏散等设计问题，均较地上层复杂。由于没有自然采光通风，地下室一般布置设备用房、车库、库房等附属房间。有的工程还需要做人防，人防工程一般均位于地下室的最底层。地下室设计要满足设备用房、车库、人防等用房特殊的使用和工艺要求，又必须考虑经济因素，地下室的深度应尽可能减小，同时，当地下室的范围超出一层的轮廓线时，应考虑上面的覆土层厚度满足景观绿化和室外管线的需要，并提给结构工程师考虑相应荷载。当消防车道下面为地下室时，结构应考虑消防车的荷载。

1. 地下室基础埋深设计要点

基础埋深是指从室外设计地坪至基础底面的垂直距离。在确定地下室的层数、层高设计时应考虑基础埋深，尽可能合理地充分利用结构要求的基础埋深，如果深于结构要求的基础埋深，则应尽可能减少地下室的层数或层高，否则会非常不经济、不合理。

GB 50007—2002《建筑地基基础设计规范》中规定：

（1）基础的埋置深度，应按下列条件确定：①建筑物的用途，有无地下室、设备基础和地下设施，基础的形式和构造；②作用在地基上的荷载大小和性质；③工程地质和水文地质条件；④相邻建筑物的基础埋深；⑤地基土冻胀和融陷的影响。

（2）在满足地基稳定和变形要求的前提下，基础宜浅埋，当上层地基的承载力大于下层土时，宜利用上层土做持力层。除岩石地基外，基础埋深不宜小于 0.5m。

（3）高层建筑筏形和箱形基础的埋置深度应满足地基承载力、变形和稳定性要求。在抗震设防区，除岩石地基外，天然地基上的箱形和筏形基础其埋置深度不宜小于建筑物高度的 1/15；桩箱或桩筏基础的埋置深度（不计桩长）不宜小于建筑物高度的 1/18～1/20。位于岩石地基上的高层建筑，其基础埋深应满足抗滑要求。

（4）基础宜埋置在地下水位以上，当必须埋在地下水位以下时，应采取地基土在施工时不受扰动的措施。当基础埋置在易风化的岩层上，施工时应在基坑开挖后立即铺筑垫层。

（5）当存在相邻建筑物时，新建建筑物的基础埋深不宜大于原有建筑基础。当埋深大于原有建筑基础时，两基础间应保持一定净距，其数值应根据原有建筑荷载大小、基础形式和土质情况确定。当上述要求不能满足时，应采取分段施工，设临时加固支撑，打板桩，地下连续墙等施工措施，或加固原有建筑物地基。

（6）确定基础埋深应考虑地基的冻胀性。

2. 地下室防火设计要点

由于地下室在地面之下，一旦发生火灾不仅疏散扑救困难，而且烟火还会威胁地上建筑的安全。

（1）安全疏散。地下室建筑每个防火分区应设不少于两个直通室外的安全出口。对于有些地下室建筑面积较大，具有多个防火分区时，可利用每个防火分区的防火墙上通向相邻的防火分区的防火门作为第二安全出口，但应特别注意的是每个防火分区必须有一个直通室外的安全出口。

房间建筑面积小于等于 50m²，且经常停留人数不超过 15 人时，可设置 1 个疏散门；

地下室、半地下室的楼梯间，在首层应采用耐火极限不低于 2.00h 的隔墙与其他部位隔开并宜直通室外，当必须在隔墙上开门时，应采用乙级防火门。

（2）防火分区。地下室建筑应用防火墙划分防火分区。其建筑面积应比地上建筑更严格，在设计、审核和检查时，必须结合工程实际，严格执行。

（3）内部装修

地下室建筑因所处的位置特殊，一旦出现火灾，人员的疏散避难及对火灾的扑救都十分困难。我国 GB 50222—1995《建筑内部装修设计防火规范》（2001 年修订版）对地下建筑物的装修防火要求的宽严主要取决于人员的密度。对人员比较密集的商场营业厅、电影院观众厅等，在选用装修材料时，应选择具有较高的防火等级的材料；而对旅馆客房、医院病房，以及各类建筑的办公用房，因其单位空间同时容纳人员较少且经常有专人管理、值班，所以在确定装修材料燃烧性能等级时予以了适当的放宽；对于图书、资料类的库房，因其本身的可燃物数量较大，所以要求全部采用不燃烧材料装修。另外，在进行地下建筑装修时还应特别注意：

1）疏散走道、楼梯间、自动扶梯和安全出口是人员在水平和竖直方向撤离的通道，必须确保这些通道不成为起火点和助长其他火源加速蔓延的介体。为此在这些部位的顶棚墙面和地面必须采用 A 级装修材料。

2）地下公共娱乐场所的顶棚、墙面必须采用 A 级装修材料，地面采用不低于 B1 级的装修材料。

3. 设备用房设计要点

设备用房一般包括水专业的消防水池和水泵房；暖通专业的通风机房、冷冻机房和热交换间；动力专业的直燃机房、锅炉房；电专业的高低压配电室、柴油发电机房等，要尽量靠近负荷中心布置。不同工程设备要求不同，机房和管井的位置和大小由设备专业的工程师提出，经建筑师整合后再与设备工程师协商确定。有些大型设备需设置吊装孔，由于吊装孔会多次开启使用，故不宜放在房间内，以免影响房间使用。

设备用房约占总建筑面积的 12%，其中暖通空调专业机房约占总建筑面积的 8%，给水排水专业机房约占总建筑面积的 2%，电气专业机房约占总建筑面积的 2.5%。

设计时需要特别注意，水泵房必须设置直通室外的安全出口；柴油发电机房的排烟管井必须引至屋顶排出；地下室应有进、排气口或通风窗；变配电室的顶部不允许有厨房、浴、厕、洗衣房、水池等存在漏水隐患的房间；变配电房、水泵房、柴油发电机房不宜放在较低位置，以免发生事故被水淹；地下设备用房门的防火等级应为甲级并向外开启。

更详细的设计要点参见本书第五章。

4. 人防地下室设计要点

如果工程所在城市为设防城市，通常要求设置人防地下室。设置人防地下室人防面积、等级及战时功能须由人防办核定，如果投资者不愿意建造人防，也可以缴纳一定费用，由政府易地再建。

当地下室为人民防空地下室时，其设防等级、人防面积应符合人防办公室的要求；其平面布局(含消洗程序)、辅助房间、出入口及相关构造、净高等，均应符合人防设计规范的要求。

设置人防地下室的工程，一般将人防地下室布置在最底层。平时可根据工程需要作为汽车库、自行车库、商场、库房、办公室、活动室、招待所等使用，而在战时则作为人员、物资的掩蔽场所，这就叫做平战结合。但地下室有的功能不适合结合人防设计，因人防不允许与防空地下室无关的管道穿越人防围护结构，为全楼服务的设备用房一般不能作为人防地下室。

人防地下室设计，主要分为主体和口部。主体要考虑防护单元的面积是否符合规范要求，并且防火分区的划分不能跨越防护单元。战时如果为人员掩蔽所，则需计算掩蔽面积，从而求出疏散宽度。口部设计是人防地下室设计的难点，一般每一防护单元至少要设置两个出入口，一个必须是室外出入口，另一个可以结合室内楼梯修建。

人防地下室设计依据：①GB 50038—2005《人民防空地下室设计规范》；②GB 50098—2009《人民防空工程设计防火规范》。③《防空地下室建筑设计》（2007年合订本）国家建筑标准设计图集（FJ01~03）；④当地人防办指定的人防工程防护设备图集。还可以参考全国民用建筑工程技术措施《防空地下室》（2009）。

5. 地下车库设计要点

车库的类型很多，有单层，多层甚或还有高层汽车库。目前高层建筑的地下多建有机动车停车库，地下车库的排水措施、停车数量、车行安全出口的数量、宽度、坡度；人员安全出口数量、宽度及安全疏散距离均应符合规范要求。同时，应满足交通、人防等专业的特定要求。另外，在建筑设计中有几个关键数据应当掌握：

（1）车库规模：在JGJ 100—1998《汽车库建筑设计规范》中，把汽车库建筑规模按汽车类型和容量分为四类，见表4-9-1：

表 4-9-1　汽车库建筑分类

规　模	特　大　型	大　型	中　型	小　型
停车数（量）	>500	301~500	51~300	<50

注：此分类适用于中、小型车辆的坡道式汽车库及升降机式汽车库，并不适用于其他机械式汽车库。

在 GB 50067—1997《汽车库、修车库、停车场设计防火规范》中，把汽车库的防火分类分为四类，见表4-9-2：

表 4-9-2　车库的防火分类

数　量 名　称　　　　类　别	Ⅰ	Ⅱ	Ⅲ	Ⅳ
汽车库	>300 辆	151~300 辆	51~150 辆	≤50 辆
修车库	>15 车位	6~15 车位	3~5 车位	≤2 车位
停车场	>400 辆	251~400 辆	101~250 辆	≤100 辆

注：汽车库的屋面亦停放汽车时，其停车数量应计算在汽车库的总车辆数内。

（2）车位基本尺寸：车位基本尺寸各国不尽一致，略有大小出入，我国资料、书籍中也有差别。在设计时还是应以规范的规定为准。例如垂直式停放时，小型车后退停车其车位的长、宽和中间通道宽的尺寸分别为5.3m、2.4m和5.5m。

（3）柱间净距：地下车库柱网的决定要与停车方式密切配合，要保证车辆能自如的转弯、停泊和开出，以小轿车、面包车为例，柱间净距分别为：停两辆者5.4m、停三辆者7.8m。

（4）净高：室内有效高度应为最大汽车总高加0.5m，微型车、小型车汽车库室内最小净高为2.2m。

值得注意的是，地下车库通常设有风管和自动喷淋的水管，结构高度也是比较大的。因此，高层建筑的地下车库的层高往往大于3.6m，设计时要精心安排，以求得最佳尺寸。该尺寸不但影响造价，而且影响上下坡道的设计。

（5）转弯半径：JGJ 100—1998《汽车库建筑设计规范》中规定，汽车库内汽车的最小转弯半径，见表4-9-3：

表4-9-3 汽车最小转弯半径

车 型	最小转弯半径/m	车 型	最小转弯半径/m
微型车	4.50	中型车	8.00~10.00
小型车	6.00	大型车	10.50~12.00
轻型车	6.50~8.00	铰接车	10.50~12.50

（6）坡道：进入地下汽车库需要有坡道，坡道可以是直线的、曲线的或为二者的结合。坡道设计的重点是确定坡道的位置，数量。大中型汽车库的库址，车辆出入口不应少于2个；特大型汽车库库址，车辆出入口不应少于3个，并应设置人流专用出入口。各汽车出入口之间的净距应大于15m。坡道的宽度，一般按照GB 50067—1997《汽车库、修车库、停车场设计防火规范》的规定，汽车疏散坡道的宽度不应小于4m，双车道不宜小于7m。汽车库内当通车道纵向坡度大于10%时，坡道上、下端均应设缓坡。

坡道设计的要点参见本章的《第十二节　建筑详图》中的《（三）坡道详图》。

（7）设计取值：我们通常设计的地下车库多为微型、小型车库。汽车转弯半径按6m设计，汽车库最小净高应≥2.2m。如确实需要停大型车，甲方会提出要求，设计取值也要相应调整。

（8）汽车库的防火：首先应划分防火分区，汽车库应设防火墙划分防火分区。每个防火分区的最大允许建筑面积见表4-9-4：

表4-9-4 汽车库防火分区最大允许建筑面积 （单位：m²）

耐火等级	汽车库类型	不设置自动灭火系统	设置自动灭火系统
一、二级	单层汽车库	3000（复式汽车库 1950）	6000（复式汽车库 3900）
	多层汽车库 半地下汽车库	2500（复式汽车库 1625）	5000（复式汽车库 3250）
	地下汽车库或 高层汽车库	2000（复式汽车库 1300）	4000（复式汽车库 2600）
三级	单层汽车库	1000（复式汽车库 650）	2000（复式汽车库 1300）

划分完防火分区，还要进行人员安全出口和汽车疏散口的设计。规范规定：汽车库、修车库的每个防火分区内，其人员安全出口不应少于两个（同一时间的人数不超过25人或Ⅳ类汽车库可设一个）。规范同时规定：汽车库、修车库的人员安全出口和汽车疏散出口应分开设置。也就是说：汽车坡道不能作为人员疏散的通道。因此，每个防火分区需要设两个疏散楼梯间上到地面上去。疏散楼梯的宽度不应小于1.1m，即两股人流的疏散宽度。楼梯间尽量分散布置，汽车库室内最远工作地点至楼梯间的距离不应超过45m，当设有自动灭火系统时，其距离不应超过60m。汽车疏散出口不应少于两个。需要特别注意的是：Ⅳ类汽车库（停车数不超过50辆）以及汽车疏散坡道为双车道，停车数少于100辆的地下汽车库，只需要设一个疏散口。特大型汽车库（停车数超过500辆），车辆出入口不应少于3个。

（三）一层平面图

建筑物的一层是地下与地上的相邻层，并与室外相通，因而成为建筑物上下和内外交通的枢纽。就图纸本身而言，底层平面可以说是地上其他各层平面和立面、剖面的"基本图"。因为地上层的柱网及尺寸、房间布置、交通组织、主要图纸的索引，往往在底层平面首次表达。与其他层平面相比，一层平面图更为重要，内容比较复杂，设计难度也较大。

1. 一层平面图要增加的内容

一层平面图中除了绘制各层平面均须绘制的基本内容以外，还应标出室外台阶、坡道、散水、排水沟、花池、平台、雨水管和室内的暖气沟、人孔等的位置，以及指北针；另外，要在一层平面图中标出剖切符号。剖视的方向宜向左、向上，以利看图。

剖视符号的编号宜采用阿拉伯数字，按顺序由左至右、由下至上连续编排，并应注写在剖视方向线的端部。

在各主要入口处的室内、室外应注明标高，在室外地面有高低变化时，应在典型处分别注出设计标高（如：踏步起步处、坡道起始处、挡土墙上、下处等）。在剖面的剖切位置也宜注出，以便与剖面图上的标高及尺寸相对应。

简单的地沟平面可画在底层平面图内。复杂的地沟应单独绘制，以免影响底层平面的清晰。

外排水雨水管的位置除在屋面平面中绘出外，还应在底层平面中绘出。

部分建筑的底层入口应按相关规范规定的范围做无障碍设计。

2. 一层平面图设计要点

（1）需设消防控制室的建筑，其面积、位置及对外出入口应符合规定。

（2）疏散楼梯到室外出口的距离应满足规范要求。

（四）楼层平面图

楼层平面，是指建筑物二层和二层以上的各层平面。其中完全相同的多个楼层平面（也称标准层），可以共用一个平面图形，但需注明各层的标高，且图名应写明层次范围（如：四～八层平面）。

楼层平面图只需按建筑平面图的图示内容绘制即可，没有特殊增加的内容。为了使图面更加清晰，看图改图方便，楼层平面图的标注可适当简化，除外部的三道尺寸线、轴线编号、门窗号必须保留，与底层或下一层相同的尺寸可省略，各层中相同的详图索引，均可以只在最初出现的层次上标注，但应在图注中说明，以表达完整清晰为原则。

（五）屋顶平面图

1. 屋顶平面图要增加的内容

一般屋面平面图采用 1∶100 比例，简单的屋面平面可用 1∶150 或 1∶200 绘制。屋面标高不同时，屋面平面可以按不同的标高分别绘制，在下一层平面上表示过的屋面，不应再绘制在上层平面上；也可以标高不同的屋面画在一起，但应注明不同标高（均注结构板面）。复杂时多用前者，简单时多用后者。

屋顶平面图要画出屋顶的平面形状、两端及主要轴线，详图索引号、标高等。

平屋面平面图——需绘出两端及主要轴线，要绘出分水线、汇水线并标明定位尺寸；要绘出坡向符号并注明坡度（注意：凡相邻并相同坡度的坡面交线为 45°角），雨水口的位置应注定位尺寸（且雨水管间距也有限定），还需要绘出上屋面的人孔或爬梯及挑檐或女儿墙、楼梯间、机房、设备基础、排烟道、排风道、天窗、挡风板、变形缝，并注明其定位尺寸。

坡屋面平面图——应绘出屋面坡度或用直角三角形形式标注，注明材料、檐沟下水口位置，沟的纵坡度和排水方向箭头。出屋面的排烟道、排风道、老虎窗。应在屋面下面一层平面上，以虚线表示出屋顶闷顶检查孔位置。

2. 屋顶平面图设计要点

（1）设置雨水管排水的屋面，应根据当地的气候条件、暴雨强度、屋面汇水面积等因素，确定雨水管的管径和数量。并作好低处屋面保护（水落管下端拐弯、加混凝土水簸箕）。

（2）当有屋顶花园时，应注明屋顶覆土层最大厚度并绘出相应固定设施的定位，如灯具、桌椅、水池、山石、花坛、草坪、铺砌、排水等，并索引有关详图。

（3）有擦窗设施的屋面，应绘出相应的轨道或运行范围。详图应由专业厂提供，并与结构密切配合。

（4）当一部分为室内，另一部分为屋面时，如出屋面楼梯间、屋面设备间、临屋顶平台房间等，应注意室内外交接处（特别是门口处）的高差与防水处理。例如：室内外楼板即便是同一标高，但因屋面找坡、保温、隔热、防水的需要，此时门口处的室内外均宜设置踏步，或者做门槛防水。其高度应能满足屋面泛水高度的要求，门口上部应有挡雨设施。

（5）冷却塔、风机、空调室外机等露天设备除绘制根据工艺提供的设备基础并注明定位尺寸外，宜用细线表示出该设备的外轮廓。

（6）内排水落水口及雨水管布置应与水专业共同商定，在屋面平面中注明"内排雨水口"，内排雨水系统见水专业设计图纸。

第十节　建筑立面图

立面图是建筑立面的正投影图，是体现建筑外观效果的图纸。在施工过程中，主要用于指导外装修。立面图的比例可不与平面图一致，以能表达清楚又方便看图（图幅不宜过大）为原则，比例在 1∶100、1∶150 或 1∶200 之间选择皆可。

各个方向的立面应绘制齐全，但差异小、左右对称的立面或部分不难推定的立面可简略；内部院落或看不到的局部立面，可在相关剖面图上表示，若剖面图未能表示完全时，则需单独绘出。当形体较复杂，不便绘制某个方向投影立面时，应绘制展开立面。

当立面分格较复杂时，可将立面分格及外装修做法另行出图，以方便主体工程施工和外装修工程施工所需尺寸的表达清晰。

一、建筑立面图命名方法

建筑立面图通常有两种命名方法：

（1）按立面两端轴线的编号命名，如①～⑨轴立面图。这是最常用、最准确的方法。立面图须注两端轴线及轴号，不用标全部轴号。

（2）按立面朝向命名，如南立面图、北立面图。这种方法适用于建筑朝向较正时，且一般用于方案阶段，施工图阶段不提倡使用这种方法。

二、立面图要表达的内容

（1）立面图应绘制两端及展开立面转折处轴线和轴线编号。

（2）立面的外轮廓及主要结构和建筑构造部件的位置，如女儿墙顶、檐口、柱、变形缝、室外楼梯和垂直爬梯、室外空调机搁板、阳台、栏杆、台阶、坡道、花台、雨篷、烟道、勒脚、门窗、幕墙、洞口、门头、雨水管，以及其他装饰构件、线脚和粉刷分格线等。

当前后立面重叠时，前面的建筑外轮廓线宜向外加粗，避免混淆。另外，立面的门窗洞口轮廓线宜粗于门窗和粉刷分格线，使立面更有层次、更清晰。

（3）标注平、剖面图未表示的标高或高度，如台阶、门窗洞口、雨篷、阳台、屋顶机房、外墙留洞及其他装饰构件等。标注关键控制标高，如：室外地坪、平屋面檐口上皮、女儿墙顶面的高度，坡屋面建筑檐口及屋脊高度（防火规范规定坡屋面建筑的建筑高度为室外地面至建筑檐口的高度，平屋面建筑的建筑高度为室外设计地面到其屋面面层的高度）。

（4）在平面图上表达不清的窗编号、进排气口等，并注明尺寸及标高。

（5）外装修用料的名称或代号、颜色等应直接标注在立面图上。立面分格应绘清楚，线脚宽深、做法宜注明或绘节点详图。

（6）外墙身详图的剖线索引号可以标注在立面图上，亦可标注在剖面图上，以表达清楚，易于查找详图为原则。

第十一节　建筑剖面图

剖面图是在建筑竖直方向上剖切所形成的全剖视图，主要用来表示建筑物内部的分层、结构形式、构造方式、材料、做法、各部位间的联系及高度等。

一、剖切位置的选择

建筑剖面图的剖切位置，一般应选择在建筑物的结构和构造比较复杂、能反映建筑物构造特征的具有代表性的部位，如楼梯间、层高发生变化的部位等。剖切符号标在一层平面图上。

剖切平面应尽量剖到墙体上的门、窗洞口，以便表达门、窗的高度和位置。

有转折的剖面，在剖面图上应画出转折线。

二、剖面图要表达的内容

1. 墙、柱、轴线、轴线编号。

2. 室外地面、底层地（楼）面、底坑、机座、各层楼板、吊顶、屋架、屋顶、出屋顶烟道、天窗、挡风板、消防梯、檐口、女儿墙、门、窗、梁、楼梯、台阶、坡道、散水、平台、阳台、雨篷、洞口、墙裙、雨水管及其他装修等可见的内容。

凡≥1∶100的剖面应绘出楼面细线，比例＜1∶100者视实际面层厚度，厚则绘出，否则可不绘。

3. 高度尺寸

（1）外部尺寸：外部高度尺寸应标注以下三道：第一道为洞口尺寸：包括门、窗、洞口、女儿墙或檐口高度及其定位尺寸，即与楼面关系尺寸；第二道为层间尺寸：即层高尺寸，含地下层在内；高层建筑的剖面图上，最好标注层数，以便于看图。第三道为建筑总高度：是指由室外地面至檐口或屋面的高度。屋顶上的水箱间、电梯机房、排烟机房和楼梯出口小间等局部升起的高度可不计入总高度，应另行标注。当室外地面有变化时，应以剖面所在处的室外地面标高为准。上述三道尺寸应各居其道，不要跳道混注。其他部件（如：雨篷、栏杆、装饰件等）的相关尺寸，也不要混入，应另行就近标注，以保证图纸清晰明确。

（2）内部尺寸：包括底坑深度、隔断、洞口、平台、吊顶标高、吊顶下净高尺寸。

4. 标高

标高包括底层地面标高（±0.000），底层以上各层楼面、楼梯、平台标高、屋面板、屋面檐口、女儿墙顶、烟道顶标高，高出屋面的水箱间、楼梯间、电梯机房顶部标高，室外地面标高，底层以下的地下各层标高。内部有些门窗洞口、隔断、暖沟、底坑等尺寸也要标注在剖面图上。剖面图中涉及有些需严加限定高度的，如顶棚净高、特殊用房及锅炉房、机房、阶梯教室等，其大梁下皮高度、楼梯休息平台下通行人时，高度需要注明。

标高是指建筑完成面的标高，否则应加注说明（如：楼面为面层标高，屋面为结构板面标高）。

5. 节点构造详图索引号

鉴于剖视位置应选在内外空间比较复杂，最有代表性的部位，因此墙身大样或局部节点多应从剖面图中引出，对应放大绘制。

第十二节　建　筑　详　图

施工图设计相对于方案和初步设计来说，它是要解决更微观、定量和实施性的问题；要能够指导施工和设备安装，必须件件有交代，处处有依据。在有了平、立、剖基本图之后，就要针对各个部位的用料、做法、形式、大小尺寸、细部构造等做出详图。有些详图还必须和结构、设备、电气等专业配合完成。因此建筑详图是整套施工图的重要组成部分，是施工时准确完成设计意图的依据之一。

建筑详图是表明细部构造、尺寸及用料等全部资料的详细图样。其特点是比例大、尺寸齐全、文字说明详尽。详图可采用视图、剖面图等表示方法，凡在建筑平、立、剖面图中没有表达清楚的细部构造，均需用详图补充表达。在详图上，尺寸标注要齐全，要注出主要部位的标高，用料及做法也要表达清楚。

为了便于看图，弄清楚各视图之间的关系，凡是视图上某一部分（或某一构件）另有详图表示的部位，必须注明详图索引符号，并且在详图上注明详图符号。放大平面图中的门窗可不再标注门窗号，门窗号一律标注在各层平面图中；各专业的预留洞口也一律标注在各层平面图中，但放大平面图的门窗形式和预留洞口的位置、尺寸应与各层平面图相一致。

详图的设计需首先掌握有关材料的性能和构造处理，以满足该建筑构配件的功能要求。同时还应符合施工操作的合理性与科学性，如：安装方法的预制或现浇；安装工序的先后与繁简；操作面能否展开；用料品种可否尽量统一等。应避免选材不当、构造不详、交代不清。

建筑详图设计是年轻建筑师特别要重视的设计内容。仅以立面设计为例，只有通过外墙墙身大样的绘制才能落实符合立面构思的梁板、檐口、雨篷、构架、装饰线脚、门、窗、幕墙的绝对尺寸和形状。其间不仅包括建筑专业自身问题的思考过程，而且还要与其他专业进行磨合，才能最终定案。没有这个设计过程的立面设计，不可能有经得起推敲的细部。

一、建筑详图的分类

1. 构造详图　构造详图是指台阶、坡道、散水、地沟、楼地面、内外墙面、吊顶、屋面防水保温、地下防水等构造做法。这部分大多可以引用或参见标准图集。另外还有墙身、楼梯、电梯、自动扶梯、阳台、门头、雨罩、卫生间、设备机房等随工程不同而不能通用的部分，需要建筑师自己绘制，当然也可参考标准图集。

2. 配件和设施详图　配件和设施详图是指门、窗、幕墙、栏杆、扶手、浴厕设施、固定的台、柜、架、牌、桌、椅、池、箱等的用料、形式、尺寸和构造（活动设备不属于建筑设计范围）。门窗、幕墙由专业厂家负责进一步设计、制作和安装，建筑师只提供分格形式和开启方式的立面图，以及尺寸、材料和性能要求。

3. 装饰详图　一些重大、高档民用建筑，其建筑物的内外表面、空间，还需做进一步的装饰、装修和艺术处理；如不同功能的室内墙、地面、顶棚的装饰设计，需绘制大量装饰详图。外立面上的线脚、柱式、壁饰等，也要绘制详图才能制作施工。这类设计多由专业的装饰公司负责设计。此时建筑师虽然减少了工作量，但也容易产生建筑设计与装修设计脱节的现象，导致建成后的效果违背设计初衷，有的二次装修甚至破坏结构构件、移动设备管道和口部、压低净高等，以致造成危险隐患和影响使用。为此，建筑设计人员应对装修设计的标准、风格、色调、质感、尺度等方面提出指导性的建议和必须注意的事项，并应主动配合协作。有条件的还可以争取继续承担二次装修设计，以确保建筑的完整、协调和品质。

二、采用标准图的注意事项

利用标准图、通用图可以大量节省时间提高工作效率，但要避免索引不当和盲目"参照"。引用时应注意以下几点：

（1）选用前应阅读图集的相关说明，了解其使用范围、限制条件和索引方法。

（2）要注意选用的图集是否符合现行规范。做法或节点构造是否已经淘汰。

（3）要对号入座，避免张冠李戴。

（4）选用的标准要恰当，应与本工程的性质、类别相符合。

（5）与标准图不完全一样的节点不能简单写上"参照"。只有主要内容相同，个别尺寸或局部条件改变并能加以注明的，才可参照，且应注明何处不同。

（6）索引号要标注完全。如选用05J0909《工程做法》中屋面做法时，不能只写屋面做法编号和保温层厚度"屋17(60)"，还应注写防水层和隔汽层编号，即"屋17(60)—I$_4$—G$_2$"。

（7）标准图、通用图只能解决一般性量大面广的功能性问题，对于特殊的做法和构造处理，仍需要自行设计非标准的构配件详图。

三、与装修的配合问题

（1）属二次装修的房间部位应在"室内装修做法表"中列出。可分别列出一次或二次装修到位的"做法"，并注明二次装修做法仅供参考。

（2）荷载预留，建筑师应将一些有二次设计的楼地面、吊顶（如多功能厅、餐厅）可能的装修做法提供给结构，让其进一步预留足够的荷载。

（3）面层厚度预留，建筑师应在"材料作法表"中写明预留的面层厚度（即一次装修不到位"做法"），以便控制其标高。

（4）埋件预留，诸如各类幕墙主龙骨的支撑点一般都应随土建做好预埋件，所以专业公司应配合建筑设计，及早提出埋件的大小和位置。

（5）随着建筑标准和审美要求的日益提高，国内近来兴建的不少大型公共建筑，已开始将外装修与内装修一样对待，专项进行设计和出图，从而成为建筑施工图立面设计的深化。为此，建筑师在该过程中除了精心构思之外，还应与施工单位及供货厂家密切配合，并深入工地解决实际问题，才能最终建成建筑精品。建筑师不仅要交代建筑立面各部位的详细做法和尺寸，负责确定建筑外装修材料的材质、规格、色彩，还要指导制作厂家完成重点部位的放样图纸，以便准确实现设计意图。

外装修设计的图纸，大致可分为平面大样、剖面大样、立面大样和材料样板四部分。绘制比例为 1:20 ~ 1:50。在设计方法上，结构实体只控制建筑体型上大的错落与进退，建筑细部处理完全在外挂的由横、竖金属龙骨构成的格架上实现。此体系可使建筑的外装修"随心所欲"，也可使结构设计得以简化。

四、常用建筑详图绘制内容

(一) 楼梯详图

楼梯详图主要表明楼梯类型、结构形式、各部位的尺寸及装修做法。需要绘制楼梯平面图、楼梯剖面图以及栏杆、扶手和踏步的详图。

楼梯平、剖面多以 1:50 绘制，平面所注尺寸一般为未经装修的结构完成面尺寸，宜注明四周墙轴号、墙厚与轴线关系尺寸。横向标明楼梯宽、梯井宽、纵向标明休息平台宽，每级踏步宽×踏步数=尺寸数，并标明上、下箭头和休息平台的标高。楼梯剖面图应注明墙轴号、墙厚与轴线关系尺寸。剖面图高度方向所注尺寸为建筑完成面尺寸，注明楼层、休息平台标高和每跑踏步高×踏步数=尺寸数。在楼梯平面和剖面中均要绘出扶手、栏杆轮廓，通常在剖面中标注详图索引号，或注明由二次装修设计定。

1. 楼梯平面图　楼梯平面图应按照自下而上的顺序编排，并与剖切位置一一对应。

楼梯平面图应按 1:50 绘制，一般有两道尺寸线，外面一道表示楼梯间净尺寸、墙厚和到轴线的距离；里面一道标注休息平台、踏步定位尺寸(如 280 × 9 = 2520)。两跑楼梯踏步数不同时要分别标注。平面图上要标注上下行指示箭头，每一休息平台均要标注标高。标准层有多个标高时应自下而上顺序标注。

楼梯平面图的剖切位置在本层向上的第一段内，即休息平台以下、窗台以上的位置。标准层平面相同的平面不用一一画出。底层平面图上还应标有剖面图的剖切位置。采暖地区因楼梯间一般为非采暖房间，所以楼梯间常常要做保温，要考虑其构造厚度。

特别注意地上在首层与地下层之间防火分隔的位置和做法。

2. 楼梯剖面图　楼梯剖面图应按 1:50 绘制，一般有两道尺寸线，外面一道表示层高；里面一道标注每跑楼梯踏步高及踏步数(如 160 × 10 = 1600)。剖面上应标注楼层和休息平台的标高。

楼梯剖面图可以只画出底层、中间层和顶层，层高一样的楼层可以只画一层，其他断开不画；通常不画基础，屋面也可以不画。楼梯剖面图的省略部位应与楼梯平面图相对应。

楼梯剖面图必须画出建筑面层的厚度，当楼层做法和踏步做法厚度不同时，要核对结构专业起止步的设计尺寸。另外要特别注意梁式楼梯的梁下是否满足楼梯净高要求。剖面上要画出框架梁的位置，考虑框架梁是否碰头，以及对开窗的影响。

3. 栏杆、扶手和踏步的详图　栏杆、扶手和踏步的详图可索引标准图集。也可以专门设计，应表达防滑做法、预埋件、扶手栏杆高度、形式、材料及饰面做法等。

扶手、栏杆是保障人员安全使用楼梯的重要建筑部件。应有足够的整体刚度。其高度和形式也应符合规范，在起始段及和墙体连接的端部要加强锚固措施。

（二）电梯井道和机房以及自动扶梯详图

电梯井道详图应能满足电梯安装对土建的技术要求。除满足建筑规范的要求以外，应满足 GB 7588—2003《电梯制造与安装安全规范》、GB/T 7025.1—2008《电梯主参数及轿厢、井道、机房的型式与尺寸 第 1 部分：Ⅱ、Ⅲ、Ⅵ类电梯》、GB/T 7025.2—2008《电梯主参数及轿厢、井道、机房的型式与尺寸 第 2 部分：Ⅳ类电梯》、GB/T 7025.3—1997《电梯主参数及轿厢、井道、机房的型式与尺寸 第 3 部分：Ⅳ类电梯》、JG 5071—1996《液压电梯》等，还要参考厂家的样本，在不确定厂家的情况下，一般选尺寸适中、有实力的厂家样本作参考。要绘制的图一般有：

1. 电梯井道和机房平面图　按 1:50 绘制，一般有两道尺寸线，外面一道表示井道净尺寸、墙厚和到轴线的距离；里面一道标注门洞定位尺寸。应以清晰为原则就近标注。平面图上要标注标高。

（1）井道底坑平面图

井道底坑平面图应绘制电梯底坑净尺寸、墙厚、标高，坑底如果有集水坑或其他排水设施，应绘出。电梯底坑平面应绘制固定爬梯的位置和做法。

（2）井道平面图

井道平面图应绘制电梯井道净尺寸、墙厚、标高、层门开口的准确定位。井道平面相同的平面不用一一画出，但每一停站层均要标注标高。标准层有多个标高应自下而上顺序标注。

应注意非停站层须在层门开口处封堵，相邻两层地坎间的距离超过 11m 时，其间应设置安全门。因此，非停站层和设置安全门的楼层井道平面图应单独绘制。

（3）电梯机房平面图

电梯机房平面图应绘制电梯机房净尺寸、墙厚、标高，门窗洞口、通风口的准确定位。当机房地面包括几个不同高度并相差大于 0.5m 时，应绘制设置的楼梯或台阶及护拦。机房楼板的留洞及吊钩位置、荷载应暂按甲方选定的厂家样本预留。

2. 井道剖面图　电梯剖面图可以只画出底层、中间层和顶层，层高一样的楼层可以只画一层，其他断开不画，但应注明各层的标高；井道剖面应画出底坑、各层和电梯机房的标高关系。应标注出底坑深度、各层层高，顶层高度及机房高度，并标出电梯的提升高度，即电梯从底层端站楼面至顶层端楼面之间的垂直距离。在停站层应标出门洞的高度。

3. 门洞立面图及门套、牛腿节点详图　电梯详图应表示导轨埋件、厅门牛腿、厅门门套、机房工字钢梁（或混凝土梁）和顶部检修吊钩等。厅门立面及留洞图上应表示层数指示灯及按钮留洞位置，消防电梯在首层还应增加一个消防员专用的操作按钮，应准确按照电梯生产厂样本的要求，留在门顶或井道壁上。

层门尺寸指门套装修后的净尺寸，土建层门的洞口尺寸应大于层门尺寸，留出装修的余量，一般宽度为层门宽两边各加 100mm，高度为层门高加 70~100mm。

4. 自动扶梯　自动扶梯平、立、剖面宜按 1:50 绘制，包括起始层平面、标准层平面和顶层平面，将起始层、底坑和标准层、顶层的梯井平面绘制并标注清楚。剖面图应根据各层层高和扶梯速度、角度及厂家型号绘出，底坑宜做成与下层封闭式，以利于防火分隔。

无论是电梯还是自动扶梯，均应在图中注明：土建施工应以最终订货的厂家提供的技术资料作为依据。

（三）坡道详图

坡道分为人行坡道、自行车坡道和汽车坡道三类。室外道路也有坡度的要求。各种坡道设计要点详见第五章。

坡道详图需要绘制坡道平面图、坡道剖面图和节点构造详图。

1. 坡道平面图　按1:50绘制，一般有两道尺寸线，外面一道表示轴线间的距离；里面一道标注不同坡度的坡段起止点的定位尺寸。平面图上要标注上下行指示箭头及坡度，标注坡段起止点的标高。弧形坡道应标注定位圆心及半径。平面图上应画出地面排水沟、指示灯、栏杆、扶手、轮挡等的定位尺寸。平面图上还应标出剖切位置。

2. 坡道剖面图　按1:50绘制，有转折的坡道常常要画展开剖面。

3. 坡道节点详图　坡道节点详图一般包括如栏杆、扶手、采光顶、地面排水沟、指示灯、轮挡以及坡道防滑构造的详图。

（四）卫生间详图

卫生间详图主要表达卫生间内各种设备的位置、形状及安装做法等。要表达出各种卫生设备在卫生间内的位置、形状和大小，一般需要绘制卫生间平面图，卫生间吊顶平面图（镜像），以及节点详图。装修设计较深入的卫生间还要绘制立面图和剖面图。

1. 卫生间平面图　按1:50图纸绘制，一般有两道尺寸线，外面一道表示卫生间开间、进深尺寸、墙厚和到轴线的距离；里面一道标注卫生洁具的定位尺寸。墙边的卫生洁具应考虑墙的装修厚度。

平面图上应注明标高（比相邻楼面低15～20mm）、地漏位置和找坡方向。平面图上还应绘出设备管井（通风、上下水立管）、镜子、残疾人扶手，以及手纸架、烘手器的位置。

2. 卫生间吊顶平面图（镜像）　卫生间吊顶一般采用铝合金条板（或方板），因为一般抹灰受潮容易脱落。吊顶平面应标注分格方式和灯具、通风口的定位，并注明吊顶的标高。

3. 卫生间节点详图　卫生间节点主要有洗手台及镜子、镜前灯的节点，蹲便器起台的节点、残疾人扶手以及卫生间吊顶的特殊做法节点。

（五）墙身详图

墙身详图实际是典型剖面上典型部位从上至下连续的放大节点详图。多以1:20绘制完整的墙身详图（简单工程可在剖面图上用方或圆形框线引出，就近绘制节点详图），墙身详图应将外墙的节能保温的构造做法交待清楚，并应绘出墙身防潮层、过梁等。一般多取建筑物内外的交界面——外墙部位，以便完整、系统、清楚地交代立面的细部构成，及其与结构构件、设备管线、室内空间的关系。但是，墙身详图毕竟只是建筑局部的放大图，因此不能用以代替表达建筑整体关系的剖面图。绘制墙身详图时应注意下述几个方面：

1. 选点　宜由剖面图中直接引出，且剖视方向也应一致，这样对照看图较为方便。当从剖面中不能直接索引时，可由立面图中引出，应尽量避免从平面图中索引。

绘制墙身详图，应选择少量最有代表性的部位，从上到下连续画全。其他则可简化，只画与前者不同的部位，然后在该图的上下处加注"同×××墙身详图"即可。至于极不典型的零星部位，可以作为节点详图，直接画在相近的平、立、剖面图上。

2. 步骤　首先应由建筑专业绘出墙身详图草图，提交给相关专业（主要是结构专业），然后根据反馈的资料，进行综合协调后再绘制正式图。出图前相关专业应确认会签。

3. 内容(以外墙详图为例)　一般包括：尺寸和形状无误的结构断面、墙身材料与构造、墙身内外饰面的用料与构造、门和窗、玻璃幕墙(画出横樘位置、楼层间的防火及隔声要求、特殊部位的构造示意)、线脚及装饰部件、窗帘盒及吊顶示意、窗台或护栏、楼地面、室外地面、台阶或坡道、屋面(含女儿墙或檐口等)。其中有关的工程做法可以索引相应图纸，不在本图内表示。

地下层墙身及底板的防水做法(含采光井)一般在地下防水节点详图中绘制。

4. 标高及尺寸的标注

(1) 标高主要标注在以下部位：地面、楼面、屋面、女儿墙或檐口顶面、吊顶底面、室外地面。

(2) 竖向尺寸主要包括：层高、门窗(含玻璃幕墙)高度、窗台高度、女儿墙或檐口高度、吊顶净高(应根据梁高、管道高及吊顶本身构造高度综合考虑确定)、室外台阶或坡道高度、其他装饰构件或线脚的高度。尺寸应分行有规律地标注，避免混注，以保证清晰明确。竖向尺寸应标注与相邻楼地面间的定位尺寸。

(3) 水平尺寸主要包括：墙身厚度及定位尺寸、门窗或玻璃幕墙的定位尺寸、悬挑构件的挑出长度(如檐口、雨篷、线脚等)、台阶或坡道的总长度与定位尺寸。水平尺寸应以相邻的轴线为起点标注。

(六) 机房放大平面图

设备机房如水泵房、冷冻机房、热交换间、高低压配电室、柴油发电机房等，一般要求建筑专业绘制机房放大平面图。设备机房的设备和管线设施比较复杂，建筑设计必须符合工艺要求，整体布局经济合理，使用管理和安装维修方便。

设备用房的设备，其大小和定位在设备专业的施工图上表示，建筑图上可用虚线表示或不表示。水泵房、热交换间等，要绘出设备基础、排水沟、集水坑等平面尺寸、坡度、坡向和节点详图。以前变配电室常有电缆沟，建筑专业也要绘制放大平面，现在常采用电缆夹层，或从配电柜上面进出线，不再设电缆沟，建筑专业也就可以不绘制变配电室的放大平面了。水箱、冷却塔等设备基础一般由设备专业提出条件(尺寸、荷载、埋件等)，由结构专业进行配合，并在结施图上表示。建筑专业可以不绘制放大平面。

1. 机房放大平面图　按 1∶50 绘制，一般外面有一道尺寸线，表示机房开间、进深尺寸、墙厚和到轴线的距离；水泵房、热交换间的设备基础、排水沟、集水坑，变配电室的电缆沟等应在平面图中适当位置清晰地标注出其定位尺寸。如果有详图，应索引详图号及节点号。

平面图上应注明标高(水泵房、热交换间比相邻楼面低 20mm；变配电室宜比相邻楼面高 50mm)，有设备基础的平面图上应注明设备基础的标高。

平面图上应注明地漏位置和找坡方向。有排水沟的平面图上还应绘出排水沟的沟底标高和找坡方向。

2. 机房剖面图　在设备机房放大平面图中，一般会选择标高关系比较复杂的部位，绘制机房剖面图。剖面图也按 1∶50 绘制，除绘制机房的底板及垫层、梁、顶板等结构构件和建筑做法以外，水泵房应重点表达水池池壁与结构主体的关系，吸水坑的大小和深度，人孔翻边，不锈钢爬梯的安装高度；水泵房、冷冻机房和热交换间应表达地面垫层、设备基础、排水沟等；变配电间应表达电缆夹层(应设人孔和爬梯)、电缆沟等。

3. 机房节点详图 机房节点主要有排水沟、排水沟算子、集水坑，集水坑盖板、电缆沟、电缆沟盖板以及不锈钢爬梯等。

（七）顶棚平面图（镜像）

顶棚平面图也可称为天花平面图、天棚平面图或吊顶平面图，一般采用镜像投影法绘制。

1. 步骤

（1）首先绘制顶棚的主体平面轮廓图。

（2）绘制顶棚吊顶轮廓以及其他细节轮廓线。

（3）接下来为顶棚合理布置灯具及其他设备、设施。

（4）标注尺寸、剖面符号、详图索引符号、图例名称、文字说明。

2. 内容 顶棚平面图应表达室内顶棚的装饰造型平面形状、尺寸、材料和做法；龙骨、吊筋的布置；顶棚上的设备或设施如灯具、风口、自动喷淋头、烟感、喇叭等的布置及其相对位置；顶棚各部位的标高。

（1）建筑主体结构的主要轴线、轴号，主要尺寸；顶棚平面图可以只画出墙体轮廓，不图示门窗及其开启方向线，如有必要，可用虚线图示门窗位置。

（2）表明顶棚装饰造型的平面形式和尺寸，并通过附加文字说明其所用材料、色彩及工艺要求。如有节点详图应绘制索引号。

（3）顶棚的跌级变化应结合造型平面分区线用标高的形式来表示，由于所注是顶棚各构件底面的高度，因而标高符号的尖端应向上。

（4）表明顶部灯具的种类、式样、规格、数量及布置形式和安装位置。顶棚平面图上的小型灯具按比例用一个细实线圆表示，大型灯具可按比例画出它的正投影外形轮廓，力求简明概括，并附加文字说明。

（5）其他：空调风口、顶部消防、音响设备、检查口、防火卷帘、变形缝等。

（6）图名、比例（图名应加注"镜像"、比例一般与平面图一致）。

（7）节点详图（典型部位、变标高及复杂造型处应绘制节点详图）。

（8）图例。由于建筑装饰图例部分无统一标准，多是在流行中互相沿用，有的还不具有普遍意义，应说明各个图例符号的含义。

（八）地下防水节点详图

地下工程防水做法，是有地下室的建筑的施工图设计必须表达的重点内容。首先应根据建筑的使用功能确定防水等级和设防要求。对于地下室的侧墙和顶、底板（包括桩基承台）的防水措施，以及变形缝和后浇带处的防水做法，一般均应绘制上述部位的节点详图。其选材和构造应合理可靠，并应遵守 GB 50108—2008《地下工程防水技术规范》的规定。

1. 设计原则

（1）地下工程防水的设计和施工应遵循"防、排、截、堵相结合，刚柔相济，因地制宜，综合治理"的原则，且必须符合环境保护的要求，并采取相应措施。条件允许的地下工程，应尽量采用"防、排结合"的设防措施。

（2）工程设计人员应对地下工程所处的地理位置、气温气候、地下水类型、补给来源、水质、流量、流向、压力、水位的年变化情况及由于外因引起的周围水文地质改变的情况等与防水工程有密切关系的因素进行详细调查。并根据地下工程的使用要求、使用功能、结构形式、环境条件等综合因素来确定防水工程的设防等级，再根据设防等级选择防水层材料。

（3）施工场地宽敞时，均应采用外防外做施工工艺；因场地狭窄不能外防外做时，可采用外防内做施工工艺；因场地特别狭窄，不能做外防水层或外防水失败时，才采用内防水设防措施。

（4）底板、外墙和顶板（有顶板时）均应设防水层，且防水层、止水带、止水条都必须有效交圈，不得断开。

（5）立面部位用两种柔性防水材料复合设防时，两者材性应相容，并紧密结合。平面部位可相容，也不相容；不相容时，上层防水材料宜选择卷材，并应空铺，搭接边冷粘。

2. 选点

（1）地下室底板、悬挑底板、外墙。

（2）地下室顶板（有顶板时）。

（3）防水收头做法（防水设防高度应高出室外地坪高程 0.5m 以上）。

（4）窗井、通风井、设备吊装孔、地下通道。

（5）变形缝、后浇带、桩头、集水坑等特殊部位。

（6）防水层甩接茬做法。

（7）施工缝、穿墙管等细部构造做法。

3. 步骤　首先应由建筑专业确定设防等级，选择防水层材料。在防水收头、窗井、通风井、设备吊装孔、地下通道等部位提出草图，提交给相关专业（主要是结构专业），然后根据反馈的资料，进行综合协调后再绘制正式图。出图前相关专业应确认会签。

4. 内容　一般包括：尺寸和形状无误的结构断面；垫层、找平层、防水层、保护层等的材料与构造；转角处保护和加强处理；散水处防水收头做法、特殊部位的构造示意等。应注明各构造层次的材料和厚度。

防水层的图例见图 4-12-1。

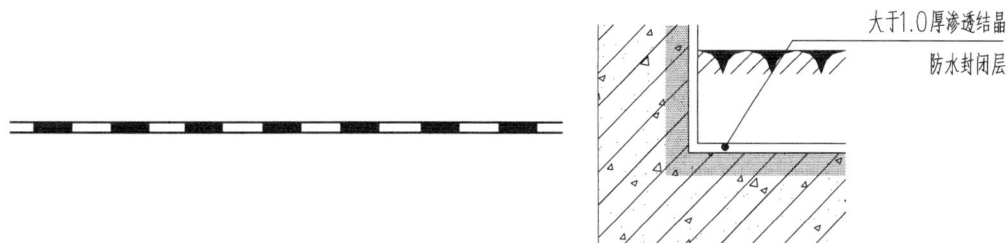

图 4-12-1　防水层的图例

为了清晰地表明防水构造中的细微部分，防水节点详图常常运用不按比例绘制的局部夸张方法表达。

（九）门窗详图

门窗详图主要用以表达对厂家的制作要求，如尺寸、形式、开启方式、注意事项等。门窗详图以门窗立面为主，比例多用 1∶50 或 1∶100。宜用粗实线画樘，用细线画扇和开启线。

由于现代建筑都由专业厂家进行门窗加工，所以很少需要绘制门窗节点了。

门窗详图应当按类别集中顺号绘制，以便不同的厂家分别进行制作。例如，木门窗与铝合金窗多由不同厂家分别加工，其门窗详图宜分别集中绘制。

1. 门窗立面的绘制

（1）门窗立面均是外视图。旋转开启的门窗，用实开启线表示外开，虚开启线表示内开。开启线交角处表示旋转轴的位置，以此可以判断门窗的开启形式，如平开、上悬、下悬、中悬、立转等；对于推拉开启的门窗则用在推拉扇上画箭头表示开启方向；固定扇则只画窗樘不画窗扇即可。门窗开启扇的绘制图例可详见 GBT 50104—2010《建筑制图标准》。弧形窗及转折窗应绘制展开立面。

（2）门窗开启扇的控制尺寸。由于受材料、构造、制作、运输、安装条件的限制，因此门窗立面的划分不能随心所欲，特别是开启扇的尺寸相应受到约束。以铝合金门窗扇为例，其最大尺寸为：

平开窗扇——600×1400

推拉窗扇——900×1500

平开门扇——1000×2400（单扇），900×2400（双扇），双扇开启的门洞宽度不应小于 1.2m，当为 1.2m 时，宜采用大小扇的形式。

推拉门扇——900×2100

固定扇的控制尺寸，主要取决于玻璃的最大允许尺寸。而玻璃的最大允许尺寸，则因玻璃类别、品种和生产厂家的不同差异很大。

建筑标准较高的门窗玻璃、玻璃幕墙用玻璃、镀膜玻璃均应采用浮法玻璃作为基片。门窗樘的分格越小，固定扇玻璃的厚度即可减薄，相对则比较经济、安全和便于安装运输。玻璃的厚度应根据固定扇所处的部位，受力面积的大小，通过抗风及抗震计算才能确定，一般由制作厂家负责。

2. 门窗立面尺寸的标注　在门窗高度和宽度方向均应标注 3 道尺寸，即洞口尺寸、制作总尺寸与安装尺寸、分樘尺寸。也可以简化成 2 道尺寸，把洞口尺寸注在门窗号处，以宽×高表示。有的图把洞口尺寸混同于制作总尺寸与安装尺寸，由制作厂家设计加工图时把面层厚度考虑进去。

（1）弧形窗或转折窗的洞口尺寸应标注展开尺寸。并宜加画平面示意图，注出半径或分段尺寸。

（2）转折窗的制作总尺寸与安装尺寸应分段标注。中间部分注窗轴线总尺寸，两端部分加注安装尺寸。

（3）安装尺寸应根据与门窗相邻的饰面材料及做法确定，如水泥砂浆、水泥石灰砂浆、喷涂或乳胶漆墙面为 20；锦砖、水刷石、干粘石、剁斧石为 20～25；花岗岩、大理石为 40～50（根据板厚及安装构造而定）。外保温墙体为保温层厚度 +10。

当外墙为清水墙时，门窗洞口常做成企口的形式，内侧洞口适当放大留出门窗的安装尺寸。当外饰面材料厚度较厚时，洞口与门窗框的间隙应酌情增加，以饰面层厚度能盖过缝隙 5～10mm 左右为度，但又不宜压盖框料过多，常设钢附框，既解决构造问题，又能减少土建与门窗安装的交叉作业，有利于成品保护，提高交付质量。

3. 门窗详图说明　说明最好直接写在相关的门窗图内或门窗表的附注内，也可以写在首页的设计说明中，说明应包括下列内容：

（1）门窗立樘位置。

（2）对制作厂家的资质要求。

（3）框料断面尺寸、玻璃厚度及构造节点。

（4）玻璃及框料的选材与颜色。

（5）对特殊构造节点的要求。如通窗在楼层或隔壁之间的防火、隔声处理，以及与主体结构的连接等。

（6）其他制作及安装要求和注意事项。如：门窗制作尺寸应放样并核实无误后方可加工。

（十）玻璃幕墙

玻璃幕墙是由金属构件与玻璃板组成的建筑外围护结构。其主要构件应悬挂在主体结构上（斜玻璃幕墙可悬挂或支承在主体结构上）。由于玻璃幕墙在使用功能和美观上的独特要求，使其在形式、性能、结构、材料、构造、制作、安装等方面要比一般门窗复杂而严格得多。因而必须由专门厂家进行设计、制作和安装，但建筑师应提出最基本的功能与美观要求以及配合相应的设计工作。

国家已专门制订有 JGJ 102—2003 J 280—2003《玻璃幕墙工程技术规范》，对玻璃幕墙的设计、制作和安装施工进行全过程的质量控制。建设部还在《关于确保玻璃幕墙质量与安全通知》（建设［1994］776 号文）中明确了设计分工，规定了建筑设计单位应向玻璃幕墙制作图设计单位提供的资料条目。玻璃幕墙的建筑设计问题主要有以下 8 个方面：

1. 玻璃幕墙的立面分格 玻璃幕墙的立面分格除考虑美观效果外，还必须综合考虑结构、构造、施工、玻璃尺寸以及室内效果等因素。

（1）幕墙的立柱位置应与室内空间平面分隔相协调；幕墙的横档位置应与楼板、吊顶及窗台（或踢脚板）的位置相对应。

（2）玻璃分格应考虑玻璃的成品尺寸，出材率应大于 80%。常用宽度为 1100～1300mm（1500mm 慎用），常用高度为 1500～1800mm。宽高比例宜控制在 1∶1.2～1∶1.5，少用正方形和 1∶2 以上的狭长矩形。

（3）开启扇部分的面积一般为幕墙面积的 15%，其主要功能是火灾时排烟并兼顾节能要求，不同地区的节能规范对幕墙的开启面积要求有不同的规定。开启扇宜为上悬式或滑撑式［尺寸宜为 1100～1300mm（宽）×1500～1800mm（高）］。开启扇的开启角度不宜大于 30°，开启距离不宜大于 300mm。

2. 玻璃幕墙尺寸的标注 玻璃幕墙尺寸的标注与普通门窗立面尺寸的标注基本相同。有时因无相邻墙体，所以无洞口尺寸和安装尺寸可注。但最好增加与平面轴线和楼层标高之间的定位关系尺寸，使看图清楚，方便施工。

3. 玻璃幕墙的剖面设计 主要是交代幕墙与主体结构、室内装修配件的关系，在楼层间和幕墙上下两端的处理，以及相关尺寸。一般均在墙身详图中交代或示意，具体构造节点由制作厂家确定方案和绘图。但必须使楼层间满足防火、隔声及美观要求，上下两端满足防水及保温要求。

4. 玻璃幕墙设计的安全要求 该安全要求除防火、防雷外，主要是防止幕墙玻璃碎后伤人。因此对玻璃的选用、室外设施布置、安装护栏等均有规定，详见 JGJ 102—2003 J 280—2003《玻璃幕墙工程技术规范》第 4.4 条的安全规定。

5. 擦窗设备 当玻璃幕墙高度大于 40m 时宜设置清洗设备。按照擦窗机标准，擦窗机可分为：屋面轨道式（简称轨道式）、轮载式、悬挂轨道式（简称悬挂式）、滑车式和插杆式、滑梯式等。设计时应根据选用的形式,将需要擦窗的建筑立面、剖面、高度尺寸,以及建筑物上可供安装擦窗机的楼层平、剖面图提供给制作单位。然后索取轨道预埋件基础图、设备荷载及电容量等技术资料,以便相关专业进行设计和绘图。如尚无条件确定擦窗机选型,则也应估计相关荷载和电容量,并作为遗留问题写入说明中。

6. 玻璃幕墙的建筑设计说明　该说明也可以写在首页的设计说明内。主要应包括以下内容:

(1) 对制作厂家的资质要求及设计分工范围。

(2) 玻璃幕墙的选型:如可为明框、半隐框、隐框或全玻幕墙。如为全玻幕墙应确定连结形式。

(3) 玻璃的品种及颜色:如可为退火、吸热、钢化、半钢化、夹层、镀膜、彩釉钢化、中空、防火等各色玻璃。

(4) 露明框料的颜色。

(5) 有无擦窗设备。

(6) 对特殊构造节点的制作与安装要求及注意事项。

(7) 建筑物所在地点及抗震设防烈度(设计总说明中已有则可以省略)。

7. 建筑设计人员还应与制作单位配合进行如下工作:

(1) 确定和检测幕墙的风压变形、空气渗透、雨水渗透值。

(2) 确定幕墙的保温、隔声、层间变位、耐撞击、热量吸收与热断裂的性能值。

(3) 确定幕墙的防火、防雷的安全措施和构造要求及性能值。

(4) 向施工单位提供幕墙安装所需要的预埋件尺寸与位置。

8. 关于混合幕墙　混合幕墙是指在同一幕墙骨架上,根据立面和功能的要求,分区安装玻璃板、金属板、石板等外围护材料。显然,其结构、性能、构造、制作、安装比玻璃幕墙更加复杂。因此,这种幕墙的设计更趋专业化,建筑设计所提供的资料和要求基本与玻璃幕墙相同,同时更应加强与厂家的配合与协作。

(十一) 变形缝

1. 变形缝的作用　房屋受到外界各种因素的影响,会使房屋产生变形、开裂,导致破坏。这些因素包括温度变化的影响、房屋相邻部分承受不同荷载的影响、房屋相邻部分结构类型差异的影响、地基承载力差异的影响和地震的影响等。为了防止房屋破坏,常将房屋分成几个独立变形的部分,使各部分能独立变形、互不影响,各部分之间的缝隙称为房屋的变形缝。

2. 变形缝的分类及设置原则　变形缝包括伸缩缝、沉降缝和抗震缝。

(1) 伸缩缝:房屋温度变化将发生热胀冷缩的变形,这种变形与房屋的长度有关,长度越大变形越大。变形受到约束,就会在房屋的某些构件中产生应力,从而导致破坏。在房屋中设置伸缩缝,使缝间房屋的长度不超过某一限值,其变形值较小,所产生的温度应力也较小,这样就不会产生破坏。

(2) 沉降缝:房屋因不均匀沉降造成某些薄弱部位产生错动开裂。为了防止房屋无规则的开裂,应设置沉降缝。沉降缝是在房屋适当位置设置的垂直缝隙,把房屋划分为若干个刚度较一致的单元,使相邻单元可以自由沉降,而不影响房屋整体。

(3) 抗震缝:建造在地震区的房屋,地震时会遭到不同程度的破坏,为了避免破坏应按抗震要求进行设计。地震设计防烈度6度以下地区地震时，对房屋影响轻微可不设防；地震设防烈度为10度地区地震时，对房屋破坏严重，建筑的抗震设计应按有关专门规定执行。地震设防烈度为6~9度地区，应按一般规定设防，包括在必要时设置抗震缝。

3. 变形缝的构造

（1）基本原则

1）楼、地面变形缝的设置，均应与结构相应的缝位置一致，且应贯通楼、地面的各构造层。

2）变形缝的构造应考虑到在其产生位移或变形时，不受阻、不被破坏，并不破坏建筑物。变形缝的构造和材料选择应根据其部位需要分别采取防排水、防火、保温、防老化、防腐蚀、防虫害、防脱落等措施。

3）变形缝构造基层应采用不燃烧材料。电缆、可燃气体管道和甲、乙、丙类液体管道，不应敷设在变形缝内。当其穿过变形缝时，应在穿过处加设不燃烧材料套管，并应采用不燃烧材料将套管空隙填塞密实。

4）变形缝应进行防火、隔声处理。接触室外空气及上下与不采暖房间相邻的楼面伸缩缝还应进行保温隔热处理。

5）变形缝不应从需进行防水处理的房间中穿过。

6）变形缝不应穿过电子计算机主机房。

7）人防工程防护单元内不应设置变形缝。

8）空气洁净度为100级、1000级、10000级的建筑室内楼地面不宜设变形缝。

9）内墙伸缩缝设计应与地面、顶棚伸缩缝上下对齐、相互协调，并结合整体装修效果统一考虑。

10）在可能的条件下，宜根据建筑变形量、整体装修效果选用成品变形缝。

11）变形缝两侧的吊挂式顶棚龙骨应断开设置。

12）建筑内部的变形缝（包括沉降缝、伸缩缝、抗震缝等）两侧的基层应采用A级材料，表面装修应采用不低于B1级的装修材料。楼板缝做法应保证1.5小时耐火极限，防火墙上的缝做法应保证3小时耐火极限。

13）设在变形缝处附近的防火门，应设在楼层数较多的一侧，且门开启后不应跨越变形缝。

（2）伸缩缝

伸缩缝要求把建筑物的墙体、楼板层、屋顶等地面以上部分全部断开，并在两个部分之间留出适当的缝隙，以保证伸缩缝两侧的建筑构件能在水平方向自由伸缩。基础部分因受温度变化影响较小，不需断开。

1）墙体伸缩：墙体在伸缩缝处断开，为了避免风、雨对室内的影响和避免缝隙过多传热，伸缩缝应砌成错口式或企口式。

2）楼地层伸缩：楼地层伸缩缝的位置和尺寸，应与墙体伸缩缝相对应。在构造上应保证地面面层和顶棚美观，又应使缝两侧的构造能自由伸缩。

3）屋顶伸缩：屋顶伸缩缝的位置有两种情况，一种是伸缩缝两侧屋面的标高相同，另一种是缝两侧屋面的标高不同。

等高屋面变形缝的做法是：在缝的两侧做钢筋混凝土翻边，按泛水构造处理。与泛水构造不同之处是在钢筋混凝土翻边上面加设钢筋混凝土盖板或铁皮盖板。

不等高屋面变形缝的做法是：在低侧屋面板一侧做钢筋混凝土翻边，按泛水构造处理。可用镀锌铁皮盖缝并固定在高侧墙上，也可以从高侧墙上悬挑钢筋混凝土板盖缝。

（3）沉降缝

1）墙体沉降缝：墙体沉降缝一般兼起伸缩缝作用，其构造与伸缩缝基本相同。但由于沉降缝要保证缝两侧的墙体能自由沉降，所以盖缝的金属调节片必须保证在水平方向和垂直方向均能自由变形。

2）基础沉降缝：基础也必须设置沉降缝，以保证缝两侧能自由沉降。常见的沉降缝处基础的处理方案有双墙式、交叉式和悬挑式三种。

（4）抗震缝

抗震缝应同伸缩缝、沉降缝协调布置，相邻上部结构完全断开，并留有足够的缝隙，以保证在水平方向地震波的影响下，房屋相邻部分不致因碰撞而造成破坏。一般情况下，抗震缝基础可不分开，但在平面复杂的建筑中，当与震动有关的建筑物相连部分的刚度差别很大时，也需将基础分开。

第五章 常用建筑详图设计要点

第一节 楼 梯

一、楼梯的概念

楼梯是建筑物中的垂直交通构件，供人和物上下楼层和疏散人流之用。楼梯的数量、位置及形式应满足使用方便和安全疏散要求，注重建筑环境空间的艺术效果。设计楼梯时，还应使其符合 GB 50352—2005《民用建筑设计通则》、相应的防火设计规范和其他有关单项建筑设计规范的规定。

二、楼梯的基本组成

楼梯由楼梯梯段、楼层平台和中间平台、栏杆(或栏板)和扶手组成，见图5-1-1。

1. 楼梯段 楼梯段又称楼梯跑，是楼梯的主要使用和承重部分。它由若干个踏步组成。为减少人们上下楼梯时的疲劳和适应人行的习惯，一个楼梯段的踏步数要求最多不超过18级，最少不少于3级。

2. 平台 平台是指两楼梯段之间的水平板，有楼层平台、中间平台之分。其主要作用在于缓解疲劳，让人们在连续上楼时可在平台上稍加休息，故又称休息平台。同时，平台还是梯段之间转换方向的连接处。

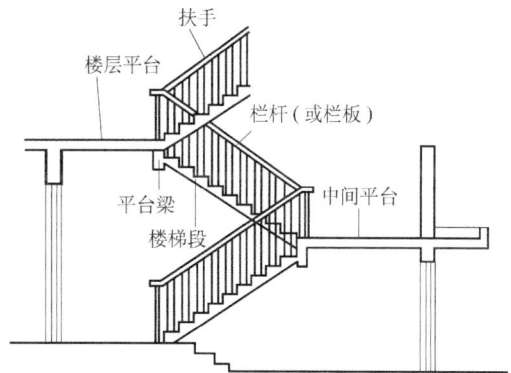

图5-1-1 楼梯的组成示意图

3. 栏杆 栏杆是楼梯段的安全设施，一般设置在梯段的边缘和平台临空的一边，要求它必须坚固可靠，并保证有足够的安全高度。

三、楼梯的分类

1. 按照楼梯的材料分类 分为钢筋混凝土楼梯、钢楼梯、木楼梯及组合材料楼梯。

2. 按照楼梯的位置分类 分为室内楼梯和室外楼梯。

3. 按照楼梯的使用性质分类 分为主要楼梯、辅助楼梯、疏散楼梯及消防楼梯。

4. 按布置方式和造型不同分类 分为单跑直楼梯、双跑直楼梯、转角楼梯、双跑平行楼梯、三跑楼梯、双分平行楼梯、双合平行楼梯、交叉楼梯、剪刀楼梯、弧线楼梯、螺旋楼梯等，见图5-1-2。

5. 根据防火要求分类 根据防火要求设置的疏散楼梯间可分为敞开楼梯间、封闭楼梯间、防烟楼梯间(见图5-1-3)和室外楼梯。还有火灾时不能作为疏散楼梯使用的开敞楼梯。

（1）敞开楼梯间：敞开楼梯间是指楼梯四周有一面敞开，其余三面为具有相应燃烧性能和耐火极限的实体墙，敞开楼梯间在低层建筑中广泛采用，在符合规定的层数和其他条件

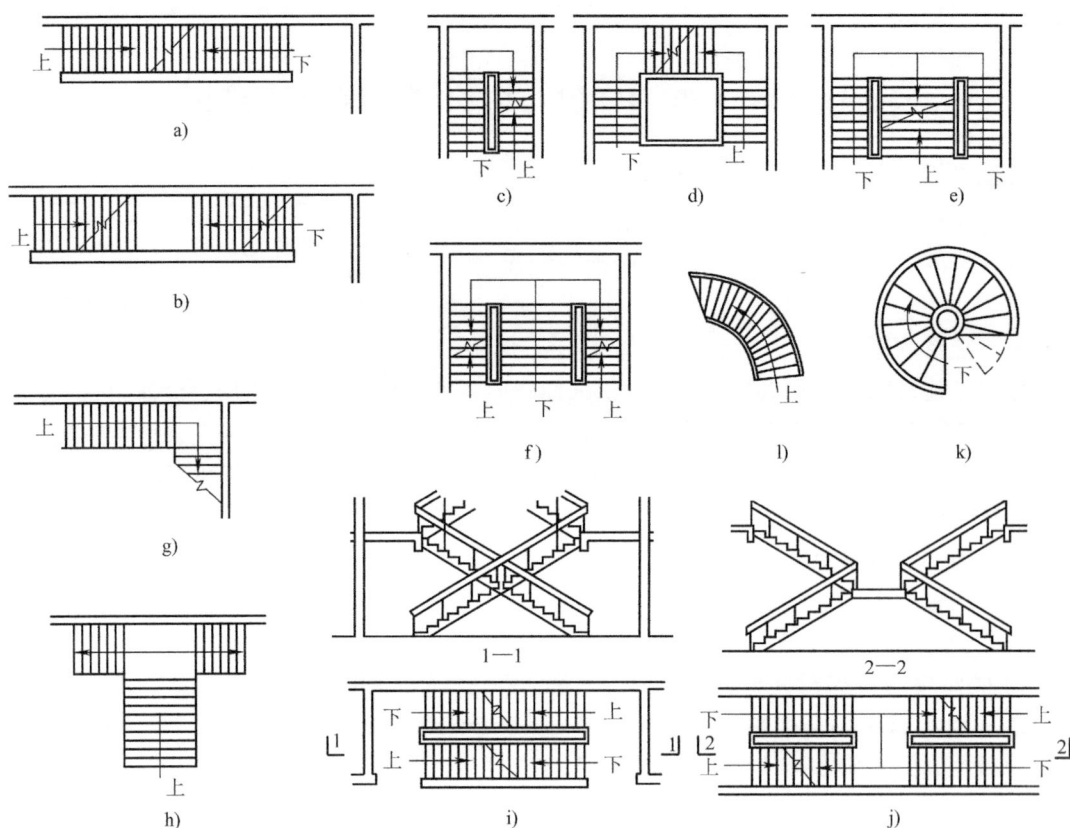

图 5-1-2　楼梯平面形式

a）单跑直楼梯　b）双跑直楼梯　c）双跑平行楼梯　d）三跑楼梯　e）双分平行楼梯　f）双合平行楼梯
g）转角楼梯　h）双分转角楼梯　i）交叉楼梯　j）剪刀楼梯　k）螺旋楼梯　l）弧线楼梯

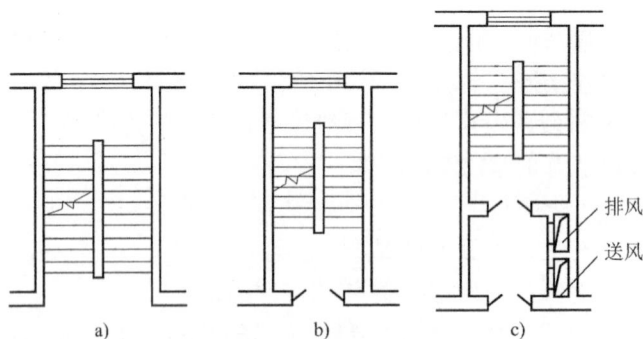

图 5-1-3　楼梯间平面形式

a）开敞楼梯间　b）封闭楼梯间　c）防烟楼梯间

下，可以作为垂直疏散通道，并计入疏散总宽度。由于楼梯间与走道之间无任何防火分隔措施，所以它不能阻止烟、火进入楼梯间，因此，在高层建筑和地下建筑中不应采用。

（2）封闭楼梯间：封闭楼梯间是指用耐火建筑构件分隔，能防止烟和热气进入的楼梯间。高层民用建筑和高层工业建筑中封闭楼梯间的门应为向疏散方向开启的乙级防火门。封闭楼梯间的设置要求：

1）楼梯间应靠外墙，并能直接天然采光和自然通风，当不能直接天然采光和自然通风时，应按防烟楼梯间规定设置。

2）高层建筑封闭楼梯间的门应为乙级防火门，并向疏散方向开启。

3）楼梯间的首层紧接主要出口时，可将走道和门厅等包括在楼梯间内，形成扩大的封闭楼梯间，但应采用乙级防火门等防火措施与其他走道的房间隔开。

（3）防烟楼梯间：防烟楼梯间是指具有防烟前室和防排烟设施并与建筑物内使用空间分隔的楼梯间。其形式一般包括：带封闭前室或合用前室的防烟楼梯间，用开敞式阳台作前室的防烟楼梯间，用凹廊作前室的防烟楼梯间等。

防烟楼梯间的设置要求：

1）楼梯间入口处应设前室、开敞式阳台或凹廊。

2）前室的面积，对公共建筑不应小于 $6m^2$，与消防电梯合用的前室不应小于 $10m^2$；对于居住建筑不应小于 $4.5m^2$，与消防电梯合用前室的面积不应小于 $6m^2$；对于人防工程不应小于 $10m^2$。

3）前室和楼梯间的门均应为乙级防火门，并应向疏散方向开启。

（4）室外疏散楼梯：室外疏散楼梯是指用耐火结构与建筑物分隔，设在墙外的楼梯。室外疏散楼梯主要用于应急疏散，可作为辅助防烟楼梯使用。

室外疏散楼梯的设置要求：

1）栏杆扶手的高度不应小于 1.1m，楼梯的净宽度不应小于 0.9m。

2）倾斜角度不应大于 45°。

3）楼梯段和平台均应采取不燃材料制作。平台的耐火极限不应低于 1.00h，楼梯段的耐火极限不应低于 0.25h。

4）通向室外楼梯的门宜采用乙级防火门，并应向室外开启。

5）除疏散门外，楼梯周围 2m 内的墙面上不应设置门窗洞口。疏散门不应正对楼梯段。

（5）开敞楼梯：开敞楼梯是指在建筑物内部没有墙体、门窗或其他建筑构配件分隔的楼梯，火灾发生时，它不能阻止烟、火的蔓延，不能保证使用者的安全，只能作为楼层空间的垂直联系。公共建筑内装饰性楼梯和住宅套内楼梯等常以开敞楼梯的形式出现。

综上所述，防烟楼梯间防烟效果最好，更有利于人员疏散，其次是室外疏散楼梯、封闭楼梯间，开敞楼梯间不能隔烟阻火，不利于人员疏散。开敞楼梯火灾时不能计为疏散楼梯。

四、楼梯数量的确定○

1. 公共建筑每个防火分区或一个防火分区的每个楼层，其安全出口的数量应经计算确定，且不应少于 2 个。公共建筑符合下列条件之一时，可设一个安全出口或疏散楼梯：

（1）除托儿所、幼儿园外，建筑面积不大于 $200m^2$ 且人数不超过 50 人的单层建筑。

（2）除医疗建筑、老年人建筑及托儿所、幼儿园的儿童用房和儿童游乐厅等儿童活动场所等外，符合表 5-1-1 规定的 2、3 层建筑。

表 5-1-1　公共建筑可设置 1 个疏散楼梯的条件

耐火等级	最多层数	每层最大建筑面积/m²	人数
一、二级	3层	500	第二层与第三层人数之和不超过100人
三级	3层	200	第二层与第三层人数之和不超过50人
四级	2层	200	第二层人数之和不超过30人

○　根据 GB500＊＊-201＊《建筑设计防火规范》(2010 年 11 月 25 日送审稿初稿)编写。

（3）防火分区的建筑面积不大于 50m² 且经常停留人数不超过 15 人的地下、半地下建筑（室）。当建筑面积不大于 500m² 且使用人数不超过 30 人时，其直通室外的金属竖向梯可作为第二安全出口。

地下、半地下歌舞娱乐放映游艺场所的安全出口不应少于 2 个。

（4）地下、半地下建筑（室）或一、二级耐火等级建筑的地上部分，当一个防火分区的安全出口全部直通室外或避难走道确有困难时，可利用设置在相邻防火分区之间防火墙上的甲级防火门作为安全出口，该防火门应向疏散方向开启，并应符合下列规定：

1）该防火分区的建筑面积大于 1000m² 时，直通室外或避难走道的安全出口数量不应少于 2 个。

2）该防火分区的安全出口直通室外或避难走道的净宽度之和，不应小于本规范第 5.5.19 条规定的安全出口总净宽度的 70%。

2. 住宅建筑应根据建筑的耐火等级、建筑高度、建筑面积和疏散距离等因素设置安全出口。安全出口应分散布置，并应符合双向疏散的要求。住宅建筑每个单元每层的安全出口不应少于 2 个，且两个安全出口之间的距离不应小于 5m。当符合下列条件时，每个单元每层可设置 1 个安全出口：

（1）建筑高度不大于 27m，每个单元任一层的建筑面积小于 650m²，且任一套房的户门至安全出口的距离小于 15m。

（2）建筑高度大于 27m、不大于 54m，每个单元任一层的建筑面积小于 650m²，且任一套房的户门至安全出口的距离小于 10m，每个单元设置一个通向屋顶的楼梯，单元之间的楼梯通过屋顶连通，户门采用乙级防火门。

（3）建筑高度大于 54m 的多单元建筑，每个单元设置一座通向屋顶的疏散楼梯，54m 以上部分每层相邻单元楼梯通过阳台或凹廊连通，54m 及其以下部分户门采用乙级防火门。

五、楼梯位置的确定

（1）楼梯应放在明显和易于找到的部位。

（2）楼梯应尽可能有直接的采光和自然通风。

（3）五层及以上建筑物的楼梯间，首层应设直通室外的出入口或在首层采用扩大封闭楼梯间；四层及以下的建筑物，楼梯间可以设置在距出入口不大于 15m 处。

六、楼梯的细部尺寸

（一）基本要求

（1）连续级数不宜 > 18 级，亦不宜 < 3 级。

（2）大量人流使用不宜设置扇形踏步。

经常要处理的两个问题：

一是室外台阶踏步宽度不宜小于 0.30m，踏步高度不宜大于 0.15m，通常采用 0.35m 和 0.125m 这两个参数。特别要注意的是不允许只设一级踏步，至少要两级，这是因为踏步上下地面的高度相差过小时，行人不易辨别该处有高差，缺乏精神准备，跨出虚步而伤及脚腿。

二是当利用旋转楼梯作疏散梯时，必须满足踏步在距内圈扶手或筒壁 0.25m 处，其踏面宽不应小于 0.22m 的要求，这点在防火规范上有明确规定。

（二）楼梯坡度

楼梯的坡度越小，越平缓，行走也越舒适，但却扩大了楼梯间的进深，增加了建筑面积和造价。楼梯常见坡度范围为25°~45°,舒适坡度为26°34′,即高宽比为1/2;楼梯梯段的最大坡度不宜超过38°;当坡度小于20°时,采用坡道;大于45°时,则采用爬梯(楼梯、台阶、坡道、爬梯的坡度范围见图5-1-4)。

(三)梯段宽度

楼梯段是楼梯的主要组成部分之一,它是供人们上下通行的,因此楼梯的宽度必须满足上下人流及搬运物品的需要。楼梯段宽度的确定要考虑同时通过人流的股数及是否需通过尺寸较大的家具或设备等特殊的需要。一般楼梯段需考虑同时至少通过两股人流,即上行与下行在楼梯段中间相遇能通过。根据人体尺度每股人流宽可考虑取550mm+(0~150mm),这里0~150mm是人流在行进中人体的摆幅,公共建筑人流众多的场所应取上限值。楼梯段宽度和人流股数关系要处理恰当,见图5-1-5。

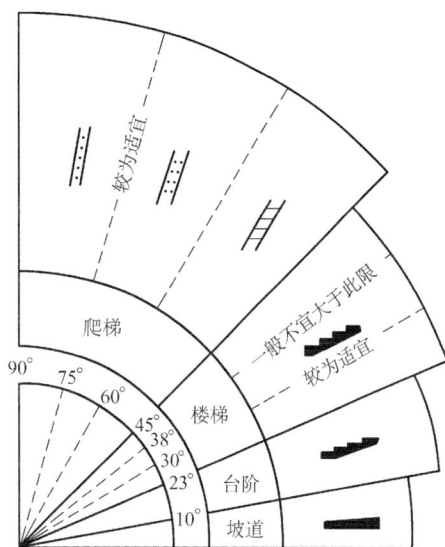

图 5-1-4 楼梯、台阶和坡道、爬梯坡度的适用范围

单股人流宽度不小于850mm;双人通行宽度一般应为1100~1400mm;三人通行的梯段宽度一般为1650~2100mm;室外疏散楼梯梯段最小宽度800~900mm。楼梯应至少一侧设扶手,梯段净宽达三股人流(1650mm)时应两侧设扶手,达四股人流(2200mm)时宜加设中间扶手。

楼梯两梯段的间隙称楼梯井,楼梯井的宽度一般取50~200mm。

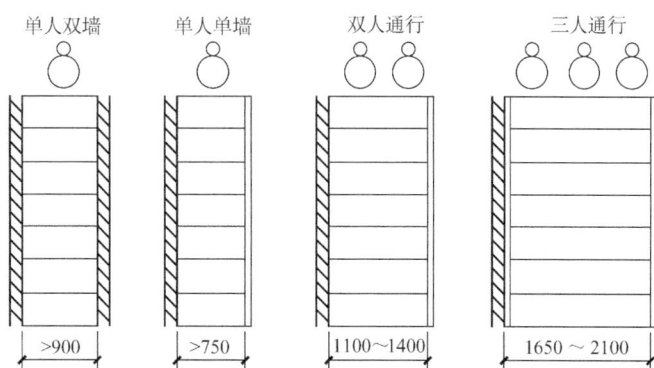

图 5-1-5 梯段宽度范围

托儿所、幼儿园、中小学及少年儿童专用活动场所的楼梯,梯井净宽大于0.20m时,必须采取防止少年儿童攀滑的措施,楼梯栏杆应采取不易攀登的构造,当采用垂直杆件做栏杆时,其杆件净距不应大于0.11m。公共建筑的室内疏散楼梯两梯段及扶手间的水平净距不宜小于150mm。主要考虑火灾发生后,消防人员进入失火建筑的楼梯间后,能迅速利用两梯段之间150mm宽的空隙向上吊挂水带展开救援作业,以节省时间和水带,减少水头损失,方便操作。

(四)楼梯踏步尺寸

踏步尺寸为

$$2r + g = 600 \sim 620 \text{mm}$$

式中 r——踏步高度;

  g——踏步宽度;

$2r + g$——步距,成人和儿童、男性和女性、青壮年和老年人均有所不同,一般在560~630mm范围内,少年儿童在560mm左右,成人平均在600mm左右。

GB 50352—2005《民用建筑设计通则》中第6.7.10条规定(表5-1-2):

表 5-1-2　　楼梯踏步最小宽度和最大高度　　　　　　　　　（单位：m）

楼 梯 类 别	最 小 宽 度	最 大 高 度	坡　　　度	步 距
住宅共用楼梯	0.26	0.175	33.94°	0.61
幼儿园、小学校等楼梯	0.26	0.15	29.98°	0.56
电影院、剧场、体育馆、商场、医院、旅馆和大中学校等楼梯	0.28	0.16	29.74°	0.60
其他建筑楼梯	0.26	0.17	33.18°	0.60
专用疏散楼梯	0.25	0.18	35.75°	0.61
服务楼梯、住宅套内楼梯	0.22	0.20	42.27°	0.62

　　注：1. 无中柱螺旋楼梯和弧形楼梯离内侧扶手中心 0.25m 处的踏步宽度不应小于 0.22m。

　　　　2. 供老年人、残疾人使用及其他专用服务楼梯应符合专用建筑设计规范的规定。

（五）平台宽度

　　平台是供人们行走时休息和转换方向的水平构件。楼梯平台的宽度是影响搬运家具的主要因素，梯段改变方向时，平台扶手处的最小宽度不应小于梯段净宽。当有搬运大型物件需要时应再适量加宽。

　　双跑楼梯休息平台宽度：≥梯段的宽度且不小于1200mm；通行担架的平台宽度不小于1800mm。

　　直跑楼梯休息平台深度：应尽量不小于梯段宽度，困难的情况下根据具体情况允许适当减小。《建筑设计资料集》(第二版)中建议直跑楼梯中间平台深度应大于或等于 $2g + r$ (g 为踏步宽度，r 为踏步高度)。人员密集场所的疏散门，紧靠门口内外各 1.4m 范围内不应设置踏步。

　　以上规定了楼梯平台宽度取值的下限。在实际楼梯设计中平台宽度的确定还要根据具体情况具体分析。应注意，当疏散楼梯的门或开向疏散楼梯间的门开启时，不应减少楼梯梯段平台的有效宽度。

（六）楼梯栏杆、扶手

　　1. 设置要求　扶手高度是指踏面楼梯扶手栏杆的高度，从踏步前缘量起到扶手顶面的垂直距离。扶手高度的确定要考虑人们通行楼梯段时倚扶的方便。楼梯至少一侧设扶手，楼梯段的宽度大于1650mm(三股人流)时，应增设靠墙扶手；楼梯段的宽度超过2200mm(四股人流)时，还应增设中间扶手。住宅、托儿所、幼儿园、中小学及少年儿童专用活动场所的楼梯，楼梯栏杆应采取不易攀登的构造，当采用垂直杆件做栏杆时，其杆件净距不应大于110mm。人流密集的场所台阶高度超过700mm并侧面临空时，应有防护设施。

　　2. 扶手高度　扶手表面的高度与楼梯坡度有关(表 5-1-3)：

表 5-1-3　　扶手高度与楼梯坡度

楼 梯 坡 度	扶手高度/mm	楼 梯 坡 度	扶手高度/mm
15°~30°	900	45°~60°	800
30°~45°	850	60°~75°	750

　　常用栏杆扶手高度规范见表 5-1-4。

表 5-1-4　　常用栏杆扶手高度规范　　　　　　　　　　（单位：mm）

建筑类型	楼梯栏杆高度		临空(水平扶手长度超过 0.50m)	梯井宽度大于下列尺寸要求应采取安全措施
	楼梯扶手高度(自踏步前缘线量起)	靠楼梯井一侧水平扶手长度超过 0.50m		
住宅	900(室内)	1050	低、多层>1050 中、高层>1100	110

（续）

建筑类型	楼梯栏杆高度		临空（水平扶手长度超过 0.50m）	梯井宽度大于下列尺寸要求应采取安全措施
	楼梯扶手高度（自踏步前缘线量起）	靠楼梯井一侧水平扶手长度超过 0.50m		
幼儿园	900（成人） 600（儿童）	1050	1200	200
中小学	900（室内） 1100（室外及水平）	1100（室内） 1100（室外）	≥1100	200
公共建筑	900（室内）	1000	1100（高层）	200

3. **栏杆水平荷载**　楼梯、看台、阳台和上人屋面等的栏杆顶部水平荷载，应按下列规定采用：

1）住宅、宿舍、办公楼、旅馆、医院、托儿所、幼儿园，应取 0.5kN/m。

2）学校、食堂、剧场、电影院、车站、礼堂、展览馆或体育场，应取 1.0kN/m。

（七）净空高度

楼梯的净空高度包括楼梯段的净高和平台过道处的净高。楼梯段的净高是指自踏步前缘线（包括最低和最高一级踏步前缘线以外 0.3m 范围内）量至正上方突出物下缘间的垂直距离。平台过道处净高是指平台梁底至平台梁正下方踏步或楼地面上边缘的垂直距离。为保证在这些部位通行或搬运物件时不受影响，其净空高度在平台过道处应大于 2m，在楼梯段处应大于 2.2m，见图 5-1-6。

在一双跑楼梯中，当首层平台下作通道不能满足 2m 的净高要求时，可以采取以下办法解决（图 5-1-7）：

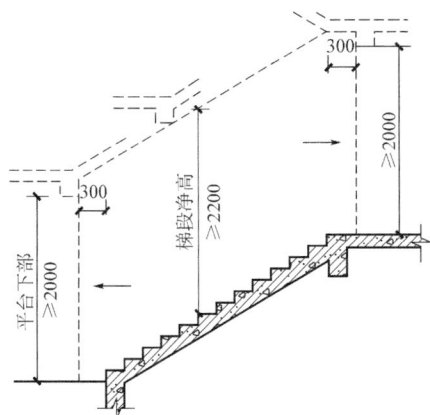

图 5-1-6　楼梯段上的净空高度

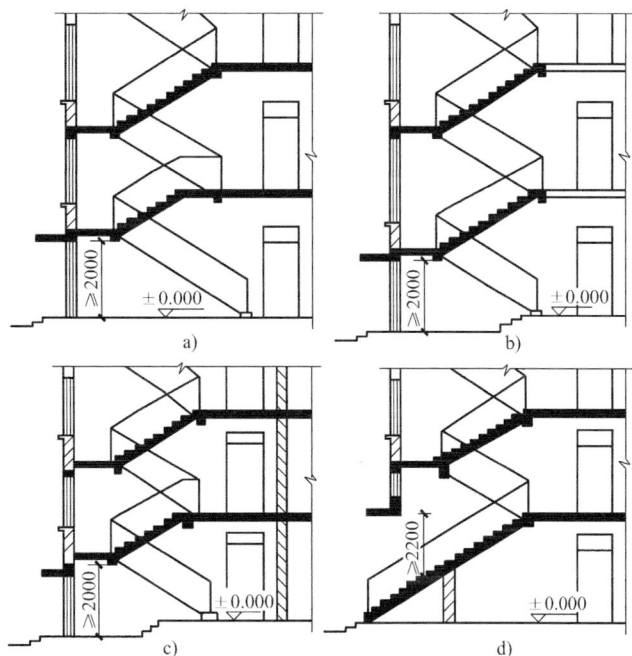

图 5-1-7　底层中间平台下作出入口时的处理方式

a）底层长短跑　b）局部降低地坪

c）底层长短跑并局部降低地坪　d）底层直跑

1）将底层第一梯段增长，形成级数不等的梯段，这种处理必须加大进深。

2）楼梯段长度不变，降低梯间底层的室内地面标高，这种处理，梯段构件统一，但是室内外地坪高差要满足使用要求。

3）将上述两种方法结合，即利用部分室内外高差，又做成不等跑梯段，满足楼梯净空要求，这种方法较常用。

4）底层用直跑楼梯，直达二楼。这种处理楼梯段较长，需楼梯间也较长。

（八）常用建筑楼梯规范（表 5-1-5）

表 5-1-5　常用建筑楼梯规范

建筑类别	在限定条件下对梯段净宽及踏步要求				栏杆高度与要求	中间平台宽度要求	其　　他
	限 定 条 件	梯段净宽	踏步宽度	踏步高度			
住宅	共用楼梯	7层以上	≥1100	≥260	≤175	扶手高度大于或等于900，楼梯水平段栏杆长度大于500时，其扶手高度大于或等于1050	大于或等于梯段宽且不小于1200	楼梯栏杆垂直杆件间净距不应大于110。楼梯井净宽大于110时，必须采取防止儿童攀滑的措施
		≤6层	≥1000					
	户内楼梯	一边临空	≥750	≥220	≥200			
		两边为墙	≥900					
老年人建筑	居住建筑		≥1200	≥300	≤150并且≥130	扶手在内侧设置。宽度大于或等于1500时在两侧设置；扶手高度800～850，应连续设置。扶手应与走廊的扶手相连接。扶手端部宜水平延伸大于或等于300	≥梯段宽	不应采用螺旋楼梯，不宜采用直跑楼梯。每段楼梯高度不宜大于1.50m；同一个楼梯梯段踏步的宽度和高度应一致。踏步应采用防滑材料。当设防滑条时，不宜突出踏面。应采用不同颜色或材料区别楼梯的踏步和走廊地面，踏步起终点应有局部照明
	公共建筑			≥320	≤130	楼梯两侧离地高900和650处应设连续的栏杆与扶手，沿墙一侧扶手应水平延伸		不得采用扇形踏步，不得在平台区内设踏步。踏面前缘宜设高度不大于3mm的异色防滑警示条，踏面前缘前凸不宜大于10mm
宿舍	一般宿舍		≥1200	≥270	≤165	扶手高度大于或等于900楼梯水平段栏杆长度大于0.5m时，其扶手高度大于1050	≥梯段宽	梯段净宽按每层通过人数每100人不小于1m计算，且大于或等于1200

（续）

建筑类别	在限定条件下对梯段净宽及踏步要求				栏杆高度与要求	中间平台宽度要求	其　他
	限定条件	梯段净宽	踏步宽度	踏步高度			
宿舍	小学宿舍	≥1200	≥260	≤150	楼梯扶手应采用竖向栏杆，且杆件间净宽不大于110。楼梯井净宽不大于200	≥梯段度	梯段净宽按每层通过人数每100人不小于1m计算，且大于或等于1200
托儿所幼儿园	幼儿用楼梯		≥260	≤150	除设成人扶手外，并应在靠墙一侧设幼儿扶手，其高度不应大于0.60m		楼梯栏杆垂直线饰间的净距不应大于0.11m。当楼梯井净宽度大于0.20m时，必须采取安全措施
中小学校	教学楼梯	梯段的净宽大于3m时宜设中间扶手	梯段坡度不应大于30°		不应采用易于攀登的花格栏杆；室内楼梯栏杆（栏板）的高度大于等于900。室外楼梯及水平栏杆（栏板）的高度大于等于1100		楼梯间应有直接天然采光；楼梯不得采用螺形或扇步踏步，梯段与梯段之间，不应设置遮挡视线的隔墙，楼梯井的宽度，不应大于200mm。当超过200mm时，必须采取安全防护措施
特殊教育学校		盲人学校梯段净宽不小于1800	楼梯坡度不得大于30°		室内楼梯栏杆（栏板）的高度大于等于900mm。室外楼梯及水平栏杆（栏板）的高度大于等于1100；盲人学校楼梯间沿墙应设扶手，此扶手应与走廊墙面扶手相连接		教学楼楼梯间应有直接天然采光；宜采用双跑楼梯，盲人学校、弱智学校不得采用直跑楼梯；不得采用螺旋形或扇形踏步，踏步板边缘不得突出踢脚板；楼梯井的净宽度不应大于0.20m；当超过0.20m时，必须采取安全防护措施
商店	室内楼梯	≥1400	≥280	≤160			商店营业部分楼梯应作疏散计算；大型百货商店、商场的营业层在五层以上时，宜设置直通屋顶平台的疏散楼梯间，且不少于两座
	室外台阶		≥300	≤150			

（续）

建筑类别	在限定条件下对梯段净宽及踏步要求				栏杆高度与要求	中间平台宽度要求	其　他
	限 定 条 件	梯段净宽	踏步宽度	踏步高度			
综合医院	门诊、急诊、病房楼	≥1650	≥280	≤160		主楼梯和疏散楼梯的平台深度不宜小于2000	病人使用的疏散楼梯至少应用一座为天然采光和自然通风的楼梯；病房楼的疏散楼梯间，不论层数多少，均应为封闭楼梯间，高层病房应为防烟楼梯间
疗养院	人流集中使用的楼梯	≥1650					主体建筑的疏散楼梯不应少于两个，并应分散布置。室内疏散楼梯应设置楼梯间
电影院	室内楼梯	≥1200	≥280	≤160		转折楼梯平台深度不应小于楼梯宽度；直跑楼梯的中间平台深度不应小于1.20m	对于有候场需要的门厅，门厅内供入场使用的主楼梯不应作为疏散楼梯。
	室外疏散楼梯	≥1100					下行人流不应妨碍地面人流
剧场	主要疏散楼梯	≥1100	≥280	≤160	应设置坚固、连续的扶手，高度不应低于0.85m。	≥梯段宽且不小于1100	采用扇形梯段时，离踏步窄端扶手水平距离0.25m处踏步宽度不应小于0.22m，宽端扶手处不应大于0.50m，休息平台窄端不小于1.20m
	舞台至天桥、棚顶、光桥、耳光室的金属（钢筋混凝土）楼梯	≥600	梯段坡度不应大于60°，不应采用垂直爬梯				
铁路旅客车站	站房	≥1600					站房的进出站楼梯净宽不应小于0.65m/100人
	地道、天桥	≥1500	≥320	≤140		直跑梯平台宽不小于1500	
体育建筑		≥1200	≥280	≤160		转折楼梯平台深度大于等于梯段宽，直跑梯不小于1200	不得采用螺旋楼梯和扇形踏步。踏步上下两级形成的平面角度不超过10°，且每级离扶手0.25m处踏步宽度超过0.22m时，可不受此限

（续）

建筑类别	在限定条件下对梯段净宽及踏步要求				栏杆高度与要求	中间平台宽度要求	其　他
	限 定 条 件	梯段净宽	踏步宽度	踏步高度			
人防地下室	医疗救护工程防空专业队工程	≥1200	≥250	≤180	出入口的梯段应至少在一侧设扶手，其净宽大于2.00m时应在两侧设扶手，其净宽大于2.50m时宜加设中间扶手		阶梯不宜采用扇形踏步，但踏步上下两级所形成的平面角小于10°，且每级离扶手0.25m处的踏步宽度大于0.22m时可不受此限
	人员掩蔽工程的战时阶梯式出入口	≥1000					
图书馆书库	工作人员专用楼梯	≥800					坡度不应大于45度，并应采取防滑措施

第二节　台阶、坡道

台阶、坡道都是用来解决建筑物室内、室外高差问题的垂直设施。

一、建筑的室内外高差

建筑的室内外高差主要由以下因素确定：

（1）内外联系方便，当建筑物有进车道时，室内外高差一般为0.15m；当无进车道时，一般室内地坪比室外地面高出0.45~0.60m，允许在0.3~0.9m的范围内变动。仓库为便于运输常设置坡道，其室内外地面高差以不超过300mm为宜。

（2）防水、防潮要求：底层室内地面应高于室外地面300mm或300mm以上。

（3）地形及环境条件：山地和坡地建筑物，应结合地形的起伏变化和室外道路布置等因素，综合确定底层地面标高。

（4）建筑物性格特征：一般民用建筑室内外高差不宜过大；纪念性建筑则常借助于室内外高差值的增大，以增强严肃、庄重、雄伟的气氛。

（5）室内外高差的相关规范（表5-2-1）

表5-2-1　室内外高差的相关规定

规 范 名 称	规范对自动扶梯的要求
GB 50352—2005《民用建筑设计通则》	5.3.3　建筑物底层出入口处应采取措施防止室外地面雨水回流
GB 50037—1996《建筑地面设计规范》	6.0.1　建筑物的底层地面标高，应高出室外地面150mm，当有生产、使用的特殊要求或建筑物预期较大沉降量等其他原因时，可适当增加室内外高差
JGJ 122—1999《老年人建筑设计规范》	4.2.3　老年人建筑出入口门前平台与室外地面高差不宜大于0.40m，并应采用缓坡台阶和坡道过渡
GB 50187—1993《工业企业总平面设计规范》	第6.2.4条　建筑物的室内地坪标高，应高出室外场地地面设计标高，且不应小于0.15m

二、台阶

(一) 台阶的概念

台阶是在室外或室内的地坪或楼层不同标高处设置的供人行走的阶梯，一般由平台和踏步组成。

(二) 台阶的细部尺寸

(1) 室内台阶步宽不宜小于 300mm，步高不宜大于 0.15m，并不宜小于 0.10m，连续踏步数不应小于二级。当高差不足二级时，宜按坡道设置。

(2) 室外台阶是建筑出入口处室内外高差之间的交通联系部件。由于其位置明显，人流量大，并处于室外，踏步宽度应比楼梯大一些，使坡度平缓，以提高行走舒适度。其踏步高一般在 100 ~ 150mm 左右，踏步宽在 300 ~ 400mm 左右，步数根据室内外高差确定。一些医院及运输港的台阶常选择 100mm 左右的步高和 400mm 左右的步宽，以方便病人及负重的旅客行走。室外台阶应向外找坡，坡度 0.5% ~ 1%。

GB 50352—2005《民用建筑设计通则》中规定的室外台阶步宽和步高与室内台阶要求相同，都是步宽不宜小于 0.3m，步高不宜大于 0.15m，并不宜小于 0.10m。但根据《北京市建筑设计技术细则》(2005 版) 室外台阶步宽不宜小于 0.35m，不宜大于 0.38m，步高不宜大于 0.14m。

(3) 在台阶与建筑出入口大门之间，常设一缓冲平台，作为室内外空间的过渡。平台深度一般不应小于 1000mm，平台需向外做 1% ~ 2% 左右的排水坡度，以利于雨水排除。

设计时应根据使用部位确定平台的宽度。从消防疏散的角度考虑，疏散出口门内外 1.4m 范围内不能设台阶踏步，平台的宽度至少需要 1.4m。从无障碍的角度考虑，无障碍建筑出入口内外应有不小于 1.50m × 1.50m 的轮椅回转面积。所以小型公共建筑和多、低层无障碍住宅、公寓建筑和宿舍建筑平台的宽度至少需要 1.5m。大、中型公共建筑和七层及七层以上住宅、公寓建筑为避免轮椅使用者与正常人流的交叉干扰，建筑入口平台宽度不应小于 2.00m。

(4) 人流密集的场所的台阶高度超过 0.70m 并侧面临空时，应有防护设施，如用栏杆、花台、花池等。

(5) 残疾人使用的台阶超过三级时，在台阶两侧应设扶手并符合 JGJ 50—2001《城市道路和建筑物无障碍设计规范》的规定。

(6) 选用台阶的形式，应依据不同的人流状况及服务对象。有突缘的踏步形式，不符合无障碍设计规范和老年人建筑设计规范的要求。因此应考虑所在位置及使用条件。

(三) 台阶的材料和构造

由于室外台阶位于易受雨水侵蚀的环境之中，应慎重考虑防滑和抗风化问题。其面层材料应选择防滑和耐久的材料，如水泥石屑，斩假石(剁斧石)，天然石材，防滑地面砖等。对于人流量大的建筑台阶，还宜在台阶平台处设刮泥槽。需注意刮泥槽的刮齿应垂直于人流方向。

步数较少的台阶，其垫层做法与地面垫层做法类似，一般采用素土夯实后按台阶形状尺寸做 C15 混凝土垫层或碎、石垫层。标准较高的或地基土质较差的还可在垫层下加一层碎石层。

对于步数较多或地基土质太差的台阶，可根据情况架空成钢筋混凝土台阶，以避免过多填土或产生不均匀沉降。

严寒地区的台阶还得考虑地基土冻胀因素，可用含水率低的砂石垫层换土至冰冻线以下。台阶应等建筑物主体工程完成后再进行施工，并与主体结构之间留出约 10mm 的沉降缝。

（四）台阶的相关规范（表 5-2-2）

表 5-2-2　台阶的相关规范

规 范 名 称	规范对台阶的要求
GB 50352—2005《民用建筑设计通则》	6.6.1　台阶设置应符合下列规定： 1. 公共建筑室内外台阶踏步宽度不宜小于 0.30m，踏步高度不宜大于 0.15m，并不宜小于 0.10m，踏步应防滑。室内台阶踏步数不应少于 2 级，当高差不足 2 级时，应按坡道设置 2. 人流密集的场所台阶高度超过 0.70m 并侧面临空时，应有防护设施
JGJ 50—2001《城市道路和建筑物无障碍设计规范》	7.5　楼梯与台阶 7.5.1　残疾人使用的楼梯与台阶设计要求应符合下表的要求<table><tr><th>类　　别</th><th>设 计 要 求</th></tr><tr><td>楼梯与台阶形式</td><td>1. 应采用有休息平台的直线形梯段和台阶 2. 不应采用无休息平台的楼梯和弧形楼梯 3. 不应采用无踢面和突缘为直角形踏步</td></tr><tr><td>宽度</td><td>1. 公共建筑梯段宽度不应小于 1.50m 2. 居住建筑梯段宽度不应小于 1.20m</td></tr><tr><td>扶手</td><td>1. 楼梯两侧应设扶手 2. 从三级台阶起应设扶手</td></tr><tr><td>踏面</td><td>1. 应平整而不应光滑 2. 明步踏面应设高不小于 50mm 安全档台</td></tr><tr><td>盲道</td><td>距踏步起点与终点 25～30cm 应设提示盲道</td></tr><tr><td>颜色</td><td>踏面和踢面的颜色应有区分和对比</td></tr></table>7.5.2……室外台阶踏步的最小宽度为 0.30m，最大高度 0.14m 7.6.1　供残疾人使用的扶手应符合下列规定： 1. 坡道、台阶及楼梯两侧应设高 0.85m 的扶手；设两层扶手时，下层扶手高应为 0.65m 2. 扶手起点与终点处延伸应大于或等于 0.30m 3. 扶手末端应向内拐到墙面，或向下延伸 0.10m。栏杆式扶手应向下成弧形或延伸到地面上固定 4. 扶手内侧与墙面的距离应为 40～50mm 5. 扶手应安装坚固、形状易于抓握，扶手截面尺寸应为 35～45mm（直径或宽度）
GB 50386—2005《住宅建筑规范》	5.3.2　建筑入口及入口平台的无障碍设计应符合下列规定： 1. 建筑入口设台阶时，应设轮椅坡道和扶手 ……
JGJ 122—1999《老年人建筑设计规范》	4.2.3　老年人建筑出入口门前平台与室外地面高差不宜大于 0.40m，并应采用缓坡台阶和坡道过渡 4.2.4　缓坡台阶踏步踢面高不宜大于 120mm，踏面宽不宜小于 380mm，坡道坡度不宜大于 1/12。台阶与坡道两侧应设栏杆扶手 4.2.6　老年人建筑出入口平台、台阶踏步和坡道应选用坚固、耐磨、防滑的材料

（续）

规 范 名 称	规范对台阶的要求
GB/T 50340—2003《老年人居住建筑设计标准》	3.6.2　台阶的踏步宽度不宜小于 0.30m，踏步高度不宜大于 0.15m。台阶的有效宽度不应小于 0.90m，并宜在两侧设置连续的扶手；台阶宽度在 3m 以上时，应在中间加设扶手。在台阶转换处应设明显标志
	3.6.6　台阶、踏步和坡道应采用防滑、平整的铺装材料，不应出现积水
JGJ 39—1987（试行）《托儿所、幼儿园建筑设计规范》	3.6.4　在幼儿安全疏散和经常出入的通道上，不应设有台阶。必要时可设防滑坡道，其坡度不应大于 1:12
GBJ 99—1986《中小学校建筑设计规范》	6.2.2　走道高差变化处必须设置台阶时，应设于明显及有天然采光处，踏步不应少于三级，并不得采用扇形踏步
JGJ 66—1991《博物馆建筑设计规范》	3.1.4　藏品的运送通道应防止出现台阶，楼地面高差处可设置不大于 1:12 的坡道。珍品及对温湿度变化较敏感的藏品不应通过露天运送
GB JGJ 48—1988《商店建筑设计规范》	3.1.6　营业部分的公用楼梯、坡道应符合下列规定： ……二、室外台阶的踏步高度不应大于 0.15m，踏步宽度不应小于 0.30m
JGJ 67—2006J 556—2006《办公建筑设计规范》	4.1.9　办公建筑的走道应符合下列要求： 注：…… 2. 高差不足两级踏步时，不应设置台阶，应设坡道，其坡度不宜大于 1:8
JGJ 58—2008《电影院建筑设计规范》	6.2.2　观众厅疏散门不应设置门槛，在紧靠门口 1.40m 范围内不应设置踏步…… 6.2.4　……当疏散走道有高差变化时宜做成坡道；当设置台阶时应有明显标志、采光或照明……

三、坡道

（一）坡道的概念

坡道是连接不同标高的楼面、地面，供人行或车行的斜坡式交通道。

（二）坡道的种类

坡道大致分为人行坡道、无障碍坡道、自行车坡道和汽车坡道 4 类。室外道路也有坡度的要求。

（三）坡道的材料和构造

坡道面层多采用混凝土、天然石料等抗冻性好、耐磨损的材料。实地铺筑坡道的方法和混凝土地面相同；架空式坡道做法和楼面做法相似。为了防滑，混凝土坡道上的水泥砂浆面层可刷毛或划出条纹以增加摩擦力，也可采用水泥金刚砂防滑条或作成礓磋；花岗石坡道可将表面作粗糙处理。

（四）坡道的细部尺寸

1. 人行坡道　坡度宜小于 1:8；面层光滑的坡道，坡度宜小于或等于 1:10；粗糙材料和做有防滑条的坡道的坡度可以稍陡，但不得大于 1:6；斜面作成锯齿状坡道（称礓磋）的坡度一般不宜大于 1:4。须做无障碍设施的建筑物，根据 JGJ 50—2001《城市道路和建筑物无障碍设计规范》第 7.2.4 条，坡道的坡度和宽度应符合表 5-2-3 的要求。

表 5-2-3　不同位置的坡道、坡度和宽度

坡 道 位 置	最大坡度	最小宽度/m	坡 道 位 置	最大坡度	最小宽度/m
1. 有台阶的建筑入口	1:12	≥1.20	4. 室外道路	1:20	≥1.50
2. 只设坡道的建筑入口	1:20	≥1.50	5. 困难地段	1:10～1:8	≥1.20
3. 室内走道	1:12	≥1.00			

2. 无障碍坡道　坡度、宽度及地面、扶手、高度等方面符合乘轮椅者通行要求的坡道。具体要求详见 JGJ 50—2001《城市道路和建筑物无障碍设计规范》第 7.2 条（表 5-2-4）。

表 5-2-4　无障碍设计不同的坡道高度和水平长度的限定

坡　　度	1:2	1:4	1:6	1:8	1:10	1:12	1:16	1:20
高度/m	0.04	0.08	0.20	0.35	0.60	0.75	1	1.5
水平长度/m	0.08	0.32	1.20	2.80	6	9	16	30

注：此表摘自 JGJ 50—2001《城市道路和建筑物无障碍设计规范》第 7.2.5 条的条文说明。

无障碍设计坡道起点和需要调转方向处的深度需在 1.50m 以上。坡道旁应辅以人员步行踏步（或楼梯）。

3. 自行车推行坡道：供自行车推行使用的坡道，宜辅以供人行走的踏步。供人行走的踏步数应不超过 18 级，踏步段的宽度单向不宜小于 0.5m，双向不宜小于 1.00m；自行车推行坡道每段坡长不宜超过 6m；当坡长超过 6m 时，应设休息平台，休息平台宜为 2m；斜坡宽度不应小于 0.30m，一般推一辆自行车斜坡宽度为 0.40m 比较适宜，坡度不宜大于 1:5，见图 5-2-1。

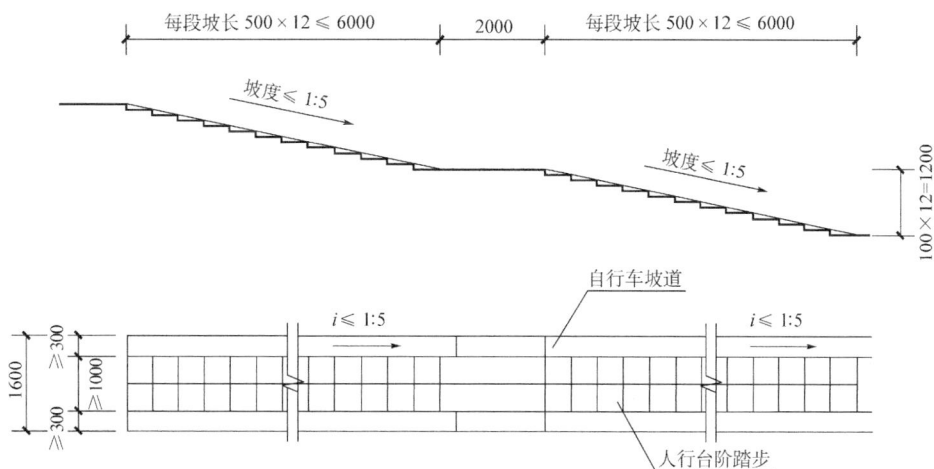

图 5-2-1　自行车推行坡道示意图

自行车推行坡道的净高应不低于 2m。每辆自行车停放面积宜为 $1.50 \sim 1.80 \mathrm{m}^2$，300 辆以上的非机动车地下停车库，出入口不应少于 2 个，出入口的宽度不应小于 2.50m。

4. 汽车坡道　汽车坡道主要用于坡道式汽车库。坡道可以是直线形、曲线形或两者的组合。

（1）汽车坡道的宽度：

GB 50067—1997《汽车库、修车库、停车场设计防火规范》第 6.0.9 条规定：汽车疏散坡道的宽度不应小于 4m，双车道不宜小于 7m。

JGJ 100—1998《汽车库建筑设计规范》第 4.1.6 条规定：汽车坡道可以采用单车道或双车道，其最小净宽应符合表 5-2-5 的规定。严禁将宽的单车道兼作双车道。

表 5-2-5　坡道最小宽度

坡 道 形 式	计算宽度/m	最小宽度/m	
		微型、小型车	中型、大型、绞接车
直线单行	单车宽 +0.8	3.0	3.5
直线双行	双车宽 +2.0	5.5	7.0
曲线单行	单车宽 +1.0	3.8	5.0
曲线双行	双车宽 +2.2	7.0	10.0

注：此宽度不包括道牙及其他分隔带宽度。

（2）汽车坡道的净高：

JGJ 100—1998《汽车库建筑设计规范》第 4.1.13 条规定：汽车库室内最小净高应符合表 5-2-6 的规定。汽车坡道的净高应比汽车库室内最小净高增加 100～200mm。

表 5-2-6　汽车库室内最小净高

车　　型	最小净高/m	车　　型	最小净高/m
微型车、小型车	2.20	中、大型、绞接客车	3.40
轻型车	2.80	中、大型、绞接货车	4.20

注：净高指楼地面表面至顶棚或其他构件底面的距离，未计入设备及管道所需空间。

（3）汽车坡道的坡度：JGJ 100—1998《汽车库建筑设计规范》第 4.1.7 条规定：汽车库内通车道的最大纵向坡度应符合表 5-2-7 的规定。

表 5-2-7　汽车库内通车道的最大坡度

坡度　　通道型式　车型	直 线 坡 道		曲 线 坡 道	
	百分比（%）	比值（高：长）	百分比（%）	比值（高：长）
微型车 小型车	15	1:6.67	12	1:8.3
轻型车	13.3	1:7.50	10	1:10
中型车	12	1:8.3	10	1:10
大型客车 大型货车	10	1:10	8	1:12.5
铰接客车 铰接货车	8	1:12.5	6	1:16.7

注：曲线坡道坡度以车道中心线计。

JGJ 100—1998《汽车库建筑设计规范》第 4.1.8 条规定：汽车库内当通车道纵向坡度大于 10% 时，坡道上、下端均应设缓坡。其直线缓坡段的水平长度不应小于 3.6m，缓坡坡度应为坡道坡度的 1/2；曲线缓坡坡段的水平长度不应小于 2.4m，曲线的半径不应小于 20m，缓坡段的中点为坡道原起点或止点，见图 5-2-2。

JGJ 100—1998《汽车库建筑设计规范》第 4.1.11 条规定：汽车环形坡道除纵向坡度应符合本书表 5-2-7 规定外，还应于坡道横向设置超高，超高可按下列公式计算。

$$i_c = \frac{V^2}{127R} - \mu$$

式中　V——设计车速，km/h；

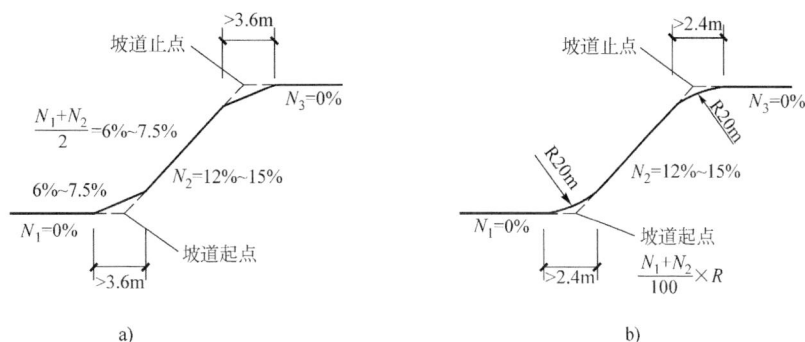

图 5-2-2　汽车坡道上、下端缓坡

a）直线缓坡　b）曲线缓坡

R——环道平曲线半径（取到坡道中心线半径）；

μ——横向力系数，宜为 0.1～0.15；

i_c——超高即横向坡度，宜为 2%～6%。

（4）汽车坡道的转弯半径：

JGJ 100—1998《汽车库建筑设计规范》第 4.1.9 条规定：汽车的最小转弯半径可采用表 5-2-8 的规定。

表 5-2-8　汽车库内汽车的最小转弯半径

车　　型	最小转弯半径/m	车　　型	最小转弯半径/m
微型车	4.50	中型车	8.00～10.00
小型车	6.00	大型车	10.50～12.00
轻型车	6.50～8.00	铰接车	10.50～12.50

JGJ 100—1998《汽车库建筑设计规范》第 4.1.10 条规定：汽车库内汽车环形道的最小内半径和外半径按以下公式进行计算，汽车环道平面图见图 5-2-3。

$$W = R_0 - r_2$$
$$R_0 = R + x$$
$$R = \sqrt{(l+d)^2 + (r+b)^2}$$
$$r_2 = r - y$$
$$r = \sqrt{r_1^2 - l^2} - \frac{b+n}{2}$$

式中　W——环道最小宽度；

　　　r_1——汽车最小转弯半径；

　　　R_0——环道外半径；

　　　R——汽车环行外半径；

　　　r_2——环道内半径；

　　　r——汽车环行内半径；

　　　x——汽车环行时最外点至环道外边距离，宜等于或大于 250mm；

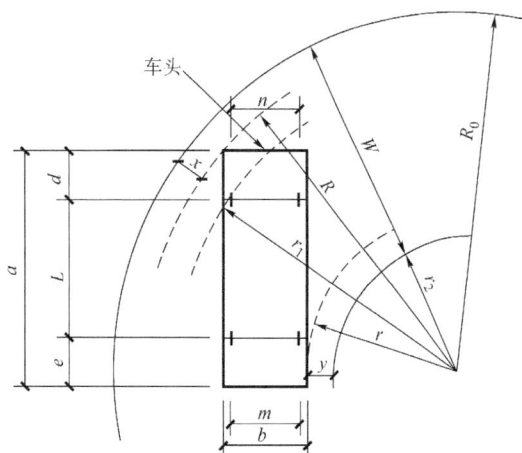

图 5-2-3　汽车环道平面

注：a——汽车长度；d——前悬尺寸；b——汽车宽度；e——后悬尺寸；L——轴距；m——后轮距；n——前轮距。

y——汽车环行时最内点至环道内边距离，宜等于或大于 250mm。

设小型车 $r_1 = 6m$，$d = 1m$，$L = 2.8m$，$n = 1.5m$，$b = 1.8m$ 按上面公式计算，可以得出以下结果：

$$R = \sqrt{(2.8+1)^2 + (6+1.8)^2}$$

$$= 6.65m$$

$$r = \sqrt{6^2 - 2.8^2} - \frac{1.8+1.5}{2}$$

$$= 3.66m$$

再考虑环形道两侧各留出 250mm 轮挡的尺寸，环道外半径应为 $R_0 \geqslant 6.90m$，环道内半径应为 $r_2 \geqslant 3.41m$。

5. 其他

（1）室外地面相对于坡道临空处的应做安全防护。

（2）汽车坡道上部如采用轻钢结构覆盖，应注明透明部分的材料名称，当透明部分采用玻璃时，应注明为安全玻璃。

（3）汽车坡道上部无遮盖时，坡道于地面起点处应设置挡水反坡及横向通长截水沟，坡道末端也应设横向通长截水沟；汽车坡道上部有遮盖时，坡道两端均可不设截水沟。

（五）坡道的相关规范（表 5-2-9）

表 5-2-9　坡道的相关规范

规 范 名 称	规范对坡道的要求
GB 50352—2005《民用建筑设计通则》	6.6.2　坡道设置应符合下列规定： 1. 室内坡道坡度不宜大于 1:8，室外坡道坡度不宜大于 1:10 2. 室内坡道水平投影长度超过 15m 时，宜设休息平台，平台宽度应根据使用功能或设备尺寸所需缓冲空间而定 3. 供轮椅使用的坡道不应大于 1:12，困难地段不应大于 1:8 4. 自行车推行坡道每段坡长不宜超过 6m，坡度不宜大于 1:5 5. 机动车行坡道应符合国家现行标准 JGJ100—1998《汽车库建筑设计规范》的规定 6. 坡道应采取防滑措施
JGJ 50—2001《城市道路和建筑物无障碍设计规范》	7.2　坡道 7.2.1　供轮椅通行的坡道应设计成直线型、直角型或折返型，不宜设计成弧形 7.2.2　坡道两侧应设扶手，坡道与休息平台的扶手应保持连贯 7.2.3　坡道侧面凌空时，在扶手栏杆下端宜设高不小于 50 mm 的坡道安全挡台 7.2.4　不同位置的坡道，其坡度和宽度应符合下表的规定

坡 道 位 置	最 大 坡 度	最小宽度/m
1. 有台阶的建筑入口	1:12	≥1.20
2. 只设坡道的建筑入口	1:20	≥1.50
3. 室内走道	1:12	≥1.00
4. 室外通路	1:20	≥1.50
5. 困难地段	1:10 ~ 1:8	≥1.20

7.2.5　坡道在不同坡度的情况下，坡道高度和水平长度符合下表的规定

坡度	1:20	1:16	1:12	1:10	1:8
最大高度/m	1.50	1.00	0.75	0.60	0.35
水平长度/m	30.00	16.00	9.00	6.00	2.80

（续）

规 范 名 称	规范对坡道的要求
JGJ 50—2001《城市道路和建筑物无障碍设计规范》	7.2.6　1:10~1:8 坡度的坡道应只限用于受场地限制改建的建筑物和室外通路 7.2.7　坡道的坡面应平整，不应光滑 7.2.8　坡道起点、终点和中间休息平台的水平长度不应小于 1.50m
GB 50386—2005《住宅建筑规范》	5.3.2　建筑入口及入口平台的无障碍设计应符合下列规定： 1. 建筑入口设台阶时，应设轮椅坡道和扶手 2. 坡道的坡度应符合下表的规定 表格： 高度/m：1.00 / 0.75 / 0.60 / 0.35 坡度：≤1:16 / ≤1:12 / ≤1:10 / ≤1:8
JGJ 122—99《老年人建筑设计规范》	4.2.3　老年人建筑出入口门前平台与室外地面高差不宜大于 0.40m，并应采用缓坡台阶和坡道过渡 4.2.4　缓坡台阶踏步踢面高不宜大于 120mm，踏面宽不宜小于 380mm，坡道坡度不宜大于 1/12。台阶与坡道两侧应设栏杆扶手 4.2.5　当室内外高差较大设坡道有困难时，出入口前可设升降平台 4.2.6　出入口顶部应设雨篷；出入口平台、台阶踏步和坡道应选用坚固、耐磨、防滑的材料 4.4.4　不设电梯的三层及三层以下老年人建筑宜兼设坡道，坡道净宽不宜小于 1.50m，坡道长度不宜大于 12.00m，坡度不宜大于 1/12。坡道设计应符合 JGJ 50—2001《城市道路和建筑物无障碍设计规范》的有关规定，并应符合下列要求： 1. 坡道转弯时应设休息平台，休息平台净深度不得小于 1.50m 2. 在坡道的起点及终点，应留有深度不小于 1.50m 的轮椅缓冲地带 3. 坡道侧面凌空时，在栏杆下端宜设高度不小于 50mm 的安全档台 4.4.5　楼梯与坡道两侧离地高 0.90m 和 0.65m 处应设连续的栏杆与扶手，沿墙一侧扶手应水平延伸。扶手宜为 φ40~φ50mm 圆杆，离墙表面间距 40mm，扶手宜选用优质木料或手感较好的其他材料制作
GB/T 50340—2003《老年人居住建筑设计标准》	3.6.1　步行道路有高差处、入口与室外地面有高差处应设坡道。室外坡道的坡度不应大于 1/12，每上升 0.75m 或长度超过 9m 时应设平台，平台的深度不应小于 1.50m 并应设连续扶手 3.6.3　独立设置的坡道的有效宽度不应小于 1.50m；坡道和台阶并用时，坡道的有效宽度不应小于 0.90m。坡道的起止点应有不小于 1.50m×1.50m 的轮椅回转面积 3.6.4　坡道两侧至建筑物主要出入口宜安装连续的扶手。坡道两侧应设护栏或护墙 3.6.5　扶手高度应为 0.90m，设置双层扶手时下层扶手高度宜为 0.65m。坡道起止点的扶手端部宜水平延伸 0.30m 以上 3.6.7　坡道设置排水沟时，水沟盖不应妨碍通行轮椅和使用拐杖 4.3.6　公用走廊地面有高差时，应设置坡道并应设明显标志
JGJ 39—1987《托儿所、幼儿园建筑设计规范》(试行)	第3.6.4条　在幼儿安全疏散和经常出入的通道上，不应设有台阶。必要时可设防滑坡道，其坡度不应大于 1:12
GBJ 99—1986《中小学校建筑设计规范》	第6.2.2条　走道高差变化处必须设置台阶时，应设于明显及有天然采光处，踏步不应少于三级，并不得采用扇形踏步
JGJ 66—1991《博物馆建筑设计规范》	第3.1.4条　藏品的运送通道应防止出现台阶，楼地面高差处可设置不大于 1:12 的坡道。珍品及对温湿度变化较敏感的藏品不应通过露天运送

（续）

规 范 名 称	规范对坡道的要求
GBJ 38—1999《图书馆建筑设计规范》	4.4.7　中心(总)出纳台应毗邻基本书库设置。出纳台与基本书库之间的通道不应设置踏步；当高差不可避免时，应采用坡度不大于 1:8 的坡道。出纳台通往库房的门，净宽不应小于 1.40m，并不得设置门槛，门外 1.40m 范围内应平坦无障碍物。平开防火门应向出纳台方向开启
JGJ 67—2006 J 556—2006《办公建筑设计规范》	4.1.9　办公建筑的走道应符合下列要求： …… 注：高差不足两级踏步时，不应设置台阶，应设坡道，其坡度不宜大于 1:8 4.1.12　办公建筑应进行无障碍设计，并应符合现行行业标准 JGJ 50—2001《城市道路和建筑物无障碍设计规范》的规定 4.4.5　非机动车库应符合下列要求： 1. 净高不得低于 2.00m 2. 每辆停放面积宜为 1.50 ~ 1.80m² 3. 300 辆以上的非机动车地下停车库，出入口不应少于 2 个，出入口的宽度不应小于 2.50m 4. 应设置推行斜坡，斜坡宽度不应小于 0.30m，坡度不宜大于 1:5，坡长不宜超过 6m；当坡长超过 6m 时，应设休息平台
JGJ 49—1988《综合医院建筑设计规范》	第 3.1.2 条　建筑物出入口 一、门诊、急诊，住院应分别设置出入口 二、在门诊、急诊和住院主要入口处，必须有机动车停靠的平台及雨篷。如设坡道时，坡度不得大于 1/10 第 3.1.6 条　三层及三层以下无电梯的病房楼以及观察室与抢救室不在同一层又无电梯的急诊部，均应设置坡道，其坡度不宜大于 1/10，并应有防滑措施 第 3.1.7 条　通行推床的室内走道，净宽不应小于 2.10m；有高差者必须用坡道相接，其坡度不宜大于 1/10
JGJ 40—1987《疗养院建筑设计规范》	第 3.1.5 条　疗养院主要建筑物的坡道、出入口、走道应满足使用轮椅者的要求
JGJ 62—1990《旅馆建筑设计规范》	第 3.2.5 条　客房层服务用房 …… 五、同楼层内的服务走道与客房层公共走道相连接处如有高差时，应采用坡度不大于 1:10 的坡道
JGJ 100—1998《汽车库建筑设计规范》	4.2　坡道式汽车库设计 4.2.1　坡道式汽车库可根据工程的具体条件选用内直坡道式、库外和库内外直坡道式汽车库；单行螺旋坡道式、双行螺旋坡道式和跳层螺旋坡道式汽车库；二段式和三段式错层汽车库；以及直坡形斜楼板式和螺旋形斜楼板式等汽车库 4.2.2　坡道式汽车库，除螺旋坡道式外，均应使其坡道系统在每层楼面上周转通车畅通，形成上、下行连续不断的通路，并应防止上、下行车交叉 4.2.3　严寒地区不应采用库外直坡道式汽车库 4.2.4　错层式汽车库内楼层间直坡道分为两段，该两段间水平距离应使车辆在停车层作 180°转向，两段坡道中心线之间的距离不应小于 14m 4.2.7　双行螺旋坡道式汽车库上行应采用在外环的左转逆时针行驶，下行应采用内环行驶，外环道半径和宽度可按本规范第 4.1.10 条计算值适当加大，坡道宜布置在建筑主体的一端或不规则平面的凸出部位 4.2.8　跳层螺旋坡道式汽车库，其楼层上进口和出口应对直，其坡道宜靠近建筑平面中心 4.2.14　地下汽车库在出入地面的坡道端应设置与坡道同宽的截流水沟和耐轮压的金属沟盖及闭合的挡水槛

第三节　电　梯

一、电梯的概念、组成和工作原理

（一）电梯的概念

广义的电梯概念包括载人(货)电梯、自动扶梯、自动人行道等，是指动力驱动，利用沿刚性导轨运行的箱体或者沿固定线路运动的梯级(踏步)，进行升降或者平行运送人、货物的机电设备。

狭义的电梯是指服务于规定楼层的固定式升降设备。它具有一个轿厢，运行在至少两列垂直的或倾斜角小于15°的刚性导轨之间。轿厢尺寸与结构形式便于乘客出入或装卸货物。不包括自动扶梯、自动人行道。

自动扶梯是带有循环运行梯级，用于向上或向下倾斜输送乘客的固定电力驱动设备。自动人行道是带有循环运行(板式或带式)走道，用于水平或倾斜角不大于12°输送乘客的固定电力驱动设备。

（二）电梯的组成

电梯由以下系统组成(图5-3-1)：

1. 曳引系统　曳引系统的主要功能是输出与传递动力，使电梯运行。曳引系统主要由曳引机、曳引钢丝绳、导向轮、反绳轮组成。

2. 导向系统　导向系统的主要功能是限制轿厢和对重的活动自由度，使轿厢和对重只能沿着导轨做升降运动。导向系统主要由导轨、导靴和导轨架组成。

3. 轿厢　轿厢是运送乘客和货物的电梯组件，是电梯的工作部分。轿厢由轿厢架和轿厢体组成。

4. 门系统　门系统的主要功能是封住层站入口和轿厢入口。门系统由轿厢门、层门、开门机、门锁装置组成。

5. 重量平衡系统　系统的主要功能是相对平衡轿厢重量，在电梯工作中能使轿厢与平衡重间的重量差保持在限额之内，保证电梯的曳引传动正常。系统主要由平衡重和重量补偿装置组成。

6. 电力拖动系统　电力拖动系统的功能是提供动力，实行电梯速度控制。电力拖动系统由曳引电动机、供电系统、速度

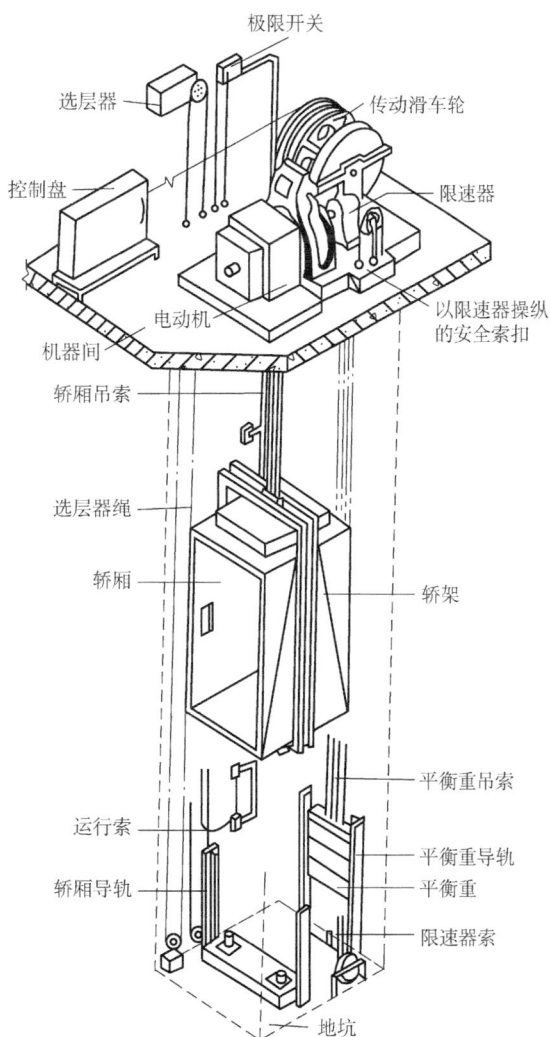

图5-3-1　电梯的组成示意图

反馈装置、电动机调速装置等组成。

7. 电气控制系统　电气控制系统的主要功能是对电梯的运行实行操纵和控制。电气控制系统主要由操纵装置、位置显示装置、控制屏(柜)、平层装置、选层器等组成。

8. 安全保护系统　保证电梯安全使用，防止一切危及人身安全的事故发生。由电梯限速器、安全钳、缓冲器、安全触板、层门门锁、电梯安全窗、电梯超载限制装置、限位开关装置组成。

（三）电梯的工作原理

曳引绳两端分别连着轿厢和平衡重，缠绕在曳引轮和导向轮上，曳引电动机通过减速器变速后带动曳引轮转动，靠曳引绳与曳引轮摩擦产生的牵引力，实现轿厢和平衡重的升降运动，达到运输目的。固定在轿厢上的导靴可以沿着安装在建筑物井道墙体上的固定导轨往复升降运动，防止轿厢在运行中偏斜或摆动。常闭块式制动器在电动机工作时松闸，使电梯运转，在失电情况下制动，使轿厢停止升降，并在指定层站上维持其静止状态，供人员和货物出入。轿厢是运载乘客或其他载荷的箱体部件，平衡重用来平衡轿厢载荷、减少电动机功率。补偿装置用来补偿曳引绳运动中的张力和重量变化，使曳引电动机负载稳定，轿厢得以准确停靠。电气系统实现对电梯运动的控制，同时完成选层、平层、测速、照明工作。指示呼叫系统随时显示轿厢的运动方向和所在楼层位置。安全装置保证电梯运行安全。

二、电梯的分类

根据国家标准 GB/T 7025《电梯主参数及轿厢、井道、机房的型式与尺寸》，电梯分为六类，见表5-3-1。

表 5-3-1　电梯的分类

类　别	名　称	定　义
Ⅰ类	乘客电梯	为运送乘客而设计的电梯
Ⅱ类	客货电梯	主要为运送乘客，同时也可运送货物而设计的电梯
Ⅲ类	病床电梯	为运送病床(包括病人)及医疗设备而设计的电梯
Ⅳ类	载货电梯	主要为运输通常由人伴随的货物而设计的电梯
Ⅴ类	杂物电梯	供送图书、资料、文件、杂物、食品等的提升装置。由于结构型式和尺寸关系，轿厢内人不能进入
Ⅵ类		为适应大交通量和频繁使用而特别设计的电梯，如速度为 2.5m/s 以及更高速度的电梯(不适用于速度超过 6.0m/s 的电梯，对于这类电梯应咨询制造商)

注：1. 本表摘自国家标准 GB/T 7025.1—2008《电梯主参数及轿厢、井道、机房的型式与尺寸　第1部分：Ⅰ、Ⅱ、Ⅲ、Ⅵ类电梯》；GB/T 7025.2—2008《电梯主参数及轿厢、井道、机房的型式与尺寸　第2部分：Ⅳ类电梯》；GB/T 7025.3—1997《电梯主参数及轿厢、井道、机房的型式与尺寸　第3部分：Ⅴ类电梯》。该标准等效利用国际标准 ISO/DIS 4190《电梯的安装》。

2. 乘客电梯：有完善的安全设计，只用于运送乘客而设计的电梯。

3. 客货电梯(Ⅱ类电梯)：轿厢内的装饰有别于客梯，可分别用来乘客和载物。

4. 住宅电梯：轿厢装潢较简单，住宅用电梯宜采用Ⅱ类电梯。

5. 病床电梯：轿厢长且窄，主要用于搭载病床和病人。

6. 观光电梯：井道和轿厢壁至少有同一侧透明，乘客可观看轿厢外景物的电梯。

7. 载货电梯(Ⅳ类电梯)：有必备的安全装置，主要用于载货。其中，为运送车辆而设计的电梯也称为汽车电梯。

8. 杂物电梯：额定载重量不大于 500kg，额定速度不大于 1m/s，服务于规定楼层的固定式升降设备。

三、电梯参数

电梯的基本参数主要有额定载重量、可乘人数、额定速度、轿厢外廓尺寸和井道型式等。主参数指额定载重量和额定速度。

1. 额定载重量　电梯设计所规定的轿内最大载荷。乘客电梯、客货电梯、病床电梯通常采用 320kg、400kg、600/630kg、750/800kg、1000/1050kg、1150kg、1275kg、1350kg、1600kg、1800kg、2000kg、2500kg 等系列，载货电梯通常采用 630kg、1000kg、1600kg、2000kg、2500kg、3000kg、3500kg、4000kg、5000kg 等系列，杂物电梯通常采用 40kg、100kg、250kg 等系列。

2. 额定速度　电梯设计所规定的轿厢速度。标准推荐乘客电梯、客货电梯、为适应大交通流量和频繁使用而特别设计的电梯额定速度为 0.4、0.5/0.63/0.75、1.0、1.5/1.6、1.75、2.0、2.5、3.0、3.5、4.0、5.0、6.0。医用电梯采用 0.63m/s、1.00m/s、1.60m/s、2.00m/s、2.50m/s 等系列，载货电梯采用 0.25m/s、0.40m/s、0.50m/s、0.63m/s、1.00m/s、1.60m/s、1.75m/s、2.50m/s 等系列，杂物电梯采用 0.25m/s、0.40m/s 等系列。电梯的选型配置时主要参数的确定应根据建筑物的实际情况综合考虑，具体的电梯配置方案应由业主、建筑师、电梯工程师协商确定。

四、电梯的土建布置方法

（一）电梯的位置布置原则

（1）电梯一般要设置在进入大楼的人容易看到且离出入口近的地方。电梯应尽可能的集中在一个区域设置，以便乘客在同一个地方候梯，从而达到乘客对电梯的均匀化分布；电梯的位置布置应与大楼的结构布置相协调。

（2）以电梯为主要垂直交通的每幢建筑物或每个服务区，乘客电梯不应少于两台(7～11 层住宅可设一台)，以备高峰客流或轮流检修的需要。两台宜并排布置，以利群控及故障时互救。

（3）电梯在并列布置时不应超过 4 台，这是因为电梯的停层时间一般不超过 8 秒，乘客可能来不及进入电梯。

（4）当建筑物的出入口为两层或以上时(如地下有停车场、地铁口、商店等)，可用自动扶梯连接出入口层之间的交通，使始发站集中在一层，从而提高运输效率。

（5）对服务站和运行速度一致的电梯，应采用并联和群控管理。

（6）对于主要需要局部运行的电梯的建筑物，为提高电梯运输能力，宜选择局部实效高的电梯而非一味考虑高额定速度。

（7）对于公司专用的办公楼，相邻的楼层之间的交通可考虑不用电梯，电梯的停站数可考虑隔层停，既缩短了电梯往返运行的时间，也提高了输运能力，同时又节省了设备费用。

（8）对于高层或超高层建筑，电梯一般集中布置在大楼中央，采用分层区或分层段的方法。候梯厅要避开大楼主通路，设在凹进部位以免影响主通路的人员流动。若电梯分区设置，可按 15 层一个区域，且在不停层的井道每隔 11m 设置不小于 350mm×1800mm 的井道安全门。建筑面积巨大，且工作、生活人数很多的超高层建筑，为提高运输效率，可配置双层轿厢电梯。

（9）医院的乘客电梯和病床电梯应分开布置，有助于保持医疗通道畅通，提高输送效率。

（10）电梯的井道和机房应远离需要安静的房间，如居室、病房、客房、阅览室等，避免噪声干扰，必要时考虑采用采取消声、隔声及减振措施。

（二）电梯数量的确定

电梯台数，需根据建筑物的用途和内部人员流量来计算，用最少的投资来满足合理的垂直运输要求。有的按每100人需要的电梯台数来计算，有的按建筑物的人均面积来计算，科学的方法是进行交通计算。

电梯是建筑物的垂直交通工具，其选型配置的优劣关系到整个建筑的合理利用，特别是对高层现代化建筑。优良的选型配置意味着乘客和货物在大楼内快捷、便利、安全地流通，意味着增加建筑面积的利用率、节省设备和能源而降低成本。因此在建筑设计阶段，建筑师、电梯工程师和业主就应紧密配合选配合理的电梯。电梯数量的确定，需要根据建筑物的用途、规模、高度、客货流量等作电梯交通分析，方案设计阶段可参照表5-3-2。

表5-3-2　几种建筑类型电梯数量选用估计值

建筑类型		客梯概略需量	消防、服务或兼用货梯数量	备　注
住宅公寓	经济型	每90~100户设一台	一般不单独设	12层及以上最少设二台
	普通型	每60~90户设一台		
	舒适型	每30~60户设一台	酌情设或不设	8层及以上最少设二台
	豪华型	每台服务30户以下		
旅馆	经济型	每120~140间客房设一台	每400~500间客房设1~2台	
	普通型	每100~120间客房设一台		
	舒适型	每70~100间客房设一台	每200~300间客房设1台	
	豪华型	每台服务70间客房以下		
办公楼	经济型	每6000m² 设一台	每2000~3000m² 设1~2台	大型、复合多功能或超高层办公楼电梯数量应按需配置
	普通型	每5000m² 设一台		
	舒适型	每4000m² 设一台	每1500~2000 m² 设1台	
	豪华型	小于2000m² 设一台		
医院病房楼	经济型	每200床设一台	服务（客货两用）电梯每300~400床设一台；消防电梯（可兼服务梯）建筑高度 <100m 设二台	除消防电梯外，电梯规格按医用病床梯型号选用
	普通型	每150床设一台		
	舒适型	每100床设一台		
	豪华型	每台服务100床以下		

注：1. 表中客梯规格按载重1000~1350kg计算，额定15~20人。

　　2. 办公楼或宾馆电梯运行速度一般为：6~15层为1.5~2.5m/s；15~25层为2.5~3.5m/s。

　　3. 表列电梯数量仅供方案设计时快速参考，技术设计中还需进一步研究。

　　4. 在各类建筑中，至少应配置1~2台能使轮椅使用者进出的无障碍电梯。

大规模、超高层建筑复杂的电梯系统，要准确、合理、经济地确定电梯的数量、载重量与速度。首先要算出全部电梯所要服务的楼内总人数，选定电梯的三项服务质量标准：乘梯高峰期某一限定时间内电梯所需服务的最大运客量，乘客候梯时间或电梯的平均间隔时间。乘客从唤梯起至到达其目的地的全行程时间。当然，这些标准，都因国家、地区和不同的建筑性质有差异。需要在设计建筑方案时，将大厦的用途、层数、各层面积等详细资料，预先提供给电梯厂商，请电梯工程师作交通运输分析，求出所需电梯系统各种参数，从经济与服务质量方面合理选择电梯系统，周密筹划建筑布局。

（三）电梯交通流量分析步骤

电梯交通流量分析步骤为：了解建筑性质、情况，估算电梯使用人数——确定电梯数量——确定电梯服务方式——确定电梯载重量——确定电梯速度——计算平均运行间隔——计算5分钟输送能力——是否符合标准——完成建筑物的电梯配置方案。

（1）了解建筑性质、情况，估算电梯使用人数。

电梯使用人数 = 建筑物总使用人数 × 运行高峰时段比例系数。其中建筑物总使用人数参见表5-3-3，运行高峰时段比例系数参见表5-3-4。

表5-3-3 各种建筑物总使用人数估算

建筑物性质		使用人数估算
居住建筑	住宅楼	1~1.5人/居室或3.5人/户
	宾馆、酒店	1人/床(高档宾馆0.8人/床)
商业或办公建筑	一家公司专用	8~10m²(净)/人
	多家公司租用	10~12m²(净)/人
公共建筑	医院	3人/床位
	学校	0.8~1.2m²(净)/人
	娱乐、餐饮	1人/座位

注：用以估算人数的面积为实际使用净面积(建筑面积×实际使用率)。办公楼有效使用面积可按0.55×办公楼总建筑面积估算。

表5-3-4 运行高峰时段比例系数

建筑物性质		运行高峰时段比例系数
居住建筑	住宅楼	30%~50%
	宾馆、酒店	20%~40%
办公建筑	一家公司专用	60%~80%
	多家公司专用	50%~60%
	出租写字楼	40%~50%
公共建筑	医院	50%~60%
	学校	50%~60%
	娱乐、餐饮	50%~80%

注：运行高峰时段比例系数随建筑物的业态及使用情况而不同，所取数值为经验值。

（2）确定电梯的数量

住宅楼：50户/台；宾馆：100个房间/台；出租办公楼：2800~3400m²/台；公司专用办公楼：2000~2600m²/台。

（3）确定电梯的服务方式

电梯的操纵控制方式有集选控制、并联控制、群控。目前，单梯一般采用微机集选控制，2~3 台电梯采用并联，更多电梯时采用群控。

在电梯的操纵控制方面，一些标准的或可选的功能配置在特定的场合下有利于提高电梯的运输效率。可咨询电梯专业厂家。

（4）确定电梯载重量

在乘客电梯的设计时，往往是通过额定载重量来确定轿厢容量和轿厢有效面积。最大的乘客人数应按额定载重量（kg）除以 75（kg/人）计算结果向下圆整到最近的整数，详见表 5-3-5。最大的乘客人数也可以按轿厢最小有效面积确定，详见表 5-3-6。

在设计时要严格按照国家标准设定电梯的载重量。一般来说，速度越高的电梯，要求选择的载重量越大。原则上速度设计在 2~2.5m/s 之间的电梯，载重量宜≥1000kg；速度设计≥3m/s 的电梯，载重量宜≥1350kg。一般情况下，星级酒店和甲级办公楼的设计大多选用载重量≥1350kg 的电梯，以便提高电梯的运载能力，提升建筑物的档次。

表 5-3-5　不同电梯载重量对应的最大乘客数量

电梯载重量/kg	400	600/630	750/800	1000	1050	1150
最大乘客数量/人	5	8	10	13	14	15
电梯载重量/kg	1275	1350	1600	1800	2000	2500
最大乘客数量/人	17	18	21	24	26	33

表 5-3-6　最大乘客数量对应的轿厢最小有效面积

乘客人数/人	1	2	3	4	5	6	7	8	9	10
轿厢最小有效面积/m²	0.28	0.49	0.60	0.79	0.98	1.17	1.31	1.45	1.59	1.73
乘客人数/人	11	12	13	14	15	16	17	18	19	20
轿厢最小有效面积/m²	1.87	2.01	2.15	2.29	2.43	2.57	2.71	2.85	2.99	3.13

注：乘客人数超过 20 人时，每增加 1 人，增加 0.115m²。

（5）确定电梯的速度

一般情况下，设定 15 层以上的大楼电梯从基站直驶到最高服务层站所需的时间，最理想的应控制在 30 秒内，根据目前我国的情况，建议该时间宜控制在 45 秒内。

电梯速度选择的基准尺度。10 层以下 1.5m/s；10~20 层 1.75~2m/s；20~30 层 2.5~3m/s；30~40 层 4m/s；40~50 层 5m/s；50~60 层 6m/s。

（6）确定乘客候梯时间

在实际计算时，由于各电梯制造商提供的电梯在基本参数设计时都略有差异，当然该差异都是在国家标准允许范围内，例如开关门时间国家标准是在某个范围内，所以，由不同制造商提供的载重量和速度等参数相同的电梯，计算的平均运行间隔可能会略有不同。

经过测试，乘客心理能够承受的候梯时间随着建筑物性质的不同也有不同，表 5-3-7 列出各种建筑物可行的平均运行间隔指标，可供参考。

表 5-3-7　各种建筑物电梯平均运行间隔指标

建筑物性质		平均运行间隔/s
居住建筑	住宅楼	≤90(单台)，≤60(双台以上)
	宾馆、酒店	≤40
商业或办公建筑	一家公司专用	≤30
	多家公司专用	≤35
	出租办公楼	≤40
公共建筑	医院	≤40
	学校	≤30
	娱乐、餐饮	≤40

（7）计算 5 分钟输送能力

有关电梯输送能力的计算是以建筑物内人流高峰期的情况进行计算的。在人流高峰期，如果电梯完全能够满足实际使用，即在大楼运输最恶劣的情况下能够满足实际使用的需要，那么大楼的电梯配置符合要求。针对不同大楼的不同性质，产生高峰期的原因不同，时间也各不相同，应分别制定不同的标准。表 5-3-8 中列出各种建筑物电梯 5 分钟输送能力指标，可供参考。

表 5-3-8　各种建筑物电梯 5 分钟输送能力指标

建筑物性质		5 分钟输送能力(%)
居住建筑	住宅楼	3.5~7
	宾馆、酒店	10~15
商业或办公建筑	一家公司专用	20~25
	多家公司专用	16~20
	出租办公楼	11~15
公共建筑	医院	8~15
	学校	15~25
	娱乐、餐饮	8~10

（8）如果不符合标准，可调整电梯的数量、服务方式、载重量、速度等参数，直到符合标准，即完成建筑物的电梯配置方案。

（四）电梯的土建结构要求

电梯与建筑物的联系主要涉及机房、井道、底坑、层门入口、导轨固定等的设置方式和连接方法，电梯大样图应表示导轨埋件、厅门牛腿、厅门门套、机房工字钢（或钢筋混凝土梁）和顶部检修吊钩等。层数指示灯及上下按钮留洞位置及大小，应准确符合电梯生产厂家要求，留在门顶或井道壁上。由于电梯不同规格型号、不同生产厂家的尺寸要求各不相同，因此，电梯井道与机房的土建图应按专业电梯生产厂家提供的同类型的标准图纸，并结合建筑物电梯井道的不同结构（如砌体结构、混凝土结构、混合结构或钢结构）等绘制。最好能先确定采用的电梯厂家，避免土建条件不能满足电梯安装的要求。电梯井道与机房详图重点表达的部位见表 5-3-9。

表 5-3-9　电梯井道与机房详图重点表达的部位

类　别	名　称	定　义
机房	电梯机房	安装一台或多台曳引机及其附属设备的专用房间
	机房高度	机房地面至机房顶板之间的最小垂直距离
	机房宽度	机房内沿平行于轿厢宽度方向的水平距离
	机房深度	机房内垂直于机房宽度的水平距离
	承重梁	敷设在机房楼板上面或下面，承受曳引机自重及其负载的钢梁
井道	电梯井道	轿厢和平衡重装置或(和)液压缸柱塞运动的空间。此空间是以井道底坑的底井道壁和井道顶为界限的
	电梯提升高度	从底层端站楼面至顶层端楼面之间的垂直距离
	层间距离	两个相邻停靠层站层门地坎之间距离
	顶层高度	由顶层端站地板至井道顶，板下最突出构件之间的垂直距离
底坑	底坑	底层端站地板以下的井道部分
	底坑深度	由底层端站地板至井道底坑地板之间的垂直距离
	底坑护栏	设置在底坑，位于轿厢和平衡重装置之间，对维修人员起防护作用的栅栏
层门入口	层门	设置在层站入口的门
	地坎	轿厢或层门入口处出入轿厢的带槽金属踏板
	井道内牛腿	位于各层站出入口下方井道内侧，供支撑层门地坎所用的建筑物突出部分
	层门门套	装饰层门门框的构件
	层门指示灯	设置在层门上方或一侧，显示轿厢运行层站和方向的装置
	层门方向指示灯	设置在层门上方或一侧，显示轿厢运行方向的装置
其他	检修活板门	设置在井道上的作检修用的向外开启的门。检修活板门的高度不得大于 0.50m，宽度不得大于 0.50m
	检修门	开设在井道壁上，通向底坑或滑轮间供检修人员使用的门。检修门的高度不得小于 1.40m，宽度不得小于 0.60m
	井道安全门	当相邻两层地坎之间距离超过 11m 时，在其间井道壁上开设的供援救乘客用的门。井道安全门的高度不得小于 1.80m，宽度不得小于 0.35m
	轿厢安全门	在有相邻两轿厢的情况下，如果两轿厢的水平距离不大于 0.75m，可使用轿厢安全门供援救乘客，其高度不少于 1.8m，宽度不少于 0.35m
	通向底坑的通道门	如果底坑深度大于 2.5m 且建筑物的布置允许，应设置进底坑的检修门。检修门的高度不得小于 1.40m，宽度不得小于 0.60m
	固定爬梯	如果没有其他通道，为了便于检修人员安全地进入底坑，应在底坑内设置一个从层门进入底坑的永久性装置，一般为固定爬梯，不得凸入电梯运行的空间

电梯井道与机房的设计应能满足 GB 7588—2003《电梯制造与安装安全规范》提出的电梯土建技术要求，主要有：

（1）电梯井道

1）一般建筑物均要求电梯井道能够防止火焰蔓延，因此电梯井道应完全封闭。在不要求电梯井道防止火焰蔓延的部位，如某些观光电梯，电梯井道可以不完全封闭。封闭的电梯井道是指围壁内的区域；不封闭的电梯井道是指距电梯运动部件1.50m水平距离内的区域。不封闭的电梯需设围壁，围壁及其他相关要求为(图5-3-2、图5-3-3)：

①　在层门侧，围壁的高度不小于3.50m。

②　其余侧，当围壁与电梯运动部件的水平距离为最小允许值0.50m时，围壁高度不应小于2.50m；若该水平距离大于0.50m时，高度可随着距离的增加而减少；当距离等于2.0m时，高度可减至最小值1.10m。

③　围壁应是无孔的。

④　围壁距地板、楼梯或平台边缘最大距离为0.15m。

⑤　应采取措施防止由于其他设备干扰电梯的运行。

⑥　对露天电梯，应采取特殊的防护措施。

注：只有在充分考虑环境或位置条件后，才允许电梯在部分封闭井道中安装。

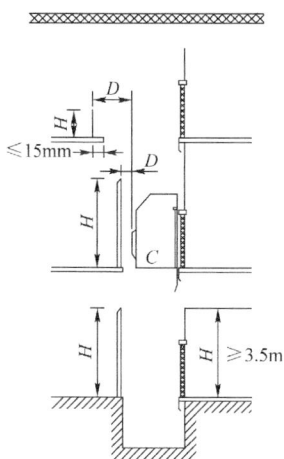

图5-3-2　部分封闭的井道示意图
C—轿厢　H—围壁高度
D—与电梯运行部件的距离

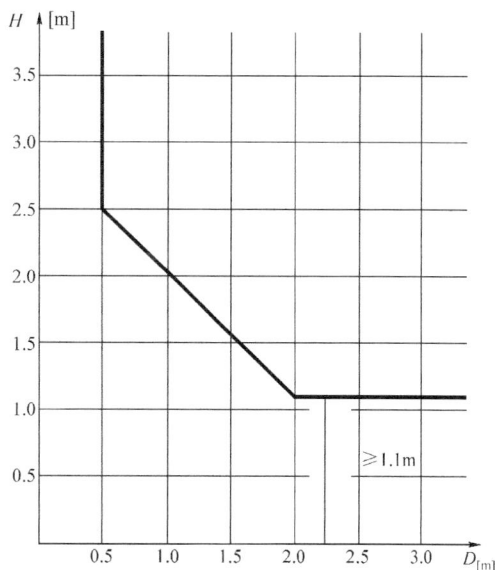

图5-3-3　部分封闭的井道围壁高度与
距电梯运动部件距离的关系图

以下所说的电梯井道均指常规封闭的电梯井道。

2）电梯井道应具有足够的机械强度，能承受电梯设备施加的各种荷载，并用坚固的耐火材料建造。砌体结构井道，应在每隔一定高度时做一圈梁，三面布置，在电梯门口一侧断开，梁的中心高度和间距根据厂家产品型号不同而定，最大不应超过2500mm，梁高300mm，与墙等厚。其中最低一道圈梁距离坑底500~1500mm，最高一道圈梁距离井道顶板下皮200~500mm。电梯门洞上方的钢筋混凝土过梁，应不小于300mm高，与墙等厚与井道等宽，用于安装层门装置。

3）封闭的电梯井道均应由无孔的墙、地板和顶板完全封闭起来，只允许有下述开口：

①层门开口；②通往井道的检修门，安全门以及检修活板门的开口；③火灾情况下，排除气体与烟雾的排气口；④通风口；⑤井道与机房或滑轮间之间必要的功能性开口；⑥电梯

之间防护隔离网上的开孔。

4）井道应为电梯专用。井道内不得装设与电梯无关的设备和电缆。

5）井道应适当通风，井道不能用于非电梯用房的通风。井道顶部的通风口面积至少为井道截面积的 1%。通风口可直接通向室外，或经机房通向室外。

6）当相邻两层门地坎间的距离大于 11m 时，其间应设置井道安全门，以确保相邻地坎间的距离不大于 11m。在相邻的轿厢都设置轿厢安全门时，可不设井道安全门。

7）通往井道的检修门、井道安全门和检修活板门，除了因使用人员的安全或检修需要外，一般不应采用。如果采用，均不应向井道内开启。上述门均应无孔，并应具有与层门一样的机械强度，且应符合相关建筑物防火规范的要求。检修门、井道安全门和检修活板门均应安装用钥匙开启的锁，当上述门开启后不用钥匙亦能将其关闭和锁住，并且即使在锁住的情况下也能不用钥匙从井道内部将门打开。同时必须设置当上述门在开启时，使电梯停止运行的连动安全开关。

8）井道内应设置永久性的照明，在井道最高和最低点 500mm 内，各装一盏灯，中间最大每隔 7m 设一盏灯，以保证在维护修理期间，井道内有适当的照度。

9）相邻两层站间的距离，当层门入口高度为 2000mm 时，应不小于 2450mm；层门入口高度为 2100mm 时，应不小于 2550mm。

10）层门尺寸指门套装修后的净尺寸，土建层门的洞口尺寸应大于层门尺寸，留出装修的余量，一般宽度为层门两边各加 100mm，高度为层门加 70~100mm。

11）多个电梯井道相通时，可在每相邻两个电梯井道之间每隔一定高度固定一根 18~20#工字钢梁，位置同圈梁。底坑须设置防护隔离网，并高出底层地面 2500mm。宽度应能防止人员从一个底坑通往另一个底坑。当轿厢顶和相邻电梯运动部件间隔小于 0.5m 时，防护隔离网应贯通整个井道。

12）顶层高度及底坑深度，是选择电梯速度的关键。在电梯轿厢高度尺寸一定时，较高的额定速度必然需要较高的顶层高度和较深的底坑深度，应在设计时予以充分考虑。

（2）电梯底坑

1）井道下部应设置底坑，除缓冲器座、导轨座以及排水装置外，底坑的底部应光滑平整，底坑不得作为积水坑使用，不得漏水或渗水，底坑的防水做法及排水设施，不能影响底坑的最小尺寸。

2）电梯井道最好不设置在人们能到达的空间上面，如果轿厢或平衡重之下确有人们能到达的空间，井道底坑的底面至少应按 $5000N/m^2$ 的荷载设计，并且将重缓冲器安装在一直延伸到坚固底面上的实心柱墩上，或对重上装设安全钳装置。如果电梯对重装置有安全钳时，则根据需要，井道的宽度和深度尺寸允许适当增加。

3）如果底坑深度大于 2.50m 且建筑物的布置允许，应设置进底坑的门。如果没有其他通道，为了便于检修人员安全地进入底坑，需设置一个固定爬梯，并不得凸入电梯运行空间，应不影响电梯轿厢及对重的运行。

4）当底坑以上无停站时，应设紧急出口，该口要有足够的高度，人能屈身通过，且不应有障碍物。

5）底坑内应有停止装置、电源插座（单相带接地型 250V）及井道灯的开关，上述装置均应布置在打开门去底坑时和在底坑地面上容易接近的位置。

6）底坑内由厂家安装缓冲器，安装缓冲器的混凝土座宜在电梯安装时灌制，土建施工时底坑内的缓冲器墩座按图纸和电梯样本位置预留钢筋。

（3）电梯机房

1）电梯机房内环境温度应保持在 5～40℃之间，环境温度 25℃时，湿度应小于 85%。机房必须保持良好的通风，同时应考虑到井道通过机房通风。从建筑物其他处抽出的陈腐空气不得直接排入机房内。机房应与水箱和烟道隔离。顶部应做好保温和防水。

2）通向机房的通道应畅通并有充分的照明，走道和楼梯宽度应≥1200mm，楼梯应能承受电梯主机的重量。电梯机房门宽度应≥1200mm，高度应≥2000mm。门上应加锁。

3）电梯机房应有足够的尺寸，以确保人员安全和方便地对有关设备进行作业，尤其是对电气设备的作业。在控制屏和控制柜前应有不小于 0.5m 或柜长×0.7m 的净空面积，对运动部件进行维修和检查应有不小于 0.50m×0.60m 的水平净空面积。

4）电梯机房工作区域的净高不应小于 2m。在一个机房内，当有两个以上不同平面的工作平台，且相邻平台高度差大于 0.5m 时，应设置楼梯或台阶，并应设置高度不小于 0.9m 的安全防护栏杆。供人员活动的空间和工作台面以上的净高度不应小于 1.8m，机房顶梁应设置吊钩，以便能吊装和检修曳引机等机械设备。吊钩的位置和吊钩最大允许荷载应满足电梯样本的要求。

5）机房必须能承受正常所受的荷载。机房地面应平整、坚固、防滑和不起尘。

6）在施工之前，必须与电梯厂家确定在机房地面上承重梁和有关预埋铁件以及预留钢丝绳、配电等孔洞的准确位置。承重梁支点所能承受重力必须满足电梯厂家的要求。通向井道孔洞四周应筑一高 50mm 以上，宽度适当的台阶。

7）医院、图书馆、学校、住宅、剧场、音乐厅等建筑物，应考虑机房地面、屋顶、墙壁吸收噪声的设计做法。

8）消防电梯井、机房与相邻其他电梯井、机房之间应采用耐火极限不低于 2.00h 的隔墙隔开，当在隔墙上开门时，应设甲级防火门。

9）机房内应设有固定的电气照明，地板表面上的照度不应小于 200lx。机房内应设置一个或多个电源插座。在机房内靠近入口的适当高度处应设有一个开关或类似装置，控制机房照明电源。

确定电梯井道的尺寸及形状是电梯土建设计的关键内容。不同品牌的电梯井道尺寸会有所不同，大体来说相差不是很大。同等条件下载重量越大的电梯所需的井道面积越大。井道尺寸不够就只能选择载重量低一些的电梯，影响使用；尺寸差得不多也可以选非标电梯，造价会有所增加。因此预留电梯井道时应按井道尺寸较大的样本预留。但井道尺寸并不是越大就越好，井道尺寸过大不但会浪费建筑面积，而且有时由于电梯厂家无法提供合适的导轨支架，会要求在井道内需要安装导轨支架的地方设置梁，以提供合适的井道尺寸，这样也增加了建筑成本。一般情况下，当电梯井道两侧内壁距厅门中心线的尺寸，以及井道进深大于标准布置图尺寸 200mm 以内时，可以通过加长导轨支架满足电梯的安装要求，否则就要采取加钢梁等补救措施，或向厂家设计人员咨询可否采用支架加长加固的办法。

井道形状也会影响电梯的选择。井道内是否有凸出的梁、柱等结构，井道形状是否规则，都会影响井道的有效面积。应尽量保证井道内表面是一垂直、连续的表面，如果井道壁需要变截面，高层部分壁厚减薄，应尽量在电梯井道外侧变截面。

载重量相同电梯，因使用要求不同，井道的宽度、深度的比例也有所不同。一般来说，轿厢的宽度与深度之比较大时，乘客进出电梯方便，轿厢美观，易于装修，常用于办公楼、写字楼的电梯；反之，则便于运送较大的物件，常用于货梯、住宅电梯。汽车梯、病床梯等专用电梯应按其专门的轿厢、井道形状设计。

电梯门分为中分式、旁开式和直分式三种。中分式具有出入方便，工作效率高，广泛应用于乘客电梯上；旁开式具有开门宽度大，对井道要求小的优点，广泛应用于货梯上。直分式即垂直滑动门，因其不占用井道的宽度和轿厢的宽度，所以此电梯门具有最大的开门宽度，广泛应用于杂物电梯和大吨位的货梯上，如餐梯和非商业用汽车电梯常采用这种类型的滑动门。

常用客梯(办公楼、旅馆等)参数、尺寸参见表5-3-10；病床电梯参数、尺寸参见表5-3-11；常用载货电梯参数、尺寸(水平滑动门)参见表5-3-12；常用载货电梯参数、尺寸(垂直滑动门)参见表5-3-13；常用汽车电梯参数、尺寸参见表5-3-14、表5-3-15。

表5-3-10　常用客梯(办公楼、旅馆等)参数、尺寸表

载重量 kg （人数）	速度/ （m/s）	轿门/mm		轿厢尺寸 宽×深×高/mm	井道尺寸 宽×深/mm	机房尺寸 宽×深/mm	底坑 深度/mm	顶层 高度/mm
		形式	宽×高					
800 （10） 一般用途	1.00	中分门	800×2100	1350×1400 ×2300	1900×2200	3200×4900	1400	3800
	1.75					3200×4900	1600	4000
	2.50					2700×5100	1750	5000
1000 （13） 一般用途	1.00	中分门	1100×2100	1600×1400 ×2300	2400×2200	3200×4900	1400	4200
	1.75					3200×4900	1600	4200
	2.50					2700×5100	2200	5200
1350 （18） 一般用途	1.00	中分门	1100×2100	2000×1500 ×2300	2550×2350	3200×4900	1400	4200
	1.75					3000×5300	1600	4200
	2.50					3000×5300	2200	5200
1350 （18） 频繁使用	2.50	中分门	1100×2100	2000×1500 ×2400	2650×2450	3000×5300	2200	5500
	3.00					3000×5300	3200	5500
	3.50					3000×5700	3400	5700
	4.00					3000×5700	3800	5700
	5.00					3000×5700	3800	5700
	6.00					3000×5700	4000	6200
1600 （21） 频繁使用	2.50	中分门	1100×2100	2700×2500 ×2400	2700×2500	3000×5300	2200	5500
	3.00						3200	5500
	3.50						3400	5700
	4.00						3800	5700
	5.00						3800	5700
	6.00						4000	6200

注：本表根据 GB/T7025.1—2008《电梯主参数及轿厢、井道、机房的型式与尺寸　第1部分：Ⅱ、Ⅲ、Ⅵ类电梯》整理，可以作为方案设计时的参考数据，施工图设计时以实际选用电梯型号样本为准。

表 5-3-11　病床电梯参数、尺寸表

载重量/kg（人数）	速度/（m/s）	轿门/mm		轿厢尺寸 宽×深×高/mm	井道尺寸 宽×深/mm	机房尺寸 宽×深/mm	底坑 深度/mm	顶层 高度/mm
		形式	宽×高					
1600（21）	1.00	旁开门	1300×2100	1400×2400×2300	2400×3000	3200×5500	1700	4400
	1.60						1900	4400
	2.50						2500	5400
2000（26）	1.00	旁开门	1300×2100	1500×2700×2300	2400×3300	3200×5800	1700	4400
	1.60						1900	4400
	2.50						2500	5400
2500（33）	1.00	旁开门①	1300①×2100	1800×2700×2300	2700×3300	3500×5800	1900	4600
	1.60						2100	4600
	2.50						2500	5600

注：1. 本表根据 GB/T 7025.1—2008《电梯主参数及轿厢、井道、机房的型式与尺寸　第 1 部分：Ⅱ、Ⅲ、Ⅵ类电梯》整理，可以作为方案设计时的参考数据，施工图设计时以实际选用电梯型号样本为准。

　　　2. 担架尺寸为 600mm×2000mm。

　　　3. 病床尺寸为 900mm×2000mm 或 1000mm×2300mm。

①可采用入口净宽 1400mm 的中分门。

表 5-3-12　常用载货电梯参数、尺寸表（水平滑动门）

载重量/kg	速度/（m/s）	轿门/mm 宽×高	轿厢尺寸 宽×深×高/mm	井道尺寸 宽×深/mm	机房尺寸 宽×深/mm	底坑 深度/mm	顶层 高度/mm
630		1100×2100	1100×1400×2100	2100×1900	2500×3700	1400	3700
1000		1300×2100	1300×1750×2100	2400×2200 2400×2300	2500×3700	1400	3700
1600	0.25 0.40 0.50 0.63 1.00	1400×2100	1400×2400×2100	2500×2850 2500×2950	2500×3700 3200×4900	1400 1600	3700 4200
2000		1500×2100	1500×2700×2100	2700×3150 2700×3250	3200×4900	1600	4200
2500		1800×2500	1800×2700×2500	3000×3150 3000×3250	3000×5000	1600	4600
3500		2100×2500	2100×3000×2500	3500×3550 3500×3700	3000×5000	1600	4600
5000		2500×2500	2500×3500×2500	4100×4050 4100×4200	3000×5000	1600	4600

注：1. 本表根据 GB/T 7025.2—2008《电梯主参数及轿厢、井道、机房的型式与尺寸　第 2 部分：Ⅳ类电梯》整理，可以作为方案设计时的参考数据，施工图设计时以实际选用电梯型号样本为准。

　　　2. 上表机房尺寸为电力驱动电梯机房尺寸，液压电梯机房尺寸宽×深为：井道宽度或深度×2000mm。

表 5-3-13　　常用载货电梯参数、尺寸表（垂直滑动门）

载重量/kg	速度/(m/s)	轿门/mm 宽×高	轿厢尺寸 宽×深×高/mm	井道尺寸 宽×深/mm	机房尺寸 宽×深/mm	底坑 深度/mm	顶层 高度/mm
1600		1400×2100	1400×2400×2100	2200×3050 2200×3400	3200×4900	1600	4200
2000	0.25 0.40 0.50 0.63 1.00	1500×2100	1500×2700×2100	2300×3350 2300×3700	3200×4900	1600	4200
2500		1800×2500	1800×2700×2500	2600×3350 2600×3700	3000×5000	1600	4600
3500		2100×2500	2100×3000×2500	2900×3650 2900×4000	3000×5000	1600	4600
5000		2500×2500	2500×3500×2500	3300×4150 3300×4500	3000×5000	1600	4600

注：1. 本表根据 GB/T 7025.2—2008《电梯主参数及轿厢、井道、机房的型式与尺寸　第2部分：Ⅳ类电梯》整理，可以作为方案设计时的参考数据，施工图设计时以实际选用电梯型号样本为准。

　　　2. 上表机房尺寸为电力驱动电梯机房尺寸，液压电梯机房尺寸宽×深为：井道宽度或深度×2000mm。

表 5-3-14　　常用汽车电梯参数、尺寸表（曳引）

载重量/kg	速度/(m/s)	轿门 形式	轿门 宽×高/mm	轿厢尺寸 宽×深/mm	井道尺寸 宽×深/mm	机房尺寸 宽×深×高/mm	底坑 深度/mm	顶层 高度/mm
3000	0.25 0.5	中分双折或中分三折	2800×2300	2800×5000	3700×6000	4200×5500×2800	1700	5200
4000			2800×2300	2800×5500	3950×6500	4200×6000×2800	1700	5200
5000			3000×2300	3000×6000	4250×7500	4500×6500×2800	1700	5200

注：本表根据有关样本整理，所列尺寸为常用中间值。可以作为方案设计时的参考数据，施工图设计时以实际选用电梯型号样本为准。

表 5-3-15　　常用汽车电梯参数、尺寸表（液压）

载重量/kg	速度/(m/s)	轿门 形式	轿门 宽×高/mm	轿厢尺寸 宽×深/mm	井道尺寸 宽×深/mm	底坑 深度/mm	顶层 高度/mm	提升 高度/m
2500	0.15~1.0	中分双折或上下双折	2300×2500	2300×5500	3700×6000	1450	4600	25
3000			2500×2500	2500×6000	3950×6500	1450	4600	20
5000			2700×2500	2700×7000	4250×7500	1450	4600	15

　　汽车电梯普遍用在汽车维修车间、汽车4S店、地下室、停车场。可以根据需要选用曳引有机房及液压汽车电梯。液压汽车电梯机房设置灵活：不需要顶层机房，机房设置靠近井道即可，机房面积仅7~9m。但提升高度受到局限，一般不超过30m。

　　汽车电梯有以下几个特点：①轿厢内设有两只操纵按钮箱，司机不用走出汽车，就可操纵电梯；②额定载重量大（一般都是3t以上），轿厢面积大，轿厢为狭长的形状，以满足各种小型轿车进出和停泊的需要；③为方便汽车进出电梯，可设计为前后贯通门。

五、杂物电梯

杂物电梯是额定载重量不大于500kg，额定速度不大于1m/s，服务于规定楼层的固定式升降设备。其轿厢运行在两列垂直的倾斜角小于15°的刚性导轨之间。载重量高于250kg时，要加安全钳、限速器。轿厢内不允许进入。执行标准有GB/T 7025.3—1997《电梯主参数及轿厢、井道、机房的形式与尺寸 第三部分：V类电梯》，JG 135—2000《杂物电梯》。杂物电梯按驱动方式可分为曳引驱动、链条驱动、液压驱动等多种；按井道结构型式划分可分为框架结构式和土建结构式；按装载方式划分可分为窗口式和地平式。

为满足不得进入的条件，轿厢底板面积不得超过$1.00m^2$；深度不得超过1.00m；高度不得超过1.20m。但是，如果轿厢由几个永久的间隔组成，而每一个间隔都能满足上述要求，则轿厢总高度允许超过1.20m，但轿厢内部的宽度、深度和高度均不能超过1.40m。杂物电梯的选型步骤为：

1. 确定电梯的载重量

杂物电梯的载重量依据所要运输的货物的最大重量而定，并应留有适当的余量，一般为10%。不要盲目地追求大载重量，因为这不但会增大电梯的占用空间，而且还会增加造价。

2. 确定电梯的装载方式

杂物电梯有两种装载方式，窗口式（也称台式）和地平式（也称推车式），窗口式主要用于往轿厢中（含隔板）直接放置小件物品，例如：餐盘、托盘等，地平式主要用于大件（或小件放在推车中）物品的搬运，但需要至少0.7m深的底坑。

3. 确定电梯轿厢的内部尺寸

根据所载物品的大小和有关标准合理确定轿厢尺寸。根据国家标准需遵守两个原则：第一，轿厢的宽、深、高均不能超过1.4m。第二，轿厢的底面积与载重量的关系不能超过规范的限值，见表5-3-16。

表5-3-16　轿厢底面积与载重量的关系

额定载重量/kg	10	50	100	200	250	500
最大的轿厢底面积/m^2	0.15	0.50	0.75	1.00	1.25	1.25

注：中间的值可以由线性插值法计算求得。

4. 确定电梯的井道结构

根据安装电梯位置的条件和载重量来决定是采用框架式还是土建式。应尽可能优先选用具有土建结构的井道，当不可能提供土建井道时，可选用框架（钢架）式井道，钢结构井道安装方便、可靠性好、调整灵活、占用空间小，适用于小载重量（200kg以下）和观光型杂物电梯。

5. 轿厢、层门、门套

为保持清洁卫生，轿厢、层门、门套材料一般采用发纹不锈钢。也可以根据需要采用钢板喷塑。还可以采用玻璃材料制做轿厢以方便观看餐盘传输过程。开门方式有上下直分、平开、中分、双扇旁开、上开、折叠等，开门方向有单向、贯通、直角、三向等。

常用杂物电梯参数、尺寸参见表5-3-17。

表 5-3-17　常用杂物电梯参数、尺寸表（曳引）

载重 /kg	轿厢底面积 /m²	轿厢尺寸			侧对重井道尺寸		后对重井道尺寸		预窗门口尺寸		窗口式		地平式	
		宽	深	高	宽	深	宽	深	宽	高	顶层高度	窗口高度	顶层高度	底坑深度
100	≤0.75	800	600	930	1050	780	950	950	900	1150	3000	700	不采用	
		700	700	930	1150	880	1050	1050	1000	1150	3000	700		
		800	800	930	1250	980	1150	1150	1100	1150	3000	700		
200	≤1.00	800	800	930	1250	980	1150	1150	1100	1150	3000	700	2900	700
		900	900	930	1350	1080	1250	1250	1200	1150	3000	700	2900	700
		1000	1000	1180	1450	1180	1350	1350	1300	1580	不采用		2900	900
250	≤1.25	900	900	1180	1350	1150	1250	1250	1200	1580			2900	900
		1000	1000	1180	1450	1250	1350	1350	1300	1580			2900	900
		1000	1250	1180	1450	1500	1350	1600	1300	1580			2900	900
300	≤1.25	900	900	1180	1400	1150	1300	1300	1200	1580			2900	1000
		1000	1000	1400	1500	1250	1400	1400	1300	1800			3000	1000
		1000	1000	1400	1500	1250	1400	1400	1300	1800			3000	1000
400	≤1.25	1000	1000	1180	1500	1250	1400	1400	1300	1580			3000	1000
		1100	1100	1400	1600	1350	1500	1500	1400	1800			3000	1000
500	≤1.25	1100	1100	1400	1600	1350	1500	1500	1400	1800			3000	1000
		1000	1250	1400	1500	1500	1400	1650	1300	1800			3000	1000

注：1. 本表根据有关样本整理，所列尺寸为常用中间值。可以作为方案设计时的参考数据，施工图设计时以实际选用电梯型号样本为准。

　　2. 当有机房时，要求机房高度≥1800mm，同时井道顶层高度可降低600mm。

　　3. 顶部吊钩承重荷载≥1000kg。如果轿厢和对重之下确有人可以进入的空间存在，井道底部的底面载荷应大于 5000n/m²，将轿厢和对重缓冲器安装在一直延伸到坚固地面的实心桩墩上。

　　4. 在井道的上方，对应于曳引机的位置，应设置检修口，检修口的大小应不小于800（宽）mm×800（高）mm，以便维修保养时人员出入。电梯控制箱安放位置应便于维修和调试，建议安放在顶层层门右上方墙壁上或框架顶上。

六、无机房电梯

无机房电梯无需设置专用电梯机房，其特点是将驱动主机安装在井道或轿厢上，控制柜放在维修人员能接近的位置。无机房电梯的应用，节省了建筑物的空间，减少了建筑成本。省掉建筑物顶端的机房，给建筑物的外观设计带来了更大的灵活性。更重要的是随之应用的一些新技术、新部件，使电梯的性能进一步提高，更加节省能源，更加环保。无机房电梯是电梯工业的一个重要的发展方向。

如今，各大电梯公司都推出了无机房电梯，如通力电梯公司采用碟形无齿同步曳引机制造的无机房电梯；OTIS 公司最近推出的 GEN2 无机房电梯，采用钢丝带取代了钢丝绳，使得主机的驱动轮直径也相应减少，曳引机体积更小。通力无机房电梯的设置可参考下列要求：

（1）当电梯额定速度为 1.0m/s 时，最大载重量为 1000kg，最大提升高度为 40m，最多楼层数为 16 层；当电梯额定速度为 1.60m/s 和 1.75m/s 时，最大载重量为 1000kg，最大提升高度为 70m，最多楼层数为 24 层。

（2）大吨位无机房客货梯额定速度为 0.5m/s，最大载重量为 2000kg，最大提升高度为 23m。

（3）多层住宅增设电梯时，宜配置无机房电梯。

（4）无机房电梯主要技术参数参见表 5-3-18～表 5-3-20。

表 5-3-18　普通无机房电梯主要技术参数

额定载重量/kg	乘客人数/人	额定速度/(m/s)	门宽/mm	轿厢尺寸/mm		井道尺寸/mm		底坑深度/mm	顶层高度/mm
				宽度 A	深度 B	宽度 C	深度 D		
450	6	1.00	800	1100	1150	1800	1650	1400	3750
630	8	1.00	800	1100	1400TTC	1800	1810		
				1100	1400	1800	1700		
800	10	1.00	800	1350	1400	1900	1800		
			900	1350	1400	1950	1800		
1000	13	1.00	900	1600	1400	2150	1900		
				1400	1600 TTC	1950	2010		
				1100	2100	2000	2400		
				1100	2100 TTC	2000	2510		

注：1. 本表摘自通力电梯有限公司手册。其他电梯厂也有无机房电梯，具体工程设计时，应按供货电梯厂提供的技术参数。

2. "TTC" 为贯通门。

3. 门洞宽为门宽 + 200mm，顶层站因为要安装控制柜，门洞宽应在安装曳引机一侧再增加 480mm。

表 5-3-19　高速无机房电梯主要技术参数

额定载重量/kg	乘客人数/人	额定速度/(m/s)	门宽/mm	轿厢尺寸/mm		井道尺寸/mm		底坑深度/mm	顶层高度/mm
				宽度 A	深度 B	宽度 C	深度 D		
630	8	1.60 1.75	800	1100	1400	1750	1850	额定速度为 1.60 时 1450；额定速度为 1.75 时 1550	额定速度为 1.60 时 3950；额定速度为 1.75 时 4000
800	10	1.60 1.75	800	1100	1650	1750	2100		
				1350	1400	1950	1900		
			900	1350	1400	1950	1900		
1000	13	1.60 1.75	900	1600	1400	2200	1950		
				1400	1600　TTC	2000	2080		
				1100	2100	1950	2450		
				1100	2100　TTC	1950	2580		
			1000	1600	1400	2250	1950		

注：1. 本表摘自通力电梯有限公司手册。其他电梯厂也有无机房电梯，具体工程设计时，应按供货电梯厂提供的技术参数。

2. "TTC" 为贯通门。

3. 门洞宽为门宽 + 200mm，顶层站因为要安装厅外维修盘，在安装曳引机一侧再增加 210mm 宽、1200mm 高、底距地 500mm 的洞口，具体详见厂家样本。

表 5-3-20　大吨位无机房客货电梯主要技术参数

额定载重量/kg	乘客人数(人)	额定速度/(m/s)	门宽/mm	轿厢尺寸/mm		井道尺寸/mm		底坑深度/mm	顶层高度/mm
				宽度 A	深度 B	宽度 C	深度 D		
1600	21	0.50	1400	1400	2400	2350	2800	1450	3900
2000	26	0.50	1400	1400	2400　TTC	2350	2950		
			1500	1500	2700	2500	3100		
				1500	2700　TTC	2500	3250		

注：1. 本表摘自通力电梯有限公司手册，最大行程 23m。其他电梯厂也有无机房电梯，具体工程设计时，应按供货电梯厂提供的技术参数。

2. "TTC" 为贯通门。

七、液压电梯

液压电梯是以液压力传动的垂直运输设备。液压电梯具有井道结构强度要求低、井道利用率高、提升载荷大、运行平稳、安全可靠、机房布置灵活等特点，常用于提升高度低于30m，速度低于 1.00m/s 的电梯，特别适合于一些旧楼增设电梯的场合。货梯、客梯、住宅梯和病床梯可采用液压电梯。

液压电梯在欧美的使用量很大，但是因其能耗高、泵站噪声大（采用浸油式泵站可以降低噪声）、运行状态易受油温影响、需处理油管安全与泄漏问题等，近来受到了无机房电梯的挑战。液压电梯的设置应满足下列要求：

（1）液压电梯的液压站、电控柜及其附属设备必须安装在同一专用房间里，该房间应有独立的门、墙、地面和顶板。与电梯无关的物品不得置于其内。

（2）液压机房宜靠近井道，有困难时，可布置在远离井道不大于8m的独立机房内。如果机房无法与井道毗邻，则用于驱动电梯轿厢的液压管路和电气线路都必须从预埋的管道或专门砌筑的槽穿过。对于不毗邻的机房和轿厢之间应设置永久性的通信设备。

（3）液压电梯机房尺寸不应小于 1900mm × 2100mm × 2000mm（宽×深×高），底坑深度不应小于 1.2m，顶层高度可按 3.10 ~ 3.70m 计，施工图设计应以实际选用的电梯为准。

（4）标准液压电梯型式与参数范围见表 5-3-21，具体工程设计按电梯厂提供的技术参数和土建条件确定。

表 5-3-21　标准液压电梯型式与参数范围

序　　号	型　　式	额定载重量/kg	额定速度/(m/s)	轿厢最大行程/m
1	单缸中心直顶式	630 ~ 5000	0.1 ~ 0.4	12
2	单缸侧置直顶式	400 ~ 630	0.1 ~ 0.63	7
3	双缸侧置直顶式	2000 ~ 5000	0.1 ~ 0.4	7
4	单缸侧置倍率式	400 ~ 1000	0.2 ~ 1.0	12
5	双缸侧置倍率式	2000 ~ 5000	0.2 ~ 0.4	12

注：本表摘自 JG 5071—1996《液压电梯》。

八、消防电梯的特殊要求

消防电梯是建筑物内具有耐火封闭结构、防烟前室和专用电源，在火灾时供消防队专用的电梯。为了节约投资，消防电梯在平时可兼做客梯或工作电梯。

（一）消防电梯的作用及设置要求

1. 消防电梯的作用　高层建筑发生火灾时，工作电梯常常因为断电和不防烟火等而停止使用，消防队员乘消防电梯登高灭火不但节省到达火灾层的时间，而且减少消防队员的体力消耗，在灭火战斗中，还能够及时向火灾现场输送灭火器材。抢救疏散受伤或老弱病残人员；避免消防人员与疏散逃生人员在疏散楼梯上形成"对撞"，因此，消防电梯在扑救火灾中占有很重要的地位。

2. 消防电梯的设置要求

（1）建筑高度大于 32m 的住宅建筑，其他一类、二类高层民用建筑应设置消防电梯。消防电梯应分别设在不同的防火分区内，且每个防火分区不应少于 1 台。符合消防电梯要求的客梯或工作电梯可兼作消防电梯。

（2）建筑高度大于32m且设置电梯的高层厂房或高层仓库，每个防火分区内宜设置1台消防电梯。符合消防电梯要求的客梯或货梯可兼作消防电梯。

符合下列条件的建筑可不设置消防电梯：

1）建筑高度大于32m且设置电梯，任一层工作平台人数不超过2人的高层塔架；

2）局部建筑高度大于32m，且局部高出部分的每层建筑面积不大于$50m^2$的丁、戊类厂房。

（3）建筑内设置的消防电梯，除下列情况外，应每层均能停靠：

1）地下、半地下建筑（室）层数小于等于3层且室内地面与室外出入口地坪高差小于10m；

2）跃层住宅的跃层部分；

3）住宅与其他使用功能上下组合建造，应分别考虑消防电梯的设置。

（二）消防电梯前室的防火设计要求

消防电梯必须设置前室，以利于防烟排烟和消防队员展开工作。前室的防火设计应考虑以下几方面：

1．前室位置　前室的位置宜靠外墙设置，这样可利用外墙上开设的窗户进行自然排烟，既满足消防需要，又能节约投资。在首层应设置直通室外的安全出口或经过长度不大于30m的通道通向室外。以便于消防人员迅速到达消防电梯入口，投入抢救工作。

2．前室面积　前室的使用面积不应小于$6m^2$。当消防电梯和防烟楼梯合用一个前室时，前室里人员交叉或停留较多，所以面积要增大，居住建筑不应小于$6m^2$，公共建筑、高层厂（库）房不应小于$10m^2$，而且前室的短边长度不宜小于2.5m。设置在仓库连廊、冷库穿堂或谷物筒仓工作塔内的消防电梯，可不设前室。

3．防烟排烟　前室内应设有机械排烟或自然排烟的设施，火灾时可将产生的大量烟雾在前室附近排掉，以保证消防队员顺利扑救火灾和抢救人员。

4．设置室内消火栓　消防电梯前室应设有消防竖管和消火栓。消防电梯是消防人员进入建筑内起火部位的主要进攻路线，为便于打开通道，发起进攻，前室应设置消火栓。宜在防火门下部设活动小门，以方便供水带穿过防火门，而不致使烟火进入前室内部。

5．前室的门　消防电梯前室与走道的门应至少采用乙级防火门，以形成一个独立安全的区域，消防电梯间前室及合用前室的门不应设置卷帘。

6．挡水设施　消防电梯前室门口宜设置挡水设施，如在电梯门口设高4~5cm的缓坡以阻挡灭火产生的水从此处进入电梯内。

（三）消防电梯井道、机房及轿厢的防火设计要求

1．梯井应独立设置　消防电梯的梯井应与其他竖向管井分开单独设置，不得将其他用途的电缆敷设在电梯井内，也不应在井壁开设孔洞。与相邻的电梯井、机房之间，应采用耐火等级不低于2h的隔墙分隔；在隔墙上开门时，应设甲级防火门。井内严禁敷设可燃气体和甲、乙、丙类液体管道。

2．电梯井的耐火能力　为了保证消防电梯在任何火灾情况下都能坚持工作，电梯井井壁必须有足够的耐火能力，其耐火等级不应低于2h。现浇钢筋混凝土结构耐火等级一般都在3h以上。

3. 容量　消防电梯轿厢的载重应考虑 8~10 名消防队员的重量，最低不应小于800kg，其净面积不应小于 $1.4m^2$。

4. 轿厢的装修　消防电梯轿厢的内部装修应采用不燃烧材料，内部的传呼按钮等也要有防火措施，确保不会因烟热影响而失去作用。

（四）消防电梯电气系统的防火设计要求

消防电源及电气系统是消防电梯正常运行的可靠保障，所以，电气系统的防火安全也是至关重要的一个环节。

1. 消防电源　消防电梯应有两路电源。除日常线路所提供的电源外，供给消防电梯的专用应急电源应采用专用供电回路，并设有明显标志，使之不受火灾断电影响，其线路敷设应当符合消防用电设备的配电线路规定。

2. 专用按钮　消防电梯应在首层设有供消防人员专用的操作按钮，这种装置是消防电梯特有的万能按钮，设置在消防电梯门旁的开锁装置内。消防人员一按此钮，消防电梯能迫降至首层或任一指定的楼层，同时，工作电梯停用落到首层，消防电源开始工作，排烟风机开启。

操作按钮一般用玻璃片保护，并在适当位置设有红色的"消防专用"等字样。

3. 功能转换　平时，消防电梯可作为工作电梯使用，火灾时转为消防电梯。其控制系统中应设置转换装置，以便火灾时能迅速改变使用条件，适应消防电梯的特殊要求。

4. 应急照明　消防电梯及其前室内应设置应急照明，以保证消防人员能够正常工作。

5. 专用电话　消防电梯轿厢内应设有专用电话和操纵按钮，以便消防队员在灭火救援中保持与外界的联系，也可以与消防控制中心直接联络。

（五）消防电梯防火设计的其他要求

1. 消防电梯的行驶速度　我国规定消防电梯的速度按从首层到顶层的运行时间不超过60s 来计算确定，例如，高度在 60m 左右的建筑，宜选用速度为1m/s 的消防电梯；高度在90m 左右的建筑，宜选用速度为 1.5m/s 的消防电梯。

2. 井底排水设施　消防电梯井底应设排水口和排水设施。如果消防电梯不到地下层，可以直接将井底的水排到室外，为防止雨季水倒灌，应在排水管外墙位置设置单流阀。如果不能直接排到室外，可在井底下部或旁边开设一个不小于 $2m^3$ 的水池，用排水量不小于10L/s 的水泵将水池的水抽向室外。

3. 动力与控制电缆、电线控制面板应采取防水措施。

九、常用建筑电梯设置规范

（1）电梯设置基本规定（表 5-3-22）

表 5-3-22　电梯设置基本规定

规范名称	规范对电梯的要求
GB 50352—2005《民用建筑设计通则》	6.8.1　电梯设置应符合下列规定： 1. 电梯不得计作安全出口 2. 以电梯为主要垂直交通的高层公共建筑和12 层及 12 层以上的高层住宅，每栋楼设置电梯的台数不应少于2 台 3. 建筑物每个服务区单侧排列的电梯不宜超过 4 台，双侧排列的电梯不宜超过 2×4 台；电梯不应在转角处贴邻布置 4. 电梯候梯厅的深度应符合表 6.8.1 的规定，并不得小于 1.50m

（续）

规 范 名 称	规范对电梯的要求

表 6.8.1　候梯厅深度

电梯类别	布置方式	候梯厅深度
住宅电梯	单台	≥B
	多台单侧排列	≥B*
	多台双侧排列	≥相对电梯 B* 之和并 <3.50m
公共建筑电梯	单台	≥1.5B
	多台单侧排列	≥1.5B*，当电梯群为 4 台时应≥2.40m
	多台双侧排列	≥相对电梯 B* 之和并 <4.50m
病床电梯	单台	≥1.5B
	多台单侧排列	≥1.5B*
	多台双侧排列	≥相对电梯 B* 之和

注：B 为轿厢深度，B* 为电梯群中最大轿厢深度。

GB 50352—2005《民用建筑设计通则》

5. 电梯井道和机房不宜与有安静要求的用房贴邻布置，否则应采取隔振、隔声措施

6. 机房应为专用的房间，其围护结构应保温隔热，室内应有良好通风、防尘，宜有自然采光，不得将机房顶板作水箱底板及在机房内直接穿越水管或蒸汽管

7. 消防电梯的布置应符合防火规范的有关规定

JGJ 50—2001、J 114—2001《城市与道路无障碍设计规范》

7.7　电梯与升降平台

7.7.1　在公共建筑中配备电梯时，必须设无障碍电梯

7.7.2　候梯厅的无障碍设施与设计要求应符合表 7.7.2 的规定

表 7.7.2　候梯厅无障碍设施与设计要求

设施类别	设计要求
深度	候梯厅深度大于或等于 1.80m
按钮	高度 0.90~1.10m
电梯门洞	净宽度大于或等于 0.90m
显示与音响	清晰显示轿厢上、下运行方向和层数位置及电梯抵达音响
标志	1. 每层电梯口应安装楼层标志 2. 电梯口应设提示盲道

7.7.3　残疾人使用的电梯轿厢无障碍设施与设计要求应符合表 7.7.3 的规定

表 7.7.3　电梯轿厢无障碍设施与设计要求

设施类别	设计要求
电梯门	开启净宽度大于或等于 0.80m
面积	1. 轿厢深度大于或等于 1.40m 2. 轿厢宽度大于或等于 1.10m
扶手	轿厢正面和侧面应设高 0.80~0.85m 的扶手
选层按钮	轿厢侧面应设高 0.90~1.10m 带盲文的选层按钮
镜子	轿厢正面高 0.90m 处至顶部应安装镜子
显示与音响	轿厢上、下运行及到达应有清晰显示和报层音响

（续）

规 范 名 称	规范对电梯的要求
JGJ 50—2001、J 114—2001《城市与道路无障碍设计规范》	7.7.4　只设有人、货两用电梯时，应为残疾人、老年人提供服务 7.7.5　供乘轮椅者使用的升降平台应符合下列规定： 1. 建筑入口、大厅、通道等地面高差处，进行无障碍建设或改造有困难时，应选用升降平台取代轮椅坡道 2. 升降平台的面积不应小于 1.20m×0.90m，平台应设扶手或挡板及启动按钮

（2）各类建筑规范对电梯的设置要求（表 5-3-23）

表 5-3-23　各类建筑规范对电梯的设置要求

建筑类别	应设电梯建筑层数或高度		其　他
	建 筑 层 数	建 筑 高 度	
住宅	7 层及7 层以上	住宅或住户入口层楼面距室外设计地面的高度超过 16m 以上	电梯不应与卧室、起居室紧邻布置。受条件限制需要紧邻布置时，必须采取有效的隔声和减振措施。12 层及 12 层以上的住宅应设置消防电梯
宿舍	7 层及7 层以上	居室最高入口层楼面距室外设计地面的高度大于 21m	居室不应与电梯、设备机房紧邻布置
老年人居住建筑	老年人居住建筑宜设置电梯。三层及三层以上设老年人居住及活动空间的建筑应设置电梯，并应每层设站		（1）电梯配置中，应符合下列条件： ① 轿厢尺寸应可容纳担架 ② 厅门和轿门宽度应不小于 0.80m；对额定载重量大的电梯，宜选宽度 0.90m 的厅门和轿门 ③ 候梯厅的深度不应小于 1.60m，呼梯按钮高度为 0.90～1.10m ④ 操作按钮和报警装置应安装在轿厢侧壁易于识别和触及处，宜横向布置，距地高度 0.90～1.20m，距前壁、后壁不得小于 0.40m。有条件时，可在轿厢两侧壁上都安装 （2）电梯额定速度宜选 0.63～1.0m/s；轿门开关时间应较长；应设置关门保护装置 （3）轿厢内两侧壁上安装扶手，距地高度 0.80～0.85m；后壁上设镜子；轿门宜设窥视窗；地面材料应防滑 （4）各种按钮和位置指示器数字应明显，宜配置轿厢报站钟 （5）呼梯按钮的颜色应与周围墙壁颜色有明显区别；不应设防水地坎；基站候梯厅应设座椅，其他层站有条件时也可设置座椅 （6）轿厢内宜配置对讲机或电话，有条件时可设置电视监控系统
饮食建筑	位于三层及三层以上的一级餐馆与饮食店和四层及四层以上的其他各级餐馆与饮食店均宜设置乘客电梯		

（续）

建筑类别	应设电梯建筑层数或高度		其　　他
	建筑层数	建筑高度	
老年人建筑	4层及4层以上应设电梯 电梯速度宜选用慢速度，梯门宜采用慢关闭，并内装电视监控系统		设电梯的老年人建筑，电梯厅及轿厢尺度必须保证轮椅和急救担架进出方便，轿厢沿周边离地0.90m和0.65m高处设介助安全扶手
综合医院	4层及4层以上门诊、病房楼应设，且不少于2台，病房楼高度超过24m，应设污物梯		供病人使用的电梯和污物梯，应采用病床梯。电梯井道不得与主要用房贴邻
疗养院	疗养院建筑不宜超过4层，若超过4层应设置电梯		
旅馆	一、二级旅馆建筑3层及3层以上，三级旅馆建筑4层及4层以上，四级旅馆建筑6层及6层以上，五、六级旅馆建筑7层及7层以上，应设乘客电梯		（1）乘客电梯的台数应通过设计和计算确定 （2）主要乘客电梯位置应在门厅易于看到且较为便捷的地方 （3）客房服务电梯应根据旅馆建筑等级和实际需要设置，五、六级旅馆建筑可与乘客电梯合用
办公	5层及5层以上办公建筑应设电梯。电梯数量应满足使用要求，按办公建筑面积每5000m^{2}至少设置1台 超高层办公建筑的乘客电梯应分层分区停靠。设有电梯的办公建筑，应至少有一台电梯通至地下汽车库		楼梯、电梯厅宜与门厅邻近，并应满足防火疏散的要求；垃圾收集间宜靠近服务电梯间；电梯载重量建议选择1000kg和大于1000kg，因办公建筑上下班人流较为集中，大容量电梯能较好解决这个问题。电梯速度建议采用1.60m/s以上，大型高层或超高层办公建筑应采用中速或高速电梯
商店	大型商店营业部分层数为4层及4层以上时，宜设乘客电梯或自动扶梯		商店的多层仓库可按规模设置载货电梯或电动提升机、输送机
文化馆	5层及5层以上设有群众活动、学习辅导用房的文化馆建筑应设置电梯		
图书馆	图书馆的4层及4层以上设有阅览室时，宜设乘客电梯或客货两用电梯 电梯井道及产生噪声的设备机房，不宜与阅览室毗邻。并应采取消声、隔声及减振措施，减少其对整个馆区的影响		为馆内垂直运书，应设电动书梯或客货两用电梯，条件不具备者，也应设机械或半机械化的书斗或提升装置。4层及4层以上的提升设备宜不少于两台（载重不于100kg）；6层及6层以上的书库应设置专用电梯（载重500kg以上）。在书梯设备订购时，应要求增设层面显示
档案馆	查阅档案、档案业务和技术用房设计为4层及4层以上时，应设电梯。超过两层的档案库应设垂直运输设备		供垂直运输档案、资料的电梯，其位置应临近档案库，但应在防火门外
博物馆	大、中型馆内2层或2层以上的陈列室宜设置货客两用电梯；2层或2层以上的藏品库房应设置载货电梯		藏品库区的电梯和安全疏散楼梯应设在每层藏品库房的总门之外
汽车库	3层以上的多层汽车库或2层以下地下汽车库应设置供载人电梯		

第四节　自动扶梯和自动人行道

一、自动扶梯和自动人行道的概念、组成和工作原理（图5-4-1）

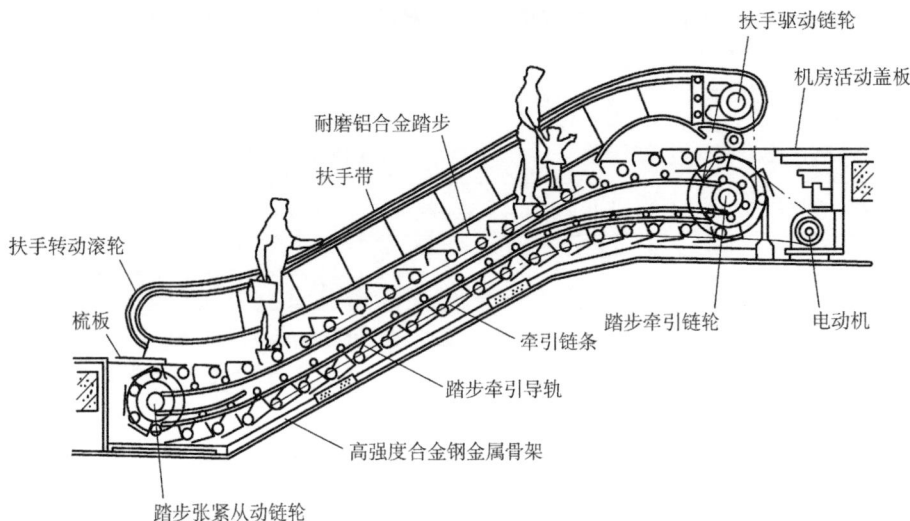

图 5-4-1　自动扶梯示意图

（一）自动扶梯和自动人行道的概念

自动扶梯是带有循环运行梯级，用于向上或向下倾斜输送乘客的固定电力驱动设备。自动人行道是带有循环运行（板式或带式）走道，用于水平或倾斜角不大于12°输送乘客的固定电力驱动设备。

（二）自动扶梯和自动人行道的组成和工作原理

自动扶梯由梯路（变型的板式输送机）和两旁的扶手（变形的带式输送机）组成。其主要部件有梯级、牵引链条及链轮、导轨系统、主传动系统（包括电动机、减速装置、制动器及中间传动环节等）、驱动主轴、梯路张紧装置、扶手系统、梳板、扶梯骨架和电气系统等。梯级在乘客入口处做水平运动（方便乘客登梯），以后逐渐形成阶梯；在接近出口处阶梯逐渐消失，梯级再度做水平运动。这些运动都是由梯级主轮、辅轮分别沿不同的梯级导轨行走来实现的。

在输送乘客上，自动人行道和自动扶梯有许多相似之处，都是连续性的输送工具。但是也有不同：自动扶梯是以梯级组成的梯式台阶输送乘客；而自动人行道则以由梯板组成的平坦路面输送乘客。

二、自动扶梯的分类

自动扶梯没有严格的分类方法。从使用功能上，自动扶梯可分为苗条型、普通型、公共交通型（见表5-4-1）、多功能型等类型，近年来还出现了多级驱动和倾斜部高速的自动扶梯、螺旋形自动扶梯、设有大型轮椅用梯级的自动扶梯等。从自动扶梯的装饰上，分为透明无支撑、全透明有支撑、半透明或不透明有支撑等，护壁板采用平板全透明玻璃制作的自动扶梯占绝大多数。不透明式护壁板主要用于地铁、车站、码头等人流集中且高度较大的自动扶梯。

自动扶梯按梯级驱动方式可以分为链条式和齿条式。链条式驱动梯级的元件为链条，也称为端部驱动的自动扶梯；齿条式驱动梯级的元件为齿条，也称为中间驱动的自动扶梯。由于链条驱动式结构简单，制造成本较低，所以目前大多数自动扶梯均采用链条驱动式结构。

表 5-4-1　公共交通型自动扶梯和自动人行道与普通型自动扶梯和自动人行道的区别
根据 GB16899—1997《自动扶梯和自动人行道的制造与安装安全规范》

序号	结构单元	规范条款	要　　求	说　　明
1	工作条件	3.9	a）属于一个公共交通系统的组成部分，包括出口和入口 b）适应每周运行时间约 140h，且在任何 3h 的间隔内，持续重载时间不少于 0.5h，其载荷应达到 100% 的制动载荷	对普通型自动扶梯没有规定
2	桁架挠度	5.3	对于公共交通型自动扶梯和自动人行道，根据乘客载荷计算或实测的最大挠度不应超过支承距离 l_1 的 1/1000	普通型自动扶梯挠度要求不超过支承距离 l_1 的 1/750
3	水平段长度	附录 D 的 D1（对应 10.1.3）	额定速度大于 0.65m/s 的公共交通型自动扶梯，建议在其出入口处自动扶梯梯级的导向行程段，即梯级的前缘离开梳齿和梯级的后缘进入梳齿，至少应有一段 1.6m 的水平移动距离	普通型自动扶梯水平移动段要求不少于 0.8m；如额定速度大于 0.50m/s 或提升高度大于 6m，水平移动段则为 1.2m
4	导轨转弯半径	附录 D 的 D2（对应 10.1.4）	额定速度大于 0.65m/s 的公共交通型自动扶梯，建议从倾斜区段到上水平区段过渡的最小曲率半径增至 2.6m，从倾斜段至下水平区段过渡的最小曲率半径增至 2.0m	对普通型自动扶梯当 $v \leqslant$ 0.50m/s 时，不小于 1.0m，$v >$ 0.50m/s 时，不小于 1.5m
5	扶手带断带监控	7.8	如果制造厂商没有提供扶手带的破断载荷至少为 25kN 的证明，则应提供能使自动扶梯或自动人行道在扶手带断带时停止运行的装置	普通型自动扶梯没有要求

不符合上述公共交通型自动扶梯和自动人行道使用条件的自动扶梯和自动人行道即为普通型自动扶梯和自动人行道。通常在人流集中的地铁、车站、机场、码头所使用的自动扶梯和自动人行道应选用公共交通型的自动扶梯；而商店、大厦等则可选用普通型的。但由于我国商场或一般性建筑配置的自动扶梯或自动人行道数量通常偏少，因此建议设计时对于某些人流量相对较大的商场或大厦使用公共交通型的自动扶梯或自动人行道。

三、自动扶梯和自动人行道的土建布置方法

（一）自动扶梯的特点和使用场所

自动扶梯广泛地应用在商场、银行、车站、码头、机场、地铁、天桥及写字楼等公共场所中。它占地面积小、管理费用低，是今后要大力发展的输送设备。保证安全和提高输送效率是对设置的自动扶梯的两大基本要求。

与电梯相比，自动扶梯的输送能力是电梯的十几倍；自动扶梯适于在短距离内输送大量乘客；而电梯适于在长距离内输送有限数量的乘客。采用电梯输送的特点，往往是在垂直方向上和在一个周期内一次完成；采用扶梯输送，是采用分段形式，逐级将乘客送达目的地。

扶梯输送速度一般较小，一般为 0.5m/s；电梯输送速度比扶梯要大，一般为 1～5m/s，或更大。

自动扶梯是大型商场中的主要交通工具。一般来说，乘坐电梯和扶梯的人数，是进入商店顾客总人数的 80%～90%，而乘坐电梯和扶梯人数中的 80%～90% 是乘坐扶梯的人数。由此可见大型商场中的输送，是以扶梯为主，电梯为辅。具体说来，使用自动扶梯有下面八个特点：

（1）可以非常经济地使用大型商场内的有效场所。

（2）既能及时解决大型商场内出现的运行高峰问题，又能分散售货区内的乘客密度。

（3）在楼层与楼层之间可连续输送乘客。

（4）可以不用专门司机，减少管理费用。

（5）乘客没有候梯时间，可以直接登梯。

（6）占用面积小，只有同样输送能力的电梯的 1/4～1/5。

（7）具有通过改变扶梯的升降方向，来调节和缓和顾客的拥挤程度的功能。自动扶梯可正、逆方向运行，停机时可当做临时楼梯行走，但不能计为安全疏散口。

（8）设置扶梯具有促进顾客购买力的作用，因为顾客在乘坐扶梯时，可以看到各楼区的售货区，引起乘客的购货欲望。

（9）自动扶梯的行驶速度缓慢是一个不足，并且自动扶梯对于那些年老体弱及携带大件物品者也是不方便的，因此在公共建筑中，在安装自动扶梯的同时，仍需考虑装设电梯或一般性楼梯，作为辅助垂直交通工具。

（二）自动扶梯和自动人行道的位置布置原则和设计的基本要求

（1）自动扶梯和自动人行道的位置设置应遵循以下原则：

1）应设置在商业建筑内显眼的位置，乘客很容易发现，宜设在靠近入口处，避免设置在建筑物的角落。

2）设置方向宜与人流动方向一致，也就是与主通道的方向一致，尽量避免交叉交错，容易造成人员碰撞。

3）自动扶梯的设置位置宜在建筑物的中心，有利于乘客的疏导；在考虑设置位置时，要充分考虑乘客搭乘舒适度，自动扶梯的服务半径不宜超过 50m。

4）在大型商场内设置扶梯，要尽量避免占用售货区面积。布置和安装驱动和控制装置的机房时，要尽可能少占空间。

5）自动扶梯及自动人行道不应计作建筑物疏散安全出口。

6）自动扶梯使上下层空间连通，如果上下层分属不同的防火分区，应采用防火卷帘等隔绝措施。设置自动扶梯的开敞空间应按防火规范要求加强防火措施。机房、楼板底和机械传动部分除留设检修孔和通风口外，均应以不燃烧材料包覆。

（2）自动扶梯和自动人行道设计的基本要求：

1）运行平稳无噪声。

2）节能。

3）造型美观，增添美感。

4）在地铁、车站等处设置自动扶梯时，要注意自动扶梯的坚固性。自动扶梯的机房悬挂在楼板下面，楼层下做装饰外壳，底层则做地坑。机房上方的自动扶梯口处应做活动地板，以利检修，地坑应做防水处理。

5）要有各种完备的安全设施。

6）要考虑到有利于老年人和儿童的乘坐。

7）减小建筑物梁上由于设置自动扶梯而增加的荷载，设计时尽量减小包括自动扶梯在内的整体重量。

8）容易维修和保养，便于注油润滑。

9）在人员进出相对不太集中的场所宜配置带光电感应装置或采用 VVVF 运行的自动扶梯、自动人行道，以节约能源。上述的自动扶梯、自动人行道，重载时全速运行，轻载时低速运行，无人时延时停梯。

10）露天设置的自动扶梯，应选用室外型或半室外型自动扶梯。

（3）扶梯的排列：自动扶梯宜上下成对布置，宜采用使上行或下行者能连续到达各层，即在各层换梯时，不需沿梯绕行，以方便使用者，并减少人流拥挤现象。

自动扶梯的几种布置形式见表 5-4-2。

表 5-4-2　自动扶梯的布置形式

1）单台交叉排列和双台交叉排列	
	楼层交通乘客流动可以连续，升降两方向交通均分离清楚，外观豪华，但安装面积大。适用于较小型商场中三个楼层之间的运行
2）单台平行排列和双台平行排列	
	楼层交通乘客流动不是连续的，但是安装面积小，当两台以上扶梯组合可以节省部分侧挡板 这种排列方式虽然对乘客来说，需要在楼层内走一段行程才能通过下一部自动扶梯上下楼层，层间运输不连续。但对于商家来说，可以让顾客欣赏到更多的商品展示
3）单台连贯排列和多台连贯排列	

（续）

3）单台连贯排列和多台连贯排列	楼层交通乘客流动可以连续，但是安装面积大，且每层都会有许多三角空间浪费。这种布置方式一般用在有空间条件，人流大，提升高度大的场所，可以分段运行
4）双台集中交叉排列，也称交叉连续排列	
	乘客流动升降两方向均为连续，且搭乘场地远离，升降流动不会发生混乱。安装面积小 　这种布置方式相对于双台交叉排列节约了建筑的空间，缺点是顾客在乘坐自动扶梯时，对商场内部分位置的视野不佳。该种排列目前在一些较大的商场中应用比较多。现在也越来越多地用在政府机关和公共场所，它可以减少主楼层之间的运行时间

　　商业建筑中，选择单台平行排列和双台平行排列与双台集中交叉排列这两种排列配置方式比较多。但如果选择单台排列方式的自动扶梯，应该在附近设置相配的楼梯。

　　（三）自动扶梯和自动人行道的土建结构要求

　　（1）每台自动扶梯或自动人行道的进出口通道宽度必须大于自动扶梯或自动人行道的宽度，进出口通道的净深必须大于2.5m，当通道的宽度大于自动扶梯或自动人行道宽度的2倍时，则通道的净深可缩小到2m。

　　（2）自动扶梯的梯级或自动人行道的踏板或胶带上空垂直净高度不应小于2.3m。

　　（3）自动扶梯或自动人行道的进出口通道必须设防护栏杆或防护板，其高度≥1.3m，并能防止儿童钻爬。

　　（4）自动扶梯和自动人行道扶手带中心与建筑结构的任何部位或扶梯之间的水平距离不应小于0.5m。当不能满足上述距离时，应在交叉处设置符合标准的警示牌，例如一个无锐利边缘高度不小于0.3m的无孔三角板。

　　（5）自动扶梯或自动人行道相互之间的间隙大于0.2m时，应设防坠落安全设施。

　　（6）自动扶梯或自动人行道进出口通道必须有照明，地面的光照度不低于15Lx。

　　（7）安装时，在自动扶梯或自动人行道的上方适当位置应预留或现场钻制吊装孔，安装应有足够的场地和运输通道。

　　（8）任何建筑结构和防护结构均不得作用于自动扶梯或自动人行道上。

　　（9）自动扶梯或自动人行道桁架的外装修必须用无孔的防火材料，装修重量最大为20kg/m^2。

　　（10）自动人行道地沟排水应符合下列规定：

　　1）室内自动人行道按有无集水可能而设置。

　　2）室外自动扶梯无论全露天或在雨篷下，其地沟均需全长设置下水排放系统。

　　（11）自动扶梯和自动人行道栏板应平整、光滑、无突出物。

　　（12）自动扶梯或自动人行道在露天运行时，宜加顶棚和围护。

四、自动扶梯的参数

（一）自动扶梯常用参数或构件定义（表5-4-3）

表5-4-3　自动扶梯常用参数或构件定义

参数或构件名称	定　义
倾斜角	梯级、踏板或胶带运行方向与水平面构成的最大角度
提升高度	自动扶梯进出口两楼层板之间的垂直距离
额定速度	自动扶梯或自动人行道的梯级、踏板或胶带在空载情况下的运行速度，也是由制造厂商所设计确定并实际运行的速度 自动扶梯的额定速度不应超过： 自动扶梯的倾斜角 $\alpha \leqslant 30°$ 时，为 0.75m/s 自动扶梯的倾斜角 $30° < \alpha \leqslant 35°$ 时，为 0.50m/s 自动人行道的额定速度不应超过 0.75m/s。当踏板或胶带的宽度不超过 1.1m 时，自动人行道的额定速度最大允许达到 0.9m/s
理论输送能力	自动扶梯或自动人行道每小时内理论上能够输送的人数
扶手带	位于扶手装置的顶面，与梯级踏板或胶带同步运行，供乘客扶握的带状部件
护壁板，护栏板	在扶手带下方，装在内侧盖板与外侧盖板之间的装饰护板
围裙板	与梯级、踏板或胶带两侧相邻的金属围板
桁架，机架	架设在建筑结构上，供支撑梯级、踏板、胶带以及运行机构等部件的金属结构件
中心支承，中间支承，第三支承	在自动扶梯两端支承之间，设置在桁架底部的支撑物
梯级	在自动扶梯桁架上循环运行，供乘客站立的部件。梯级高度不应超过 0.24m，梯级深度至少应为 0.38m；梯阶宽度不应小于 0.58m，且不超过 1.1m 踏板 踢板　主轮 辅轮 梯级踏步 梯级踢板 $x_1 \leqslant 0.24$；$y_1 \geqslant 0.38$；z_1 为 0.58 ~ 1.10 梯级结构　　梯级主要尺寸
梯级踏板	带有与运行方向相同齿槽的梯级水平部分
梯级踢板	带有齿槽的梯级垂直部分
梳齿板	位于两端出入口处，为方便乘客的过渡并与梯级、踏板或胶带啮合的部件
楼层板	设置在自动扶梯或自动人行道出入口，与梳齿板连接的金属板
公共交通型自动扶梯或自动人行道	适用在下列工作条件下运行的自动扶梯或自动人行道： a）属于一个公共交通系统的组成部分，包括出口和入口处 b）适应每周运行时间约 140h，且在任何 3h 的间隔内，持续载重时间不少于 0.5h，其荷载应达 100% 的制动荷载

（二）自动扶梯参数选用要点：

（1）提升高度 H

提升高度是指使用自动扶梯的建筑物上、下楼层间或地铁地面与地下站厅间的高度。自动扶梯按提升高度分类可分为：

1）小提升高度自动扶梯：提升高度 3~10m。

2）中提升高度的自动扶梯：提升高度 10~45m。

3）大提升高度的自动扶梯：提升高度 45~65m。

对于倾斜角为35°的自动扶梯，其提升高度不应超过6m。

（2）额定速度 v

自动扶梯在空载情况下的运行速度，是制造厂商所设计确定并实际运行的速度。

自动扶梯倾斜角 α 小于30°时，其额定速度不应超过 0.75m/s，通常为 0.5m/s、0.65 m/s 和 0.75 m/s；自动扶梯倾斜角 α 大于30°，但不大于35°时，其额定速度不应超过 0.5m/s。

（3）倾斜角 α

倾斜角 α 为梯级运行方向与水平面构成的角度，通常自动扶梯的倾斜角为30°和35°两种。自动扶梯的倾斜角 α 不应超过30°，当提升高度不超过6m，额定速度不超过 0.50m/s 时，倾斜角 α 允许增至35°。自动人行道的倾斜角不应超过12°。

一般有27.3°、30°、35°三种倾斜度可供选择。在相同提升高度的情况下，27.3°的扶梯所需空间比30°的扶梯大，而30°则比35°的大。

35°的扶梯是最经济的方案，除占空间小以外，其制造成本也最低，但其提升高度不应超过6m，这种扶梯多用于商场中。30°的扶梯广泛用于公共场合，在空间有限时，也可以采用35°的扶梯。

如果在扶梯与楼梯联合使用的固定楼梯间中，为了与标准踏步相符，就需要使用27.3°的扶梯，但这种型式只在特殊需要时才提供。

（4）梯阶宽度

自动扶梯和自动人行道的名义宽度 z_1 不应小于 0.58m，且不超过 1.1m。对于倾斜角不大于6°的自动人行道，允许有较大的宽度。

常用的梯阶宽度有 600mm，800mm，1000mm 三种，在小商场中选用的最小梯阶宽度为 800mm，大商场中则采用梯阶宽 1000mm。在乘客经常手提物品的客流高峰地区，很明显要选用梯阶宽 1000mm 的扶梯。

选用梯阶宽度时应考虑自动扶梯的实际运送能力。实际使用自动扶梯时，即使乘客相当拥挤，由于乘客的自身情况各异，并不能保证每个梯级上都能站满理论的乘客人数。比如 800mm 梯级宽度的电梯，理论上可以站立 1.5 个乘客，但实际上绝大多数情况都是站立 1 个乘客。另外，自动扶梯在不停地连续运转，并不能保证每位乘客都能准确站立在每个梯级上。因此实际运送能力与理论运送能力有很大差距，据相关文献的研究统计，600mm 与 1000mm 梯级宽度的自动扶梯实际输送能力约为理论输送能力的 70%，而 800mm 梯级宽度的自动扶梯实际输送能力约为理论输送能力的 60%。

为了避免局部交通堵塞，在连续使用扶梯时，各扶梯的宽度原则上应相同，作为例外，只有在客流量逐渐减少的情况下，后续的扶梯梯阶宽度可以减小。

（5）扶梯水平运输段

水平运输段是指驶入梯阶的前部或驶出梯阶的后部水平运行的距离。这个距离在 EN 115 标准中有明确的定义，距离的确定则是根据扶梯的运行速度和垂直提升高度。

按照水平运输段的长度，我们把扶梯分为三种，见表 5-4-4。

表 5-4-4 扶梯的三种类型

"K 型" =2 个水平梯阶，水平段为 800mm 按 EN 115 规定两梯阶高度误差在 4mm 以内	
"M 型" =3 个水平梯阶 水平段为 1200mm	
"L 型" =4 个水平梯阶 水平段为 1600mm	

根据 EN 115 的规定，当垂直提升高度大于 6m，或速度大于 0.5m/s 时，水平运输段不小于 M 型。

（6）自动扶梯理论输送能力

理论输送能力 c_t 的计算式为：　$c_t = v/0.4 \times 3600 \times k$

式中　c_t——理论输送能力，人/h；

　　　　v——额定速度，m/s；

　　　　k——系数。

系数 k 与自动扶梯的梯级宽度有关，国内自动扶梯的规格按照梯级宽度一般有 600mm、800mm、1000mm 三种规格，相对应的 k 取值为 1、1.5、2。k 的含义就是在 600mm 梯级理论上可以站立 1 人，800mm 梯级上可以站立 1.5 人，1000mm 梯级上可以站立 2 人。国内自动扶梯额定速度一般有 0.5m/s、0.65m/s、0.75m/s 三种，其理论输送能力见表 5-4-5。

表 5-4-5　自动扶梯的理论输送能力

名义宽度/m	额定速度/（m/s）		
	0.5	0.65	0.75
0.6	4500 人/h	5850 人/h	6750 人/h
0.8	6750 人/h	8775 人/h	10125 人/h
1.0	9000 人/h	11700 人/h	13500 人/h

注：本表摘自 GB16899—1997《自动扶梯和自动人行道的制造与安装安全规范》。

（三）自动扶梯示例

图 5-4-2 为提升高度 ≤6m，倾斜角 α 为 35°，交叉布置的两部自动扶梯的大样图。应注意，不同规格、不同生产厂家的土建要求有差别，设计时应以厂家的样本或技术要求为准。

五、自动人行道的参数（表 5-4-6）

（一）自动人行道的特点和种类

（1）自动人行道的特点　在输送乘客上，自动人行道和自动扶梯有许多相似之处，都是连续性的输送工具。但是也有不同：自动扶梯是以梯级台阶输送乘客；而自动人行道则以由梯板组成的平坦路面输送乘客。自动人行道广泛地用在机场、码头、地铁、办公大楼、比赛场馆、大型超市、大型购物中心等公共建筑中。

由于大城市人口密度的增大，各国都在投入力量开发城市近郊，发展近郊铁路、地铁和高架轻轨时，城市中心区的交通网络变得复杂起来。人们为了上班和休闲，需要在各车站或各要道之间步行一段距离，在高楼、机场、停车场等处，也要步行一段距离。要较快地穿行这些必不可少的路段，势必使人感到疲劳。在这种背景下，自动人行道得到越来越广泛的应用。

（2）自动人行道的种类　自动人行道的种类有踏板式、胶带式、普通的水平型、倾斜型、公共交通型、苗条型，还有加速式、变速式等。

目前，在大型机场、楼宇之间长距离输送人流的单速自动人行道，输送距离长，跨度大（通常在 100m 以上），速度低（通常不超过 0.75m/s），输送效率不高。现在国外已有变速自动人行道，主要有两种类型：①一种是具有加速功能的直线平带型自动人行道，这种变速人行道在入口端由几段速度递增和在出口端由几段速度递减的短区段，再加上中间长距离的高速段组成，其入口和出口端速度为 0.6m/s，中间高速段速度 1.2m/s 时，输送距离可达 120m；而中间高速段速度为 1.8m/s 时，输送距离可达 200m，该型自动人行道已投入机场

A	1000	800	600
B	1237	1037	837
C	1590	1390	1190
D	1700	1500	1300
E	1560	1360	1160

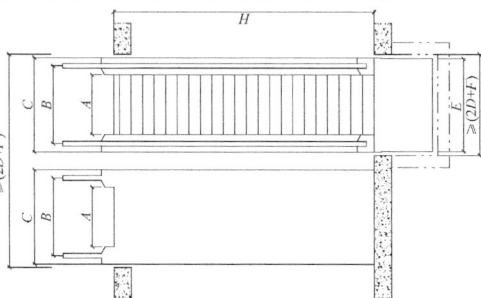

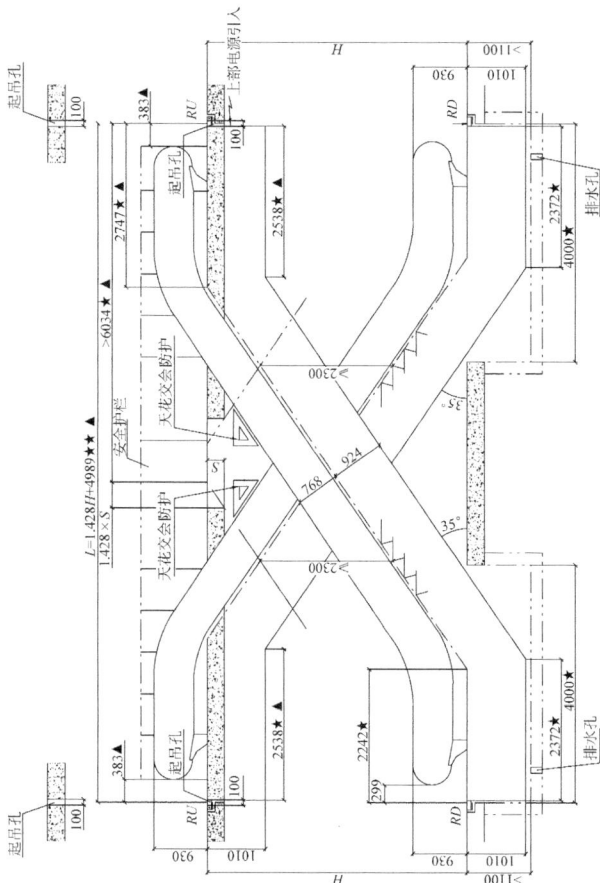

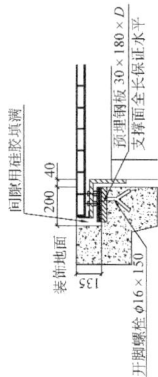

	技 术 参 数	
用　途	自动扶梯	
扶梯型号	STAR	
梯级宽度	A=1	1mm
平梯级数	2级平梯	
速　度	0.5m/s	
倾斜角度	35°	
提升高度	H=1	1mm
水平跨度	L=1	1mm
曳引机	16VEC	
电动机功率		kw
动力电源	380V 三相五线制 50Hz	
照明及信号电源	220V 50Hz	
支反力(kN)	H≤6000(2个支撑点) L:单位 m	
	梯级宽	
	1000	RU= 5.35L+13 RD= 45.35L+5
	800	RU= 4.68L+15 RD= 4.68L+9
	600	RU= 4L+18 RD= 4L+12

业主和土建承包商应完成的工作

1. 本图适用提升高度H≤6m，允许偏差-15mm~+15mm；水平跨度L允许偏差0~+15mm。
2. ★3级平梯加400mm。（图中为2级平梯）
3. ★3级平梯加800mm。（图中为2级平梯）
4. ▲梯级宽度为600mm时加500mm。
5. 扶梯安装之前，所有洞必须设置安全防护措施，并应保证有足够的强度。
6. 底坑向应防水。积水应引入排水沟。
7. 根据技术参数表中的要求，把电源拉到制机房并装好保护用的开关，电源零线和接地线应分开，电源波动范围不应超过±1%。电源零线和接地线应分开，为确保梯所变反力，且地电阻值不大于4Ω。
8. 图中标明的所有载荷，为确保梯所变反力，需各厂家技术认可方可鉴价。
9. 用户如有特殊要求，需另行鉴约。

图 5-4-2　自动扶梯示例图

运营。②第二种是速度可变的自动人行道，能在 150～1000m 行程内输送乘客，是速度循环变化的自动人行道，其在进口处速度较慢，然后在一定长度内逐渐加速到最大，最后在出口处减速，最大速度 100m/min，是进出口速度 40m/min 的 2.5 倍。这种自动人行道是一种能够承载高密集的人群，具有较强输送能力以及覆盖较长的运送距离的行走支持系统。

（二）自动人行道参数选用要点

1）输送长度 L

输送长度是指自动人行道入口至出口的有效长度（踏板面长度）。自动人行道的输送长度在水平或微斜时可至 500m。输送速度一般为 0.5m/s，最高不超过 0.75m/s。使用区段长度超过 40m 的自动人行道，应增设附加急停装置。

2）名义宽度 $Z1$

名义宽度是指踏板或胶带宽度的公称尺寸，自动人行道的名义宽度不应小于 580mm，且不超过 1100mm，对于倾斜角不大于 6°的自动人行道，允许有较大的宽度。

3）额定速度 v

自动人行道的踏板或胶带在空载情况下的运行速度，是由制造厂商所设计确定并实际运行的速度。

自动人行道的额定速度不应超过 0.75m/s。如果自动人行道的踏板或胶带的宽度不超过 1.1m，自动人行道的额定速度最大允许达到 0.9m/s。

4）倾斜角 α

踏板或胶带运行方向与水平面构成的角度。自动人行道分水平型和倾斜型两种。倾斜自动人行道最大倾斜角度为 12°，大于 12°的自动人行道不适合运送乘客。当自动人行道小于 6°时，可采用与水平自动人行道相同构造的步道设施。

5）理论输送能力 Ct

自动人行道每小时理论输送的人数参见表 5-4-6，其计算公式与理论输送能力与自动扶梯相同。

表 5-4-6　自动人行道主要技术参数

	速度	倾斜角度	踏板宽度/mm	水平运行踏板/mm
提升高度不受标准限制	$V \leqslant 0.75\text{m/s}$	0°～6°	800、1000（常用）、1200、1400	不需要
	$0.75 < V \leqslant 0.9\text{m/s}$	10°～12°	800、1000（常用）、	顶部 400
		最大 12°	800、1000（常用）、	顶部和底部均为 1600，踏板宽度≤1100

（三）自动人行道示例

图 5-4-3 为提升高度 2.5～6m，平行布置的两部自动人行道的大样图。应注意，不同规格、不同生产厂家的土建要求有差别，设计时应以厂家的样本或技术要求为准。

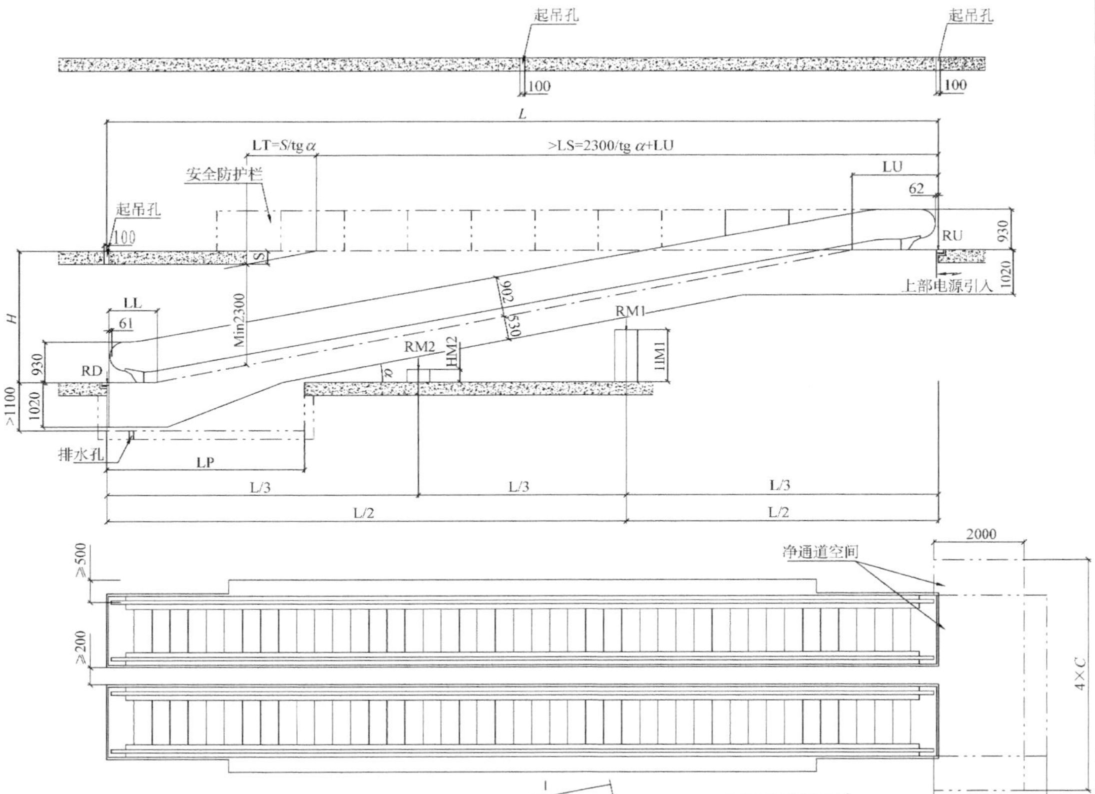

规格(A)	B	C	D	E	K1	K2
1000	1237	1590	1700	1560	15000	30000
800	1037	1390	1500	1360	16300	32600

倾斜角α	10°	11°	12°
LU	1849	1896	1945
LL	1089	1090	1091
LP	4730	4430	4130
L	5.6713×H+2938	5.1446×H+2986	4.7046×H+3036

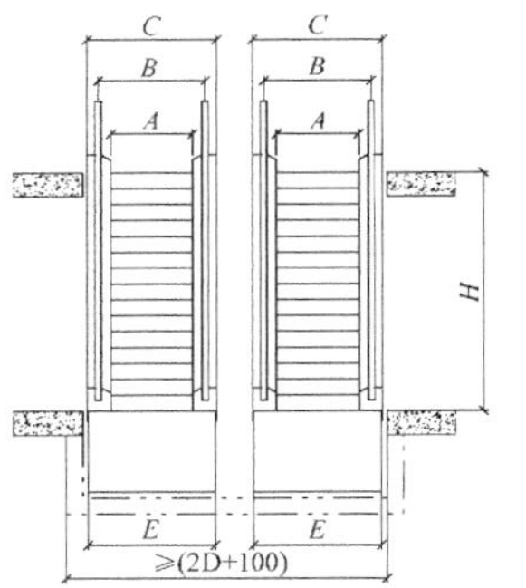

技术参数

用途	自动人行道
扶梯型号	XOP
梯级宽度	A=( )mm
速度	A≤0.5m/s
倾斜角度	α=( )°
提升高度	H=( )mm
水平跨度	L=( )mm
电弓主机	进口主机
动力电源	380V 三相五线制 50Hz kw
照明及信号电源	220V 50Hz

业主和土建承包商应完成的工作

1. 本图适用提升高度 H：2.5 米～6 米，允许偏差 0～+15mm。
2. 当水平跨度 L≤K1 米时带加 1 中间支撑，位置基本居中，高度向工厂确认；
   当水平跨度 L>K2 米时带加 2 中间支撑，位置基本均分，高度向工厂确认，并应保证有足够的强度。
3. 扶梯安装之前，所有洞设有需设有洞设高度不小于 1.2 米的安全防护围挡，并应保证有足够的强度。
4. 底坑内应防水，积水坑位设设在漕角处。
5. 根据技术参数表中提供的要求，把电源接设到机房并设保护的开关。电源波动允许偏差±7%。电源零线和接地线应分开，且接地电阻值不大于 4Ω。
6. 图中标明的所有锚固为土建承包方支撑所需支反力。
7. 图中标注未给出，用户如需斜型倾斜人行道，需给厂方技术认可，方可签约。
8. 本图适用于紧要型标准人行道，用户如需斜型倾斜人行道或其他特殊要求，需给厂方技术认可，方可签约。

支点反力(L以m为单位) (1LN=100kg)

梯阶宽度/mm	1000				800			
支撑数	RD	RU	RM1	RM2	RD	RU	RM1	RM2
2	4.9L+6.2	4.9L+14	—	—	4.25L+8.2	4.25L+18	—	—
3	2.2L+5	2.2L+14	6.1L+4.2	—	1.9L+8	1.9L+17	5.2L+8.2	—
4	1.5L+6	1.5L+15	3.45L+5.2	3.45L+5	1.3L+9	1.3L+17	3.1L+9.2	3.1L+10

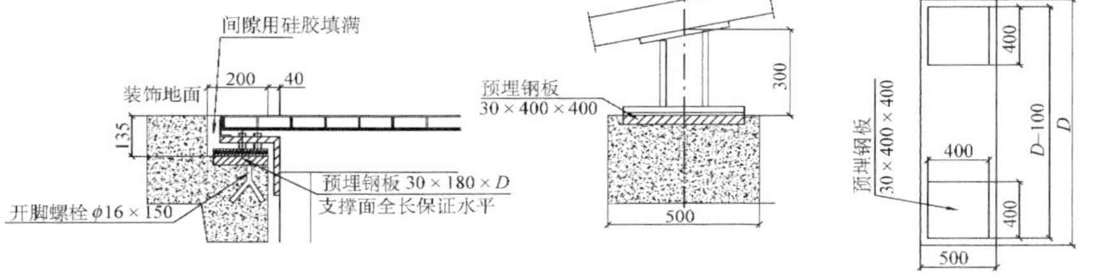

图 5-4-3 自动人行道示例图

六、常用自动扶梯规范（表 5-4-7）

表 5-4-7　常用自动扶梯规范

规 范 名 称	规范对自动扶梯的要求
GB　50352—2005《民用建筑设计通则》	6.8.2　自动扶梯、自动人行道应符合下列规定： 1. 自动扶梯和自动人行道不得计作安全出口 2. 出入口畅通区的宽度不应小于 2.50m，畅通区有密集人流穿行时，其宽度应加大 3. 栏板应平整、光滑和无突出物；扶手带顶面距自动扶梯前缘、自动人行道踏板面或胶带面的垂直高度不应小于 0.90m；扶手带外边与任何障碍物不应小于 0.50m，否则应采取措施防止障碍物引起人员伤害 4. 扶手带中心线与平行墙面或楼板开口边缘间的距离、相邻平行交叉设置时两梯（道）之间扶手带中心线的水平距离不宜小于 0.50m，否则应采取措施防止障碍物引起人员伤害 5. 自动扶梯的梯级、自动人行道的踏板或胶带上空，垂直净高不应小于 2.30m 6. 自动扶梯的倾斜角不应超过 30°，当提升高度不超过 6m，额定速度不超过 0.50m/s 时，倾斜角允许增至 35°；倾斜式自动人行道的倾斜角不应超过 12° 7. 自动扶梯和层间相通的自动人行道单向设置时，应就近布置相匹配的楼梯 8. 设置自动扶梯或自动人行道所形成的上下层贯通空间，应符合防火规范所规定的有关防火分区等要求
JGJ 48—1988《商店建筑设计规范》	第3.1.7条　大型商店营业部分层数为四层及四层以上时，宜设乘客电梯或自动扶梯；商店的多层仓库可按规模设置载货电梯或电动提升机、输送机 第3.1.8条　营业部分设置的自动扶梯应符合下列规定： 一、自动扶梯倾斜部分的水平夹角应等于或小于 30° 二、自动扶梯上下两端水平部分 3m 范围内不得兼作他用 三、当只设单向自动扶梯时，附近应设置相配伍的楼梯
JGJ 58—2008J785—2008《电影院建筑设计规范》	4.1.8　电影院设置电梯或自动扶梯不宜贴邻观众厅设置。当贴邻设置时，应采取隔声、减振等措施。［条文说明］……自动扶梯上下两端水平部分 3m 范围内不应兼作他用；当只设单向自动扶梯时，附近应设置相配套的楼梯

第五节　卫生间、厨房

卫生间、厕所是人们在进行社会活动过程中不可缺少的基本设施。有供公众使用的公共建筑卫生间和供家庭使用的住宅卫生间。公共建筑卫生间又根据使用对象不同，分为专用卫生间及公共厕所等。住宅的卫生间被列为住宅设计中"厅、室、卫、厨"四要素之一。随着人们生活水平的提高，对卫生间和厕所的功能和空间环境质量有更高的要求。

一、公共建筑卫生间

随着 CJJ 14—2005《城市公共厕所设计标准》的颁布，特别是 RISN—TG 004—2008《城市公共厕所设计导则》的实施。对公共厕所的设计已经有非常明确的设计要求和详实的参考资料。公共厕所包括独立式公共厕所、附属式公共厕所、活动式公共厕所等。RISN—TG 004—2008《城市公共厕所设计导则》在对 CJJ 14—2005《城市公共厕所设计标准》进行详细解析的基础上，增加了公共厕所平面设计的内容，并将相关规范中与公共厕所有关的条款摘录出来，还介绍了当前公共厕所设计的新技术和新概念，对各类公共厕所、公共建筑卫生间的设计均有指导意义。

在建筑设计中，设计人员最多遇到的是公共建筑内部卫生间的设计，主要应考虑以下因素：

（一）卫生间位置的选择

卫生间位置的选择主要考虑位置隐蔽、使用方便、隔绝气味等因素。

（1）卫生间、厕所在建筑物中常处于人流交通线上，与走道及楼梯间相联系。厕所应设前室，带前室的厕所有利于隐蔽，还可以改善通往厕所的走道和过厅的卫生条件。前室的深度应不小于 1.5～2.0m。当厕所面积小，不可能布置前室时，应注意门的开启方向，务必使厕所蹲位及小便器处于隐蔽位置。

（2）大量人群使用的厕所，应有良好的天然采光与通风。少数人使用的厕所允许间接采光，但必须有排风设施。

（3）厕所位置应有利于节省管道，减少立管并靠近室外给水排水管道。同层平面中，男、女厕所最好并排布置，避免管道分散。多层建筑中应尽可能把厕所布置在上下相对应的位置。

（4）GB 50352—2005《民用建筑设计通则》中规定：

1）建筑物的厕所、盥洗室、浴室不应直接布置在餐厅、食品加工、食品贮存、医药、医疗、变配电等有严格卫生要求或有防水、防潮要求用房的上层；除本套住宅外，住宅卫生间不应直接布置在下层的卧室、起居室、厨房和餐厅的上层。

2）卫生用房宜有天然采光和不向邻室对流的直接自然通风，无直接自然通风和严寒及寒冷地区用房宜设自然通风道；当自然通风不能满足通风换气要求时，应采用机械通风。

3）公用男女厕所宜分设前室，或有遮挡措施。

4）公用厕所宜设置独立的清洁间。

（二）卫生洁具数量的确定

卫生设备的数量及小便槽的长度主要取决于使用人数、使用对象、使用特点。

GB 50352—2005《民用建筑设计通则》中规定：卫生设备配置的数量应符合专用建筑设计规范的规定。在公用厕所男女厕位的比例中，应适当加大女厕位的比例；男蹲（坐、站）位与女蹲（坐）位比例以 1∶1～2∶3 为宜，商业区以 2∶3 为宜。

由于有的专用建筑设计规范编制时间较早、标准偏低，所以公共建筑卫生间卫生设备的数量应参照 CJJ 14—2005《城市公共厕所设计标准》，设计中还应结合相关规范和工程的具体情况最后确定其数量。

CJJ 14—2005《城市公共厕所设计标准》中第 3.2 条对各类建筑卫生设施的设置要求为（规范原文）：

3.2.1　公共场所公共厕所卫生设施数量的确定应符合表 3.2.1 的规定：

表3.2.1　公共场所公共厕所每一卫生器具服务人数设置标准

卫生器具 设置位置	大便器		小便器
	男	女	
广场、街道	1000	700	1000
车站、码头	300	200	300
公园	400	300	400
体育场外	300	200	300
海滨活动场所	70	50	60

注：1. 洗手盆应按 CJJ 14—2005《城市公共厕所设计标准》第3.3.15 的规定采用。

　　2. 无障碍厕所卫生器具的设置应符合 CJJ 14—2005《城市公共厕所设计标准》第7 章的规定。

3.2.2　商场、超市和商业街公共厕所卫生设施数量的确定应符合表3.2.2的规定：

表3.2.2　商场、超市和商业街为顾客服务的卫生设施

商店购物面积/m²	设　施	男	女
1000～2000	大便器	1	2
	小便器	1	—
	洗手盆	1	1
	无障碍卫生间	1	
2001～4000	大便器	1	4
	小便器	2	—
	洗手盆	2	4
	无障碍卫生间	1	
≥4000	按照购物场所面积成比例增加		

注：1. 该表推荐顾客使用的卫生设施是针对净购物面积1000m² 以上的商场。

　　2. 该表假设男、女顾客各为50%，当接纳性别比例不同时应进行调整。

　　3. 商业街应按各商店的面积合并计算后，按上表比例配置。

　　4. 商场和商业街卫生设施的设置应符合 CJJ 14—2005《城市公共厕所设计标准》第5 章的规定。

　　5. 商场和商业街无障碍卫生间的设置应符合 CJJ 14—2005《城市公共厕所设计标准》第7 章的规定。

　　6. 商店带饭馆的设施配置应按 CJJ 14—2005《城市公共厕所设计标准》表3.2.3 的规定取值。

3.2.3　饭馆、咖啡店、小吃店、快餐店和茶艺馆公共厕所卫生设施的确定应符合表3.2.3的规定：

表 3.2.3　饭馆、咖啡店、小吃店、茶艺馆、快餐店为顾客配置的卫生设施

设　施	男	女
大便器	400 人以下，每 100 人配 1 个；超过 400 人每增加 250 人增设一个	200 人以下，每 50 人配 1 个；超过 200 人每增加 250 人增设一个
小便器	每 50 人 1 个	无
洗手盆	每个大便器配 1 个，每 5 个小便器增设 1 个	每个大便器配 1 个
清洗池	至少配 1 个	

注：1. 一般情况下，男、女顾客按各为 50% 考虑。

　　2. 有关无障碍卫生间的设置应符合 CJJ 14—2005《城市公共厕所设计标准》第 7 章的规定。

3.2.4　体育场馆、展览馆、影剧院、音乐厅等公共文体活动场所公共厕所卫生设施数量的确定应符合表 3.2.4 的规定：

表 3.2.4　公共文体活动场所配置的卫生设施

设　施	男	女
大便器	影院、剧场、音乐厅和相似活动的附属场所，250 人以下设 1 个；每增加 1~500 人增设 1 个	影院、剧场、音乐厅和相似活动的附属场所：不超过 40 人的设 1 个；41~70 人设 3 个；71~100 人设 4 个；每增加 1~40 人增设 1 个
小便器	影院、剧场、音乐厅和相似活动的附属场所，100 人以下设 2 个；每增加 1~80 人增设一个	无
洗手盆	每 1 个大便器配 1 个，每 1~5 个小便器增设 1 个	每 1 个大便器配 1 个，每增加 2 个大便器增设 1 个
清洁池	不少于 1 个，用于保洁	

注：1. 上述设置按男女各为 50% 计算，若男女比例有变化应进行调整。

　　2. 若附有其他服务设施内容（如餐饮等），应按相应内容增加配置。

　　3. 公共娱乐建筑、体育场馆和展览馆无障碍卫生设施配置应符合 CJJ 14—2005《城市公共厕所设计标准》第 7 章的规定。

　　4. 有人员聚集场所的广场内，应增建馆外人员使用的附属或独立厕所。

3.2.5　饭店(宾馆)公共厕所卫生设施数量的确定应符合表 3.2.5 的规定：

表 3.2.5　饭店(宾馆)为顾客配置的卫生设施

招待类型	设备(设施)	数　量	要　求
附有整套卫生设施的饭店	整套卫生设施	每套客房 1 套	含澡盆(淋浴)、坐便器和洗手盆
	公用卫生间	男女各 1 套	设置底层大厅附近
	职工洗澡间	每 9 名职员配 1 个	
	清洁池	每 30 个客房 1 个	每层至少 1 个

（续）

招待类型	设备(设施)	数 量	要 求
不带卫生套间的饭店和客房	大便器	每9人1个	
	公用卫生间	男女各1套	设置底层大厅附近
	洗澡间	每9位客人1个	含澡盆(淋浴)、洗手盆和大便器
	清洁池	每层1个	

3.2.6　机场、火车站、公共汽(电)车和长途汽车始末站、地下铁道的车站、城市轻轨车站、交通枢纽站、高速路休息区、综合性服务楼和服务性单位公共厕所卫生设施数量的确定应符合表3.2.6的规定：

表3.2.6　机场、(火)车站、综合性服务楼和服务性单位为顾客配置的卫生设施

设 施	男	女
大便器	每1~150人配1个	1~12人配1个；13~30人配2个；30人以上，每增加1~25人增设1个
小便器	75人以下配2个；75人以上每增加1~75人增设一个	无
洗手盆	每个大便器配1个，每1~5个小便器增设1个	每2个大便器配1个
清洁池	至少配1个，用于清洗设施和地面	

注：1. 为职工提供的卫生间设施应按 CJJ 14—2005《城市公共厕所设计标准》第3.2.7条的规定取值。

　　2. 机场、(火)车站、综合性服务楼和服务性单位无障碍卫生间要求应符合 CJJ 14—2005《城市公共厕所设计标准》第7章的规定。

　　3. 综合性服务楼设饭馆的，饭馆的卫生设施应按 CJJ 14—2005《城市公共厕所设计标准》第3.2.3条的规定取值。

　　4. 设音乐、歌舞厅的综合性服务楼，音乐、歌舞厅内部卫生设施应按 CJJ 14—2005《城市公共厕所设计标准》第3.2.4条的规定取值。

3.2.7　办公、商场、工厂和其他公用建筑为职工配置的卫生设施数量的确定应符合表3.2.7的规定。

表3.2.7　办公、商场、工厂和其他公用建筑为职工配置的卫生设施

适合任何种类职工使用的卫生设施		
数量(人)	大便器数量	洗手盆数量
1~5	1	1
6~25	2	2
26~50	3	3
51~75	4	4
76~100	5	5
>100	增建卫生间的数量或按每25人的比例增加设施	
其中男职工的卫生设施		
男性人数	大便器	小便器
1~15	1	1
16~30	2	1

（续）

其中男职工的卫生设施		
男性人数	大便器	小便器
31 ~ 45	2	2
46 ~ 60	3	2
61 ~ 75	3	3
76 ~ 90	4	3
91 ~ 100	4	4
>100	增建卫生间的数量或按每50人的比例增加设施	

注：1. 洗手盆设置：50人以下，每10人配1个，50人以上每增加20人增配1个。
　　2. 男女性别的厕所必需各设1个。
　　3. 无障碍厕所应符合CJJ 14—2005《城市公共厕所设计标准》第7章的规定。
　　4. 该表卫生设施的配置适合任何种类职工使用。
　　5. 该表如考虑外部人员使用，应按多少人可能使用一次的概率来计算。

（三）卫生间布置

公共建筑卫生间主要包括厕所、浴室和盥洗室。厕所卫生设备有大便器、小便器、洗手盆、污水池等。浴室和盥洗室的主要设备有洗脸盆、污水池、淋浴器、浴盆等。除此以外，公共浴室还有更衣室，其中主要设备有挂衣钩、衣柜、更衣凳等。

卫生间设计的实质内容是一系列卫生洁具在一定空间内的有机组合，以满足使用者对洁具的使用要求。所以应根据使用人数确定卫生器具的数量。同时结合设备尺寸及人体活动所需的空间尺寸进行房间布置。设计时还要特别考虑使用流线合理、门窗位置不影响洁具使用、避免视线干扰、设备安装及管道井的位置、无障碍厕所（位）的设计要求等。

GB 50352—2005《民用建筑设计通则》中规定了厕所和浴室隔间的低限尺寸，考虑了人的使用空间及卫生设备的安装、维护。而CJJ 14—2005《城市公共厕所设计标准》中，对空间的划分更加细致和人性化，考虑了洁具空间、使用空间、通道空间、行李空间和无障碍圆形空间共五种空间尺寸。JGJ 50—2001《城市道路和建筑物无障碍设计规范》则是针对公共厕所、专用厕所和公共浴室的无障碍设施提出相关规定。设计时应根据工程具体的使用要求确定恰当的平面尺寸。

（1）GB 50352—2005《民用建筑设计通则》的相关规定

1）厕所和浴室隔间的平面尺寸不应小于表5-5-1的规定。

表5-5-1　厕所和浴室隔间的平面尺寸

类　　别	平面尺寸（宽度×深度）/m
外开门的厕所隔间	0.90 × 1.20
内开门的厕所隔间	0.90 × 1.40
医院患者专用厕所隔间	1.10 × 1.40
无障碍厕所隔间	1.40 × 1.80（改建用 1.00 × 2.00）
外开门淋浴隔间	1.00 × 1.20
内设更衣凳的淋浴隔间	1.00 × (1.00 + 0.60)
无障碍专用浴室隔间	盆浴（门扇向外开启）2.00 × 2.25　淋浴（门扇向外开启）1.50 × 2.35

2）卫生设备间距应符合下列规定：

① 洗脸盆或盥洗槽水嘴中心与侧墙面净距不应小于 0.55m。

② 并列洗脸盆或盥洗槽水嘴中心间距不应小于 0.70m。

③ 单侧并列洗脸盆或盥洗槽外沿至对面墙的净距不应小于 1.25m。

④ 双侧并列洗脸盆或盥洗槽外沿之间的净距不应小于 1.80m。

⑤ 浴盆长边至对面墙面的净距不应小于 0.65m；无障碍盆浴间短边净宽度不应小于 2m。

⑥ 并列小便器的中心距离不应小于 0.65m。

⑦ 单侧厕所隔间至对面墙面的净距：当采用内开门时，不应小于 1.10m，当采用外开门时不应小于 1.30m；双侧厕所隔间之间的净距：当采用内开门时不应小于 1.10m；当采用外开门时不应小于 1.30m。

⑧ 单侧厕所隔间至对面小便器或小便槽的外沿之净距：当采用内开门时不应小于 1.10m，当采用外开门时，不应小于 1.30m。

（2）CJJ 14—2005《城市公共厕所设计标准》的相关规定

1）公共厕所的平面设计应将大便间、小便间和盥洗室分室设置，各室应具有独立功能。小便间不得露天设置。厕所的进门处应设置男、女通道，屏蔽墙或物。每个大便器应有一个独立的单元空间，划分单元空间的隔断板及门与地面距离应大于 100mm，小于 150mm。隔断板及门距离地坪的高度：一类二类公厕大于 1.8m、三类公厕大于 1.5m。独立小便器站位应有高度 0.8m 的隔断板。

2）公共厕所的大便器应以蹲便器为主，并应为老年人和残疾人设置一定比例的坐便器。大、小便的冲洗宜采用自动感应或脚踏开关冲便装置。厕所的洗手龙头、洗手液宜采用非接触式的器具，并应配置烘干机或用一次性纸巾。大门应能双向开启。

3）每个大便厕位长应为 1.00~1.50m、宽应为 0.85~1.20m，每个小便站位（含小便池）深应为 0.75m、宽应为 0.70m。独立小便器间距应为 0.70~0.80m。

4）厕内单排厕位外开门走道宽度宜为 1.30m，不得小于 1.00m；双排厕位外开门走道宽度宜为 1.50~2.10m。

5）各类公共厕所厕位不应暴露于厕所外视线内，厕位之间应有隔板。

6）通槽式水冲厕所槽深不得小于 0.40m，槽底宽不得小于 0.15m，上宽宜为 0.20~0.25m。

7）公共厕所必须设置洗手盆。公共厕所每个厕位应设置坚固、耐腐蚀挂物钩。

8）单层公共厕所窗台距室内地坪最小高度应为 1.80m；双层公共厕所上层窗台距楼地面最小高度应为 1.50m。

9）男、女厕所厕位分别超过 20 时，宜设双出入口。

10）厕所管理间面积宜为 4~12m²，工具间面积宜为 1~2m²。

11）通槽式公共厕所宜男、女厕分槽冲洗。合用冲水槽时，必须由男厕向女厕方向冲洗。

12）建多层公共厕所时，无障碍厕所间应设在底层。

13）公共厕所卫生洁具的使用空间应符合表 5-5-2 的规定。

表 5-5-2　公共厕所卫生洁具的使用空间

洁　　具	平面尺寸/mm	使用空间（宽×进深）/mm
洗手盆	500×400	800×600

（续）

洁　具	平面尺寸/mm	使用空间（宽×进深）/mm
坐便器（低位、整体水箱）	700×500	800×600
蹲便器	800×500	800×600
卫生间便盆（靠墙式或悬挂式）	600×400	800×600
碗形小便器	400×400	700×500
水槽（桶/清洁工用）	500×400	800×800
擦手器（电动或毛巾）	400×300	650×600

注：使用空间是指除了洁具占用的空间，使用者在使用时所需空间及日常清洁和维护所需空间。使用空间和洁具尺寸是相互联系的。洁具的尺寸将决定使用空间的位置。

14）卫生间布置的几个重要尺寸和卫生洁具及其使用空间图例（图5-5-1）

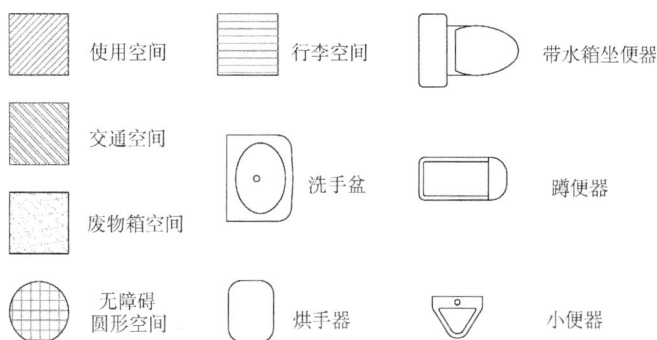

图5-5-1　卫生洁具及其使用空间图例

a. 洁具的轴线间和临近的墙面的距离不应小于400mm；
b. 无障碍圆形空间450mm；
c. 大便器前使用空间800mm×600mm；
d. 小便器前使用空间700mm×500mm；
e. 相邻洁具间隙65mm，以利于清洗；
f. 行李空间900mm×350mm；
g. 通道空间600mm；
h. 蹲便器后200mm。

15）卫生洁具的使用空间图示（图5-5-2）

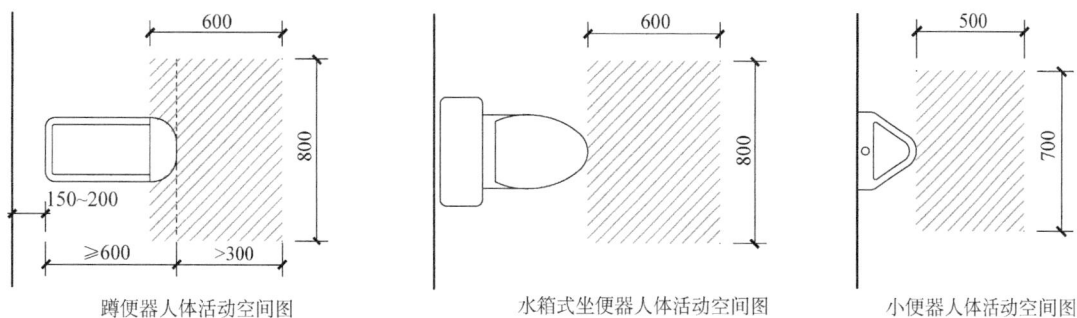

图5-5-2　卫生洁具的使用空间图示（单位：mm）

独立洗手盆人体活动空间图

烘手器人体活动空间图

组合式洗手盆人体活动空间图

L—范围的总宽度　　n—洗手盆的数量

内开门坐便器厕间人体活动空间图

外开门坐便器带行李区人体活动空间图

内开门坐便器带行李区人体活动空间图

使用空间重叠

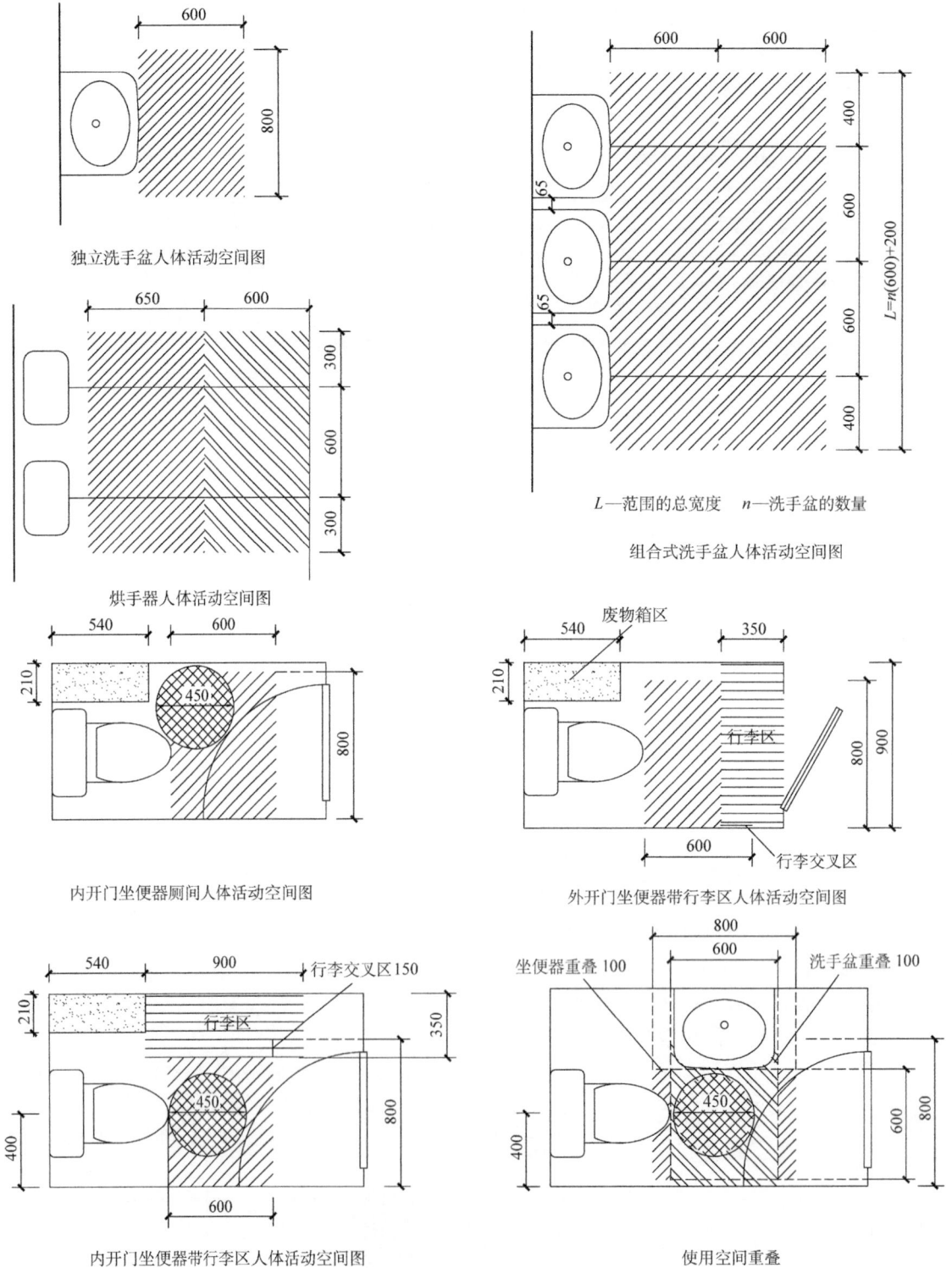

图 5-5-2　卫生洁具的使用空间图示(续)(单位:mm)

（3）JGJ 50—2001《城市道路和建筑物无障碍设计规范》的相关规定(规范原文)：

7.8　公共厕所、专用厕所和公共浴室。

7.8.1　公共厕所无障碍设施与设计要求应符合表7.8.1的规定。

表7.8.1　公共厕所无障碍设施与设计要求

设 施 类 别	设 计 要 求
入口	应符合本规范第7章第1节的有关规定
门扇	应符合本规范第7章第4节的有关规定
通道	地面应防滑和不积水，宽度不应小于1.50m
洗手盆	1. 距洗手盆两侧和前缘50mm应设安全抓杆 2. 洗手盆前应有1.10m×0.80m乘轮椅者使用面积
男厕所	1. 小便器两侧和上方，应设宽度0.60~0.70m、高1.20m的安全抓杆(图7.8.1-1) 2. 小便器下口距地面不应大于0.50m(图7.8.1-2)
无障碍厕所	1. 男、女公共厕所应各设一个无障碍隔间厕位 2. 新建无障碍厕位面积不应小于1.80m×1.40m(图7.8.1-3) 3. 改建无障碍厕位面积不应小于2.00m×1.00m(图7.8.1-4) 4. 厕位门扇向外开启后，入口净宽不应小于0.80m，门扇内侧应设关门拉手 5. 坐便器高0.45m，两侧应设高0.70m水平抓杆，在墙面一侧应设高1.40m的垂直抓杆(图7.8.1-5)
安全抓杆	1. 安全抓杆直径应为30~40mm 2. 安全抓杆内侧应距墙面40mm 3. 抓杆应安装坚固

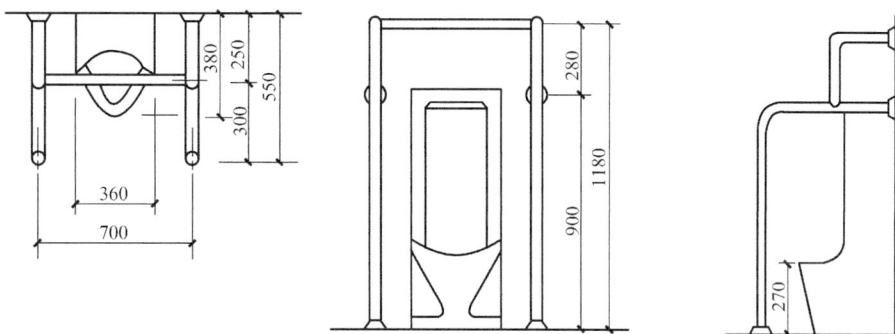

图7.8.1-1　落地式小便器安全抓杆

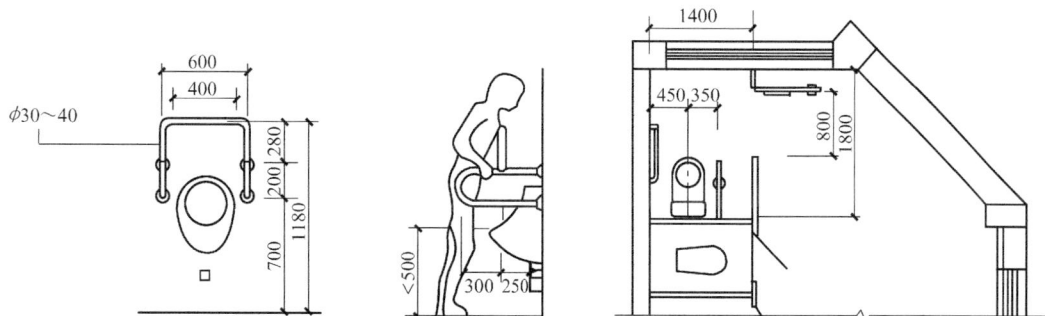

图7.8.1-2　悬臂式小便器安全抓杆

图7.8.1-3　新建无障碍车位

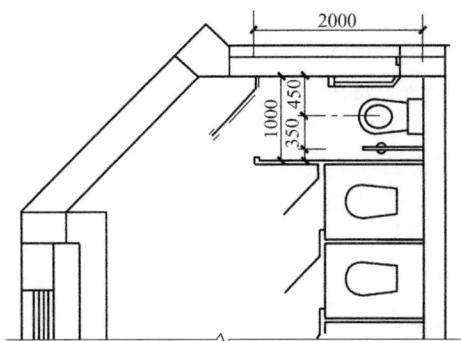

图7.8.1-4 改建无障碍车位   图7.8.1-5 坐便器两侧固定式安全抓杆

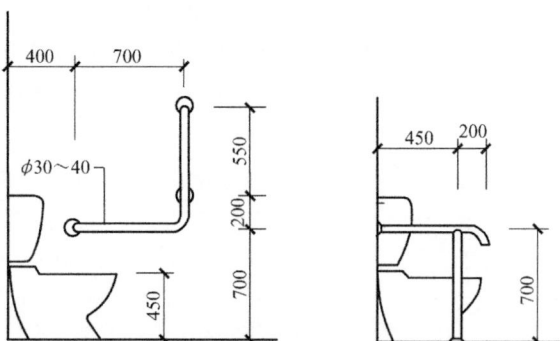

7.8.2 专用厕所无障碍设施与设计要求应符合表7.8.2的规定(图7.8.2)。

表7.8.2 专用厕所无障碍设施与设计要求

设施类别	设计要求
设置位置	政府机关和大型公共建筑及城市的主要地段,应设无障碍专用厕所
入口	应符合本规范第7章第1节的有关规定
门扇	1. 应符合本规范第7章第4节的有关规定 2. 应采用门外可紧急开启的门插销
面积	≥2.00m×2.00m(图7.8.2)
坐便器	坐便器高应0.45m,两侧应设高0.70m水平抓杆,在墙面一侧应加设高1.40m的垂直抓杆
洗手盆	两侧和前缘50mm处应设置安全抓杆
放物台	长、宽、高为0.80m×0.50m×0.60m,台面宜采用木制品或革制品
挂衣钩	可设高1.20m的挂衣钩
呼叫按钮	距地面高0.40~0.50m处应设求助呼叫按钮
安全抓杆	符合本规范第7.8.1条的有关规定

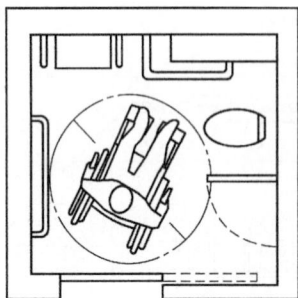

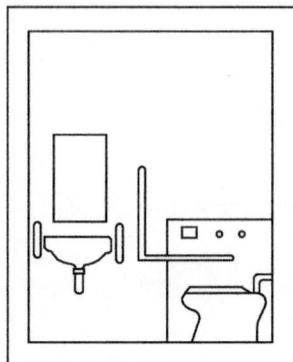

图7.8.2 专用厕所(2.00m×2.00m)

7.8.3　公共浴室无障碍设施与设计要求应符合表7.8.3的规定(图7.8.3-1,图7.8.3-2)

表7.8.3　公共浴室无障碍设施与设计要求

设施类别	设计要求
入口	应符合本规范第7章第1节的规定
通道	地面应防滑和不积水,宽度不应小于1.50m
门扇	1. 应符合本规范第7章第4节的规定 2. 无障碍浴间应采用门外可紧急开启的门插销
无障碍淋浴间	1. 淋浴间不应小于3.50m²(门扇向外开启) 2. 淋浴间应设高0.45m的洗浴坐椅 3. 淋浴间短边净宽度不应小于是1.50m 4. 淋浴间应设高0.70m水平抓杆和高1.40m的垂直抓杆
无障碍盆浴间	1. 盆浴间不应小于4.50m²(门扇向外开启) 2. 浴盆一端设深度不小于0.40m的洗浴坐台,浴盆一侧应设洗面盆 3. 在浴盆内侧应设高0.60m和0.90m的水平抓杆,水平抓杆长度应大于或等于0.80m 4. 盆浴间短边净宽度不应小于2.00m
呼叫按钮	无障碍淋浴间距地面高0.40~0.50m处应设求助呼叫按钮
安全抓杆	应符合本规范第7.8.1条的有关规定

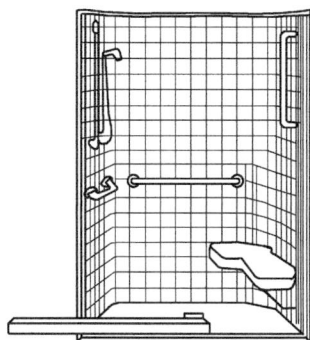

图7.8.3-1　残疾人淋浴间　　　　　　　　　图7.8.3-2　残疾人盆浴间

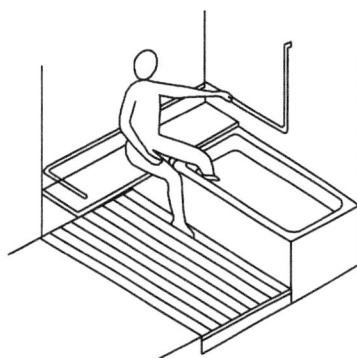

（四）卫生间、厕所的装修及构造

1. 卫生间、厕所的地面、蹲台

卫生间、厕所的楼地面应防滑,楼地面标高应略低于走道标高(一般高差为20mm,残疾人卫生间高差不应大于15mm,并应以斜面过渡),地面还应有不小于0.5%的坡度坡向地漏或水沟。在有较高管理水平的情况下,可以不设高差或地漏。地漏的位置一般由给水排水专业提供资料,建筑专业适当调整确定后,绘出地面的排水坡度和排水方向。

卫生间地面结构楼板一般要考虑降板,降板高度要考虑楼地面高差、找坡距离、地面防水做法、洁具选型等因素,一般约为100~150mm;如果采用蹲便器,一般还要再砌一个150mm高的蹲台。蹲台台面应高于蹲便器的侧边缘,并做0.01°~0.015°坡度。

卫生间、厕所的地面要求有较好的防水、防滑功能，不易污染、易于用水冲洗、还应具有一定的防腐功能。能在卫生间、厕所应用的地面材料主要是水泥、水磨石、陶瓷地砖、陶瓷锦砖、石材等。

楼地面、楼地面沟槽，管道穿楼板及楼板接墙面处应严密防水、防渗漏；当卫生设施与地面或墙面邻接时，邻接部分应做密封处理。

2. 卫生间、厕所的室内墙面

卫生间、厕所的墙面要求有较好的防水功能，表面光滑、不易污染、易于清洗等特性。能在卫生间、厕所应用的墙面材料主要是陶瓷墙面砖、玻璃、石材等。由于陶瓷墙面砖的品种、性能、色彩的多样性，被广泛应用于卫生间、厕所的内墙面。

3. 卫生间、厕所的顶棚

卫生间、厕所的顶棚要求有一定的防潮、防腐性能。防腐的要求是因为厕所空气中的硫化氢气体和湿气对金属有较大的腐蚀作用。所以，轻钢龙骨和铝合金龙骨在应用时，应刷防锈漆作防腐处理。较适宜于厕所应用的龙骨材料是烤漆龙骨。木龙骨由于其强度较差和有变形的可能，在跨度较大的厕所中较难应用。同样，罩面板的材料也要防潮、防腐。石膏板易吸湿变形，要慎重使用。常用于卫生间、厕所的顶棚材料有铝合金、PVC 等。

室内上下水管和浴室顶棚应防止冷凝水下滴，浴室热水管应防止烫人。

4. 公共建筑卫生间的设备和管道

由于大型现代公共建筑卫生间的设计理念与传统发生了较大的变化，设备和管道也应尽量采用新技术，并尽量暗装，使空间更整洁。

（1）采用隐藏式的安装系统，管道采用墙前安装。衬墙厚度 120mm，衬墙内净空 200mm，衬墙高度 1.20m。排水管隐藏在衬墙内可有效地降低排水管的噪声。

（2）采用同层排水新技术大便器、小便斗、洗脸盆的排水支管在同楼层的衬墙内敷设。排水支管位于本楼层内，减少了管道穿越楼板的数量，减少渗漏现象的出现。排水支管管道安装可以在建筑施工结束后，进行卫生间内装修时进行，管道、水箱全部采用隐藏式安装。

（3）洗脸盆、小便斗、坐便器均采用挂墙式，后排水，没有卫生死角，便于卫生间的清洁。

（4）考虑到目前我国的管理水平较低及使用对象不同而带来的使用习惯不同，每个卫生间内都宜同时设置蹲便器和坐便器，除非在特别高档的地方全部设置坐便器。

（5）小便斗和洗脸盆尽量采用感应冲洗装置，避免病菌交叉感染，又能节约用水。

5. 公共卫生间相关规范

各类建筑规范对卫生间、厕所均有要求，设计时应按较新的规范或标准高的规范选用。在此列举一些规范条文，供参考比较（其中一些规范在本书已经对其相关内容进行了摘录，为避免重复，在此从略）见表5-5-3。

（1）CJJ 14—2005《城市公共厕所设计标准》（略）

（2）RISN—TG004—2008《城市公共厕所设计导则》（略）

（3）GB 50352—2005《民用建筑设计通则》（略）

（4）JGJ 50—2001《城市道路和建筑物无障碍设计规范》（略）

（5）GB/T 18973—2003《旅游厕所质量等级的划分与评定》（略）

表 5-5-3 规范要求

规 范 名 称	规范对卫生间的设计要求
JGJ 57—2000《剧场建筑设计规范》	4 前厅和休息厅 4.0.6 剧场应设观众使用的厕所,厕所应设前室。厕所门不得开向观众厅。男女厕所厕位数比率为 1:1,卫生器具应符合下列规定: 1. 男厕:应按每 100 座设一个大便器,每 40 座设一个小便器或 0.60m 长小便槽,每 150 座设一个洗手盆 2. 女厕:应按每 25 座设一个大便器,每 150 座设一个洗手盆 3. 男女厕均应设残疾人专用蹲位
JGJ 31—2003《体育建筑设计规范》	4.4.2. 观众用房应符合下列要求: 5. 应设观众使用的厕所。厕所应设前室,厕所门不得开向比赛大厅,卫生器具应符合表 4.4.2-2 和表 4.4.2-3 的规定 表 4.4.2-2 贵宾厕所厕位指标(厕位/人数) 表 4.4.2-3 观众厕所厕位指标(厕位/人数) 6. 男女厕所内均应设残疾人专用便器或单独设置专用厕所。
JGJ 60—1999《汽车客运站建筑设计规范》	5.7.7 旅客使用的厕所及盥洗台除应按表 5.7.7 计算其设备数量外,尚应符合下列规定: 1. 应设置前室,一、二级站应单独设盥洗室 2. 厕所应有天然采光和良好通风,当采用自然通风时应防止异味串入其他空间 表 5.7.7 厕所及盥洗设备指标 5.7.8 一、二、三级站应设到站旅客使用的厕所

表 4.4.2-2 贵宾厕所厕位指标(厕位/人数)

贵宾席规模	100 人以内	100～200 人	200～500 人	500 人以上
每一厕位使用人数	20	25	30	35

注:男女比例 1:1,男厕大小便比例 1:2

表 4.4.2-3 观众厕所厕位指标(厕位/人数)

项目\指标	男 厕			女 厕
	大便器/ (个/1000 人)	小便器/ (个/1000 人)	小便槽/ (m/1000 人)	大便器/ (个/1000 人)
指标	8	20	12	30
备注		二者取一		

注:男女比例 1:1。

表 5.7.7 厕所及盥洗设备指标

房间名称	设备内容(按旅客最高聚集人数计)
男厕	每 80 人设大便器一个和小便斗一个(或小便槽 700mm 长)
女厕	每 50 人设大便器一个
盥洗台	每 150 人设 1 个盥洗位(夏热冬冷、夏热冬暖地区按每 125 人计)

注:1. 男旅客按旅客最高聚集人数的 60% 计

2. 母婴候车室设有专用厕所时应扣除其数量

3. 大便器至少设 2 个

（续）

规　范　名　称	规范对卫生间的设计要求
JGJ 67—2006 J 556—2006《办公建筑设计规范》	4.3.6　公用厕所应符合下列要求： 1. 对外的公用厕所应设供残疾人使用的专用设施 2. 距离最远工作点不应大于50m 3. 应设前室；公用厕所的门不宜直接开向办公用房、门厅、电梯厅等主要公共空间 4. 宜有天然采光、通风；条件不允许时，应有机械通风措施 5. 卫生洁具数量应符合现行行业标准《城市公共厕所设计标准》CJJ 14—2005 的规定 　注：1. 每间厕所大便器三具以上者，其中一具宜设坐式大便器 　　　2. 设有大会议室(厅)的楼层应相应增加厕位
JGJ 66—1991《博物馆建筑设计规范》	3.1.6　藏品库房和陈列室内不应敷设给水排水管道，在其直接上层不应设置饮水点、厕所等有可能积水的用房 第3.3.10条　大、中型馆内陈列室的每层楼面应配置男女厕所各一间，若该层的陈列室面积之和超过1000m²，则应再适当增加厕所的数量。男女厕所内至少应各设2只大便器，并配有污水池

JGJ 64—1989《饮食建筑设计规范》

3.2.6　就餐者公用部分包括门厅、过厅、休息室、洗手间、厕所、收款处、饭票出售处、小卖及外卖窗口等，除按第3.2.7条规定设置外，其余均按实际需要设置

3.2.7　就餐者专用的洗手设施和厕所应符合下列规定：

1. 一、二级餐馆及一级饮食店应设洗手间和厕所，三级餐馆应设专用厕所，厕所应男女分设。三级餐馆的餐厅及二级饮食店饮食厅内应设洗手池；一、二级食堂餐厅内应设洗手池和洗碗池

2. 卫生器具设置数量应符合下表的规定：

等级	类别	器具			
		洗手间中洗手盆	洗手水龙头	洗碗水龙头	厕所中大小便器
餐馆	一、二级	≤50座设1个，>50座时每100座增设1个			≤100座时，设男大便器1个，小便器1个，女大便器1个 >100座时，每100座增设男大便器1个或小便器1个，女大便器1个
	三级		≤50座设1个，>50座时每100座增设1个		
饮食店	一级	≤50座设1个，>50座时每100座增设1个			
	二级		≤50座设1个，>50座时每100座增设1个		
食堂	一级		≤50座设1个，>50座时每100座增设1个	≤50座设1个，>50座时每100座增设1个	
	二级		≤50座设1个，>50座时每100座增设1个	≤50座设1个，>50座时每100座增设1个	

（续）

规 范 名 称	规范对卫生间的设计要求
JGJ 64—1989《饮食建筑设计规范》	3. 厕所位置应隐蔽，其前室入口不应靠近餐厅或与餐厅相对 4. 厕所应采用水冲式。所有水龙头不宜采用手动式开关 3.4.1 辅助部分主要由各类库房、办公用房、工作人员更衣、厕所及淋浴室等组成，应根据不同等级饮食建筑的实际需要，选择设置 3.4.5 更衣处宜按全部工作人员男女分设，每人一格更衣柜，其尺寸为 0.50×0.50×0.50（m³）。 3.4.6 淋浴宜按炊事及服务人员最大班人数设置，每25人设一个淋浴器，设二个及二个以上淋浴器时男女应分设，每淋浴室均应设一个洗手盆。 3.4.7 厕所应按全部工作人员最大班人数设置，30人以下者可设一处，超过30人者男女应分设，并均为水冲式厕所。男厕每50人设一个大便器和一个小便器，女厕每25人设一个大便器，男女厕所的前室各设一个洗手盆，厕所前室门不应朝向各加工间和餐厅。
JGJ 39—1987《托儿所、幼儿园建筑设计规范》	3.2.4 幼儿卫生间应满足下列规定： 1. 卫生间应临近活动室和寝室，厕所和盥洗应分间或分隔，并应有直接的自然通风 2. 盥洗池的高度为 0.50~0.55m，宽度为 0.40~0.45m，水龙头的间距为 0.35~0.4m 3. 无论采用沟槽式或坐蹲式大便器均应有 1.2m 高的架空隔板，并加设幼儿扶手。每个厕位的平面尺寸为 0.80m×0.70m，沟槽式的槽宽为 0.16~0.18m，坐便器高度为 0.25~0.30m 4. 炎热地区各班的卫生间应设冲凉浴室。热水洗浴设施宜集中设置，凡分设于班内的应为独立的浴室 第3.2.5条　每班卫生间的卫生设备数量不应少于表3.2.5的规定 **表3.2.5　每班卫生间内最少设备数量** | 污水池/个	大便器或沟槽/个或位	小便槽/位	盥洗台/水龙头、个	淋浴/位
---	---	---	---	---
1	4	4	6~8	2	 第3.2.6条　供保教人员使用的厕所宜就近集中，或在班内分隔设置
JGJ 38—1999《图书馆建筑设计规范》	4.5.7 公用和专用厕所宜分别设置。公共厕所卫生洁具按使用人数男女各半计算，并应符合下列规定： 1. 成人男厕按每60人设大便器一具，每30人设小便斗一具 2. 成人女厕按每30人设大便器一具 3. 儿童男厕按每50人设大便器一具，小便器两具 4. 儿童女厕按每25人设大便器一具 5. 洗手盆按每60人设一具 6. 公用厕所内应设污水池一个 7. 公用厕所中应设供残疾人使用的专门设施
JGJ 48—1988《商店建筑设计规范》（试行）	3.4.3 商店内部用卫生间设计应符合下列规定： 1. 男厕所应按每50人设大便位1个、小便斗1个或小便槽0.60m长 2. 女厕所应按每30人设大便位1个，总数内至少有坐便位1~2个 3. 盥洗室应设污水池1个，并按每35人设洗脸盆1个 4. 大中型商店可按实际需要设置集中浴室，其面积指标按每一定员 0.10m² 计

（续）

规 范 名 称	规范对卫生间的设计要求
JGJ 49—1988《综合医院建筑设计规范》(试行)	3.1.14　厕所 1. 病人使用的厕所隔间的平面尺寸，不应小于1.10m×1.40m，门朝外开，门闩应能里外开启 2. 病人使用的坐式大便器的坐圈宜采用"马蹄式"，蹲式大便器宜采用"下卧式"，大便器旁应装置"助立拉手" 3. 厕所应设前室，并应设非手动开关的洗手盆 4. 如采用室外厕所，宜用连廊与门诊、病房楼相接 第3.2.9条　厕所按日门诊量计算，男女病人比例一般为6:4，男厕每120人设大便器1个，小便器2个；女厕每75人设大便器1个。设置要求见第3.1.14条 3.4.7　护理单元的盥洗室和浴厕 1. 设置集中使用厕所的护理单元，男女病人比例一般为6:4，男厕每16床设1个大便器和1个小便器；女厕每12床设1个大便器 2. 医护人员厕所应单独设置 3. 设置集中使用盥洗室和浴室的护理单元，每12~15床各设1个盥洗水嘴和淋浴器，但每一护理单元均不应少于2个。盥洗室和淋浴室应设前室 4. 附设于病房中的浴厕面积和卫生洁具的数量，应根据使用要求确定，并宜有紧急呼叫设施 3.5.3　（传染病)病房 5. 完全隔离房应设缓冲前室；盥洗、浴厕应附设于病房之内；并应有单独对外出口 6. 每一病区都应设医护人员的更衣室和浴厕，并应设家属探视处
JGJ 40—1987《疗养院建筑设计规范》(试行)	3.1.4　浴室、盥洗室、厕所(不包括疗养室附设的卫生间)窗地比不应小于1/10 3.2.6　疗养室附设卫生间时，卫生间的门宜向外开启，门锁装置应内外均可开启 3.2.11　公共设施 2. 公用盥洗室应按6~8人设一个洗脸盆(或0.70m长盥洗槽) 3. 公用厕所应按每15人设一个大便器和一个小便器(或0.60m长的小便槽)，女每12人设一个大便器。大便器旁宜装助立拉手 4. 公用淋浴室应男女分别设置。炎热地区按8~10人设一个淋浴器，寒冷地区按15~20人设一个淋浴器 5. 凡疗养员使用的厕所和淋浴隔间的门扇宜向外开启
JGJ 122—1999《老年人建筑设计规范》	4.7.1　老年住宅、老年公寓、老人院应设紧邻卧室的独用卫生间，配置三件卫生洁具，其面积不宜小于5.00m² 4.7.2　老人院、托老所应分别设公用卫生间、公用浴室和公用洗衣间。托老所备有全托时，全托者卧室宜设紧邻的卫生间 4.7.3　老人疗养室、老人病房，宜设独用卫生间 4.7.4　老年人公共建筑的卫生间，宜临近休息厅，并应设便于轮椅回旋的前室，男女各设一具轮椅进出的厕位小间，男卫生间应设一具立式小便器 4.7.5　独用卫生间应设坐便器、洗面盆和浴盆淋浴器。坐便器高度不应大于0.40m，浴盆及淋浴坐椅高度不应大于0.40m。浴盆一端应设不小于0.30m宽度坐台 4.7.6　公用卫生间厕位间平面尺寸不宜小于1.20m×2.00m，内设0.40m高的坐便器 4.7.7　卫生间内与坐便器相邻墙面应设水平高0.70m的"L"形安全扶手或"Ⅱ"形落地式安全扶手。贴墙浴盆的墙面应设水平高度0.60m的"L"形安全扶手，水盆一侧贴墙设安全扶手 4.7.8　卫生间宜选用白色卫生洁具，平底防滑式浅浴盆。冷、热水混合式龙头宜选用杠杆式或掀压式开关 4.7.9　卫生间、厕位间宜设平开门，门扇向外开启，留有观察窗口，安装双向开启的插销

二、公共建筑厨房

厨房是餐馆的生产加工部分，功能性强。目前厨房设计依据的规范主要为 JGJ 64—1989《饮食建筑设计规范》中有关厨房部分规定；参考资料主要有《建筑设计资料集》(第二版)饮食建筑中的厨房部分。由于厨房设计涉及种类繁多的厨房设备技术、通风排烟、油烟净化、上下水、供电、厨房工序流程、主营菜系与特色菜品的工艺工序与科学管理等几个门类的专业技术，还涉及饭店管理、星评标准、设计规范、工程建设、运行维护、成本控制、环保卫生检疫要求等一系列专业技术和综合学科知识，需由专业厨房设计公司进行深化设计。在初步设计阶段，厨房顾问应向设计单位提出厨房的位置、面积和功能，施工图阶段应配合设计单位完成建筑和设备的细化。

由于许多工程厨房经营方向不明确，设计阶段没有厨房顾问配合，设计时只能先预留基本的土建条件。因此必须了解厨房设计的基本原则，避免出现功能面积划分不合理，不留烟道或设计烟道面积不足，为厨房预留空间考虑不充分等难以解决的问题。因所需设备不清楚，设备不定位，水电、排烟、新风等辅助系统设计不可能到位，应作为遗留问题提醒甲方在施工前配合落实。建筑设计至少要达到以下设计深度：

（1）总平面应有单独的人货流路线。

（2）进行基本的功能分区房间划分。

（3）设计合理的水平与垂直洁污流线，避免交叉和反流。

（4）冷食制作间为单间，设上下水，入口有通过式消毒设施。

（5）为排水预留土建条件(如结构降板)。

（6）为通风、排油烟预留土建条件(如竖向排气道、烟囱的路由、机械通风所需的吊顶空间等)。

（7）设置工作人员的更衣、厕所和淋浴设施。

（一）厨房的面积

厨房面积的确定是困扰建筑师的问题之一。JGJ 64—1989《饮食建筑设计规范》中第3.1.3 条规定：100 座及 100 座以上餐馆的餐厨比宜为 1:1.1；食堂中的餐厅与厨房(包括辅助部分)的餐厨比宜为 1:1，并规定餐厨比可根据饮食建筑的级别、规模、经营品种、原料贮存、加工方式、燃料及各地区特点等不同情况适当调整。《餐饮业和集体用餐配送单位卫生规范》卫监督发[2005]260 号文的附件 1 中推荐的《各类餐饮业场所布局要求》，比较符合目前餐饮建筑的餐厨比，见表 5-5-4。

表 5-5-4　推荐的各类餐饮业场所布局要求

场所	加工经营场所面积 A/m^2	食品处理区(即公用厨房)与就餐场所面积之比	切配、烹饪场所累计面积 $/m^2$	凉菜间累计面积$/m^2$	食品处理区需设独立隔间的场所
餐馆	$A \leqslant 150$	$\geqslant 1:2.0$	$\geqslant$食品处理区面积 50% 且 $\geqslant 8$	$\geqslant 5$	加工烹饪、餐用具清洗消毒
	$150 < A \leqslant 500$	$\geqslant 1:2.2$	$\geqslant$食品处理区面积 50%	$\geqslant$食品处理区面积 10%	加工、烹饪、餐用具清洗消毒

（续）

场所	加工经营场所面积 A/m^2	食品处理区（即公用厨房）与就餐场所面积之比	切配、烹饪场所累计面积 $/m^2$	凉菜间累计面积 $/m^2$	食品处理区需设独立隔间的场所
餐馆	$500 < A \leqslant 3000$	≥1:2.5	≥食品处理区面积50%	≥食品处理区面积10%	粗加工、切配、烹饪、餐用具清洗消毒、清洁工具存放
	$A > 3000$	≥1:3.0	≥食品处理区面积50%	≥食品处理区面积10%	粗加工、切配、烹饪、餐用具清洗消毒、餐用具保洁、清洁工具存放
快餐店、小吃店	$A \leqslant 50$	≥1:2.5	≥8	≥5	加工、（快餐店）备餐
	$A > 50$	≥1:3.0	≥10	≥5	
食堂	供餐人数100人以下食品处理区面积不小于30m²，100人以上每增加1人增加0.3m²，1000人以上超过部分每增加1人增加0.2m²。切配烹饪场所占食品处理区面积50%以上			≥5	备餐、其他参照餐馆相应要求设置

注：1. 上表中所示面积为实际使用面积或相对使用面积。

　　2. 全部使用半成品加工的餐饮业经营者以及单纯经营火锅、烧烤的餐饮业经营者，食品处理区与就餐场所面积之比在上表基础上可适当减少。

　　3. 表中"加工"指对食品原料进行粗加工、切配。

　　4. 各类专间要求必须设置为独立隔间，未在表中"食品处理区为独立隔间的场所"栏列出。

　　在实际工程中，确定厨房面积应综合考虑原材料的加工作业量、经营的菜式风味、厨房生产量的多少、设备的先进程度与空间的利用率、辅助设施状况等因素，还有一些其他的估算方法可供参考：

　　（1）按餐位数计算厨房面积：自助餐厅一个餐位需 $0.5 \sim 0.7m^2$；咖啡厅需 $0.4m^2$，其他餐厅需 $0.5 \sim 0.8m^2$。

　　（2）按餐厅面积来计算厨房面积：国外厨房面积一般占餐厅面积的40%~60%，国内一般占70%。而酒吧通常以提供酒类饮料为主，加上简单的点心熟食，因此厨房的面积占10%即可。也有一些小酒吧，不单独设立厨房，简单加工都在吧台内解决。

　　（二）厨房相关构造要求：

　　厨房设计须综合考虑通风、排气、排烟、隔热、隔汽、隔油、防水、排水、防潮、防虫、防污、卫生防疫、噪声等要求，并应符合有关部门的规定。

　　1. 高度　规范规定厨房室内净高不应低于3m。厨房是高温作业场所，房屋的高度对于降低温度十分重要。一般厨房净高应为3.5~4m，有利于空气流通。

　　2. 采光、通风　加工间天然采光时，窗洞口面积不宜小于地面面积的1/6；自然通风时，通风开口面积不应小于地面面积的1/10。

　　各加工间均应处理好通风排气，并应防止厨房油烟气味污染餐厅；热加工间应采用机械排风，也可设置出屋面的排风竖井或设有挡风板的天窗等有效自然通风措施；产生油烟的设备上部，应加设附有机械排风及油烟过滤器的排气装置，过滤器应便于清洗和更换；产生大量蒸汽的设备除应加设机械排风外，尚宜分隔成小间，防止结露并做好凝结水的引泄。

3. 进、排风口，油烟气排放口　厨房设计要考虑送排风机、油烟净化设备的空间，预留风道和烟囱的位置时，要充分考虑进、排风口，特别是油烟气排放口的设置要求。GB 18483—2001《饮食业油烟排放标准》规定排放油烟的饮食业单位必须安装油烟净化设施，并规定了饮食业单位油烟的最高允许排放浓度和油烟净化设施的最低去除效率。但对油烟气排放口的设置要求不够明确。只是在第5.3条规定：排气筒出口朝向应避开易受影响的建筑物。油烟排气筒的高度、位置等具体规定由省级环境保护部门制定。

HJ554—2010《饮食业环境保护技术规范》，对油烟气排放有明确的要求，很有指导意义。摘录相关条文如下：

4. 选址和总平面布置

4.1　选址

4.1.1　饮食业单位选址应符合城镇规划、环境功能、饮食卫生和环境保护的要求，同时与周边自然和人文环境相协调。

4.1.2　新建住宅楼内不宜设置饮食业单位；现有住宅楼内不宜新设置产生油烟污染的饮食业单位。

4.1.3　饮食业单位宜集中设置。规划配套的饮食业单位宜设在商业服务区域内。

4.1.4　博物馆、图书馆、档案馆等的主体建筑内不宜设置产生油烟污染的饮食业单位。

4.2　总平面布置

4.2.3　新建产生油烟的饮食业单位边界与环境敏感目标边界水平间距不宜小于9m。

4.2.4　设有饮食业单位的建筑与保护建筑间的距离应按批准的环境影响评价文件要求确定。

5　总体要求

5.1　新建产生油烟污染的饮食业单位，厨房净高应符合JGJ 64《饮食建筑设计规范》的有关要求。

5.2　饮食业单位燃料宜为天然气、液化石油气、人工煤气或其他清洁能源。

5.3　饮食业单位应设有或预留下列设备、设施的专用配套空间：

a）送、排风机；

b）油烟净化设备；

c）隔油设施；

d）固体废物临时存放场地；

e）专用井道。

5.4　饮食中心的油烟气排风管道宜分区并相对集中设置，并置于专用井道内。

5.5　饮食业单位排放的污染物，应达到国家或地方的污染物排放（控制）标准。

6　油烟净化与排放要求

6.1　油烟净化

6.1.1　厨房的炉灶、蒸箱、烤炉（箱）等加工设施上方应设置集气罩，油烟气与热蒸汽的排风管道宜分别设置。

6.1.2　油烟集气罩罩口投影面应大于灶台面，罩口下沿离地高度宜取1.8～1.9m，罩口面风速不应小于0.6m/s。

6.1.3　油烟气排风水平管道宜设坡度，坡向集油、放油或排凝结水处，且与楼板的间距不应小于 0.1m，管道应密封无渗漏。

6.1.4　饮食业单位的油烟排风量以及设备配套空间应与其规模相适应，参见 HJ 554—2010《饮食业环境保护技术规范》附录 A。

6.1.5　放置油烟净化设备的专用空间净高不宜低于 1.5m，设备需要维护的一侧与其相邻的设备、墙壁、柱、板顶间的距离不应小于 0.45m。

6.1.6　油烟净化装置应置于油烟排风机之前。

6.2　油烟排放

6.2.1　饮食业单位应按 GB/T16157《固定污染源排气中颗粒物测定与气态污染物采样方法》的要求设置油烟排放监测口及监测平台，油烟排放应符合 GB 18483—2001《饮食业油烟排放标准》的要求。

6.2.2　经油烟净化后的油烟排放口与周边环境敏感目标距离不应小于 20m；经油烟净化和除异味处理后的油烟排放口与周边环境敏感目标的距离不应小于 10m。

6.2.3　饮食业单位所在建筑物高度小于等于 15m 时，油烟排放口应高出屋顶；建筑物高度大于 15m 时，油烟排放口高度应大于 15m。

4. 地面排水　厨房加工过程会产生大量污水，由于污水中含有大量油污，容易凝结于沟壁、管壁，造成堵塞。因此，在水池、蒸箱、汽锅及炉灶等用水量较大的设备周围，都应做带算子板的明沟来排水，可随时掀开算子板进行清理。明沟断面要足够大。地面要有 0.5%~1% 的坡度，坡向明沟。一般将厨房地面降低 300~500mm，在降板范围内做排水沟。凉菜间、裱花间、备餐、集体用餐分装等对清洁要求高的专间内不得设置明沟。

5. 厨房的含油废水应与其他排水分流设计。含油废水应经隔油设施处理。处理后达到规定的排放标准方可排向污水管网。隔油池不应设在厨房、饮食制作间内，应便于清运和管理。

6. 防火　公用厨房的设计应符合现行防火设计规范的规定。附建在其他建筑内的公用厨房（或厨房烹饪的操作间）与其相邻空间之间应采用耐火极限不低于 2.00h 的不燃烧体隔墙隔开，隔墙上的门窗应为乙级防火门窗。

7. 地下室厨房注意事项　当厨房内使用液化石油气瓶作为燃料时，不得设置在地下室、半地下室或通风不良的场所。公共建筑的厨房如果设置在地下室，应尽量避免紧邻锅炉房、变电间等易燃、易爆及忌水、汽的房间。

8. 装修　厨房内装修应易于清洁、防火、防潮，地面应防滑。另外顶部的天花板最好用吸水和吸声效果好的、严密无缝的材料。

（三）厨房设计布局的原则（图 5-5-3）

（1）合理布置生产流线，要求主食、副食两个加工流线明确分开，初加工→热加工→备餐的流线要短捷通畅，避免迂回倒流，这是厨房平面布局的主流线，其余部分都从属于这一流线而布置。

（2）原材料供应路线接近生、副食初加工间，远离成品并应有方便的进货入口。

（3）洁污分流：对原料与成品，生食与熟食，要分隔加工和存放，冷荤食品应单独设置带有前室的拼配间，前室中应设洗手盆。垂直运输生食和熟食的食梯应分别设置，不得合用。加工中产生的废弃物要便于清理运走。

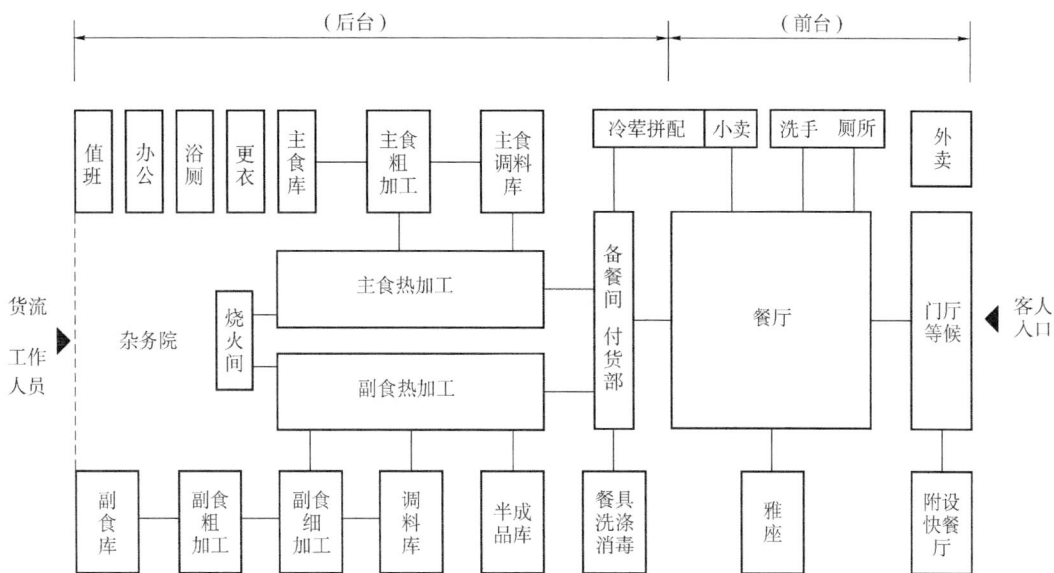

图 5-5-3 餐馆组成

（4）工作人员须先更衣再进入各加工间，所以更衣室、洗手、浴厕间等应在厨房工作人员入口附近设置。厨师、服务员的入口应与客用入口分开，并设在客人见不到的位置。服务员不应直接进入加工间端取食物，应通过备餐间传递食品。

（5）厨房与餐厅宜同层设置；当厨房与餐厅不同层时，宜设置提升食梯。食梯设置应保证生熟食分开。

（6）留有调整发展余地。

（四）厨房设计布局要点(图 5-5-4)

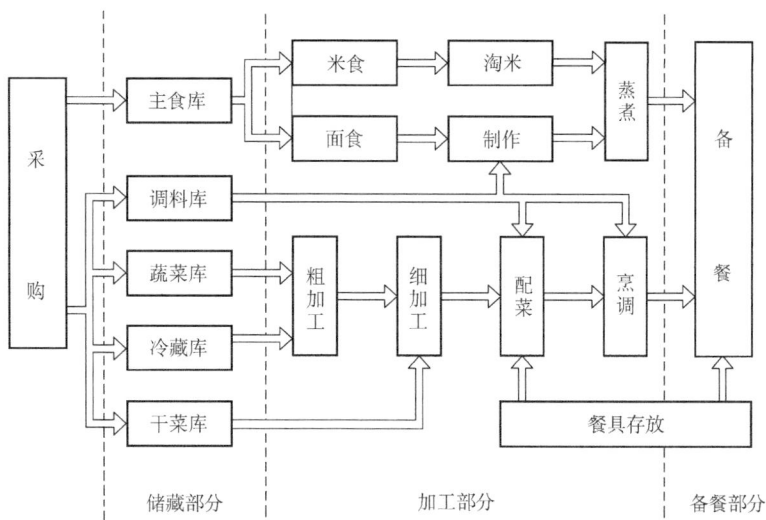

图 5-5-4 厨房组成及流程

1. 加工厨房 应设计在靠近原料入口并便于垃圾清运的地方。应有加工全部生产原料的空间与设备。加工厨房与各出品厨房要有方便的货物运输通道。不同性质原料的加工场所要合理分隔，以保证互不污染。加工厨房要有足够的冷藏设施和相应的加热设备。

2. 中餐烹调厨房　中餐烹调厨房与相应餐厅要在同一楼层；必须有足够的冷藏和加热设备；抽排烟气效果要好；配份与烹调原料传递要便捷；要设置急杀活鲜、刺身制作的场地及专门设备。

3. 冷菜、烧烤厨房　应具备两次更衣条件；具备低温、消毒、可防鼠虫的环境；配备足够的冷藏设备；紧靠备餐间，并提供出菜便捷的条件。

4. 面点、点心厨房　面食、点心厨房要求单独分隔或相对独立；要配有足够的蒸、煮、烤、炸设备；抽排油烟、蒸汽效果要好；便于与出菜沟通，便于监控、督查。

5. 面包房和饼房　面包房和饼房是制作面包、蛋糕及各类西式小点心的厨房，主要功能是制作零点、套餐、团队用餐、鸡尾酒会、自助餐、宴会所需的各式糕点。

6. 西餐冻房　西餐冻房是制作西餐冷、凉、生（未经烹调可直接食用）食品的场所，有与中餐冷菜厨房大致相同的功能。在冻房要完成冷头盘、色拉、凉菜、果盘的制作与出品。

7. 备餐间　备餐间是配备开餐用品，创造顺利开餐条件的场所。备餐间应处于餐厅、厨房过渡地带；厨房与餐厅之间采取双门双道；备餐间应有足够的空间和设备。

8. 洗碗间　洗碗间应靠近餐厅、厨房，并力求与餐厅在同一平面；洗碗间应有可靠的消毒设施；洗碗间通、排风效果要好。

9. 热食明档、餐厅操作台　热食明档、餐厅操作台是把一部分厨房工作转移到餐厅进行。其具体表现形式通常有餐厅煲汤、餐厅余灼时蔬、餐厅布置操作台表演、制作食品等。热食明档、餐厅操作台设计要整齐美观，进行无后台化处理；简便安全，易于观赏；油烟、噪声不扰客；与菜品相对集中，便于顾客取食。

三、住宅厨卫设计要点

（一）住宅厨卫设计一般原则

（1）厨房、卫生间应遵循整体设计的原则，注重动静分区、洁污分区、提高使用效率。综合考虑功能、设备、设施、管道、通风、采光等各方面的要求，做到科学、合理、舒适、卫生和安全。各种设备、设施及管道之间应有良好的接口措施。

（2）住宅设计应符合住宅建筑模数的规定。厨房、卫生间部品类型多，条件复杂，应当充分注意模数尺寸的配合，特别是隔墙的位置尺寸定位，应能满足厨具及配件定型尺寸的要求。各类设备、设施、管道及平面布置应遵守模数协调原则的规定，相互之间能够协调配合。

（3）各种设备设施的尺寸选择及安装应符合人体工效学的要求。

（4）应积极选用整体配套的厨具洁具，给水排水、电气、排风排气等系统的新材料、新产品，提高厨卫配套水平和科技含量，并大力提倡节能措施。

（5）应充分注意老年人、残疾人使用时的安全性。

（6）厨房、卫生间的装修受管道、设备、防水等诸多因素的影响，涉及的专业工种较多，要求也比较复杂，因此厨房、卫生间提倡一次装修到位，避免因二次装修带来的质量问题。厨卫墙面装修一般采用便于清洁、卫生的瓷砖，地面一般采用防滑地砖。装修应保证无安全和污染的隐患。

（7）厨房、卫生间等应采取防滑与防跌措施。安装燃气装置的厨房、卫生间的结构应采取防爆措施，防止燃气爆炸引发的倒塌事故。

（8）应积极采用太阳能、地热或风能等新型能源的设施。选择节水型的卫生洁具。

（二）住宅厨卫平面布置

（1）厨房应有直接采光和自然通风，且位置合理，对主要居住空间不产生干扰。厨房采光系数最低值为1%，窗地面积比值为1/7。厨房的通风开口有效面积不应小于该房间地板面积的1/10，并不得小于0.60m²。

（2）厨房最好靠近住户入口或邻近楼梯和交通的部位，便于食品、菜蔬及垃圾的进出。

（3）餐厅、厨房同属家庭公用空间，有紧密的功能上的联系，因此餐厅和厨房不应分离过远。

（4）厨房应与服务阳台直接相通，以便理菜、晾晒、贮藏等，使厨房使用空间扩大到户外。

（5）厨房不应布置在地下室。当布置在半地下室时，必须满足采光、通风的要求，并采取防水、防潮、排水及安全防护措施。

（6）当厨房设有吸油烟机或燃气热水器时，应设专用排气管道排至室外。吸油烟机与燃气热水器的排气管道严禁合用。

（7）厨房当上下层或毗邻房间合用烟囱或排气管道时，应有防止串烟、串气的设施。高层住宅厨房采用垂直排油烟系统时，该系统应有分层的防火隔离措施。

（8）住宅中的卫生间最好采用天然采光和自然通风，采光窗地比不小于1/10，通风口面积不小于地板面积的1/20。寒冷和严寒地区可设暗卫生间，温带和炎热地区宜设明卫生间，暗卫生间必须解决好通风排气问题。如设置通风道或机械等措施排气，门下留缝或门窗下部设百叶进风。

（9）卫生间应尽可能靠近卧室区，不设前室的卫生间的门不应开向起居厅。3个及3个以上卧室的套型最好配置两个卫生间。至少设一个功能齐全的卫生间。当设两个卫生间时，其中一个可设于主卧室内，另一个应设在公共和私用均为方便的部位。

（10）卫生间最好与厨房邻近，以便于管线集中。若是采用煤气热水器供应淋浴器热水，更应使卫生间与厨房尽量靠近。

（11）多层住宅中，卫生间宜重叠设置，以减少管线长度。不得将卫生间直接布置在下层住户的卧室、起居室、厨房的上层，这是因为卫生间漏水现象普遍，同时会出现管道噪声、水管冷凝水下滴等问题，影响居住质量。跃层住宅中允许将卫生间布置在本套内的卧室、起居室、厨房上层，但应采取可靠的防水、隔声和便于检修的措施。

（12）洗衣机可视情况设于专用洗衣机位、卫生间、厨房、阳台或家务间内，应方便使用。当设在卫生间时，应与其他卫生器具有一定的间隔。洗衣机的电源、水源、排水口应是专用的，且方便使用。晾晒衣物应考虑卫生的要求，因此最好安排在阳光能直晒的区域，如南面的阳台或露台。

（三）住宅厨卫面积尺度

（1）厨房应按"洗、切、烧、储"的基本功能要求，配置洗池台、操作台、灶台、搁置台、吊柜，管道定位接口与设备位置一致，方便使用。按炊事操作流程排列，厨房地柜净长不应小于2.1m。

（2）厨房设备成套配置，还应考虑储物和放置冰箱位置。

（3）厨房的净宽、净长应符合表5-5-5的规定。

表 5-5-5　厨房净宽、净长

厨房设备布置形式	厨房最小净宽/m	厨房最小净长/m	厨房设备布置形式	厨房最小净宽/m	厨房最小净长/m
单面布置	≥1.5	≥3.0	U 形布置	≥1.9	≥2.7
双面布置	≥2.2	≥2.7	壁柜式	≥0.7	≥2.1
L 形布置	≥1.6	≥2.7			

注：1. 本表依据 GB/T 11228—2008《住宅厨房及相关设备基本参数》编制。

　　2. 布置双排型厨房家具的厨房中，两排厨房家具之间的净距为 0.90m。

　　3. 壁柜型厨房宜用于家庭人口少且在家做饭几率少的家庭，灶具为电气灶。可利用炊事行为空间兼容其他功能行为空间。

　　4. 通风道、管井等未计入厨房尺寸限值中。

（4）厨房面积不应小于 5.0m²，一般为 5.0 ~ 8.0m²。

（5）厨房的净高：安装燃气灶的不宜小于 2.2m，安装燃气热水器和燃气壁挂炉的不宜小于 2.4m。

（6）厨房的布置以"I"形和"L"形为宜，应注意成套厨具尺寸选择，保证厨具安装合理。

（7）卫生间应满足浴、便、洗面化妆及洗涤等功能要求，可考虑适当分隔布置，不同器具组合的卫生间，使用面积不应小于下列规定：（卫生间中的通风道、管井等未计入使用面积）

1）设便器、洗浴器（浴缸或喷淋）、洗面器 3 件卫生洁具的不小于 3.0m²，宜为 4.0m²。

2）设便器、淋浴器 2 件卫生洁具的为 2.50m²。

3）设便器、洗面器 2 件卫生洁具的为 2.0m²。

4）单设便器的，外开门 1.10m²（0.9m×1.25m），内开门 1.35m²（0.9m×1.5m）。

5）单设洗衣机的为 1.10m²（1.25m×0.8m）。

（8）卫生间应能放置长 1.5m 的浴盆或预留。

（9）暗卫生间应设通风道。

（四）住宅卫生间尺寸

根据 GB/T 11977—2008《住宅卫生间功能及尺寸系列》，普通住宅卫生间尺寸系列应符合表 5-5-6 的规定。

表 5-5-6　普通住宅卫生间尺寸系列

方向	卫生间尺寸系列(净尺寸)/mm
长向	1200、1300、1500、1600、1800、2100、2200、2400、2700
短向	900、1100、1200、1300、1500、1600、1700、1800
高度	≥2200

卫生洁具距墙及相互间尺寸应符合下列规定：

（1）便器中心距侧墙不应小于 400mm；中心距侧面洁具边缘不应小于 350mm。

（2）坐便器采用下排水时，排污口中心距后墙为 305mm、400mm 和 200mm 三种，推荐尺寸为 305mm。

（3）坐便器采用后排水时，排污口中心距地面高度为 100mm 和 180mm 两种，推荐尺寸为 180mm。

（4）淋浴器喷头中心距墙不应小于 350mm。喷头中心与洁具水平距离不应小于 350mm。

（5）洗面器中心距侧墙不应小于 350mm，侧边距一般洁具不应小于 100mm，前边距墙、距洁具边缘不应小于 600mm。

（6）电热水器、太阳能热水器贮水箱侧面距墙不应小于 100mm。

基本卫生洁具参考尺寸如表 5-5-7。

表 5-5-7　基本卫生洁具参考尺寸

设 备 名 称	型　　号	外形平面标志尺寸（长×宽）/（mm×mm）
浴盆	小型	1200×700
	中型	1500×750
	大型	1700×850
大便器	蹲便器	560~640×280~470
	坐便器	740~780×420~500（分体式） 680~740×380~540（连体式）
小便器	小便器	220~360×310~475
洗衣机	双　缸	700×420
	全自动	600×600

（五）住宅厨卫管道要求

1. 住宅卫生间给水排水管线暗装布管方式　住宅卫生间可采用 3 种给水排水管线暗装的布管方式：下沉式、垫层式和管道墙式，相应的有不同形式的坐便器、地漏等配套件。下沉式暗装布管的具体做法是：卫生间的结构楼板局部下沉，在下沉的楼板面上做防水，按设计标高和坡度敷设给水排水管道，并将混凝土预制板架空设置，找平后再做一层防水和面层。为确保卫生间净高不小于 2.2m 的规定，下沉空间以 0.35~0.4m 为宜。结合工程实际情况，也可用轻集料混凝土填实，代替架空混凝土板。垫层式的做法是将给水排水管道敷设在轻质材料的垫层中，垫层高度在 0.15~0.2m 的范围，即居室地坪与卫生间地坪有高差，要选用性能好的多通道地漏，这两种做法保证水平给水排水管敷设在本户内，避免检修等牵涉邻居的弊端。管道墙式是在卫生洁具后方加设间隔 0.2m 左右的墙，形成布置管道的专用空间，这种做法适宜于卫生间面积较大的情况，并选用悬挂式洗面器和坐便器。结合工程实际情况，也可用柱式洗面器和后排水式坐便器代替。使户内排水支管标高高于本户楼板，卫生间内给水排水干管、水平管和竖向管均敷设在夹墙内，达到卫生、整洁、美观的要求。

2. 住宅厨房管道布置方式　住宅厨房中，为适应成套橱柜和厨房电器的配置；管道的隐蔽常用三种方式。一种是在橱柜背后预留 0.1m 的竖向管道区，将给水、热水、燃气和排水管由上至下沿墙敷设，并在橱柜背板的相应部分开设阀门和清通口所需的检查门。第二种是在橱柜与楼板之间留 0.05~0.1m 的净空敷设管道，适用于洗涤池离排水干管距离近，排水支管坡降小的情况。如选用铝塑复合管等新型管材，则可将给水管、热水管敷设在地面面层中，埋地部分没有管接头。这种做法因有竖向支管穿过橱柜，影响一定的储物空间。第三种是洗涤池排水管在柜内，给水管和热水管沿墙上沿敷设，用吊顶或吊柜板方式隐蔽，竖向支管剔墙敷设，同样可达到整洁、美观、可维修的目的。燃气管和燃气表的布置要按照规范的规定，并尽量兼顾装修方便。

3. 住宅管道井　住宅管道井是包容各种立管和计量表的空间，各种竖向干管应集中设置在管井内，位置应便于连接和维修，以及考虑查表不入户。也可采用远传计量或磁卡计量，减少因查表而出现不安全的事故。户内可分设几个管道井。一般厨房的管道井设在厨房的内墙角或与厨房相邻的隔墙处，其断面尺寸应符合模数标准，与操作台或排气道的深度尺寸协调。卫生间管道井可设置在坐便器一侧的内墙角，或相邻的隔墙处，断面尺寸符合模数标准，可与排气道统筹设计。

（六）住宅厨卫相关规范（表5-5-8）

表5-5-8　住宅厨卫相关规范

规范名称	规范对住宅厨房、卫生间的设计要求
GB 50368—2005 《住宅建筑规范》	5.1.1　每套住宅应设卧室、起居室(厅)、厨房和卫生间等基本空间 5.1.2　厨房应设置炉灶、洗涤池、案台、排油烟机等设施或预留位置 5.1.3　卫生间不应直接布置在下层住户的卧室、起居室(厅)、厨房、餐厅的上层。卫生间地面和局部墙面应有防水构造 5.1.4　卫生间应设置便器、洗浴器、洗面器等设施或预留位置；布置便器的卫生间的门不应直接开在厨房内 5.4.1　住宅的卧室、起居室(厅)、厨房不应布置在地下室。当布置在半地下室时，必须采取采光、通风、日照、防潮、排水及安全防护措施
GB 50368—2005 《住宅建筑规范》	7.2.2　卧室、起居室(厅)、厨房应设置外窗，窗地面积比不应小于1/7 8.2.7　住宅厨房和卫生间的排水立管应分别设置。排水管道不得穿越卧室 8.3.6　厨房和无外窗的卫生间应有通风措施，且应预留安装排风机的位置和条件 8.4.4　套内的燃气设备应设置在厨房或与厨房相连的阳台内 8.4.9　住宅内各类用气设备排出的烟气必须排至室外。多台设备合用一个烟道时不得相互干扰。厨房燃具排气罩排出的油烟不得与热水器或采暖炉排烟合用一个烟道
GB/T 50100—2001 《住宅建筑模数协调标准》	5.3.3　厨房、卫生间均是具有多道工序的空间，此部分空间应满足下道工序安装各类部件或组合件的模数空间要求
GB/T 50340—2003 《老年人居住建筑设计标准》	4.1.3　老年人套型设计标准规定： 老年人住宅厨房不应小于4.5m²。卫生间不应小于4m² 4.7.4　过道地面及其与各居室地面之间应无高差。过道地面应高于卫生间地面，标高变化不应大于20mm，门口应做小坡以不影响轮椅通行 4.8　卫生间 4.8.1　卫生间与老年人卧室宜近邻布置 4.8.2　卫生间地面应平整，以方便轮椅使用者，地面应选用防滑材料 4.8.3　卫生间入口的有效宽度不应小于0.80m 4.8.4　宜采用推拉门或外开门，并设透光窗及从外部可开启的装置 4.8.5　浴盆、便器旁应安装扶手 4.8.6　卫生洁具的选用和安装位置应便于老年人使用。便器安装高度不应低于0.40m；浴盆外缘距地高度宜小于0.45m。浴盆一端宜设坐台 4.8.7　宜设置适合坐姿的洗面台，并在侧面安装横向扶手 4.9　公用浴室和卫生间 4.9.1　公用卫生间和公用浴室入口的有效宽度不应小于0.90m，地面应平整并选用防滑材料

（续）

规 范 名 称	规范对住宅厨房、卫生间的设计要求
GB/T 50340—2003《老年人居住建筑设计标准》	4.9.2　公用卫生间中应至少有一个为轮椅使用者设置的厕位。公用浴室应设轮椅使用者专用的淋浴间或盆浴间 4.9.3　坐便器安装高度不应低于0.40m，坐便器两侧应安装扶手 4.9.4　厕位内宜设高1.20m的挂衣物钩 4.9.5　宜设置适合轮椅坐姿的洗面器，洗面器高度0.80m，侧面宜安装扶手 4.9.6　淋浴间内应设高0.45m的洗浴座椅，周边应设扶手 4.9.7　浴盆端部宜设洗浴坐台。浴盆旁应设扶手 4.10　厨房 4.10.1　老年人使用的厨房面积不应小于4.5m²。供轮椅使用者使用的厨房，面积不应小于6m²，轮椅回转面积宜不小于1.50m×1.50m 4.10.2　供轮椅使用者使用的台面高度不宜高于0.75m，台下净高不宜小于0.70m、深度不宜小于0.25m 4.10.3　应选用安全型灶具。使用燃气灶时，应安装熄火自动关闭燃气的装置 4.11.2　起居室与厨房、餐厅连接时，不应有高差 5.1.4　公用卫生间中，宜采用触摸式或感应式等形式的水嘴和便器冲洗装置 5.4.2　厨房、公用厨房中燃气管应明装 5.5.1　以燃气为燃料的厨房、公用厨房，应设燃气泄漏报警装置。宜采用户外报警式，将蜂鸣器安装在户门外或管理室等易被他人听到的部位 5.5.2　居室、浴室、厕所应设紧急报警求助按钮，养老院、护理院等床头应设呼叫信号装置，呼叫信号直接送至管理室。有条件时，老年人住宅和老年人公寓中宜设生活节奏异常的感应装置 6.2.2　卫生间、公用浴室可采用机械通风；厨房和治疗室等应采用自然通风并设机械排风装置 6.2.3　老年人住宅和老年人公寓的厨房、浴室、卫生间的门下部应设有效开口面积大于0.02m²的固定百叶或不小于30mm的缝隙 6.5.3　室内地面应选用平整、防滑、耐磨的装修材料。卧室、起居室、活动室宜采用木地板或有弹性的塑胶板；厨房、卫生间及走廊等公用部位宜采用清扫方便的防滑地砖 6.5.5　老年人使用的卫生洁具宜选用白色
GECS179：2009《健康住宅建设技术规程》	3.2.1　住宅功能性设计应符合下列原则： 3　厨房单排连续墙面长度不应小于2.7m，净宽不宜小于1.7m 4　卫生间宜按功能分区，洗浴间和便器间的门宜外开 3.3.3　室内空气质量保障应符合下列要求 2　住宅空间应充分利用自然通风。采用自然通风的房间，通风开口面积宜符合下列规定： 1）卧室、起居室（厅）、明卫生间不应小于其地板面积的1/20 2）厨房不应小于其地板面积的1/10，且不得小于0.60m² 3）厨房和卫生间的门，宜在下部设置有效截面积不小于0.02m²的固定百叶，或距地面留出不小于30mm的缝隙 3.3.4　厨卫通风换气应符合下列规定： 1　住宅宜采用明厨明卫设计 2　厨房、卫生间的共用排风道出口宜设置排风设备。共用排风道的性能，对未启用排风装置的楼层，排风口静压不应大于5Pa；对已启用排风装置的楼层，厨房排油烟机的排气量宜为300～500m³/h，卫生间排风机的排气量宜为80～100m³/h 3　厨房、卫生间外窗设在建筑物凹口部位时，凹口部位宜处于负压区

（续）

规 范 名 称	规范对住宅厨房、卫生间的设计要求
GB/T 50378—2006《绿色建筑评价标准》	4.5.2　卧室、起居室(厅)、书房、厨房设置外窗，房间的采光系数不低于现行国家标准《建筑采光设计标准》GB/T 50033—2001 的规定(控制项) 4.5.6　居住空间开窗具有良好的视野，且避免户间居住空间的视线干扰。当 1 套住宅设有 2 个及 2 个以上卫生间时，至少有 1 个卫生间设有外窗(一般项)
GB 50352—2005《民用建筑设计通则》	7.1 采光 7.1.1　各类建筑应进行采光系数的计算，其采光系数标准值应符合下列规定 1　居住建筑的采光系数标准值应符合表 7.1.1-1 的规定 {{TABLE}} 7.2　通风 7.2.1　建筑物室内应有与室外空气直接流通的窗口或洞口，否则应设自然通风道或机械通风设施 7.2.2　采用直接自然通风的空间，其通风开口面积应符合下列规定： 1　生活、工作的房间的通风开口有效面积不应小于该房间地板面积的 1/20 2　厨房的通风开口有效面积不应小于该房间地板面积的 1/10，并不得小于 0.60m²，厨房的炉灶上方应安装排除油烟设备，并设排烟道 7.2.3　严寒地区居住用房，厨房、卫生间应设自然通风道或通风换气设施 7.2.4　无外窗的浴室和厕所应设机械通风换气设施，并设通风道 7.2.5　厨房、卫生间的门的下方应设进风固定百叶，或留有进风缝隙 7.2.6　自然通风道的位置应设于窗户或进风口相对的一面

采光等级	房 间 名 称	侧面采光	
		采光系数最低值 C_{min}(%)	室内天然光临界照度/lx
IV	起居室(厅)、卧室、书房、厨房	1	50
V	卫生间、过厅、楼梯间、餐厅	0.5	25

第六节　设 备 用 房

一、给水排水专业

给水排水专业的设备用房主要有：生活及消防泵房、中水处理机房、热交换站、热水机房、循环水处理机房、屋顶水箱间、报警阀间、集中管井、排水泵房、气体钢瓶间等。由给水排水工程师向建筑专业提出水设备用房的位置、平面尺寸、平面布置及高度要求；给水排水设备(水泵、热交换器、水处理设备)平面位置及定位尺寸、基础做法，设备用房内排水沟、集水坑位置等。经与各专业配合确定后，比较复杂的机房，建筑专业要绘制放大图。

1. 贮水池或贮水箱　常用的贮水池或贮水箱有：消防水箱(池)、冷水水箱、热水水箱、中水水箱。贮水池或贮水箱的设计应注意以下几点：

（1）生活或消防用贮水池应采用独立结构形式，不得利用建筑物的本体结构作为水池池壁和水箱箱壁。水泵房地面宜低于水池底面。

（2）埋地生活饮用水贮水池与化粪池的净距不应小于 10m。当净距不能保证时，应采取生活饮用水池不被污染的措施。

（3）生活用贮水池应与消防水池分设（卫生防疫要求）。

（4）生活水池内壁采用经卫生防疫部门批准的涂料涂衬或采用不锈钢水箱（卫生）。

（5）池（箱）外壁与建筑本体结构墙面或其他池壁之间的净距，应满足施工或装配的需要，无管道的侧面，净距不宜小于0.7m；安装有管道的侧面，净距不宜小于1.0m，且管道外壁与建筑本体墙面之间的通道宽度不宜小于0.6m；设有人孔的池顶，顶板面与上面建筑本体板底的净空不应小于0.8m。

（6）附建在其他建筑内的生活水（池）箱和水泵房，不应与污水泵房、中水处理站设在同一房间，其上方不应有厕所、浴室、盥洗室、厨房、污水处理间等，同时也不应布置在有防振或有安静要求的房间、居住用房上方、下方或贴邻布置，严禁布置在电气用房上方。设在屋顶上的水箱间不宜设置在电梯机房上方。

（7）贮水池内宜设有水泵吸水坑，吸水坑的大小和深度，应满足水泵吸水管的安装要求。

2. 水泵房　水泵房的设计应注意以下几点：

（1）位置：独立设置的水泵房其位置宜靠近外部市政水源干管，附建的水泵房宜靠近建筑物外墙布置。水泵房不得设置在有安静要求的房间上面、下面和毗邻的房间内。

（2）净高：泵房建筑净高除应考虑通风、采光、供水管道不致结冻等条件外，还应考虑起吊设备，当采用固定吊钩或移动吊架时，其净高应不大于3m；当单个设备重量超过0.5t时，宜设置吊轨。室内高度应根据选用不同起重设备类型和起吊高度通过计算确定。

（3）泵房的泵与泵之间或泵与墙体之间应留有检修间距，泵房门的净空尺寸应满足设备更换、搬运的需要。泵房楼板宜设吊装孔；室内楼梯宽度和坡度应满足小型配件的搬运需要。

（4）宜采用压光水泥地面，并应设置冲洗地面的上、下水设施；在设备可能漏水、泄水的位置，设地漏或排水明沟。泵房内应设排水设施，地面应设防水层。并向地沟找坡。

（5）泵房宜设值班间，并采取隔声措施。泵房、控制室等应有防止雨、雪和小动物从可开启窗、通风窗或其他洞口进入室内的措施。

（6）建筑物内布置水泵房时，水泵的基础应有隔振、减噪设计。墙面、顶棚要有吸声措施。门窗应有密闭和隔声功能。

（7）独立设置的消防水泵房，其耐火等级不应低于二级；附设在多层建筑或高层建筑内的消防水泵房，均应采用耐火极限不低于2.00h的隔墙和1.50h的楼板与其他部位隔开。消防水泵房的门应采用甲级防火门。

（8）当消防泵房设在首层时，其出口宜直通室外。多层建筑在地下层或楼层上设的消防泵房应靠近安全出口。当消防泵房设在高层建筑的地下室或其他楼层时，其出口应直通安全出口。

（9）独立设置的中水处理站和污水泵房室内应有通风措施；附建在建筑物内的中水处理站门窗应密闭，室内应有适应处理工艺要求的采暖、通风、采光、换气设计。

3. 热交换间　当有集中热水供应系统时，有的工程给水排水专业需要设置热交换间，其热源可与暖通专业综合考虑。热交换间的设计要点参见暖通空调专业的"热交换站"。

二、暖通空调专业

暖通空调专业的设备用房主要有：冷（热）源机房（包括电制冷机房、直燃机房、热泵系统机房和蓄冰、蓄热系统的机房)、空调机房、排风机房、热交换站、锅炉房、管井、冷却塔等。在做方案时就需与设备专业一起研究空调机房的位置,确定其面积和层高。

机房面积应根据系统的集中和分散、冷热源设备类型等确定,对于全部空气调节的建筑物,其通风、空气调节与制冷机房和热交换站的面积可按空调总建筑面积的 3% ~5% 考虑,其中风道和管道井约占空调总建筑面积的 1% ~3%,制冷机房面积约占空调总建筑面积的 0.5% ~1.2%。空调总建筑面积大取最小值,总建筑面积小取较大值。热交换站面积约占公共建筑总建筑面积的 0.3% ~0.5%;锅炉房面积约占公共建筑总建筑面积的 1% 左右。机房面积还应保证设备安装有足够的间距和维修空间,并留有扩建余地。

由暖通空调工程师向建筑专业提出暖通空调设备用房的位置、平面尺寸、平面布置及高度要求;设备(水泵、热交换器、冷却塔)平面位置及定位尺寸、基础做法,设备用房内排水沟、集水坑位置等。还应考虑设备出入口的位置,即大型设备(冷冻机、空调箱等)的搬入,并且将来也能打开更换设备的通道。设备出入口与通道不能被风管或其他设备、管道堵死。比较复杂的机房,建筑专业要绘制放大图。

(一)冷(热)源机房(包括电制冷和直燃机房)

(1)机房宜独立设置。冷(热)源机房可以附建在民用建筑地下室、建筑首层单独房间内。对于高层建筑,在符合规范的前提下,也可设在设备层或屋顶上。设在建筑物中要处理好隔声防振问题,特别是水泵及支吊架的传振问题,在其周围及上下层的房间应对噪声振动无严格要求。

(2)制冷机房应尽量靠近负荷中心,设在地下室中平面的几何中心为好,这样可以节省管网的投资和运行的水泵能耗,因为管道短则系统阻力小,故水泵的扬程低、耗能少。

(3)制冷机房的位置要靠近变配电间和水泵房。

(4)制冷机房的位置要考虑管网的出路。

(5)制冷机房的位置要有机器搬进搬出的孔洞。

(6)制冷机房的高度要求:一般不低于下列数值:

1)电制冷机房(净高):大工程 $h = 4.5m$;小工程 $h = 3.5m$。

2)直燃机房(净高):大工程 $h = 5m$;小工程 $h = 4m$。

(7)直燃机机房的特殊要求:因为燃气有防火防爆要求,按燃气规范和防火规范的要求,其机房的位置要求如下:①有直接对外的门窗;②有通风换气;③在地下室时有泄爆面。

(二)空调机房

(1)室内声学要求高的建筑物如广播、电视、录音棚等,机组风量很大的公共建筑物如体育馆等,空调机房最好设在地下室中。而一般的办公楼、旅馆公共部分(裙房)的空调机房可以分散在每层楼上,但是机房不应紧靠贵宾室、会议室、报告厅等室内声音要求严格的房间。空调机房的门应为甲级防火隔声门。

(2)空调机房的划分应不穿越防火区。所以大中型建筑应在每个防火区内设空调机房,最好能在防火区的中心位置。

(3)各层的空调机房最好能在同一位置上即垂直成一串布置,这样可缩短冷、热水管的长度,减少与其他管道的交叉,既减少投资又节约能耗。

(4)各层空调机房的位置应考虑风管的作用半径不要太大,一般为 30 ~40m。而一个系统的服务面积以 500m² 为宜。

（5）空调机房的位置应选择最靠近主风道之处，靠近管井使风管尽量缩短，可降低投资也可减少风机的功率。

（6）空调机房的楼板荷载为 $700 \sim 800 kg/m^2$；机房面积约占建筑面积的 4%~6% 左右。分层面积见表 5-6-1。

表 5-6-1　空调机房的建筑面积　　　　　　　　　（单位：m^2）

每层建筑面积	500	1000	2000	3000
约要空调机房面积	30	35 ~ 45	45 ~ 55	65 ~ 75

（7）空调机房新风进风口、排风口位置应符合下列要求：

1）进风口应设在室外空气洁净的地方，并宜设置在北墙上，降温用的进风口宜设在建筑背阴处。

2）进风口应设在排风口的上风侧，且应低于排风口，并尽量保持不小于 10m 的间距。

3）进风口底部距室外地面不宜少于 2m；通风用进风机房，当进风口布置在绿化地带时，则不少于 1m。

4）排风口主管至少高出屋面 0.5m 以上，排风口应避开人员停留或经常通行的地点活动或对卫生洁净有要求的场所，同时应采取防止气流短路措施；排风口应位于建筑物空气动力阴影区和正压区以上。

5）对可能产生噪音的进、排风口设计应按所处场所声环境要求采取消声措施。

（三）排风机房

排风机房的位置一般多设在屋顶层，有些也可设在地下室中，如地下车库的排风，地下洗衣房、配电间等的排风。

（四）热交换站

民用建筑的热交换站有两种，分别是由锅炉房供给的汽-水热交换和由城市热网供给的水-水热交换。热交换站的设计应注意以下几点：

（1）热交换站设计应根据地区、小区或单位的总体规划进行，宜靠近热负荷中心。热交换站可单独设置，也可设于锅炉房辅助间内或附设于热用户建筑内。

（2）当热源为蒸汽时，热交换站宜设于锅炉房内或靠近锅炉房设置，以便冷凝水回收。当热点分散时，热交换站宜以一定作用半径分片设置。热交换站单独设置时，宜布置必要的值班、生活间。

（3）在规范和技术条件允许时，可设在建筑物的地下室、中间层或屋顶层。

（4）热交换站和其他建筑物相连或设置在其内部时，不宜设在人员密集场所和重要部门的上面、下面和贴邻。并不宜在配电用房的上面或贴邻。当贴邻民用建筑（除观众厅、教室等人员密集的房间和病房外）布置时，应采用无门窗洞口的耐火极限不低于 3h 的隔墙与其他部位隔开；隔墙上必须开门时，应采用甲级防火门。

（5）热交换间的设计应符合下列要求：

1）热交换间应有较好的通风采光条件。

2）热交换间内的设备布置应便于操作、通行和检修。

3）热交换间内的地面应平整无台阶，并采取防止积水的措施。

4）热交换间的门应向外开启，热交换站的工作室、值班室或生活间直通热交换间的门应向热交换间开启。

（五）锅炉房

锅炉房是指设计有锅炉及其附属设备、水处理设施、水泵及分汽（水）缸等的建造物。锅炉房按照燃料分类分为燃煤锅炉、燃油锅炉、燃气锅炉和电热锅炉；按照供热介质分为蒸汽锅炉、热水锅炉。锅炉房根据规模和工艺布置需要设置锅炉间、辅助间（如：日用油箱间、燃气调压和计量间、配、变电室、锅炉给水和水处理间、水泵间、风机房、仪表控制室、化验室、维修间等）和生活管理用房（如：值班更衣室、办公室、休息间、卫浴间等）。

锅炉是一种具有高温带压的特种热力设备，存在一定的火灾爆炸危险。锅炉房设计应由有设计资质的专业设计单位承担，燃油、燃气锅炉房设计时应经有关主管部门批准。

1. 锅炉房的位置

（1）锅炉房设计应根据区域总体规划进行，做到远近期结合，以近期为主，并宜留有扩建余地。锅炉房设计必须采取减轻废气、废水、固体废渣和噪声对环境影响的有效措施，排出的有害物和噪声应符合国家现行有关标准、规范的规定。

（2）锅炉房的位置应有利于减少烟尘、有害气体、噪声和灰渣对居民区、环境保护区的影响；全年运行的锅炉房宜设置在全年最小频率风向的上风侧，季节性运行时宜设置在该季节风盛行风向的下风侧，同时应符合环境影响评价报告提出的各项要求。

（3）锅炉房燃料的选用，应做到合理利用能源和节约能源，并与安全生产、经济效益和环境保护相协调。燃煤锅炉房应考虑煤的供应和堆放、出渣场地及运输问题；采用煤粉锅炉的锅炉房不应设在居民区、名胜风景区和环境保护区内。

（4）燃煤锅炉房宜相对集中；燃气、燃油、电热等锅炉房供热半径不宜大于150m，受条件限制，可采用分区设置热力站的间接供热系统。每座锅炉房供热面积高层不宜大于7万 m^2，多层不宜大于4万 m^2。

（5）锅炉房宜为独立的建筑物，并靠近热负荷比较集中的区域。

2. 设在建筑物内部锅炉房的相关规定

（1）当锅炉房需要和其他建筑物相连或设置在其内部时，严禁设在人员密集场所和重要部门的上面、下面、贴邻或主要通道两旁。并应符合现行的 GB 50041—2008《锅炉房设计规范》、《蒸汽锅炉安全技术监察规程》、《热水锅炉安全技术监察规程》、《建筑设计防火规范》、GB 50028—2006《城镇燃气设计规范》等以及地方有关锅炉房设计的规定。

（2）承压热水锅炉、蒸汽锅炉与建筑物相连或设置在其内部时，应设置在首层或地下室一层靠外墙部位。但常（负）压燃油、燃气锅炉房可设置在地下二层，当常（负）压燃气锅炉距安全出口的距离大于6m时，可设置在屋顶上。常（负）压热水锅炉，因为基本不承压，无爆炸危险，安全性高，可以回避压力容器安全部门的审批，所以被广泛使用。

（3）锅炉房与其他部位之间应采用耐火极限不低于2.00h的隔墙，耐火极限为1.50h的楼板与其他部位隔开。在隔墙和楼板上不应开设洞口，当必须在隔墙上开设门窗时，应设置甲级防火门窗。

（4）锅炉房的外墙、楼地面或屋面，应有相应的防爆措施，并应有相当于锅炉间占地面积10%的泄压面积，泄压方向不得朝向人员密集场所、房间和人行通道，泄压处也不得与这些地方相邻。地下锅炉房采用竖井泄爆方式时，竖井的净横断面积应满足泄压面积[○]的要求。

（5）当锅炉房内设置储油间时，其总容量不应大于$1m^3$，与锅炉间采用防火墙隔开；当必须开门时，应采用甲级防火门并应能自行关闭，门口应设150～200mm高档油门槛。

（6）锅炉房外墙上的门窗洞口上方应设置宽度不小于1.0m的不燃烧体防火挑檐或高度不小于1.2m的窗槛墙。

（7）不得与储存易燃、易爆或其他危险品的房间相连。使用液化石油气或其他比重大于空气的气体燃料的锅炉房，不应布置在四周均比室外地面低的地下室或半地下室内。

（8）住宅建筑内不宜设置锅炉房。

3. 锅炉房的内部布置

（1）锅炉房出入口设计要求：

1）锅炉房出入口不应少于2个。但独立的锅炉房，当炉前走道总长度小于12m，且总建筑面积小于$200m^2$时，其出入口可设1个。

2）非独立锅炉房，其人员出入口必须有一个直通室外。锅炉房通向室外的门应向室外开启；锅炉房内的工作间或生活间直通锅炉间的门应向锅炉间内开启。

3）多层锅炉房各层人员出入口不应少于2个，其中应有一个出入口直接通向地面的安全楼梯。

（2）锅炉间的设计：

1）锅炉间内设置的操作平台应选用耐火、防滑材料，操作平台宽度不小于800mm，经常使用的操作梯坡度宜小于45°，宽度不小于600mm，平台和操作梯上净高不应小于2.0m，操作平台周围应设置防护栏杆。

2）锅炉房室内地面宜高出室外地面150～300mm，锅炉间内的地面应平整无台阶，并采取防止积水的措施，锅炉间和同层辅助间地面标高宜一致。

3）锅炉间内承重梁柱等构件与锅炉之间应有一定的距离或采取隔热措施，以防止承重构件受高温损坏。

4）锅炉操作区域和主要通道的净空高度不小于2.0m，并应满足起吊设备操作高度的要求。在锅炉省煤器及其发热部位的上方，其净空高度不小于0.7m。

5）炎热地区的锅炉间操作层可采用半敞开布置或在其前墙开门；操作层为楼层时，门外应设置阳台。但民用锅炉房设备不宜露天设置。

（3）燃气管道设置要求：

1）锅炉房内燃气管道不应穿越易燃或易爆品仓库、值班室、配变电室、电缆沟（井）、通风沟、风道、烟道和具有腐蚀性质的场所；当必需穿越防火墙时，其穿孔间隙应采用非燃烧物填实。

2）燃气管道垂直穿越建筑物楼层时，应设置在独立的管道井内，并应靠外墙敷设；穿越建筑物楼层的管道井每隔2层或3层，应设置相当于楼板耐火极限的防火隔断；相邻2个防火隔断的下部，应设置丙级防火检修门；建筑物底层管道井防火检修门的下部，应设置带有电动防火阀的进风百叶；管道井顶部应设置通大气的百叶窗；管井道应采用自然通风。

3）燃气管道严禁设在底沟和封闭竖井内，应采用直埋和明装。

○　1. 泄压面积可将玻璃窗、天窗、质量小于等于$120kg/m^2$的轻质屋顶和薄弱墙等面积包括在内；

2. 当泄压面积不能满足上述要求时，可采用在锅炉房的内墙或顶部（顶棚）敷设金属爆炸减压板作补充。

（4）锅炉房及附属用房楼地面设计：

1）锅炉房设有水箱、加热装置、蓄热器和水处理装置的辅助房间地（楼）面应考虑防水和排水设计。

2）油箱间、油泵房地面应考虑防油、防滑措施。

3）采用酸碱还原的水处理间地面、中间水箱和中和水池应考虑防酸、防碱措施，楼（地）面设计应符合 GB 50046《工业建筑防腐蚀设计规范》的要求。

4）燃气调压站地面应采用不发火的做法；化验室地面应有防腐和防滑措施。

（5）锅炉房应有良好的通风和采光，寒冷地区应考虑防冻问题。

（6）锅炉房应尽可能远离对环境要求较高的建筑和区域，机房噪声控制应满足相关规范的规定。

（7）锅炉房及其附属用房室内净高应满足设备安装和检修时起吊的需要，锅炉房至少有一个门能满足小型机件搬运的需要，对于大型设备应预留设备安装洞口。

（8）新建锅炉房应只有一个烟囱，烟囱周围200m 范围内有建筑物时，烟囱高度应高出最高建筑3m。烟囱出口处应采取防风避雨的遮挡装置。

（六）冷却塔

冷却塔是为中央空调系统冷水机组服务的配套设备，其占地面积大、高度高，运行时由于风机的转动和布水滴水等因素，易对环境产生噪声和大气污染。公共建筑冷却塔的设计偏重于对定型设备的选用和布置，科学的选型、合理的布置及有效的措施可尽量减小其对环境的不利影响。

冷却塔的设置，既要考虑到冷却效果，也要考虑对建筑物立面及周围景观的影响。从冷却效果角度来考虑，应布置在气流通畅处；周边不应有热源烟气的排放口，如锅炉房、厨房操作间的上层；塔四周应留有足够的空间便于维护检修。从环境和建筑立面考虑，应避开建筑物的主立面和主出入口，以免对周边景观产生不良的视觉效果；应避免设于有安静要求的房间的上一层，如宾馆客房、卧室、书房等；另外在同等条件下应尽量选用塔体高度较低的塔型。

冷却塔荷载较大，横式冷却塔约为 $1t/m^2$；立式冷却塔约为 $2\sim3t/m^2$。冷却塔基础一般设反梁，为了屋面排水通畅，常在梁紧贴板面的标高处预留过水洞，并做疏水处理。

三、电气专业

电气专业又分为强电和弱电，强电的设备用房主要有：变配电室、柴油发电机房、电缆分界小室、电气竖井或楼层配电小间等。弱电的设备用房主要有：消防控制室、保安监控室、音响控制室、电话机房、计算机房、电视前端室等。比较复杂的机房，如变配电室，建筑专业要绘制放大图。

（一）变配电系统的构成

变配电系统由以下部分构成：①电缆分界小室高压系统；②高压供电系统；③变压器；④低压配电系统；⑤柴油发电机组。

（二）电缆分界小室

许多地区供电部门对新建建筑基本上均提出需建电缆分界小室的要求，其主要目的是为给今后周边发展新建筑提供电源。当有的建筑或建筑群建筑面积很大，用电量基本达到供电容量，且周边也无发展建筑的可能时，经与供电部门商量后，可以取消电缆分界小室。

电缆分界小室有的是在室外单独设置，有的则是在建筑内部设置。在室外单独设置时，一般不允许在地下，而是在地面设置；在建筑内部设置时，应设置在首层或地下一层，建筑面积要求为 24m² 左右，室内净高为 3.5m，在柜下有净高 1.8~2m 的夹层，并宜与变电所相邻，分界小室的门应直接通向室外或通向公用走廊。在建筑内设置电缆分界小室时，因其约占 1 层半的高度，应考虑空间高度和剩余空间的使用问题。

（三）高低压变配电室

高低压变配电室是建筑中供电的核心，从提高供电质量和节约有色金属的角度，变配电室应尽量深入到负荷中心。一般来说，在建筑中的集中大负荷往往是空调制冷设备（采用电制冷的冷冻机及其配套设备等），若变配电室距这些大负荷较远，在启动过程中，势必造成较大的电压损失，甚至无法启动设备。

附建在建筑物内部的配、变电所设置条件：

（1）民用建筑内不宜设置有可燃性油的变配电所，变压器进入主体建筑宜选用干式变压器、无油开关。

（2）不应布置在厨房、浴室、厕所、给水泵房和水箱间、污水泵房和其他经常积水场所的正下方或贴邻，因条件限制必需布置时，应有可靠的防渗漏措施。

（3）变压器室不宜与有防电磁干扰要求的设备或机房贴邻或位于其正上方或正下方，不能满足时应采取防电磁干扰措施。

（4）高层建筑的变、配电所宜布置在首层或地下一层靠外墙部位，并应设置独立的出口；不应设在地下室最底层，当地下室仅有一层时，应采取适当抬高室内地面标高，同时在设备间、电缆夹层、电缆沟等处采取防水、排水措施，避免洪水或积水从其他管道淹渍配电所的可能性。当配电所设置在地下层时，其进出地下层的电缆口必须采取有效防水措施。

（5）地下变电所应选择通风、散热良好的位置。无条件时应设机械进排风。

（6）当建筑高度超过 100m 时，也可在高层区的避难层、技术层或屋顶层内设置变电所，但严禁选用可燃性油的电气设备，同时应注意解决设备的垂直搬运和电缆敷设问题。

（7）配变电所应避开建筑物的伸缩缝处。

（8）变电所贴邻设备用房时，应采取适当抬高地面或其他防水措施。设在冷冻机房、洗衣房、锅炉房、水泵房等潮湿或多粉尘场所的配电装置，宜设在单独电气控制室内。

配、变电所的布置与建筑的柱距等密切相关。布置时须满足高低压设备布置所需的间距，双面操作中间所需间距等。长度超过 7m 的配电装置室，应设两个出口，并宜布置在配电装置室的两端，长度大于 60m 时，宜增加一个出口。当配电装置室双层布置时，位于楼上的配电装置室至少应设一个通向室外的平台或通道的出口。配电装置室及变压器室门的净高、净宽应不小于最大不可拆卸部件尺寸加 0.2m。

配、变电所的建筑面积应包括高低压柜、变压器、直流信号屏和值班维修用房等。若房间柱距合适，能够布置合理，节省面积。对于两台变压器的情况，一般需要 160m² 左右。

有人值班的变电所应设单独的值班室（可兼作控制室），值班室应和高压配电室直通或经过通道相通。值班室应有门直接通向户外或通向走道。有人值班的独立变电所，宜设厕所和上下水设施。通常在值班室中放置直流屏，直流屏一般为三面 600mm×800mm 的柜子，柜后离墙 800mm，柜前需有至少 1500mm 以上的操作空间，并有值班人员的桌椅等。值班室朝向变配电室方向应开观察窗，使值班人员能够观察变配电室中设备的情况。

高低压配电室、变压器室、电容器室、控制室不应有无关的管道（雨水、煤气、上下水等）通过。

配、变电所门、窗、隔墙、装修的防火设计要求如下:

(1) 设在建筑内的配变电所,应采用耐火极限不低于 2h 的隔墙、耐火极限不低于 1.50h 的楼板和甲级防火门与其他部位隔开。

(2) 可燃油油浸变压器室通向配电室或变压器室之间的门应为甲级防火门。

(3) 变压器室之间、变压器室与配电室之间,应采用耐火极限不低于 2h 的不燃烧体墙隔开。

(4) 配、变电所内部相通的门,宜为丙级的防火门;变电所内如无可燃性设备,又为一个防火分区,配变电所内部相通的门可为普通门。

(5) 配、变电所直接通向室外的门,应为丙级防火门。

(6) 变压器室、配电室、电容器室的门应向外开启。配变电所的通风窗应为高窗,采用非燃烧材料制作。并应设置防止雨、雪、小动物进入屋内的设施(如:遮护钢丝网的网孔不大于 10mm × 10mm,设置挡鼠板等)。

(7) 配电室、电容器室和各种辅助房间的室内装修材料耐火性能不低于 A 级。

配、变电所室内配电装置距建筑顶板(梁除外)的距离不小于 0.80m,距梁底不小于 0.60m。配电室、控制室、值班室等应高出室外地坪 150~300mm,当附建在建筑物内部时,则可与所在层建筑地面平。

配、变电所的层高要求,不同的进、出线方式有所不同,上进、上出线需要考虑高、低压电缆桥架,高低压柜的高度一般在 2.2m 左右,柜下有 50~100mm 的基础槽钢,考虑两层桥架,每层桥架高度为 200mm,两层桥架之间至少需要 150~200mm 的空间,便于人工布放电缆。因此,上进上出需要在 4m 左右。

下进下出线的方式层高不应低于 3.5m,下进下出线的方式在变配电室内除了高低压柜、变压器、直流屏等外,基本上看不见电缆,显得比较干净利索,但下进下出的方式需要设置电缆沟或电缆夹层。高压电缆沟,沟深 1.50m,宽 1.00m。低压电缆沟沟深 1.20m,宽 1.50m。如果采用电缆夹层,电缆夹层净高不低于 1.80m。电缆沟和电缆夹层应水泥抹光,并设防水、排水设施,电缆沟盖板宜采用花纹钢板,管沟的检查人孔、手孔不得设在变电室内。

(四) 柴油发电机房

在一些重要建筑中,除了正常电源外还必须设置柴油发电机。柴油发电机房宜独立设置。附建式柴油发电机房的设置要求为:

(1) 可布置在建筑物的首层、地下一层或地下二层,但不应布置在地下三层及以下。当布置在地下层时,应有通风、防潮、机组的排烟、消声和减震等措施,外门应采取隔声门,并满足环保要求。

(2) 机房布置宜靠近一级负荷或变电所设置。

(3) 发电机间、控制室及配电室不应设在浴室、卫生间或易积水的场所正下方或贴邻。

(4) 不应靠近有安静要求和防振动要求的房间或建筑。

(5) 机房采取耐火极限不低于 2.00h 的隔墙和 1.50h 的楼板与其他部位隔开,门应用甲级防火门。

(6) 应符合机组安装运行要求,力求紧凑、经济合理、保证安全,便于维修和运输。

(7) 机房内设置储油间,其总储量不应大于 8.00h 的需要量,且储油间应采用防火墙与发电机间隔开。

（8）机房应有良好的采光和通风。机房设置在高层建筑内时，机房内应有足够的新风进口及合理的排烟道位置。机房排烟应避开居民敏感区，排烟宜采用内置排烟道排至屋顶。当排烟口设置在裙房屋顶时，宜将烟气处理后再行排放。地下柴油机房应有足够的进、排风口，当通风孔直接与室外相通有困难时，可设置竖井导出。

柴油发电机房内部一般包括发电机间、控制室、配电室、储油间、备品备件储藏间等，设计时可根据工程具体情况进行取舍、合并或增添。柴油发电机房的发电机间、储油间火灾危险性类别为丙类，建筑耐火等级为一级。控制室与配电室火灾危险性类别为戊类，建筑耐火等级为二级。机房内应设洗手盆和洗涤池。发电机房、储油间应设置防止油品流散设施。柴油机基础宜采取防油浸的设施，可设置排油污沟槽，机房内管沟和电缆沟内应有 0.3% 的坡度和排水、排油措施。地面宜做水泥面层，并应有防止油、水渗入地面的措施。柴油发电机的冷却方式有风冷和水冷两种，采用风冷的比较多，风冷型需要有风道，其风道宽度一般比柴油机稍宽点，深度为 1500mm 左右。风道的面积不能小于柴油机排风口的面积。蓄电池宜靠近所属柴油机。多台机组单机容量 500kW 及以上宜设控制室。控制室布置应便于观察、操作和调度，控制室内不应有油、水等管道通过。当控制屏长度超过 7m 时，应在两端分别设两个出口，门应向外开启。

柴油发电机房应有两个出口，其中一个出口尺寸应满足设备搬运的需要，门净宽不宜小于设备的宽度加 0.3m，否则应预留设备安装孔洞。机房门应为甲级防火隔声门，并应向外开启；发电机间与控制室、配电室之间的门和观察窗应采取防火、隔声措施，门应为甲级防火隔声门，并应开向发电机间。储油间与发电机间之间的防火墙上开门时，应设置自行关闭的甲级防火门，且门口宜设高 150～200mm 挡油门槛。

柴油发电机房高度主要考虑机组在安装检修时，利用机房顶预留吊钩用手动葫芦起吊活塞、连杆和曲轴所需高度，室内净高当发电机容量 150kW 以下为 3.5m，容量 200kW 以上为 4.00～4.50m。

（五）弱电系统机房

弱电系统机房主要有消防控制室、保安监控室、音响控制室、电话机房、计算机房、电视前端室等，其基本要求和大致面积为：

（1）消防控制室：需要有直接对外的出口，采用架空防静电地板，20～30m²。

（2）保安监控室：根据工程类型及风险等级，保安监控室有其特定的要求，如风险等级低的建筑，有时可以将其与消防控制室合用，但相应的要加大消防控制室的面积。

（3）音响控制室：根据建筑使用功能对音响系统的要求，可独立设置或与消防应急广播系统合用。单独设置时，一般面积在 15～20m² 左右，根据具体工程情况以及系统的复杂程度，音响控制室的面积会有所变化。

（4）电话机房：根据建筑的规模以及业主方的要求，有些建筑设置程控交换机，有的建筑则是由市话局从就近电话站或模块局引来直接外线。对于设置程控交换机的建筑，则需要有 80～100m² 的机房面积，并需采用防静电架空地板。若是引入直接外线，根据市话数量的多少，一般要求有一间 25～30m² 的电话分线间，供内部设置电话主配线架用，数量大时，也需采用防静电架空地板。

（5）计算机房：办公自动化是以计算机网络为手段，建筑的使用要求不同，其计算机房的使用面积不同，一般根据业主方的要求来设置。计算机房一般均采用防静电架空地板，在架空地板下敷设电缆或采取下送风方式的机房专用空调。

（6）电视前端室：在城区内，有线电视网已经覆盖了整个城市。若所设计的建筑仅有有线电视而无卫星电视节目时（指所设计的建筑在楼顶上无卫星天线），则电视前端室可设置在楼下某层，如地下一层或首层；若有卫星电视天线时，则电视前端室可设置在楼上的卫星电视机房内。根据收看卫星节目的多少，所设置的卫星天线数量也不同，从而对机房面积的要求有所变化。一般情况下，若仅设置两套卫星天线，则机房面积在 $20m^2$ 左右。若无卫星天线，则电视前端室的面积可仅为数平方米，在此种情况下，还需有自办节目时，则前端室的面积应在 $15m^2$ 左右。

四、设备层及管道井

1. 设备层的概念和作用　设备层是指将建筑物某层的全部或大部分作为安装空调、给水排水、电梯机房等设备的楼层。在高层建筑中，设备层是保证建筑设备正常运行所不可缺少的。

（1）设备层的位置：建筑高度在 30m 以下的建筑，设备层通常设在地下室或顶层。当建筑物层数较多时，考虑设备的耐压大小及风道和设备尺寸所占用的空间等因素，需要在建筑物的某一层专门设置设备层。为不扩大建筑规模，设备层的层高一般在 2.2m 以下。另外，设备层也经常结合结构（设备）转换层和避难层设置。

当建筑物某楼层的上部与下部因平面使用功能不同，该楼层上部与下部采用不同结构（设备）类型，并通过该楼层进行结构（设备）转换，则该楼层称为结构（设备）转换层。避难层可兼作设备层，但设备管道宜集中布置。

有的建筑不设专门的设备层，而是通过技术层解决设备安装的问题。技术层是指在建筑物的自然层内，用作水、暖、电等设备安装的局部层次，有技术层的楼层层高需要增加技术层所需要的高度。

（2）设备层的相关规范：

GB 50352—2005《民用建筑设计通则》中第6.4条规定：

（1）设备层设置应符合下列规定：

1）设备层的净高应根据设备和管线的安装检修需要确定。

2）当宾馆、住宅等建筑上部有管线较多的房间，下部为大空间房间或转换为其他功能用房而管线需转换时，宜在上下部之间设置设备层。

3）设备层布置应便于市政管线的接入；在防火、防爆和卫生等方面互有影响的设备用房不应相邻布置。

4）设备层应有自然通风或机械通风；当设备层设于地下室又无机械通风装置时，应在地下室外墙设置通风口或通风道，其面积应满足送、排风量的要求。

5）给水排水设备的机房应设集水坑并预留排水泵电源和排水管路或接口；配电房应满足线路的敷设。

6）设备用房布置位置及其围护结构，管道穿过隔墙、防火墙和楼板等时，应符合防火规范的有关规定。

（2）建筑高度超过100m的超高层民用建筑，应设置避难层（间）。

（3）有人员正常活动的架空层及避难层的净高不应低于2m。

2. 管道井　管道井又称设备管道井，是指在建筑中专门集中垂直安放风管、水管及其他公用设施所用的管件线路的竖井。

（1）位置及做法：管井宜在建筑物每区的中心部位，且在机房的附近。管井应从下至上直通到顶，中途不应拐弯。特别是高层建筑为筒体结构时，其内筒的核心区常可作为管井。管井分两种，一种为有维修空间的，维修空间最小宽度应有50~60cm，为工作人员的通行空间，通路上尚应预留人孔，人孔一般为1.2m×0.6m。此类管井的尺寸应不小于风管断面的2倍。但要注意管井内的管道在每层中都有进有出，特别是风管需要墙上开洞较大，这一点必须与结构专业协调好，将管井放在墙上开洞不会破坏结构刚度的地方。特别是地震区更要注意，最好将管井设在结构的核心之外。另一种为不考虑检修，有一面为空心砖砌体或钢丝网抹灰，遇到检修时可将该墙拆掉。

（2）风管距墙的尺寸：风管一边或两边靠墙时距混凝土墙面的间隙，对小风管（≤300mm×300mm）为150mm，对大风管（>300mm×300mm）应留300mm。

（3）封堵：从防火安全考虑，建筑内的电缆井、管道井（除风井外）应在每层楼板处采用不低于楼板耐火极限的不燃烧体或防火封堵材料封堵。建筑内的电缆井、管道井与房间、走道等相连通的孔洞应采用防火封堵材料封堵。

（4）燃气管道不允许设在管井里。燃气管道一定要设在管井里时，要单独设井，还得做管井通风。

（5）管道井的相关规范：

GB 50352—2005《民用建筑设计通则》中第6.14条规定：

（1）管道井、烟道、通风道和垃圾管道应分别独立设置，不得使用同一管道系统，并应用非燃烧体材料制作。

（2）管道井的设置应符合下列规定：

1）管道井的断面尺寸应满足管道安装、检修所需空间的要求。

2）管道井宜在每层靠公共走道的一侧设检修门或可拆卸的壁板。

3）在安全、防火和卫生方面互有影响的管道不应敷设在同一竖井内。

4）管道井壁、检修门及管井开洞部分等应符合防火规范的有关规定。

（3）烟道和通风道的断面、形状、尺寸和内壁应有利于排烟（气）通畅，防止产生阻滞、涡流、窜烟、漏气和倒灌等现象。

（4）烟道和通风道应伸出屋面，伸出高度应有利于烟气扩散，并应根据屋面形式、排出口周围遮挡物的高度、距离和积雪深度确定。平屋面伸出高度不得小于0.60m，且不得低于女儿墙的高度。坡屋面伸出高度应符合下列规定：

1）烟道和通风道中心线距屋脊小于1.50m时，应高出屋脊0.60m。

2）烟道和通风道中心线距屋脊1.50~3.00m时，应高于屋脊，且伸出屋面高度不得小于0.60m。

3）烟道和通风道中心线距屋脊大于3m时，其顶部与屋脊的连线同水平线之间的夹角不应大于10°，且伸出屋面高度不得小于0.60m。

（5）民用建筑不宜设置垃圾管道。多层建筑不设垃圾管道时，应根据垃圾收集方式设置相应设施。中高层及高层建筑不设置垃圾管道时，每层应设置封闭的垃圾分类、贮存收集空间，并宜有冲洗排污设施。

（6）如设置垃圾管道时，应符合下列规定：

1）垃圾管道宜靠外墙布置，管道主体应伸出屋面，伸出屋面部分加设顶盖和网栅，并采取防倒灌措施。

2）垃圾出口应有卫生隔离，底部存纳和出运垃圾的方式应与城市垃圾管理方式相适应。

3）垃圾道内壁应光滑、无突出物。

4）垃圾斗应采用不燃烧和耐腐蚀的材料制作，并能自行关闭密合；高层建筑、超高层建筑的垃圾斗应设在垃圾道前室内，该前室应采用丙级防火门。

第七节 顶 棚

顶棚是建筑内部空间的上部界面。管线少、高度较低的空间的顶棚一般把屋顶或楼层结构直接露明，表面做涂料饰面；管线多或装修标准高的空间顶棚常采用从上部结构悬挂的吊顶棚。

顶棚是室内装修的重要组成部分，它的设计常常要从审美要求、声学、节能、建筑照明、设备安装、管线敷设、防火安全等方面进行综合考虑。

一、吊顶的作用

（1）封闭室内的管道，使空间整洁、规矩。

（2）增加顶部艺术性，提高装修的效果。

（3）调整室内空间的照明，使空间的照明协调、均匀、柔和。

二、吊顶的形式

吊顶一般有平板吊顶、异形吊顶、局部吊顶、格栅式吊顶、藻井式吊顶等五大类型。

三、吊顶的构造

吊顶基本上由悬挂、支承和饰面三个部分组成，即吊杆、骨架、面层。

（一）吊杆

（1）吊杆的作用：承受吊顶面层和龙骨架的荷载，并将这些荷载传递给屋顶的承重结构。吊杆的材料：应在钢筋混凝土顶板内预留钢筋或预埋件与吊杆连接；不上人的轻型吊顶及翻建工程吊顶可采用后置连接件(如射钉、膨胀螺栓)。无论预埋或后置连接件，其安全度应做结构验算。

（2）上人吊顶的主龙骨为上人龙骨，上人龙骨是指龙骨能承受上人检修 800N 的集中活荷载，可在其上铺设永久性检修马道。工程中如需设置有特殊要求的马道、上人次数频繁或有超重荷载等，则需将马道直接吊在结构顶板上，与吊顶分开，或者采用特制重型龙骨。

（3）重型灯具、水管、电扇、风道等及有振动的设备应直接吊挂在结构顶板上，与吊顶分开。

（二）骨架

（1）骨架的作用：承受吊顶面层的荷载，并将荷载通过吊杆传给屋顶承重结构。

（2）骨架的材料：有木龙骨架、轻钢龙骨架、铝合金龙骨架等。

（3）骨架的结构：主要包括主龙骨（主搁栅）、次龙骨（次搁栅）所形成的网架体系。轻钢龙骨和铝合金龙骨的 T 型、U 型、L 型、C 型等各种异形龙骨等。主龙骨为吊顶的主要承重结构，其间距视吊顶的重量或上人与否而定，通常为1000mm左右。次龙骨用于固定面板，其间距视面层材料规格而定，一般为300～500mm，刚度大的面层可允许扩大至600mm。

（三）面层

（1）面层的作用：装饰室内空间，以及吸声、反射等功能。

（2）面层的材料：纸面石膏板、纤维板、胶合板、钙塑板、矿棉吸声板、铝合金等金属板、PVC塑料板等。玻璃顶棚的玻璃应选用夹丝玻璃、夹层玻璃或钢化玻璃（顶棚离地高于5m时，不应采用钢化玻璃）。玻璃顶棚若兼有人工采光要求时，应采用冷光源，任何空间，普通玻璃均不能作为顶棚材料使用。

吊顶材料的选择除满足功能和美观要求以外，必须符合防火规范所规定的燃烧性能要求和GB 50325—2010《民用建筑工程室内环境污染控制规范》所规定的环保要求。

（四）顶棚材料的防火要求

（1）顶棚设计应妥善处理装饰效果和防火安全的矛盾。应根据GB 50222—1995《建筑内部装修设计防火规范》（2001年修订版）及其他相关防火规范的不同要求采用不燃烧体材料或难燃烧体材料，严禁采用在燃烧时产生大量浓烟或有毒气体的材料。做到安全适用、经济美观。

（2）顶棚的燃烧性能和耐火极限应符合表5-7-1的规定。

表5-7-1　顶棚及搁栅的燃烧性能和耐火极限

耐火等级 建筑层数	一　级	二　级	三　级	四　级
低层、多层建筑	0.25（不燃烧体）	0.25（难燃烧体）	0.15（难燃烧体）	燃烧体
高层建筑	0.25（不燃烧体）	0.25（难燃烧体）	—	—
地下民用建筑	0.25（不燃烧体）	—	—	—

注：1. 本表规定的耐火极限为耐火极限的下限。

　　2. 三级耐火等级建筑的医院、疗养院、中小学校、老年人建筑及托儿所、幼儿园的儿童用房和儿童游乐厅等儿童活动场所以及3层及3层以上建筑中的门厅、走道均应采用不燃烧体或耐火极限不低于0.25h的难燃烧体。

　　3. 二级耐火等级建筑的吊顶，如采用不燃烧体时，其耐火极限不限。

（3）顶棚照明灯具的高温部位，当靠近燃烧体或难燃烧体材料时，应采取隔热、散热等防火保护措施。

（4）顶棚材料的燃烧性能举例（表5-7-2）：

表5-7-2　顶棚材料燃烧性能举例

常用不燃烧体顶棚材料	水泥制品板、石膏板、玻璃、金属板、其他非燃材料板
常用难燃烧体顶棚材料	纸面石膏板、纤维石膏板、水泥刨花板、矿棉装饰吸声板、玻璃棉装饰吸声板、珍珠岩装饰吸声板、难燃胶合板、难燃中密度纤维板、岩棉装饰板、难燃木材、铝箔复合材料、难燃酚醛胶合板、铝箔玻璃钢复合材料等

注：等级划分应按GB 50222—1995《建筑内部装修设计防火规范》（2001年修订版）附录A等级判定要求确定。

（5）安装在钢龙骨上燃烧性能达到B1级的纸面石膏板，矿棉吸声板，可作为A级装修材料使用。

（6）施涂于 A 级基材上的无机装饰涂料，可作为 A 级装修材料使用；施涂于 A 级基材上，湿涂覆比小于 $1.5kg/m^2$ 的有机装饰涂料，可作为 B1 级装修材料使用。涂料施涂于 B1、B2 级基材上时，应将涂料连同基材一起按 GB 50222—1995《建筑内部装修设计防火规范》（2001 年修订版）附录 A 的规定确定其燃烧性能等级。

（7）当胶合板表面涂覆一级饰面型防火涂料时，可作为 B1 级装修材料使用。当胶合板用于顶棚和墙面装修并且不内含电器、电线等物体时，宜仅在胶合板外表面涂覆防火涂料；当胶合板用于顶棚和墙面装修并且内含有电器、电线等物体时，胶合板的内、外表面以及相应的木龙骨应涂覆防火涂料，或采用阻燃浸渍处理达到 B1 级。

说明：饰面型防火涂料的等级应符合现行国家标准《防火涂料防火性能试验方法及分级标准》的有关规定。

（8）单位重量小于 $300G/m^2$ 的纸质、布质壁纸，当直接粘贴在 A 级基材上时，可作为 B1 级装修材料使用。

（9）当采用不同装修材料进行分层装修时，各层装修材料的燃烧性能等级均应符合 GB 50222—1995《建筑内部装修设计防火规范》（2001 年修订版）的规定。复合型装修材料应由专业检测机构进行整体测试并划分其燃烧性能等级。

四、吊顶上各专业设备的排布

吊顶上需要排布各个专业的设备，如强电的灯具、给水排水的喷淋头、暖通的风口、弱电的报警探头和背景广播的喇叭等。绘制吊顶综合布置图，除了要考虑吊顶龙骨的定位、间距以外，应将各个专业的设备井然有序地排布，既要符合功能要求，避免重叠或过近，又要美观均衡。

一般应首先确定吊顶的形式，如采用明龙骨还是暗龙骨，平板吊顶还是格栅式吊顶，是否有异形吊顶或藻井式吊顶等，然后根据吊顶的形式确定龙骨的排布。再将反映吊顶的形式及龙骨的排布的图纸作为作业图提给给水排水、暖通空调、强电、弱电专业的工程师。

在排布各个工种的设备时，首先应与电气工程师确定灯具的选型和数量，对灯具进行定位。然后，请给水排水工程师提供自动喷头的布置原则，一般喷头的间距应根据系统的喷水强度、喷头的流量系数和工作压力确定，且不宜小于 2400mm，两个喷头的间距一般不大于 3600mm；距墙不小于 100mm，不大于 1800mm；请暖通空调工程师提供送、排风口的大致位置；请弱电工程师提出烟感、温感、广播喇叭等的位置。由于烟感、温感等火灾探测器的安装位置有严格的要求，在布置时应特别予以注意。

说明：火灾探测器的安装位置要求

1. 探测器至墙壁、梁边的水平距离，不应小于 0.5m。

2. 探测器周围 0.5m 内，不应有遮挡物。

3. 探测器至空调送风口边的水平距离，不应小于 1.5m；至多孔送风顶棚孔口的水平距离，不应小于 0.5m。

4. 在宽度小于 3m 的内走道顶棚上设置探测器时，宜居中布置。感温探测器的安装间距，不应超过 10m；感烟探测器的安装间距，不应超过 15m。探测器距端墙的距离，不应大于探测器安装间距的一半。

5. 探测器宜水平安装，当必须倾斜安装时，倾斜角不应大于45°。

6. 探测区域内的每个房间至少应设置一个火灾探测器。感温、感光探测器距光源距离应大于1m。

7. 感烟、感温探测器的保护面积和保护半径应按表5-7-3确定。

表5-7-3　感烟探测器、感温探测器的保护面积和保护半径

火焰探测器的种类	地面面积 S/m^2	房间高度 h/m	一只探测器的保护面积 A 和保护半径 R					
			房间坡度 θ					
			$\theta \leq 15°$		$15° < \theta \leq 30°$		$\theta > 30°$	
			A/m^2	R/m	A/m^2	R/m	A/m^2	R/m
感烟探测器	$S \leq 80$	$h \leq 12$	80	6.7	80	7.2	80	8.0
	$S > 80$	$6 < h \leq 12$	80	6.7	100	8.0	120	9.9
		$h \leq 6$	60	5.8	80	7.2	100	9.0
感温探测器	$S \leq 30$	$h \leq 8$	30	4.4	30	4.9	30	5.5
	$S > 30$	$h \leq 8$	20	3.6	30	4.9	40	6.3

8. 探测器一般安装在室内顶棚上，当顶棚上有梁时，梁间净距小于1m时，视为平顶棚。在梁突出顶棚的高度小于200mm的顶棚上设置感烟、感温探测器时，可不考虑梁对探测器保护面积的影响。当梁突出顶棚的高度为200~600mm时，应按规定图、表确定探测器的安装位置。当梁突出顶棚的高度超过600mm时，被梁隔断的每个梁间区域应至少设置一个探测器。当被梁隔离的区域面积超过一个探测器的保护面积时，应将被隔断的区域视为一个探测区域，并按有关规定计算探测器的设置数量。

9. 安装在顶棚上的探测器的边缘与下列设施的边缘水平间距宜保持为：

1）与照明灯具的水平净距不应小于0.2m。

2）感温探测器距高温光源灯具(如碘钨灯、容量大于100W的白炽灯等)的净距不应小于0.5m。

3）距电风扇的净距不应小于1.5m。

4）距不突出的扬声器净距不应小于0.1m。

5）与各种自动喷水灭火喷头的净距不应小于0.3m。

6）距多孔送风顶棚孔口的净距不应小于0.5m。

7）与防火门、防火卷帘的净距，一般为1~2m。

10. 房间被书架、设备或隔断等分离，其顶部至顶棚或梁的距离小于房间净高的5%时，每个被隔开的部分至少安装一个探测器。

11. 当房屋顶部有热屏障时，感烟探测器下表面至顶棚距离，应符合表5-7-4的规定。

12. 锯齿形屋顶和坡度大于15°的人字形屋顶，应在每个屋脊处设置一排探测器，探测器下表面距屋顶最高处的距离，也应符合表5-7-4的规定。

表 5-7-4　感烟探测器下表面至顶棚或屋顶的距离

探测器的安装高度 h/m	感烟探测器下表面至顶棚或屋顶的距离 d/mm					
	顶棚或屋顶坡度 θ					
	$\theta \leqslant 15°$		$15° < \theta \leqslant 30°$		$\theta > 30°$	
	最　小	最　大	最　小	最　大	最　小	最　大
$h \leqslant 6$	30	200	200	300	300	500
$6 < h \leqslant 8$	70	250	250	400	400	600
$8 < h \leqslant 10$	100	300	300	500	500	700
$10 < h \leqslant 12$	150	350	350	600	600	800

13. 在与厨房、开水房、浴室等房间连接的走廊安装探测器时，应在其入口边缘 1.5m 处安装。

五、吊顶高度

室内净高是指从楼、地面面层（完成面）至吊顶或楼盖、屋盖底面之间的有效使用空间的垂直距离。建筑装修吊顶时，不应忽视各类建筑规范对室内净高的要求。

吊顶高度最低应满足规范要求（表 5-7-5），理想是保证空间舒适。

表 5-7-5　常用建筑规范对室内净高的要求

建筑类别	规范对室内净高的要求
住宅	卧室、起居室（厅）的室内净高不应低于 2.40m，局部净高不应低于 2.10m，局部净高的面积不应大于室内使用面积的 1/3 利用坡屋顶内空间作卧室、起居室（厅）时，其 1/2 使用面积的室内净高不应低于 2.10m 走廊和公共部位通道的净宽不应小于 1.20m，局部净高不应低于 2.00m 住宅地下车库车道净高不应低于 2.20m，车位净高不应低于 2.00m
宿舍	居室在采用单层床时，层高不宜低于 2.80m；采用双层床或高架床时，层高不宜低于 3.60m 居室在采用单层床时，净高不应低于 2.60m；采用双层床或高架床时，净高不应低于 3.40m 辅助用房的净高不宜低于 2.50m
托儿所、幼儿园	活动室、寝室、乳儿室不应低于 2.80m；音体活动室不应低于 3.60m；特殊形状的顶棚，最低处距地面净高不应低于 2.20m
中小学校	小学教室不应低于 3.10m；中学、中师、幼师教室不应低于 3.40m；实验室不应低于 3.40m；舞蹈教室不应低于 4.50m；教学辅助用房不应低于 3.10m；办公及服务用房不应低于 2.80m；合班教室的净高度根据跨度决定，但不应低于 3.60m 设双层床的学生宿舍，其净高不应低于 3.00m
饮食建筑	餐厅或饮食厅的室内净高应符合下列规定：1. 小餐厅和小饮食厅不应低于 2.60m；设空调者不应低于 2.40m；2. 大餐厅和大饮食厅不应低于 3.00m；3. 异形顶棚的大餐厅和饮食厅最低处不应低于 2.40m 厨房和饮食制作间的室内净高不应低于 3.00m
旅馆	客房居住部分净高度，当设空调时不应低于 2.40m；不设空调时不应低于 2.60m 利用坡屋顶内空间作为客房时，应至少有 8 ㎡ 面积的净高度不低于 2.40m 卫生间及客房内过道净高度不应低于 2.10m 客房层公共走道净高度不应低于 2.10m

（续）

建筑类别	规范对室内净高的要求
办公	根据办公建筑分类，办公室的净高应满足：一类办公建筑不应低于2.70m；二类办公建筑不应低于2.60m；三类办公建筑不应低于2.50m（办公建筑的室内净高是指有中央空调的条件下，吊顶底的净高要求。若无空调时,净高应相应加大） 办公建筑的走道净高不应低于2.20m，贮藏间净高不应低于2.00m
文化馆	综合排练室，根据使用要求合理地确定净高，并不低于3.60m

商店

营业厅的净高应按其平面形状和通风方式确定，并应符合下表的规定：

营业厅的净高

通风方式	自然通风			机械排风和 自然通风相结合	系统通风空调
	单面开窗	前面敞开	前后开窗		
最大进深与净高比	2:1	2.5:1	4:1	5:1	不限
最小净高/m	3.20	3.20	3.50	3.50	3.00

注：1. 设有全年不断空调，人工采光的小型厅或局部空间的净高可酌减，但不应小于2.40m

2. 营业厅净高应按楼地面至吊顶或楼板底面之间的垂直高度计算

库房的净高应由有效储存空间及减少至营业厅垂直运距等确定，并应符合下列规定：

（1）设有货架的库房净高不应小于2.10m；

（2）设有夹层的库房净高不应小于4.60m；

（3）无固定堆放形式的库房净高不应小于3.00m。

注：库房净高应按楼地面至上部结构主梁或桁架下弦底面间的垂直高度计算。

建筑类别	规范对室内净高的要求
图书馆	图书馆各空间柱网尺寸、层高、荷载设计应有较大的适应性和使用的灵活性。藏、阅空间合一者，宜采取统一柱网尺寸，统一层高和统一荷载 书库、阅览室藏书区净高不得小于2.40m。当有梁或管线时，其底面净高不宜小于2.30m；采用积层书架的书库结构梁（或管线）底面净高不得小于4.70m 阅览区的建筑开间、进深及层高，应满足家具、设备合理布置的要求，并应考虑开架管理的使用要求 幕前放映的音像控制室，进深不得小于3.00m，净高不得小于3.00m
档案馆	档案库净高不应低于2.40m
博物馆	藏品库房的净高应为2.40~3.00m。若有梁或管道等突出物，其底面净高不应低于2.20m 陈列室的室内净高除工艺、空间、视距等有特殊要求外，应为3.50~5.00m
电子信息系统机房	主机房净高应根据机柜高度及通风要求确定，且不宜小于2.60m
剧场	服装室的门，净宽不应小于1.20m，净高不应低于2.40m 候场室应靠近出场口，门净宽不应小于1.20m，净高不应小于2.40m 后台跑场道地面标高应与舞台一致，净宽不得小于2.10m，净高不得低于2.40m
电影院	放映机房的净高不宜小于2.60m

（续）

建筑类别	规范对室内净高的要求
体育建筑	比赛场地和供人场式用的出入口净宽和净高不应小于4m 室内田径练习馆室内墙面要平整光滑，距地面至少2m高度内不应有突出墙面的物件或设施，以保证运动员安全 综合体育馆比赛场地上空净高不应小于15m，如体育馆仅为某一专项体育项目使用时，为了节约室内空间，也可按该专项的要求确定 训练场地净高不得小于10m。专项训练场地净高不得小于该专项对场地净高的要求

训练场地高度

项目	篮球	排球	羽毛球	手球	乒乓球	网球	冰球	体操	蹦床	艺术体操	举重	田径
高度/m	7	7	7	6	4	8	6	6	10	10	4	9

建筑类别	规范对室内净高的要求
体育建筑	游泳和跳水的陆上训练房可根据需要确定，跳水训练房室内净高应考虑蹦床训练时所需要的高度
综合医院	室内净高在自然通风条件下，不应低于下列规定：1. 诊查室2.60m，病房2.80m；2. 医技科室根据需要而定。洁净手术室的净高宜为2.80~3.00m
汽车客运站	发车位为露天时，站台应设置雨棚，雨棚净高不得低于5m 候车厅室内空间应符合采光、通风和卫生要求。采用自然通风时，室内净高不宜小于3.60m
铁路旅客车站	利用自然采光和通风的候车区（室），其室内净高宜根据高跨比确定，并不宜小于3.6m 通行消防车的站台，雨篷悬挂物下缘至站台面的高度不应小于4m 旅客用地道、天桥高度不应小于2.5m，封闭式天桥高度不应小于3.0m
港口客运站	普通候船厅采用自然通风时，净高不宜低于4.50m 售票厅采用自然通风时，净高不宜低于4.20m 候船风雨廊宜结合上船通道设置，每道宽度宜为1.20~1.50m；高度不应低于2.40m，并设检票口
汽车库	坡道式汽车库室内最小净高应符合下表的规定。

汽车库室内最小净高

车型	最小净高/m
微型车、小型车	2.20
轻型车	2.80
中、大型、绞接客车	3.40
中、大型、绞接货车	4.20

建筑类别	规范对室内净高的要求
汽车库	注：净高指楼地面表面至顶棚或其他构件底面的距离，未计入设备及管道所需空间 机械式汽车库的库门洞口宽度不应小于车宽加500mm，其高度不应小于车高加100mm，兼作人行通道时其高度不应小于1900mm 注：双层升降横移式机械停车，当只考虑停放小型车时，停车区净高不应低于3.60m
自行车库	住宅、办公自行车库净高不应低于2.00m

六、管线综合

1. **管线综合的目的** 建筑的高度常常受到规划条件、日照遮挡的限制，为了节约用地，争取在有限的用地上建造更多的建筑面积，会尽可能减小层高。即使建筑的高度不受限制，为了力求节约,在满足使用、采光通风、室内观感等前提下,应尽可能地降低层高。这是因为层高对建筑造价及节约用地影响较大。一般住宅层高每减少100mm,土建投资可节约1%左右。层高降低又导致建筑总高度降低,从而可缩小建筑间距,节约土地。此外,层高降低还能减轻建筑物的自重,减少围护结构面积,节约材料,有利于结构受力,并能降低能耗。

管线综合的目的是在有限的层高下,尽量减少管线占用的空间高度,使得建筑的使用空间获得尽可能高的净高。

许多公共建筑,尤其高层建筑或大型综合类建筑由于其功能复杂、管线种类多、管径大,建筑吊顶内的管线是相当复杂的,常见的有生活给水管、采暖管、消火栓给水管、喷淋给水管、防排烟风管、强弱电管、空调风管及其供回水管。如此多的管线,如不进行管线综合布置,将会导致在施工中各类管线多次交叉,最后只能降低建筑物吊顶高度,不仅会影响空间的舒适度,有的甚至不能满足规范要求,需要进行修改设计或返工。因此,管线间的协调是十分必要的,要做到这些,设计人员必须密切做好专业配合,坚持会签制度,把矛盾处理在施工图完成之前。

2. 管线综合的技巧和方法 管线综合依靠各专业的密切配合,不同工程情况各不相同,遇到比较困难的情况时,一般有以下技巧和方法:

(1)避免管道过于集中。主管道井的设置应避免设在中心区,否则,辐射状的管线易相互交叉,层高就会相应加高。对于高层建筑,应充分利用设备夹层,综合布置管线,主干管网建议均沿外墙环行敷设,干管不交叉,其相应支管在设计中也较易处理。

(2)管线密集的地方,应尽量让各专业错开,不要集中于同一层的同一条走道。实在不能错开的地方,可适当增加走道的净宽。

(3)风管路应合理设计。吊顶高度很大程度上取决于风管的截面尺寸。风管走向不宜太长,否则风管截面增大,施工难度大,其他管线也难布置。风管大其机房或吊顶风机一般也大,风压大一般噪声也大(针对通风或空调机组)。故实际设计中,风管高度一般不宜超过600mm,优先选择卧式机组挂装,相应机房设置就较灵活。吊顶内的风管敷设还应考虑:根据风量的变化采用变截面风管,便于局部提高吊顶高度;风管局部截面做成扁宽形,便于通过咽喉区。

(4)改变送风方式,将楼层送风改为垂直送风,新风机设在设备层,送风管设于竖井,避免风管占去大量空间。

(5)尽量充分利用梁空,有的设备可以卧在梁间。另外,管线综合时考虑一些不很大的管道穿梁敷设,在梁内预埋上金属套管,既可以利用梁空,又省去支吊架,当然梁内预埋套管,结构还需加强验算。

(6)防火卷帘设置应综合考虑。防火卷帘的卷筒、电机需要较大的安装空间,其净高一般为500mm,由于防火卷帘需要安装在建筑的承重构件上,一般需要由结构专业在相应位置做挂板或过梁,如果有设备专业的管线,只能从卷帘上部穿过,卷帘上部空间须用耐火极限与墙体相同的防火材料封闭。因此设置防火卷帘的位置,往往是管线综合最为困难。所以建筑专业做防火分隔时,也要充分考虑设备专业的布管需要,保证防火卷帘设置于最合理的位置。

第八节　门　　窗

门和窗是房屋建筑中非常重要的组成部分。门窗的设置及构造对建筑空间使用的合理性和舒适度有着重要影响，其材料、色彩、造型及排列组合等也是建筑物造型和立面设计的主要内容。当窗与门位于外墙上时，作为建筑物主要围护构件，对于保证外墙的围护作用（如保温、隔热、隔声、防风雨等）起着非常重要的作用。

随着建筑行业的发展和人们生活品质的提高，对建筑门窗的要求越来越高，门窗行业近十几年发展很快，渐渐成为一项分工很细的专业。目前我国门窗的制作和加工已基本实现标准化、定型化，走上了工业化生产、商品化的道路。各地区均有门窗尺寸和构造的标准图和通用图可供参考和选用。在工程实践中，设计人员应确定门窗洞口的形状和立面划分；开启扇的位置和开启方式；外门窗的物理性能指标；玻璃及框料的颜色和材质要求等。有关生产厂家会据此进行深化设计。

一、门

（一）门的作用

门的主要作用是满足交通和疏散要求。内门位于内墙上，应满足分隔空间的要求，如隔声、隔视线等；外门位于外墙上，应满足围护要求，如保温、隔热、防风沙、耐腐蚀等，外门还是建筑立面装饰和造型的重要构件，并兼有采光和通风的作用。在特殊部位还会采用具有特殊的功能的门，如保温门、防火门、防射线门等。对安全有特殊要求的房间要安装由金属制成、经公安部门检查合格的专用防盗门。人防工程的门常采用钢筋混凝土门或钢结构门，须按人防设计规范选型。

为满足交通和疏散要求，门必须有足够的宽度、适宜的数量和位置，有的部位须按防火规范的要求设置防火门。一栋建筑或一个房间的门的数量、位置和洞口尺寸的确定，应保证在正常情况下出入方便，在非正常情况下能迅速疏散，至少应满足防火规范的规定。

（二）门的分类

（1）门按开启方式可分为平开门、弹簧门、推拉门、折叠门、卷帘门、转门、升降门、电动感应门等（图5-8-1）。

1）平开门：门扇与门框用铰链连接，门扇水平开启，有单扇、双扇，向内开、向外开之分。平开门构造简单、开启灵活、安装维修方便，所以在建筑物中使用最为广泛。

2）弹簧门：门扇与门框用弹簧铰链连接，门扇水平开启，分为单向弹簧门和双向弹簧门，其最大优点是门扇能够自动关闭，一般应安装玻璃，以免相互碰撞，适用于人流出入频繁或有自动关闭要求的建筑，如商店、医院、影剧院、会议厅等。

3）推拉门：门扇沿着轨道左右滑行来启闭，有单扇和双扇之分，开启后，门扇可隐藏在墙体的夹层中或贴在墙面上。有普通推拉门，也有电动及感应推拉门等。推拉门开启时不占空间，受力合理，不宜变形，门洞尺寸也可以较大，但构造较复杂，也有关闭不严的缺点，多用于分隔室内空间的轻便门和仓库、车间的大门。

4）折叠门：折叠门可分为侧挂式和推拉式两种。门扇由一组宽度约为600mm的窄门扇组成，窄门扇之间用铰链连接。开启时，窄门扇相互折叠推移到侧边，占空间少，但构造复杂，适用于宽度较大的洞口。

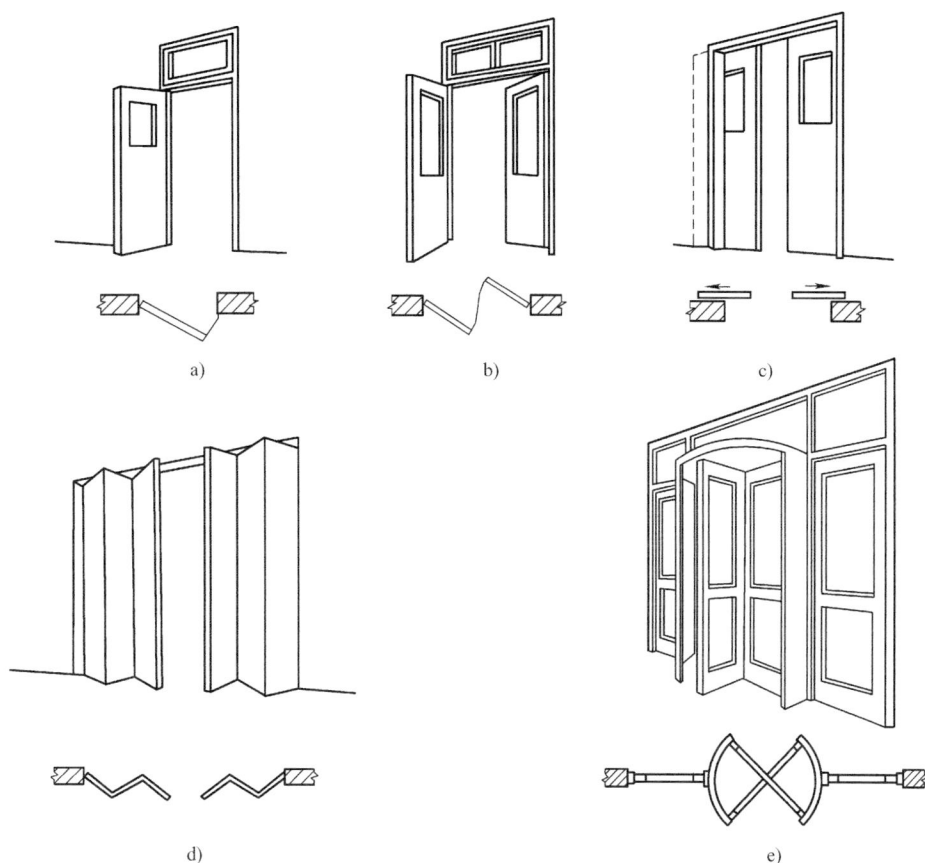

图 5-8-1 门的开启方式
a）平开门 b）弹簧门 c）推拉门 d）折叠门 e）转门

5）转门：门扇由三扇或四扇通过中间的竖轴组合起来，在两侧的弧形门套内水平旋转来实现启闭。转门不论是否有人通行，均有门扇隔断室内外，有利于室内的隔视线、保温、隔热和防风沙，并且对建筑立面有较强的装饰性，适用于室内环境等级较高的公共建筑的大门。但其通行能力差，不能用作公共建筑的疏散门，需和平开门、弹簧门等组合使用。

6）卷帘门：门扇由金属页片相互连接而成，在门洞的上方设转轴，通过转轴的转动来控制将门帘上卷或放下来开关门洞口，有手拉及电动两种形式。其特点是开启时不占使用空间，但加工制作复杂，造价较高，常用于商场、车库、车间等门洞尺寸大，不经常启闭的场所。

（2）门按主要制作材料可分为木门、钢门、彩色钢板门、不锈钢门、铝合金门、塑钢门、玻璃门等。木门具有自重轻、开启方便、隔声效果好、外观精美、加工方便等优点，内门大量采用木门。

（3）门按形式和制造工艺可分为镶板门、拼板门、夹板门等。

1）镶板门：镶板门由上、中、下冒头和边梃组成骨架，中间镶嵌门芯板，门芯板可采用 15mm 厚的木板拼接而成，也可采用细木工板、硬质纤维板或玻璃等。

2）拼板门：拼板门的构造与镶板门相同，由骨架和拼板组成，只是拼板门的拼板用 35 ～ 45mm 厚的木板拼接而成，因而自重较大，但坚固耐久，多用于库房、车间的外门。

3）夹板门：夹板门是用小截面的木条（35mm×50mm）组成骨架，在骨架的两面铺钉胶合板或纤维板等。夹板门构造简单、自重轻、外形简洁，但不耐潮湿与日晒，多用于干燥环境中的内门。

（4）门按特殊需要可分为防火门、隔声门、保温门、防盗门等。

（三）门的组成

门一般由门框、门扇、亮子、五金零件及附件组成（图5-8-2）。

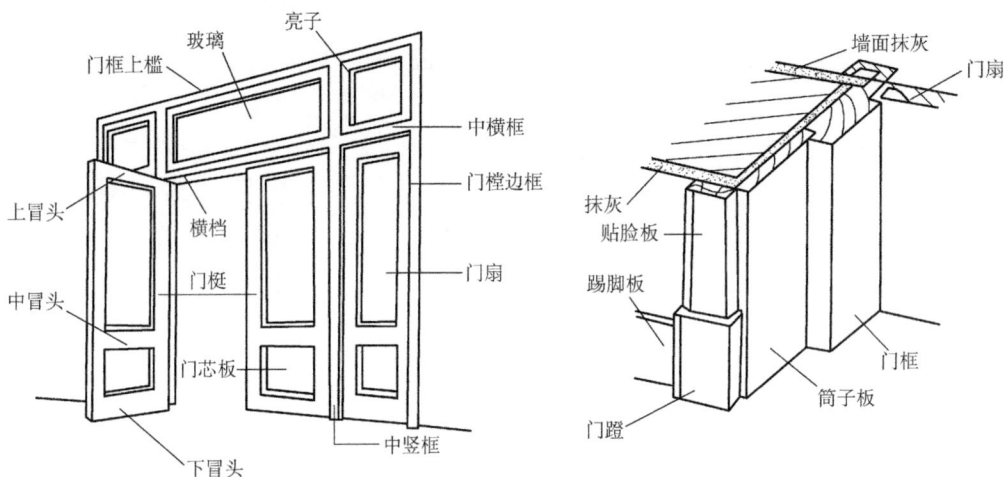

图5-8-2　门的组成

门框又称门樘，是门扇、亮子与墙体的联系构件。门扇一般由上冒头、中冒头、下冒头和边梃等组成。亮子又称腰头窗，在门上方，为辅助采光和通风之用。五金零件一般有铰链、插销、门锁、拉手、定门器等。

门套指设在门框四周的装饰造型，通常由贴脸板和筒子板组成。门套将门洞口的周边包护起来，避免门洞阳角磕碰损伤，且易于清洁。门套有多种式样，能将门框与墙面之间的缝隙遮盖，具有重要的装饰作用。

（四）门的尺度

门洞的宽度和高度尺寸是由人体平均高度、搬运物体（如家具、设备）尺寸、人流股数、人流量等安全疏散以及建筑造型艺术和立面设计要求等决定的。

1. 门洞口高度　一般以300mm为模数，特殊情况可以100mm为模数。门洞口高度一般为2000mm、2100mm、2200mm、2400mm、2700mm、3000mm、3300mm等。当洞口高度超过2200mm时，门扇上方通常设亮子。亮子高度常用400~900mm，可根据门洞高度进行调节。

2. 门洞口宽度　一般以100mm为模数。当洞口宽度大于1200mm时，以300mm为模数。为避免门扇面积过大导致门扇及五金连接件等变形而影响使用，平开门、弹簧门等的单扇门洞口宽度不宜超过1000mm；一般供日常活动进出的门，其单扇门洞口宽度为800~1000mm；辅助用门的洞口宽度为700~800mm。门洞口宽度为1200~1800mm时可做成双扇门，当为1200mm时，宜采用大小扇的形式。门宽为2400mm以上时，应做成四扇门。

（五）门的立樘位置

门框的断面形状与尺寸取决于门扇的开启方式和门扇的层数，由于门框要承受各种撞击荷载和门扇的重量作用，应有足够的强度和刚度，故其断面尺寸较大。门框在洞口中，根据门的开启方式及墙体厚度不同分为外平、居中、内平、内外平四种。一般多与门扇开启方向一侧平齐，以尽可能使门扇开启后能贴近墙面。

由于门框周围的抹灰极易脱落，影响卫生与美观，因此，门框与墙体的接缝处应用木压条盖缝，装修标准较高时，还可加设筒子板和贴脸（简称门套）。门框位置、门贴脸板及筒子板见图5-8-3。

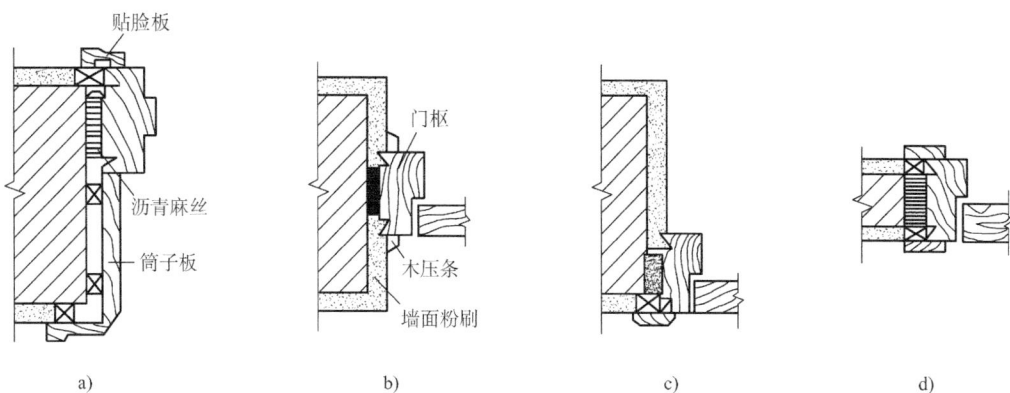

图 5-8-3　门框位置、门贴脸板及筒子板
a) 外平　b) 立中　c) 内平　d) 内外平

（六）门窗的相关规范

（1）门窗的设计除了要满足建筑设计防火规范和各类建筑的设计规范以外，门还应根据不同的使用部位充分满足防盗、无障碍以及人防防护等设计规范，外门窗要满足各项节能设计规范等。除上述这些综合性规范以外，比较常用的建筑门窗的相关规范有：

1）GB 5823—2008《建筑门窗术语》

2）GB 5824—2008《建筑门窗口尺寸系列》

3）GB 12955—2008《防火门》

4）GB 16809—2008《防火窗》

5）GB 17565—2007《防盗安全门通用技术条件》

6）JGT 177—2005《自动门》

7）CECS 211：2006《自动门应用技术规程》

8）GB/T 8478—2008《铝合金门窗》

9）JGJ/T 214—2010《铝合金门窗工程技术规范》

10）JG/T 207—2007《钢塑共挤门窗》

11）JGJ 103—2008《塑料门窗工程技术规程》

12）JG 189—2006《电动采光排烟天窗》

13）JGT 233—2008《建筑门窗用通风器》

14）JG/T 290—2010《建筑疏散用门开门推杆装置》

15）JG/T 211—2007《建筑外窗气密、水密、抗风压性能现场检测方法》

16）GB/T 7106—2008《建筑外门窗气密、水密、抗风压性能分级及检测方法》

17）GB/T 8484—2008《建筑外门窗保温性能分级及检测方法》

18）GB/T 11976—2002《建筑外窗采光性能分级及检测方法》

19）GB/T 8485—2008《建筑门窗空气声隔声性能分级及检测方法》

（2）关于门的数量、宽度和位置

建筑中的安全出口、疏散门的位置、数量、宽度及疏散楼梯的形式应满足人员安全疏散的要求。设计时至少要满足 GB 50016-2011《建筑设计防火规范》中《5.5 节 安全疏散和避难》中各条文的要求。

（3）防火门的设置（表5-8-1～表5-8-4）

表5-8-1　防火门和防火卷帘的设置

规　范　内　容	规范条目
1. 防火门的设置应符合下列规定： （1）设置在建筑内经常有人通行处的防火门宜采用常开防火门，除本规范另有规定外，其他位置的防火门均应采用常闭防火门。常开防火门应能在火灾时自行关闭，并应有信号反馈的功能；常闭防火门应在其明显位置设置保持门关闭的提示性标志 （2）除管井检修门和住宅的户门外，应具有自闭功能。双扇防火门应具有按顺序关闭的功能 （3）除人员密集的场所中平时需要控制人员随意出入的疏散门，或设置有门禁系统的住宅、宿舍、公寓建筑外门，应保证火灾时不需使用钥匙等任何工具即能从内部易于打开，并应在显著位置设置标识和使用提示外。其他防火门应能在其内外两侧手动开启 （4）设置在变形缝附近时，防火门开启后，其门扇不应跨越变形缝，并应设置在楼层较多的一侧 （5）位于防火分区分隔处安全出口的门应为甲级防火门；当使用功能上确实需要采用防火卷帘分隔时，应在其旁设置与相邻防火分区的疏散走道相通的甲级防火门 （6）甲、乙、丙级防火门应符合现行国家标准 GB 12955《防火门》的有关规定 2. 防火分区间采用防火卷帘分隔时，应符合下列规定： （1）除中庭外，当防火分隔部位的宽度不大于30m 时，防火卷帘的宽度不应大于10m；当防火分隔部位的宽度大于30m 时，防火卷帘的宽度不应大于该防火分隔部位宽度的1/3，且地下建筑不应大于20m （2）防火卷帘的耐火极限不应低于3.00h 当防火卷帘的耐火极限符合现行国家标准 GB7633《门和卷帘耐火试验方法》有关背火面温升的判定条件时，可不设置自动喷水灭火系统保护 当防火卷帘的耐火极限符合现行国家标准 GB7633《门和卷帘耐火试验方法》有关背火面辐射热的判定条件时，应设置自动喷水灭火系统保护。自动喷水灭火系统的设计应符合现行国家标准 GB50084《自动喷水灭火系统设计规范》的有关规定，但其火灾延续时间不应小于3.0h （3）防火卷帘应具有防烟性能，与楼板、梁和墙、柱之间的空隙应采用防火封堵材料封堵 （4）需在火灾时自动降落的防火卷帘，应具有信号反馈的功能 3. 人防地下室防护门、防护密闭门、密闭门代替甲级防火门时，其耐火性能应符合甲级防火门的要求；且不得用于平战结合公共场所的安全出口处	《建规》[⊖] 6.5.1、6.5.2《人防防火规》4.4.1、4.4.2、4.4.3

⊖　即 GB 500 ＊＊ —201＊《建筑设计防火规范》（2010 年 11 月 25 日送审稿初稿），下同。

表 5-8-2　应设甲级防火门的部位

部位	规范内容	规范条目
防火间距	1. 两座一、二级耐火等级的厂房，当相邻较低一面外墙为防火墙且较低一座厂房的屋顶耐火极限不低于1.00h，或相邻较高一面外墙的门窗等开口部位设置甲级防火门窗或防火分隔水幕或耐火极限不低于3h的防火卷帘时，甲、乙类厂房之间的防火间距不应小于6m；丙、丁、戊类厂房之间的防火间距不应小于4m 2. 民用建筑相邻的两座建筑物，当较低一座建筑的耐火等级不低于二级且屋顶不设置天窗，较高一面外墙的开口部位设置甲级防火门窗，或设置防火分隔水幕或耐火极限不低于3.00h的防火卷帘时，其防火间距不应小于3.5m；对于高层建筑，不应小于4.0m 3. 相邻的两座一、二级耐火等级汽车库建筑，当较高一面外墙耐火极限不低于2h，墙上开口部位设有甲级防火门、窗或防火卷帘、水幕等防火设施时，其防火间距可减小，但不宜小于4m	《建规》3.4.1注3 《建规》5.2.4第2条 《汽车防火规》⊖4.2.3
有爆炸危险的楼梯间	有爆炸危险区域内的楼梯间、室外楼梯或与相邻区域连通处，应设置门斗等防护措施。门斗的隔墙应为耐火极限不低于2.00h的实体墙，门应采用甲级防火门并应错位设置	《建规》3.6.10
防火隔间	1. 防火隔间与防火分区之间应设置甲级防火门 2. 不同防火分区开设在防火隔间墙上的防火门，其最近边缘之间的水平距离不应小于4m。该门不应计作该防火分区的安全出口	《建规》6.4.14 第2条、第3条
避难走道	1. 防火分区至避难走道入口处应设置防烟前室，前室的使用面积不应小于6m²，开向前室的门应为甲级防火门 2. 人防工程防火分区至避难走道入口处应设置前室，前室面积不应小于6m²；前室的门应为甲级防火门；其防烟应符合GB50098—2009《人民防空工程设计防火规范》第6.2节的规定	《建规》6.4.15第4条 《人防防火规》5.2.5第4条
疏散走道	疏散走道在防火分区处设置甲级常开防火门	《建规》6.4.11
防火分区	1. 当剧场建筑与其他建筑合建或毗连时，应形成独立的防火分区，以防火墙隔开，并不得开门窗洞；当设门时，应设甲级防火门，上下楼板耐火极限不应低于1.50h 2. 当电影院建在综合建筑内时，应形成独立的防火分区 3. 旅馆建筑内的商店、商品展销厅、餐厅、宴会厅等火灾危险性大、安全性要求高的功能区及用房，应独立划分防火分区或设置相应耐火极限的防火分隔，并设置必要的排烟设施 4. 基本书库、非书资料库应用防火墙与其毗邻的建筑完全隔离，防火墙的耐火极限不应低于3.00h 5. 珍善本书库、特藏库，应单独设置防火分区	《剧场》⊜8.1.12 《电影院》⊜6.1.2 《旅馆》㉑4.0.5 《图书馆》㊄6.2.1 《图书馆》6.2.3 《档案馆》㊅6.0.2 《商店》㊆4.1.2 《商店》4.1.4

⊖　即 GB 50067—1997《汽车库、修车库、停车场设计防火规范》，下同。

⊜　即 JGJ 57—2000《剧场建筑设计规范》，下同。

⊜　即 JGJ 58—1988《电影院建筑设计规范》，下同。

㉑　即 JGJ 62—1990《旅馆建筑设计规范》，下同。

㊄　即 JGJ 38—1990《图书馆建筑设计规范》，下同。

㊅　即 JGJ 25—2000《档案馆建筑设计规范》。

㊆　即 JGJ 48—1988《商店建筑设计规范》。

（续）

部位		规范内容	规范条目
防火分区		6. 档案库区中同一防火分区内的库房之间的隔墙均应采用耐火极限不低于3h的防火墙，防火分区间及库区与其他部分之间的墙应采用耐火极限不少于4h的防火墙，其他内部隔墙可采用用耐火极限不低于2.00h的不燃烧体。档案库中楼板的耐火极限不应低于1.50h 7. 商店的易燃、易爆商品库房宜独立设置；存放少量易燃、易爆商品库房如与其他库房合建时，应设有防火墙隔断 8. 综合性建筑的商店部分应采用耐火极限不低于3.00h的隔墙和耐火极限不低于1.50h的非燃烧体楼板与其他建筑部分隔开；商店部分的安全出口必须与其他建筑部分隔开	
防火墙	地上	防火墙上不应开设门窗洞口，当必须开设时，应设置固定不可开启的或火灾时能自动关闭的甲级防火门窗，或耐火极限不低于3.00h、宽度不大于规范限值的防火卷帘	《建规》6.1.5 《人防防火规》⊖4.2.2 《汽车防火规》5.2.6
	地下	地下、半地下建筑(室)、厂房或仓库，每个防火分区的安全出口不应少于两个。当有两个或两个以上防火分区，且相邻防火分区之间的防火墙上设有甲级防火门时，每个防火分区可利用防火墙上通向相邻防火分区的甲级防火门作为第二安全出口，该防火门应向疏散方向开启。但每个防火分区必须至少有1个独立直通室外的安全出口。地下、半地下建筑(室)并应符合下列规定： 1. 该防火分区的建筑面积大于1000m²时，直通室外或避难走道的安全出口数量不应少于2个 2. 该防火分区的安全出口直通室外或避难走道的净宽度之和，不应小于GB50016—2011《建筑设计防火规范》第5.5.19条规定的安全出口总净宽度的70%	《建规》3.7.3 《建规》3.8.3 《建规》5.5.4
中庭		对于中庭，当相连通楼层的建筑面积之和大于一个防火分区的建筑面积时，应符合下列规定： 1. 房间与中庭相通的门或窗，应采用火灾时可自行关闭的甲级防火门或甲级防火窗 2. 与中庭相通的过厅、通道等处，应设置甲级防火门或耐火极限不小于3.00h的防火分隔物	《建规》5.3.2
库房		1. 厂房中的丙类液体中间储罐应设置在单独房间内，并应采用甲级防火门 2. 供建筑内使用的丙类液体燃料，中间罐的储量不应大于1m³，并应设在耐火等级不低于二级的单独房间内，该房间的门应采用甲级防火门 3. 地下室可燃物存放量平均值超过30kg/m²火灾荷载密度的房间，应采用耐火极限不低于2h的隔墙和1.5h的楼板与其他场所隔开，墙上应设置常闭的甲级防火门	《建规》3.3.11 《建规》5.4.10 《人防防火规》4.2.4
坡道		除敞开式汽车库、斜楼板式汽车库以外的多层、高层、地下汽车库，汽车坡道两侧应用防火墙与停车区隔开，坡道的出入口应采用水幕、防火卷帘或设置甲级防火门等措施与停车区隔开。当汽车库和汽车坡道上均设有自动灭火系统时，可不受此限	《汽车防火规》5.3.3
机要室 档案室		机要室、档案室和重要库房等隔墙的耐火极限不应小于2h，楼板不应小于1.5h，并应采用甲级防火门	《办公》⊖5.0.5
地下商店		当地下商店总建筑面积大于20000m²时，应采用不开设门窗洞口的防火墙分隔。相邻区域确需局部连通时，可选择下沉式广场等室外开敞空间、防火隔间、避难走道、防烟楼梯间等措施进行防火分隔。该防烟楼梯间及前室的门应采用甲级防火门	《建规》5.3.5
书库		书库、非书资料库、珍善本书库、特藏书库等防火墙上的防火门应为甲级防火门	《图书馆》6.2.5

⊖　即 GB 50098—2009《人民防空工程设计防火规范》，下同。

⊖　即 JGJ 67—2006　J556—2006《办公建筑设计规范》，下同。

（续）

部位	规范内容	规范条目
档案馆中心控制室、库区缓冲间及档案库	1. 档案馆中心控制室设计应符合下列规定： 1）室内应设空调 2）与其他房间的隔墙的耐火极限不应低于 2.0h，楼板的耐火极限不应低于 1.5h，隔墙上的门应采用甲级防火门 2. 档案库区缓冲间及档案库的门均应向疏散方向开启，并应为甲级防火门	《档案馆》4.4.2 《档案馆》6.0.9
舞台	1. 舞台主台通向各处洞口均应设甲级防火门，或设置水幕 2. 舞台内严禁设置燃气加热装置，后台使用上述装置时，应用耐火极限不低于 2.50h 的隔墙和甲级防火门分隔，并不应靠近服装室、道具间	《剧场》⊖8.1.2 《剧场》8.1.11
设备用房 柴油发电机房	1. 柴油发电机房应采用耐火极限不低于 2.00h 的不燃烧体隔墙和不低于 1.50h 的不燃烧体楼板与其他部位隔开，门应采用甲级防火门 2. 柴油发电机房内应设置储油间，其总储存量不应大于 8.00h 的需要量，且储油间应采用防火墙与发电机间隔开；当必须在防火墙上开门时，应设置甲级防火门	《建规》5.4.9 《通则》8.3.3
设备用房 燃油或燃气锅炉房 油浸电力变压器室 配变电所	1. 锅炉房、变压器室与其他部位之间应采用耐火极限不低于 2.00h 的不燃烧体隔墙和 1.50h 的不燃烧体楼板隔开。在隔墙和楼板上不应开设洞口，当必须在隔墙上开设门窗时，应设置甲级防火门窗 当锅炉房内设置储油间时，其总储存量不应大于 1m³，且储油间应采用防火墙与锅炉间隔开；当必须在防火墙上开门时，应设置甲级防火门 2. 民用建筑物内配变电所的变压器室的门应为甲级防火门 3. 设在高层建筑内的配变电所，应设甲级防火门 4. 变电间之高、低压配电室与舞台、侧台、后台相连时，必须设置面积不小于 6m² 的前室，并应设甲级防火门	《建规》5.4.8 《通则》8.3.1 《通则》8.3.2 《剧场》8.1.5
设备用房 消防电梯机房	消防电梯井、机房与相邻电梯井、机房之间，应采用耐火极限不低于 2.00h 的不燃烧体隔墙隔开；当在隔墙上开门时，应设置甲级防火门	《建规》7.3.5
设备用房 电子信息系统机房	当 A 级或 B 级电子信息系统机房位于其他建筑物内时，在主机房和其他部位之间应设置耐火极限不低于 2.00h 的隔墙，隔墙上的门应采用甲级防火门	GB 50174—2008《电子信息系统机房设计规范》6.3.3
设备用房 其他机房	1. 附设在建筑物内的通风空气调节机房和变配电室开向室内的门应采用甲级防火门 2. 消防控制室、消防水泵房、排烟机房、灭火剂储瓶室、变配电室、通信机房、通风和空调机房等墙上应设置常闭的甲级防火门	《建规》6.2.5 《人防防火规》4.2.4

表 5-8-3　应设乙级防火门的部位

部　位	规范内容	规范条目
封闭楼梯间	1. 封闭楼梯间的首层可将走道和门厅等包括在楼梯间内，形成扩大的封闭楼梯间，但应采用乙级防火门等措施与其他走道和房间隔开 2. 高层建筑、人员密集的公共建筑、人员密集的多层丙类厂房设置封闭楼梯间时，楼梯间的门应采用乙级防火门，并应向疏散方向开启；其他建筑封闭楼梯间的门可采用双向弹簧门 3. 地下汽车库和高层汽车库以及设在高层建筑裙房内的汽车库，其楼梯间、前室的门应采用乙级防火门 4. 档案馆库区内设置楼梯时，应采用封闭楼梯间，门应采用不低于乙级的防火门	《建规》6.4.2 第 2 条、第 4 条 《汽车防火规》6.0.3 《档案馆》6.0.7

⊖　即 JGJ 57—2000《剧场建筑设计规范》，下同。

（续）

部　　位	规　范　内　容	规范条目
防烟楼梯间及其前室	1. 疏散走道通向前室、开敞式阳台、凹廊以及前室通向楼梯间的门应采用乙级防火门 2. 防烟楼梯间的首层可将走道和门厅等包括在楼梯间前室内，形成扩大的防烟前室，但应采用乙级防火门等措施与其他走道和房间隔开	《建规》6.4.3 第 4 条、第 6 条
室外楼梯间	用作疏散楼梯的室外楼梯，通向室外楼梯的门宜采用乙级防火门，并应向室外开启；门开启时，不得减少楼梯平台的有效宽度 除疏散门外，楼梯周围 2m 内的墙面上不应设置门窗洞口。疏散门不应正对楼梯段	《建规》6.4.5 《汽车防火规》6.0.4
消防电梯间前室	消防电梯应设置前室，消防电梯间前室的门，应采用乙级防火门；消防电梯前室宜靠外墙设置，在首层应设置直通室外的安全出口或经过长度不大于 30m 的通道通向室外	《建规》7.3.4
地下车库候梯厅	当电梯直通公共建筑或住宅建筑下部的汽车库时，应设置电梯候梯厅并应采用耐火极限不低于 2.00h 的隔墙和乙级防火门进行分隔	《建规》5.5.11 《建规》5.5.29
地下室、半地下室楼梯间与地上层隔墙上的门	1. 地下、半地下室，人防地下室的楼梯间，在首层应采用耐火极限不低于 2h 的不燃烧体隔墙与其他部位隔开并应直通室外，当必须在隔墙上开门时，应采用乙级防火门 2. 地下、半地下室，人防地下室与地上层不应共用楼梯间，当必须共用楼梯间时，在首层应采用耐火极限不低于 2h 的不燃烧体隔墙和乙级防火门将地下、半地下部分与地上部分的连通部位完全隔开，并应有明显标志	《建规》6.4.4 《人防防火规》5.2.3
紧靠防火墙两侧的门窗	1. 当建筑物的外墙为不燃烧体时，防火墙可不凸出墙的外表面。紧靠防火墙两侧的门、窗洞口之间最近边缘的水平距离不应小于 2m；装有固定窗扇的乙级防火窗或火灾时可自动关闭的乙级防火窗等防止火灾水平蔓延的措施时，该距离可不限 2. 建筑物内的防火墙不宜设置在转角处。如设置在转角附近，内转角两侧墙上的门、窗洞口之间最近边缘的水平距离不应小于 4m，装有固定窗扇的乙级防火窗或火灾时可自动关闭的乙级防火窗等防止火灾水平蔓延的措施时，该距离可不限	《建规》6.1.3 《建规》6.1.4
歌舞娱乐放映游艺场所	歌舞厅、录像厅、夜总会、卡拉 OK 厅(含具有卡拉 OK 功能的餐厅)、游艺厅(含电子游艺厅)、桑拿浴室(不包括洗浴部分)、网吧等歌舞娱乐放映游艺场所，受条件限制必须布置在建筑物内首层、二层或三层以外的其他楼层时，尚应符合下列规定： 1. 不应布置在地下二层及二层以下。当布置在地下一层时，地下一层地面与室外出入口地坪的高差不应大于 10m 2. 一个厅、室的建筑面积不应大于 200m²，并应采用耐火极限不低于 2.00h 的不燃烧体隔墙和不低于 1.00h 的不燃烧体楼板与其他部位隔开，厅、室的疏散门应设置乙级防火门	《建规》5.4.5 《人防规》4.2.4
其他	建筑中的下列部位与其他部位的隔墙应采用耐火极限不低于 2.00h 的不燃烧体，隔墙上的门窗应为乙级防火窗或防火卷帘： 1. 甲、乙类生产部位和建筑中使用丙类液体的部位 2. 厂房中有明火和高温的部位 3. 剧院后台的辅助用房 4. 除住宅、宿舍和公寓建筑套房内的厨房外，建筑内厨房的加热间 5. 甲、乙、丙类厂房(仓库) 内布置有不同类别火灾危险性的房间	《建规》6.2.3

（续）

部　　位	规　范　内　容	规　范　条　目
宿舍居室门	十二层至十八层的单元式宿舍应设封闭楼梯间，十九层及十九层以上的应设防烟楼梯间。七层及七层以上各单元的楼梯间均应通至屋顶。但十层以下的宿舍，在每层居室通向楼梯间的出入口处有乙级防火门分隔时，则该楼梯间可不通至屋顶	《宿舍》[○]4.5.2
住宅户门	1. 建筑高度大于27m、不大于54m，每个单元任一层的建筑面积小于650m²且任一套房的户门至安全出口的距离小于10m，每个单元设置一个通向屋顶的楼梯，单元之间的楼梯通过屋顶连通，户门采用乙级防火门时，每个单元每层可设置1个安全出口 　　2. 建筑高度大于54m的多单元建筑，每个单元设置一座通向屋顶的疏散楼梯，54m以上部分每层相邻单元楼梯通过阳台或凹廊连通，54m及其以下部分户门采用乙级防火门时，每个单元每层可设置1个安全出口 　　3. 建筑高度大于32m的住宅建筑，其疏散楼梯间应采用防烟楼梯间。户门不宜全部开向前室，采用乙级防火门的户门，可直接开向前室 　　4. 建筑高度大于21m、不大于32m的住宅建筑，其疏散楼梯间应采用封闭楼梯间，当户门为乙级防火门时，可不设置封闭楼梯间 　　5. 当住宅建筑中的疏散楼梯与电梯井相邻布置时，疏散楼梯应采用封闭楼梯间；当户门采用乙级防火门时，可不设置封闭楼梯间	《建规》5.5.25 《建规》5.5.28 《建规》5.5.29
高层住宅避难间	单元式住宅建筑，当不设置避难层时，应自第18层起在每户靠近户门处设置一间避难间。避难间房间门应采用乙级防火门	《建规》5.5.32
防火分区内的隔间	医院中的洁净手术室或洁净手术部、附设在建筑中的歌舞娱乐放映游艺场所以及附设在居住建筑中的托儿所、幼儿园的儿童用房和儿童游乐厅等儿童活动场所、老年人建筑，应采用耐火极限不低于2.00h的不燃烧体墙和耐火极限不低于1.00h的楼板与其他场所或部位隔开，墙上必须开设的门洞应设置乙级防火门	《建规》6.2.2 《手术室》[○]9.0.2
	藏品库房、陈列室的隔墙应为非燃烧体。防火分区内的隔间应采用耐火极限不低于3h的隔墙和乙级防火门分隔	《博物馆》[○]5.1.2
	防火分区的面积除按建筑耐火等级和建筑物高度确定外；病房部分每层防火分区内，尚应根据面积大小和疏散路线进行防火再分隔；同层有二个及二个以上护理单元时，通向公共走道的单元入口处，应设乙级防火门	《医院》^四4.0.3
	体育建筑的防火分区尤其是比赛大厅，训练厅和观众休息厅等大空间处应结合建筑布局、功能分区和使用要求加以划分，并应报当地公安消防部门认定；观众厅、比赛厅或训练厅的安全出口应设置乙级防火门	《体育》^五8.1.3
	剧院等建筑的舞台上部与观众厅闷顶之间的隔墙可采用耐火极限不低于1.50h的不燃烧体，隔墙上的门应采用乙级防火门	《建规》6.2.1

　　○　即 JGJ 36—2005《宿舍建筑设计规范》，下同。

　　○　即 GB 50333—2002《医院洁净手术部建筑技术规范》，下同。

　　○　即 JGJ 66—1991《博物馆建筑设计规范》，下同。

　　四　即 JGJ 49—1988《综合医院建筑设计规范》，下同。

　　五　即 JGJ 31—2003《体育建筑设计规范》，下同。

（续）

部　位	规 范 内 容	规 范 条 目
设备用房	1. 附设在建筑物内的消防控制室、固定灭火系统的设备室、消防水泵房的门应采用乙级防火门 　2. 消防水泵房设置在首层时，其疏散门应直通室外；设置在地下层或楼层上时，其疏散门应直通安全出口 　3. 图书馆空气调节设备应有专门的机房，其位置应远离阅览区。机房门应为乙级防火门，风管进入书库时应设防火阀门	《建规》6.2.5 《建规》8.1.3 《图书馆》7.2.3
厂房仓库	1. 在丙、丁类厂房、仓库内设置的办公室、休息室，应采用耐火极限不低于2.5h的不燃烧体隔墙和不低于1h的楼板与厂房或库房隔开，并应设置独立的安全出口。如隔墙上需开设相互连通的门时，应采用乙级防火门 　2. 仓库通向疏散走道或楼梯的门应为乙级防火门 　3. 仓库的室内外提升设施通向仓库入口上的门应采用乙级防火门或防火卷帘	《建规》3.3.8 《建规》3.3.15 《建规》3.8.2 《建规》3.8.8
附设在木结构住宅建筑内的机动车库	附设在木结构住宅建筑内的机动车库，隔墙上的门应采用乙级防火门	《建规》13.0.6

表 5-8-4　应设丙级防火门的部位

部　位	规 范 内 容	规 范 条 目
竖井 垃圾管道	1. 电缆井、管道井、排烟道、排气道、垃圾道等竖向管道井，应分别独立设置；其井壁应为耐火极限不低于1h的不燃烧体；井壁上的检查门应采用丙级防火门 　2. 民用建筑不宜设置垃圾管道。如设置垃圾管道时，高层建筑内的垃圾道宜靠外墙设置，垃圾道的排气口应直接开向室外。垃圾斗宜设在垃圾道前室内，该前室应采用丙级防火门。垃圾斗应采用不燃烧材料制作，并应能自行关闭 　3. 电梯层门的耐火极限不应低于1.00h 　4. 电气竖井、智能化系统竖井井壁应为耐火极限不低于1h的不燃烧体，检修门应采用不低于丙级的防火门 　5. 住宅建筑电缆井和管道井设置在防烟楼梯间前室、合用室时，其井壁上的检查门应采用丙级防火门	《建规》6.2.7 《通则》6.14.5 《通则》6.14.6 《通则》8.3.5 《住宅》[⊖]9.4.3
配变电所	1. 配变电所内部相通的门，宜为丙级的防火门 　2. 配变电所直接通向室外的门，应为丙级防火门	《通则》8.3.2
博物馆	博物馆封闭式竖井的围护结构应采用非燃烧体及丙级防火门	《博物馆》5.1.2

二、窗

（一）窗的作用

窗的主要作用是采光、通风、接受日照和供人眺望。

（二）窗的分类（图5-8-4）

（1）按窗扇的开启方式分有固定窗、平开窗、悬窗、立转窗、推拉窗等。

⊖　即《住宅建筑规范》GB 50368—2005，下同。

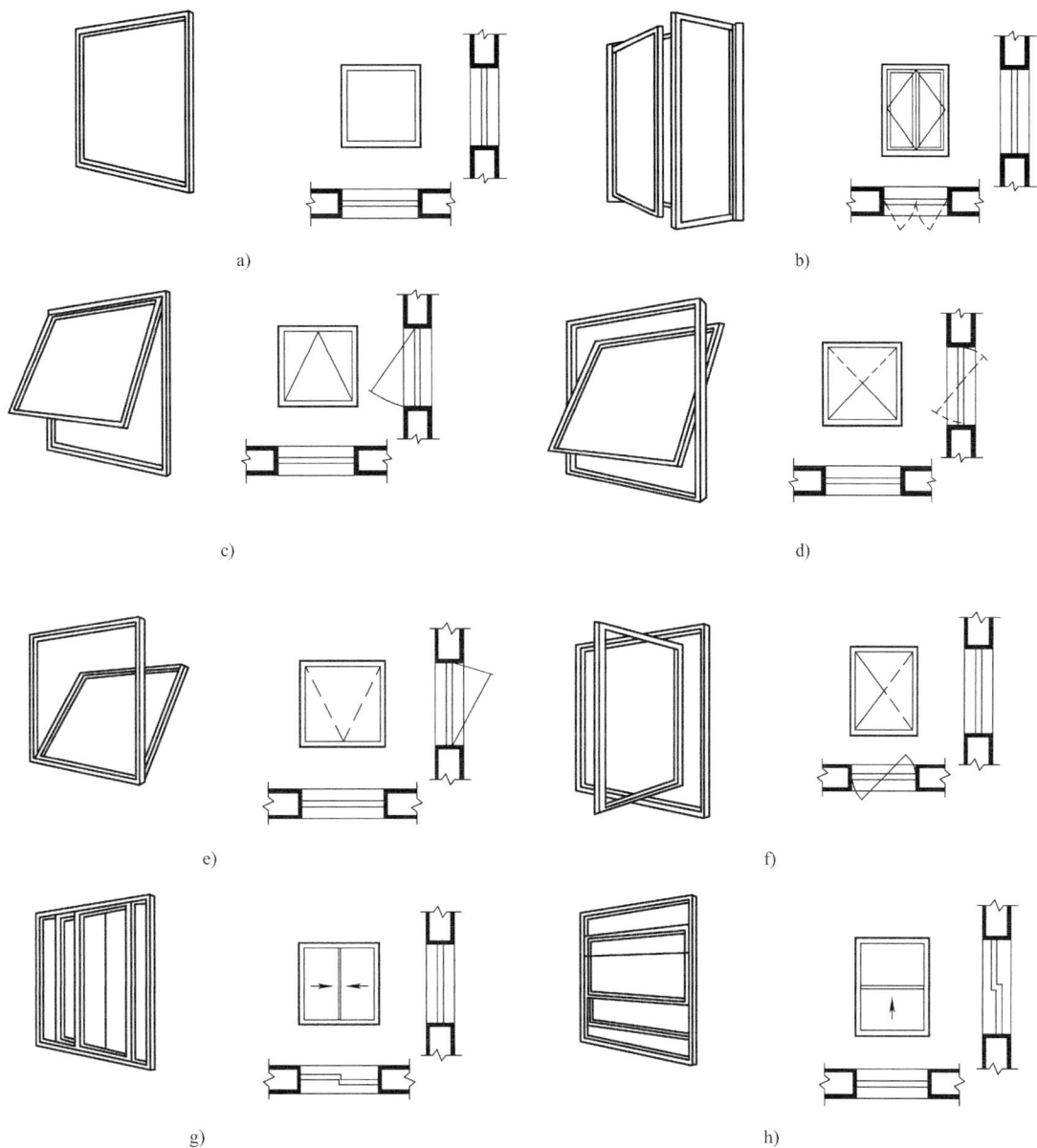

图 5-8-4　窗的分类

a）固定窗　b）平开窗　c）上悬窗　d）中悬窗　e）下悬窗(内开)

f）立转窗　g）推拉窗　h）上推窗

1）固定窗：固定窗是将玻璃直接镶嵌在窗框上，不设可活动的窗扇。一般用于只要求有采光、眺望功能的窗，如走道的采光窗和一般窗的固定部分。

2）平开窗：窗扇一侧用铰链与窗框相连，窗扇可向外或向内水平开启。平开窗构造简单，开关灵活，制作与维修方便，在一般建筑中采用较多。

3）悬窗：窗扇绕水平轴转动的窗为悬窗。按照旋转轴的位置可分为上悬窗、中悬窗和下悬窗，上悬窗和中悬窗的防雨、通风效果好，常用做门上的亮子和不方便手动开启的高侧窗。

4）立转窗：窗扇绕垂直中轴转动的窗为立转窗。这种窗通风效果好，但不严密，不宜用于寒冷和多风沙的地区。

5）推拉窗：窗扇沿着导轨或滑槽推拉开启的窗为推拉窗，有水平推拉窗和垂直推拉窗两种。推拉窗开启后不占室内空间，窗扇的受力状态好，适宜安装大玻璃，但通风面积受限制。

6）百叶窗：窗扇一般用塑料、金属或木材等制成小板材，与两侧框料相连接，有固定式和活动式两种。百叶窗的采光效率低，主要用作遮阳、防雨及通风。

（2）按窗扇或玻璃的层数分：按窗扇的层数分有单层窗扇和双层窗扇，按玻璃的层数分有单层玻璃窗和双层中空玻璃窗，双层窗扇和双层中空玻璃窗的保温、隔声、防尘效果好，是节能型窗的理想类型。

（3）按窗的框料材质分：有铝合金窗、塑钢窗、彩板窗、木窗、钢窗等，其中铝合金窗和塑钢窗外观精美、造价适中、装配化程度高。铝合金窗的耐久性好，塑钢窗的密封、保温性能优，所以在建筑工程中应用广泛。木窗由于消耗木材量大，耐火性、耐久性和密闭性差，其应用已受到限制。

（三）窗的组成（图5-8-5）

窗一般由窗框、窗扇和五金零件组成。窗框是窗与墙体的连接部分，由上框、下框、边框、中横框和中竖框组成。窗扇是窗的主体部分，分为活动扇和固定扇两种，一般由上、下冒头、边梃和窗芯（又叫窗棂）组成骨架，中间固定玻璃、窗纱或百叶。五金零件包括执手、铰链、插销、风钩等。

当建筑的室内装修标准较高时，窗洞口周围可增设贴脸、筒子板、压条、窗台板及窗帘盒等附件。

（四）窗的尺度

窗的尺度主要指窗洞口的尺度。其洞口尺度又取决于房间的采光通风标准。方案阶段通常用窗地面积比来估算房间的窗口面积。同时，根据节能规范的要求还应控制建筑

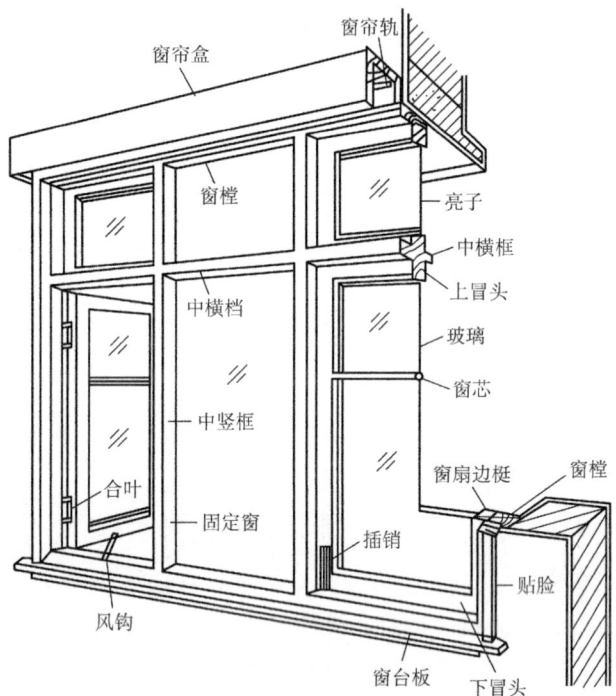

图5-8-5　窗的组成

各个朝向的窗墙比，并根据窗墙比确定窗的传热系数及遮阳系数要求。

窗洞口的高度与宽度尺寸还应兼顾建筑造型和GBJ 2—1986《建筑模数协调统一标准》等的要求。一般洞口高度为600～3600mm。为确保窗的坚固、耐久，应限制窗扇的尺寸，一般平开窗的窗扇高度为800～1200mm，宽度不大于500mm；上下悬窗的窗扇高度为300～600mm；中悬窗窗扇高度不大于1200mm，宽度不大于1000mm；推拉窗的高宽均不宜大于1500mm。目前，各地均有窗的通用设计图集，可根据具体情况直接选用。

窗的分格设计应考虑立面美观、视线通透、方便开启、便于清洗和维修等因素。随着空调的普遍使用，门窗的保温节能性能越来越受到关注，门窗分格要求越少越好，但必须满足

玻璃及门窗构件有足够的抗风压强度。

根据《建筑采光设计标准》GB/T 50033—2001 对各类建筑的采光系数标准值要求，对于 Ⅲ类光气候区的普通玻璃单层铝窗采光，其侧面采光窗洞口面积可按表 5-8-5 所列的窗地面积比估算。不同采光等级对应的视觉作业场所工作面上的采光系数标准值见表 5-8-6。

表 5-8-5　窗地面积比

序号	建筑类型	房间名称	采光等级	采光系数最低值	采光窗地比
1	居住建筑	起居室(厅)、卧室、书房、厨房	Ⅳ	1	1:7
		卫生间、过厅、楼梯间、餐厅	Ⅴ	0.5	1:12
2	办公建筑	设计室、绘图室	Ⅱ	3	1:3.5
		办公室、视屏工作室、会议室、	Ⅲ	2	1:5
		复印室、档案室	Ⅳ	1	1:7
		走道、楼梯间、卫生间	Ⅴ	0.5	1:12
3	学校建筑	教室、阶梯教室、实验室、报告厅	Ⅲ	2	1:5
		走道、楼梯间、卫生间	Ⅴ	0.5	1:12
4	图书馆建筑	阅览室、开架书库	Ⅲ	2	1:5
		目录室	Ⅳ	1	1:7
		书库、走道、楼梯间、卫生间	Ⅴ	0.5	1:12
5	旅馆建筑	会议厅	Ⅲ	2	1:5
		大堂、客房、餐厅、多功能厅	Ⅳ	1	1:7
		走道、楼梯间、卫生间	Ⅴ	0.5	1:12
6	医院建筑	诊室、药房、治疗室、化验室	Ⅲ	2	1:5
		候诊室、挂号处、综合大厅、病房、医生办公室(护士室)	Ⅳ	1	1:7
		走道、楼梯间、卫生间	Ⅴ	0.5	1:12
7	博物馆和美术馆建筑	文物修复、复制、门厅、工作室、技术工作室	Ⅲ	2	1:5
		展厅	Ⅳ	1	1:7
		库房、走道、楼梯间、卫生间	Ⅴ	0.5	1:12

注：JGJ 100—1998《汽车库建筑设计规范》中规定，汽车库内当采用天然采光，其停车空间天然采光系数不宜小于 0.5%或其窗地面积比宜大于1:15。封闭式汽车库的坡道墙上不得开窗，并应采用漫射光照明。

表 5-8-6　视觉作业场所工作面上的采光系数标准值

采光等级	视觉作业分类		侧面采光		顶部采光	
	作业精确度	识别对象的最小尺寸 d/mm	采光系数最低值 C_{min}(%)	室内天然光临界照度 /lx	采光系数平均值 C_{av}(%)	室内天然光临界照度 /lx
Ⅰ	特别精细	$d \leqslant 0.15$	5	250	7	350
Ⅱ	很精细	$0.15 < d \leqslant 0.3$	3	150	4.5	225

（续）

采光等级	视觉作业分类		侧面采光		顶部采光	
	作业精确度	识别对象的最小尺寸 d/mm	采光系数最低值 C_{min}（%）	室内天然光临界照度 /lx	采光系数平均值 C_{av}（%）	室内天然光临界照度 /lx
Ⅲ	精细	$0.3 < d \leqslant 1.0$	2	100	3	150
Ⅳ	一般	$1.0 < d \leqslant 5.0$	1	50	1.5	75
Ⅴ	粗糙	$d > 5.0$	0.5	25	0.7	35

注：1. 表中所列采光系数标准值适用于我国Ⅲ类光气候区。采光系数标准值是依据室外临界照度为5000lx制定的。

　　2. 亮度对比小的Ⅱ、Ⅲ级视觉作业，其采光等级可提高一级采用。

　　3. 采光系数标准值的选取，应符合下列规定：

　　（1）侧面采光应取采光系数的最低值 C_{min}；

　　（2）顶部采光应取采光系数的平均值 C_{av}；

　　（3）对兼有侧面采光和顶部采光的房间，可将其简化为侧面采光区和顶部采光区，并应分别取采光系数的最低值和采光系数的平均值。

　　光气候分区应按 GB 50033—2001《建筑采光设计标准》附录 A《中国光气候分区图》确定。各光气候区的光气候系数 K 应按表5-8-7采用。所在地区的采光系数标准值应乘以相应地区的光气候系数 K。

表5-8-7　光气候系数 K

光气候区	Ⅰ	Ⅱ	Ⅲ	Ⅳ	Ⅴ
地区举例	西南、西部（拉萨、昆明、兰州）	西北、北部（延安、喀什、呼和浩特）	华南、华北、西北端（广州、北京、郑州、乌鲁木齐）	华东、华中、华北中（上海、武汉、长沙、西安、沈阳、长春）	四川盆地、东北（成都、重庆、哈尔滨）
光气候系数 K 值	0.85	0.90	1.00	1.10	1.20
室外天然光临界照度值 E_1（lx）	6000	5500	5000	4500	4000

　　在采光设计中应选择采光性能好的窗作为建筑采光外窗，其透光折减系数 T_r 应大于 0.45。建筑采光外窗采光性能的检测可按现行国家标准《建筑外窗采光性能分级及其检测方法》执行。

　　（五）窗立樘位置

　　窗在墙洞中的位置主要根据房间的使用要求和墙体的厚度来确定，一般有三种形式：

　　（1）窗框内平，这时窗框内表面与墙体装饰层内表面相平，窗扇向内开启时可以紧贴墙面，不占室内空间。

　　（2）窗框外平，这时增加了内窗台的面积，但窗框的上部易进雨水，为提高其防水性能，需在洞口上方加设雨篷或其他挡水措施。

　　（3）窗框居中，即窗框位于墙厚的中间或偏向室外一侧，下部留有内外窗台以利于排水。

　　（六）窗的相关规范

　　1. 建筑外窗的物理性能

窗户作为建筑外围护结构的开口部位，不但要满足采光、日照、通风、视野等基本要求，还要具有一定的强度，优良的保温、隔热、隔声性能，才能为人们提供安全、舒适、宁静的室内环境。

在建筑施工图的门窗表中，不仅要统计门窗数量、推敲立面分格、确定开启扇的位置、开启方式，绘制出门窗详图，还必须在设计说明中明确外门窗框材质、玻璃及空气层厚度，并提出对外门窗主要性能指标的要求。建筑外窗综合质量评价的6大关键物理性能指标是：抗风压、气密、水密、热工、隔声及采光性能，其确定涉及建筑、结构、暖通空调等专业的多种设计规范。结构专业需要提出对外窗抗风压性能要求。暖通空调专业通过建筑整体节能计算确定传热系数、遮阳系数、可见光透射比、气密性能和结露性能。建筑专业则应综合考虑建筑所在地区气候、环境噪声状况、立面要求和方便使用等因素。近年来，随着国家建筑节能政策的完善，相继制定和颁布了一系列建筑节能方面的标准，还有一些节能规范正在修编，新的规范、标准对窗户的性能指标要求有较大幅度的提高。现将常用建筑外窗的物理性能选用方法和标准归纳如下。

（1）建筑外窗抗风压性能：关闭着的外窗在风压作用下不发生损坏（如：开裂、面板破损、局部屈服、粘结失效等）和五金件松动、开启困难等功能障碍的能力。抗风压性能是外窗最重要的性能，它直接影响到建筑物的正常使用和住户的生命财产安全。外窗抗风压性能等级应通过计算确定。

作用在外窗上的风荷载标准值应按下列公式计算：

$$\omega_k = \beta_{gz}\mu_{s1}\mu_z\omega_o^{\ominus}$$

式中　　ω_k——作用在外窗上的风荷载标准值（kN/m^2）；

　　　　β_{gz}——高度 z 处的阵风系数；阵风系数取5；

　　　　μ_{s1}——局部风压体型系数；

　　　　μ_z——风压高度变化系数；

　　　　ω_o——当地50年一遇的基本风压（kN/m^2）。

式中的 μ_z、μ_{s1}、ω_o 可从 GB 50009—2001《建筑结构荷载规范》（2006年版）中查取。高层建筑或位于大风区的建筑按结构专业的计算结果确定。

需要注意的是，外窗立面形式设计时，每块玻璃面积的大小受当地基本风压和建筑风荷载标准值的限制。设计可按照 JGJ 113—2009《建筑玻璃应用技术规程》中的第5条建筑玻璃抗风压设计的要求通过计算确定。建筑外门窗抗风压等级分级表见表5-8-8。

表 5-8-8　建筑外门窗抗风压性能分级表　　　　　　　　（单位：kPa）

分　级	1	2	3	4	5	6	7	8	9
分级指标值 P_3	$1.0 \leq P_3$ < 1.5	$1.5 \leq P_3$ < 2.0	$2.0 \leq P_3$ < 2.5	$2.5 \leq P_3$ < 3.0	$3.0 \leq P_3$ < 3.5	$3.5 \leq P_3$ < 4.0	$4.0 \leq P_3$ < 4.5	$4.5 \leq P_3$ < 5.0	$P_3 \geq 5.0$

注：1. 本表摘自 GB/T 7106—2008《建筑外门窗气密、水密、抗风压性能分级及检测方法》，设计时根据当地规定选定等级。

　　2. 第9级应在分级后同时注明具体检测压力值。

　　3. 建筑外门窗的强度应能满足所在地区的最大正、负风压作用时的要求。尤其是风力较大的地区（如沿海地区等）及高层建筑。高层建筑或位于大风压的建筑设计应提出外门窗的具体强度指标或其抗风压性能等级。

　　⊖　引自 GB 50009—2001《建筑结构荷载规范》（2006年版）。

（2）建筑外窗气密性能：是指外窗在关闭状态下，阻止空气渗透的能力。气密性能指标的高低不但影响外窗的密封性能，而且还严重影响其雨水渗漏性能、隔热保温性能、隔声性能。建筑外门窗气密性能分级见表5-8-9。

表5-8-9　建筑外门窗气密性能分级表

分　级	1	2	3	4	5	6	7	8
单位缝长分级指标值/ $q_1[\mathrm{m^3/(m \cdot h)}]$	$4.0 \geq q_1$ >3.5	$3.5 \geq q_1$ >3.0	$3.0 \geq q_1$ >2.5	$2.5 \geq q_1$ >2.0	$2.0 \geq q_1$ >1.5	$1.5 \geq q_1$ >1.0	$1.0 \geq q_1$ >0.5	$q_1 \leq 0.5$
单位面积分级指标值/ $q_2[\mathrm{m^3/(m^2 \cdot h)}]$	$12 \geq q_2$ >10.5	$10.5 \geq q_2$ >9.0	$9.0 \geq q_2$ >7.5	$7.5 \geq q_2$ >6.0	$6.0 \geq q_2$ >4.5	$4.5 \geq q_2$ >3.0	$3.0 \geq q_2$ >1.5	$q_2 \leq 1.5$

注：1. 本表摘自GB/T 7106—2008《建筑外门窗气密、水密、抗风压性能分级及检测方法》，设计时根据当地规定选定等级。

　　2. 一般情况下，在冬季室外平均风速大于或等于3.0m/s的地区，多层建筑不应低于3级，高层建筑不应低于4级；在冬季室外平均风速小于3.0m/s的地区，多层建筑不应低于2级，高层建筑不应低于3级。

（3）建筑外窗水密性能：是指关闭着的外窗在风雨同时作用下，阻止雨水渗透的能力。在大风多雨的地区，外窗的水密性能非常重要，应按当地降雨时最高风力等级，采用"等压原理"进行设计计算，确定合适等级。建筑外门窗水密性能分级见表5-8-10。

表5-8-10　建筑外门窗水密性能分级表　　　　　　　（单位：Pa）

分　级	1	2	3	4	5	6
分级指标 ΔP	$100 \leq \Delta P < 150$	$150 \leq \Delta P < 250$	$250 \leq \Delta P < 350$	$350 \leq \Delta P < 500$	$500 \leq \Delta P < 700$	$\Delta P \geq 700$

注：1. 本表摘自GB/T 7106—2008《建筑外门窗气密、水密、抗风压性能分级及检测方法》，设计时根据当地规定选定等级。

　　2. 第6级应在分级后同时注明具体检测压力差值，适用于热带风暴和台风袭击地区的建筑。

　　3. 位于大风压且多雨的地区时，窗的水密性不应低于3级。

（4）建筑外窗保温性能：是指在窗两侧存在空气温差的条件下，阻抗从高温一侧向低温一侧传热的能力。门窗传热系数是表征门窗保温性能的指标，表示在稳定传热条件下，外门窗两侧空气温差为1K，单位时间内，通过单位面积的传热量。外门、外窗传热系数分级见表5-8-11。GB/T 8484—2008《建筑外门窗保温性能分级及检测方法》增加了玻璃门、外窗抗结露因子的分级规定，抗结露因子是预测门、窗阻抗表面结露能力的指标，是在稳定传热状态下，门、窗热侧表面与室外空气温度差和室内、外空气温度差的比值。玻璃门、外窗抗结露因子分级见表5-8-12。

表5-8-11　外门、外窗传热系数分级　　　　　　　单位：W/(m² · k)

分　级	1	2	3	4	5
分级指标值	$K \geq 5.0$	$5.0 > K \geq 4.0$	$4.0 > K \geq 3.5$	$3.5 > K \geq 3.0$	$3.0 > K \geq 2.5$
分　级	6	7	8	9	10
分级指标值	$2.5 > K \geq 2.0$	$2.0 > K \geq 1.6$	$1.6 > K \geq 1.3$	$1.3 > K \geq 1.1$	$K < 1.1$

注：本表摘自GB/T 8484—2008《建筑外门窗保温性能分级及检测方法》，设计时根据当地规定选定等级。

表5-8-12　玻璃门、外窗抗结露因子分级

分　级	1	2	3	4	5
分级指标值	$CRF \leqslant 35$	$35 < CRF \leqslant 40$	$40 < CRF \leqslant 45$	$45 < CRF \leqslant 50$	$50 < CRF \leqslant 55$
分　级	6	7	8	9	10
分级指标值	$55 < CRF \leqslant 60$	$60 < CRF \leqslant 65$	$65 < CRF \leqslant 70$	$70 < CRF \leqslant 75$	$CRF > 75$

注：本表摘自 GB/T 8484—2008《建筑外门窗保温性能分级及检测方法》，设计时根据当地规定选定等级。

（5）建筑外窗空气声隔声性能：是指通过空气传到外窗外表面的噪声，经外窗系统反射、吸收及其他能量转化后的减少量。GB/T 8485—2008《建筑门窗空气声隔声性能分级及检测方法》中，外门、外窗以"计权隔声量和交通噪声频谱修正量之和$(R_w + C_{tr})$"作为分级指标；内门、内窗以"计权隔声量和粉红噪声频谱修正量之和$(R_w + C)$"作为分级指标。建筑门窗的空气声隔声性能分级见表5-8-13。

表5-8-13　建筑门窗的空气声隔声性能分级　　　　　　（单位：dB）

分　级	外门、外窗的分级指标值	内门、内窗的分级指标值
1	$20 \leqslant R_w + C_{tr} < 25$	$20 \leqslant R_w + C < 25$
2	$25 \leqslant R_w + C_{tr} < 30$	$25 \leqslant R_w + C < 30$
3	$30 \leqslant R_w + C_{tr} < 35$	$30 \leqslant R_w + C < 35$
4	$35 \leqslant R_w + C_{tr} < 40$	$35 \leqslant R_w + C < 40$
5	$40 \leqslant R_w + C_{tr} < 45$	$40 \leqslant R_w + C < 45$
6	$R_w + C_{tr} \geqslant 45$	$R_w + C \geqslant 45$

注：1. 本表摘自 GB/T 8485—2008《建筑门窗空气声隔声性能分级及检测方法》。
　　2. 用于对建筑内机器、设备噪声源隔声的建筑内门窗，对中低频噪声宜用外门窗的指标值进行分级；对中高频噪声仍可采用内门窗的指标进行分类。
　　3. 沿街的住宅或当环境噪声较大时，应采用隔声性能较好的外窗。如可采用中空玻璃或双层窗，其隔声性能应不小于35dB；对于隔声要求高的外窗，也可采用双层窗，其隔声量可达45dB左右，双层窗间距应为80～100mm；对于既要求隔声又要求通风的建筑，可采用通风隔声窗（即在双层窗之间加设吸声构造）或采用窗用通风器。

（6）建筑外窗采光性能：是指建筑外窗在扩散光照射下透过光的能力，采用窗的透光折减系数 T_r 作为采光性能的分级指标。透光折减系数是光通过窗框和采光材料与窗相组合的挡光部件后减弱的系数，用符号 T_r 表示。透光折减系数主要取决于选用玻璃的可见光透过率和窗的透光面积。建筑外窗采光性能分级见表5-8-14。

表5-8-14　采光性能分级

分级	1	2	3	4	5
指标值	$0.20 \leqslant T_r < 0.30$	$0.30 \leqslant T_r < 0.40$	$0.40 \leqslant T_r < 0.50$	$0.50 \leqslant T_r < 0.60$	$T_r \geqslant 0.60$

注：本表摘自 GB/T 11976—2002《建筑外窗采光性能分级及检测方法》。

（7）相关的玻璃光学热工参数

1）玻璃的遮阳系数 SC 值：表征窗玻璃在无其他遮阳措施情况下对太阳辐射透射得热

的减弱程度。其数值为透过窗玻璃的太阳辐射得热与透过 3mm 厚普通透明窗玻璃的太阳辐射得热之比值，用 SC 表示。窗玻璃遮阳系数是在建筑节能设计标准中对玻璃的重要限制指标。遮阳系数越小，阻挡阳光热量向室内辐射的性能越好。但只在炎热气候地区和大窗墙比时，低遮阳系数的玻璃才有利于节能；在寒冷地区和小窗墙比时，高遮阳系数的玻璃更有利于利用太阳热量降低采暖能耗而实现节能。实际中必经对建筑物进行复杂的能耗计算，并结合节能设计标准才能最终选出科学的玻璃遮阳系数限制值。同时，也要考虑可见光透过率的限制要求，因为玻璃的遮阳系数降低时，大部分玻璃的可见光透过率也会相应降低，室内光强过弱会增大照明能耗，不利于整体节能。

2）可见光透射比：是指透过透明材料的可见光光通量与投射在其表面上的可见光光通量之比，这一指标反映玻璃的透光性能。较高的透光率有利于天然采光，但会相应增加太阳热辐射的进入，因此必须在采光与节能之间寻求平衡点。对居住建筑可见光透射比宜在 50% 左右；对公共建筑当窗（包括透明幕墙）墙面积比小于 0.40 时，玻璃的可见光透射比不应小于 0.4。当不能满足这一要求时，必须按 GB 50189—2005《公共建筑节能设计标准》第 4.3 节的规定进行权衡判断。

3）可见光反射比：主要用于限制玻璃幕墙的反射"光污染"现象。在《玻璃幕墙光学性能》标准中做了如下限定："玻璃幕墙应采用反射比不大于 0.30 的幕墙玻璃"，"主干道、立交桥、高架路两侧建筑物高 20m 以下部分，其余路段高 10m 以下部分如使用玻璃幕墙，应采用反射比不大于 0.16 的玻璃"。

2. 建筑幕墙、建筑玻璃采光顶物理性能（表 5-8-15 ~ 表 5-8-28）

表 5-8-15　建筑幕墙抗风压性能分级表　　　　　　　　（单位：kPa）

分级	1	2	3	4	5	6	7	8	9
分级指标值 P_3	$1.0 \leqslant P_3$ <1.5	$1.5 \leqslant P_3$ <2.0	$2.0 \leqslant P_3$ <2.5	$2.5 \leqslant P_3$ <3.0	$3.0 \leqslant P_3$ <3.5	$3.5 \leqslant P_3$ <4.0	$4.0 \leqslant P_3$ <4.5	$4.5 \leqslant P_3$ <5.0	$P_3 \geqslant 5.0$

注：1. 本表摘自 GB/T 21086—2007《建筑幕墙》，设计时根据当地规定选定等级。

　2. 表中 P_3 不应小于幕墙所受的风荷载标准值 W_k，且不应小于 1.0kPa。在抗风压性能指标作用下，幕墙的支承体系、面板的相对挠度和绝对挠度应符合要求。

　3. 9 级时需同时标注 P_3 的测试值，如：属 9 级（5.5kPa）。

　4. 分级指标值 P_3 为正、负风压测试值绝对值的较小值。

表 5-8-16　建筑幕墙水密性能分级表　　　　　　　　（单位：Pa）

分级指标	部位区别	等级				
		1	2	3	4	5
ΔP	固定部位	$500 \leqslant \Delta P < 700$	$700 \leqslant \Delta P < 1000$	$1000 \leqslant \Delta P < 1500$	$1500 \leqslant \Delta P < 2000$	$\Delta P \geqslant 2000$
	可开启部位	$250 \leqslant \Delta P < 350$	$350 \leqslant \Delta P < 500$	$500 \leqslant \Delta P < 700$	$700 \leqslant \Delta P < 1000$	$\Delta P \geqslant 1000$

注：1. 本表摘自 GB/T 21086-2007《建筑幕墙》，设计时根据当地规定选定等级。

　2. 5 级时需同时标注固定部分和开启部分 ΔP 的测试值。

　3. 开放式建筑幕墙的水密性能可不作要求。

表 5-8-17　建筑玻璃采光顶水密性能分级　　　　　　　　（单位：Pa）

分 级 代 号		等　　级		
		3	4	5
分级指标值 ΔP	固定部位	$1000 \leqslant \Delta P < 1500$	$1500 \leqslant \Delta P < 2000$	$\Delta P \geqslant 2000$
	可开启部位	$500 \leqslant \Delta P < 700$	$700 \leqslant \Delta P < 1000$	$\Delta P \geqslant 1000$

注：1. 本表摘自 JG/T 231—2007《建筑玻璃采光顶》，设计时根据当地规定选定等级。

2. 5 级时需同时标注 ΔP 的实测值。

表 5-8-18　建筑幕墙气密性能设计指标一般规定

地区分类	建筑层数、高度	气密性能分级	气密性能指标小于	
			开启部分 $q_L/[(m^3/m \cdot h)]$	幕墙整体 $q_A/[(m^3/m^2 \cdot h)]$
夏热冬暖地区	10 层以下	2	2.5	2.0
	10 层及以上	3	1.5	1.2
其他地区	7 层以下	2	2.5	2.0
	7 层及以上	3	1.5	1.2

注：本表摘自 GB/T 21086—2007《建筑幕墙》。

表 5-8-19　建筑幕墙、建筑采光顶开启部分气密性能分级

分 级 代 号	1	2	3	4
分级指标值 $q_L/[m^3/(m \cdot h)]$	$4.0 \geqslant q_L > 2.5$	$2.50 \geqslant q_L > 1.5$	$1.5 \geqslant q_L > 0.5$	$q_L \leqslant 0.5$

注：本表摘自 GB/T 21086—2007《建筑幕墙》和 JG/T 231—2007《建筑玻璃采光顶》。

表 5-8-20　建筑幕墙、建筑采光顶整体气密性能分级

分 级 代 号	1	2	3	4
分级指标值 $q_A/[m^3/(m^2 \cdot h)]$	$4.0 \geqslant q_A > 2.0$	$2.0 \geqslant q_A > 1.2$	$1.2 \geqslant q_A > 0.5$	$q_A \leqslant 0.5$

注：1. 本表摘自 GB/T 21086—2007《建筑幕墙》和 JG/T 231—2007《建筑玻璃采光顶》。设计时根据当地规定选定等级。

2. 开放式建筑幕墙的气密性能不作要求。

表 5-8-21　建筑幕墙传热系数分级

分 级 代 号	1	2	3	4	5	6	7	8
分级指标值 K $[W/(m^2 \cdot k)]$	$K \geqslant 5.0$	$5.0 > K \geqslant 4.0$	$4.0 > K \geqslant 3.0$	$3.0 > K \geqslant 2.5$	$2.5 > K \geqslant 2.0$	$2.0 > K \geqslant 1.5$	$1.5 > K \geqslant 1.0$	$K < 1.0$

注：1. 本表摘自 GB/T 21086—2007《建筑幕墙》，设计时根据当地规定选定等级。

2. 8 级时需同时标注 K 的测试值。

表 5-8-22　建筑玻璃采光顶传热系数分级

分级代号	1	2	3	4	5
分级指标值 $K[\mathrm{W}/(\mathrm{m}^2 \cdot \mathrm{k})]$	$K>4.0$	$4.0 \geqslant K>3.0$	$3.0 \geqslant K>2.0$	$2.0 \geqslant K>1.5$	$K \leqslant 1.5$

注：1. 本表摘自 JG/T 231—2007《建筑玻璃采光顶》，设计时根据当地规定选定等级。

　　2. 需同时标注 K 的实测值。

表 5-8-23　玻璃幕墙遮阳系数分级

分级代号	1	2	3	4	5	6	7	8
分级指标值 SC	$0.9 \geqslant SC$ >0.8	$0.8 \geqslant SC$ >0.7	$0.7 \geqslant SC$ >0.6	$0.6 \geqslant SC$ >0.5	$0.5 \geqslant SC$ >0.4	$0.4 \geqslant SC$ >0.3	$0.3 \geqslant SC$ >0.2	$SC \leqslant 0.2$

注：1. 本表摘自 GB/T 21086—2007《建筑幕墙》，设计时根据当地规定选定等级。

　　2. 8 级时需同时标注 SC 的测试值。

　　3. 玻璃幕墙遮阳系数 = 幕墙玻璃遮阳系数 × 外遮阳的遮阳系数 × $\left(1 - \dfrac{\text{非透光部分面积}}{\text{玻璃幕墙总面积}}\right)$。

表 5-8-24　建筑玻璃采光顶遮阳系数分级

分级代号	1	2	3	4	5	6
分级指标值 SC	$0.9 \geqslant SC>0.7$	$0.7 \geqslant SC>0.6$	$0.6 \geqslant SC>0.5$	$0.5 \geqslant SC>0.4$	$0.4 \geqslant SC>0.3$	$0.3 \geqslant SC>0.2$

注：本表摘自 JG/T 231—2007《建筑玻璃采光顶》，设计时根据当地规定选定等级。

表 5-8-25　建筑幕墙空气声隔声性能分级

分级代号	1	2	3	4	5
分级指标值 R_W/dB	$25 \leqslant R_\mathrm{W}<30$	$30 \leqslant R_\mathrm{W}<35$	$35 \leqslant R_\mathrm{W}<40$	$40 \leqslant R_\mathrm{W}<45$	$R_\mathrm{W} \geqslant 45$

注：1. 本表摘自 GB/T 21086—2007《建筑幕墙》，设计时根据当地规定选定等级。

　　2. 开放式建筑幕墙的空气声隔声性能应能符合设计要求。

表 5-8-26　建筑玻璃采光顶空气声隔声性能分级

分级代号	2	3	4
分级指标值 R_W/dB	$30 \leqslant R_\mathrm{W}<35$	$35 \leqslant R_\mathrm{W}<40$	$40 \leqslant R_\mathrm{W}<45$

注：1. 本表摘自 JG/T 231—2007《建筑玻璃采光顶》，设计时根据当地规定选定等级。

　　2. 4 级时需同时标注 R_W 的实测值。

表 5-8-27　建筑幕墙采光性能分级

分级代号	1	2	3	4	5
分级指标值 T_T	$0.2 \leqslant T_\mathrm{T}<0.3$	$0.3 \leqslant T_\mathrm{T}<0.4$	$0.4 \leqslant T_\mathrm{T}<0.5$	$0.5 \leqslant T_\mathrm{T}<0.6$	$T_\mathrm{T} \geqslant 0.6$

注：1. 本表摘自 GB/T 21086—2007《建筑幕墙》。设计时根据当地规定选定等级。

　　2. 玻璃幕墙的光学性能应满足 GB/T 18091—2000《玻璃幕墙光学性能》的规定。

表 5-8-28　建筑玻璃采光顶采光性能分级

分级代号	1	2	3	4	5
分级指标值 T_r	$0.2 \leqslant T_r < 0.3$	$0.3 \leqslant T_r < 0.4$	$0.4 \leqslant T_r < 0.5$	$0.5 \leqslant T_r < 0.6$	$T_r \geqslant 0.6$

注：1. 本表摘自 JG/T 231—2007《建筑玻璃采光顶》，设计时根据当地规定选定等级。

　　2. T_r——透射漫射光照度与漫射光照度之比。5 级时需同时标注 T_r 的实测值。

3. 建筑节能门窗、幕墙的基本物理性能要求

根据 CQC 3118—2010《建筑门窗节能认证技术规范》，要考虑建筑物的设计以及气候区域的限制等诸多要素来判定具有保温隔热性能的建筑门窗的节能性。

建筑节能门窗节能认证技术要求包括基本物理性能（气密性能、水密性能、抗风压性能）要求和保温隔热性能（传热系数、窗玻璃可见光透射比、窗玻璃遮蔽系数）要求。建筑门的窗应满足表 5-8-29、表 5-8-30、表 5-8-31 的要求。户门对水密性能、抗风压性能不作要求。门窗的物理性能宜按气密、水密、抗风压、传热的顺序进行检测，力学性能检测应在物理性能检测之后进行。

建筑幕墙目前还没有相应的节能认证规范，设计时可以参考 CQC 3118—2010《建筑门窗、幕墙节能认证技术规范（申请备案稿）》中提出的指标。建筑幕墙物理性能要求可参考表 5-8-32；建筑幕墙保温隔热性能要求可参考表 5-8-33；幕墙中空玻璃性能要求可参考表 5-8-34。

建筑气候区域及代码见表 5-8-35。

表 5-8-29　建筑门窗物理性能要求

项　目		指　　标	检 测 方 法
气密性能	单位缝长指标 $q_1/[m^3/(m \cdot h)]$	≤ 1.5	GB/T 7106—2008《建筑外门窗气密、水密、抗风压性能分级及检测方法》
	单位面积指标 $q^2/[m^3/(m^2 \cdot h)]$	≤ 4.5	
水密性能 $\Delta P/Pa$		≥ 250	
抗风压性能 P_3/kPa		≥ 2.0	

表 5-8-30　窗保温隔热性能要求

项目	建筑气候区域代码	指标	检测方法
传热系数 $K/[W/(m^2 \cdot K)]$	A	≤ 2.0	GB/T 8484—2008《建筑外门窗保温性能分级及检测方法》
	B	≤ 2.5	
	C	≤ 2.7	
	D	≤ 3.2	
	E	≤ 3.5	

（续）

项目	建筑气候区域代码	指标	检测方法
玻璃可见光透射比 τ	A、B、C	≥ 0.6	ISO 9050—2003《建筑玻璃光透率、日光直射率、太阳能总透射率及紫外线透射率及有关光泽系数的测定》
	D、E	≥0.4	
玻璃遮蔽系数 Se	A、B、C	≥0.6	
	D、E	<0.6	

表 5-8-31 门保温隔热性能要求

建筑气候区域代码	A、B	C	D	E
外门传热系数 $K/(W/(m^2 \cdot K))$	≤2.0	≤2.5	≤2.7	≤3.0
户门传热系数 $K/(W/(m^2 \cdot K))$	≤1.5	≤2.0	≤2.5	≤2.8

表 5-8-32 建筑幕墙物理性能要求

项目		指标	检测方法
气密性能	可开部分 $q_L/[m^3/(m \cdot h)]$	≤ 1.5	GB/T 15227—2007《建筑幕墙气密、水密抗风压性能检测方法》
	整体 $q_A/[m^3/(m^2 \cdot h)]$	≤ 1.2	
水密性能 $\Delta P/Pa$	可开部分	≥ 500	
	固定部分	≥ 1000	
抗风压性能 P_3/kPa		≥ 3.0	

表 5-8-33 建筑幕墙保温隔热性能要求

气候区域代码	传热系数 $K/[W/(m^2 \cdot K)]$		气候区域代码	传热系数 $K/[W/(m^2 \cdot K)]$	
	透明幕墙	不透明幕墙		透明幕墙	不透明幕墙
A	≤2.0	≤0.45	D	≤2.8	≤1.0
B	≤2.1	≤0.50	E	≤3.0	≤1.5
C	≤2.3	≤0.60			

表 5-8-34 幕墙中空玻璃性能要求

项目	适用气候区域	指标	检测方法
可见光透射比	A、B、C、D、E	≥0.4	GB/T 2680—1994《建筑玻璃 可见光透射比、太阳光直接透射比、太阳能总透射比、紫外线透射比及有关窗玻璃参数的测定》
遮蔽系数	A、B、C	≥0.6	
	D、E	<0.4	
传热系数 $K/(W/(m^2 \cdot K)$	A、B	≤2.0	GB/T 8484—2008《建筑外门窗保温性能分级及检测方法》
	C、D、E	≤2.2	

表5-8-35　建筑气候区域划分

气候区域代码	A	B	C	D	E
气候区域	严寒地区A区	严寒地区B区	寒冷地区	夏热冬冷地区	夏热冬暖地区
建筑气候区域代表城市	伊春、呼玛、海拉尔、满洲里、海伦、博克图、佳木斯、安达、齐齐哈尔、富锦、哈尔滨、牡丹江、克拉玛依	长春、乌鲁木齐、延吉、通辽、通化、四平、呼和浩特、抚顺、大柴旦、沈阳、大同、本溪、阜新、哈密、张家口、鞍山、酒泉、伊宁、吐鲁番、西宁、银川、丹东	兰州、太原、唐山、阿坝、喀什、北京、天津、大连、阳泉、平凉、石家庄、德州、晋城、天水、西安、拉萨、济南、青岛、安阳、郑州、洛阳、宝鸡、徐州	南京、蚌埠、盐城、南通、合肥、安庆、九江、武汉、黄石、岳阳、汉中、安康、上海、杭州、宁波、宜昌、长沙、南昌、株洲、永州、赣州、韶关、桂林、重庆、达县、万州、涪陵、南充、宜宾、成都、贵阳、遵义、凯里、绵阳	福州、莆田、龙岩、梅州、兴宁、英德、河池、柳州、贺州、泉州、厦门、广州、深圳、湛江、汕头、海口、南宁、北海、梧州

4. 安全玻璃的使用要求

（1）安全玻璃的概念：安全玻璃是指符合国家标准的夹层玻璃、钢化玻璃，以及用它们构成的复合产品，值得注意的是，单片半钢化玻璃和单片夹丝玻璃均不属于安全玻璃。

一般民用钢化玻璃是将普通玻璃通过热处理工艺，使其强度提高3~5倍，可承受一定能量的外来撞击或温差变化而不破碎，即使破碎，也是整块玻璃碎成类似蜂窝状钝角小颗粒，不易伤人，从而具有一定的安全性。钢化玻璃不能切割，需要在钢化前切好尺寸，且有"自爆"特性。根据用途不同，钢化玻璃又可分为全钢化玻璃、半钢化玻璃、区域钢化玻璃、平钢化玻璃、弯钢化玻璃等多种类型。

夹层玻璃作为一种安全玻璃在受到撞击破碎后，由于其两片普通玻璃中间夹的PVB膜的粘接作用，不会像普通玻璃破碎后产生锋利的碎片伤人。同时，它的PVB中间膜所具备的隔声、控制阳光的性能又使之成为具备节能、环保功能的新型建材：使用夹层玻璃不仅可以隔绝可穿透普通玻璃的1000~2000Hz的吻合噪声，而且它可以阻挡99%以上紫外线和吸收红外光谱中的热量。

（2）安全玻璃的使用部位：按照《建筑安全玻璃管理规定》（发改运行[2003]2116号）的规定以及JGJ 113—2009《建筑玻璃应用技术规程》的要求，建筑物需要以玻璃作为建筑材料的下列部位必须使用安全玻璃：

1）7层及7层以上建筑物外开窗。

2）面积大于1.5m²的窗玻璃或玻璃底边离最终装修面小于500mm的落地窗。

3）幕墙（全玻幕除外）。

4）倾斜装配窗、各类天棚（含天窗、采光顶）、吊顶。

5）观光电梯及其外围护。

6）室内隔断、浴室围护和屏风。

7）楼梯、阳台、平台走廊的栏板和中庭内拦板。

8）用于承受行人行走的地面板。

9）水族馆和游泳池的观察窗、观察孔。

10）公共建筑物的出入口、门厅等部位。

11）易遭受撞击、冲击而造成人体伤害的其他部位。

12）活动门、固定门。

第九节　擦 窗 设 备

一、擦窗设备的概念和使用范围

擦窗机是高层建筑物外墙立面和采光屋面清洗、维修等作业的常设的专用设备。设计师需根据建筑物的高度、立面及楼顶结构、承载、设备行走的有效空间，选用不同形式的擦窗机。因每一座建筑的外形和楼面都各不相同，故擦窗机必须根据每一座建筑具体的楼面情况而具体设计制造。一般在施工图设计阶段，由擦窗机的专业厂家根据建筑结构具体特点，提供擦窗机设备最佳配置方案并提供可靠数据给业主及建筑师、结构工程师，经比选优化确认后，根据设备要求提供轨道预埋件基础图、设备荷载及电容量等技术资料，以便相关专业进行设计和绘图。如尚无条件确定擦窗机选型，则也应估计相关荷载和电容量，并在施工之前确定下来。

JGJ 102—2003　J 280—2003《玻璃幕墙工程技术规范》中第 4.1.6 条规定：玻璃幕墙应便于维护和清洁。高度超过 40m 的幕墙工程宜设置清洗设备。

二、擦窗机的选型

擦窗机的选型既要考虑到安全、经济、实用，又不能影响建筑物的美观。擦窗机是室外高空载人设备，因此对擦窗机的安全性和可靠性要求非常高。在交付使用前，专业人员必须到大楼使用的现场进行调试，检测机器的性能。2003 年，我国已颁布了国家标准 GB 19154—2003《擦窗机》，对擦窗机的定义、分类、技术要求等都有明确的规定。2008 年，又发布了 JGJ 150—2008《擦窗机安装工程质量验收规程》。

三、擦窗机的类型

按照擦窗机标准，擦窗机可分为：屋面轨道式（简称轨道式）、轮载式、悬挂轨道式（简称悬挂式）、滑车式和插杆式、滑梯式等。各种擦窗机的特点和适用场所为：

1. 屋面轨道式（图 5-9-1）　屋面轨道式擦窗机是在楼顶铺设的轨道上依靠台车运行的，

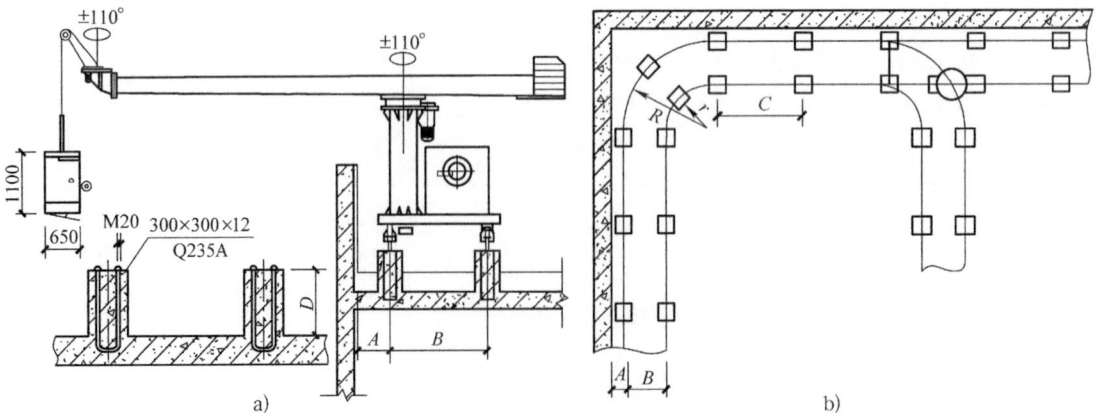

图 5-9-1　屋面轨道式擦窗机
a）剖面示意图　b）平面示意图

注：　　　　　　　　　　　　预埋件尺寸　　　　　　　　　　（单位：mm）

A	B	C	D	R	r
≥250	1000~1500	约2000	≥350	B+r	1000

它利用轨道导向，同时利用台车内的卷扬系统使吊船上下运动，使载人的吊船可以达到大厦四周的任意位置。屋面轨道式擦窗机主要由行走机构、主机回转机构、卷扬起升机构、臂头电动回转机构、吊船及安全系统和独立安全保护系统等组成。它具有行走平稳、就位准确、安全装置齐全、使用安全可靠、自动化程度高等特点。屋面轨道式擦窗机型式多样，是使用最为广泛的一种擦窗机。安装轨道式擦窗机必须满足楼面结构承载要求，预留出擦窗机的行走通道等。

2. 附墙屋面轨道式（图5-9-2）　附墙屋面轨道式擦窗机是在楼顶女儿墙上铺设的不锈钢轨道上依靠台车运行的。主要由行走机构、卷扬起升机构、变幅机构及吊船等组成。适用于楼顶擦窗机行走空间较小的情况。当楼顶擦窗机通道尺寸在 500～1000mm 时，并且其他轨道式不宜布置时可选择此机型。

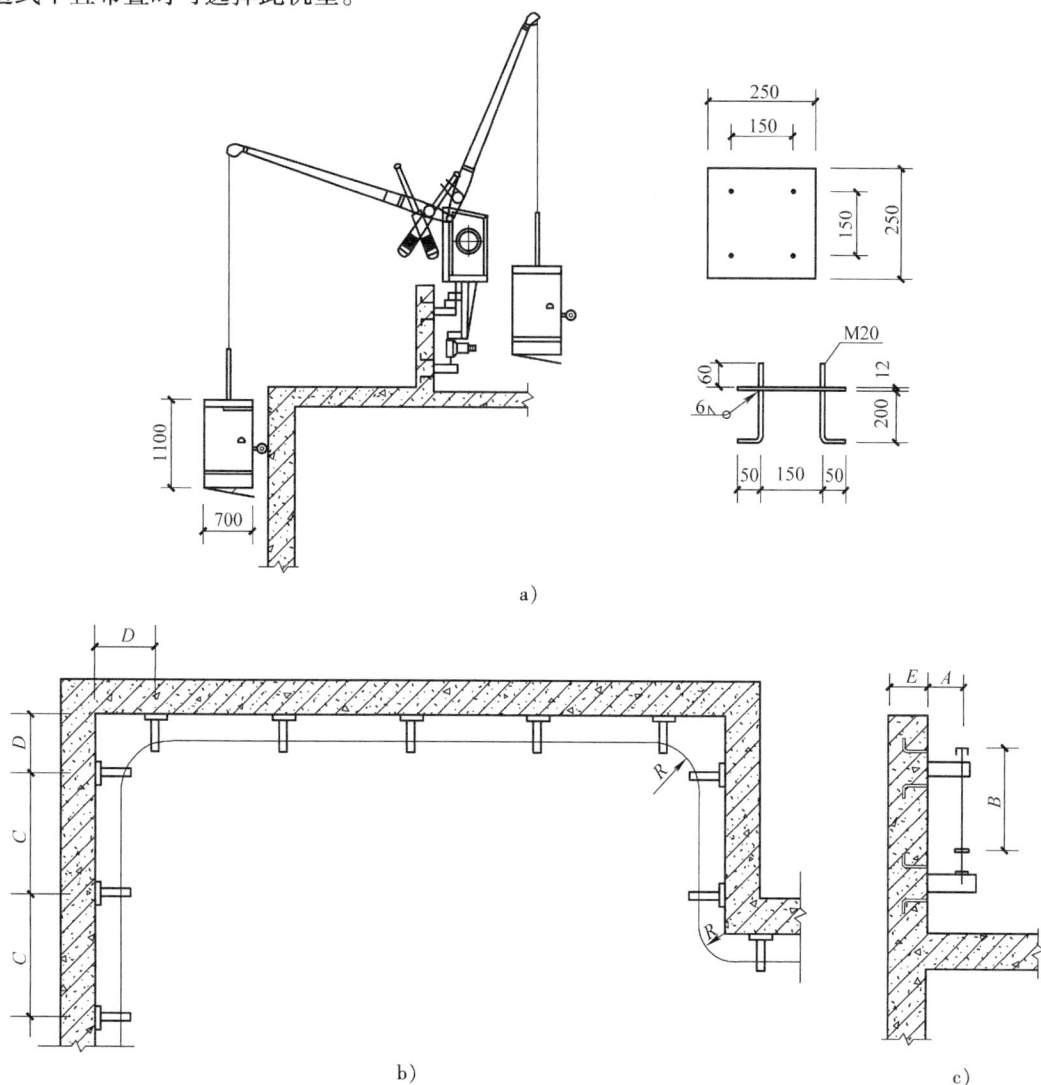

a)

b)　　　　　　　　　　　　　　　　　　　　c)

图5-9-2　附墙屋面轨道式擦窗机

a）剖面示意图　b）平面示意图　c）剖面节点示意图

注：　　　　　　　　　　　　　　预埋件尺寸

A	B	C	D	E	R
≥350	≥700	约2000	400	≥250	1000

3. 滑梯式(图5-9-3) 滑梯式擦窗机是在中庭采光屋顶下沿悬挂的轨道依靠台车的运动纵向行走。在运动台车上设有供升降平台运行的横向轨道,它利用轨道导向,同时利用升降平台的升降机构使平台上下运动,使载人的平台可以达到采光屋顶的任意位置。台车下方可设置轨道及下卷扬吊船,吊船可以沿轨道方向移动,吊船本身还可上下移动。整个系统设有台车行走系统、轨道系统、升降平台行走系统、升降平台升降系统、控制系统、安全系统和独立安全保护系统等部分。

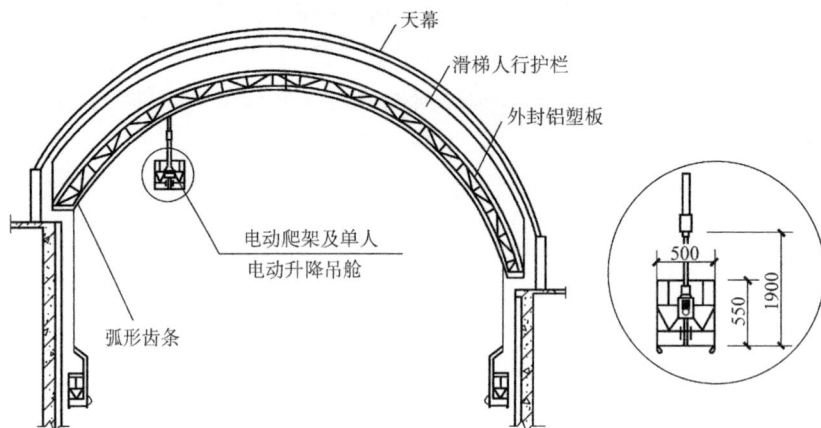

图5-9-3 滑梯式擦窗机剖面示意图

此机型主要由电动行走机构、吊船、铝合金或钢结构滑梯等组成。适用于清洗内外弧形、水平、垂直及倾斜玻璃天幕等。

4. 屋面轮载式(图5-9-4) 主要由轮胎行走机构、回转机构、卷扬起升机构、变幅机构

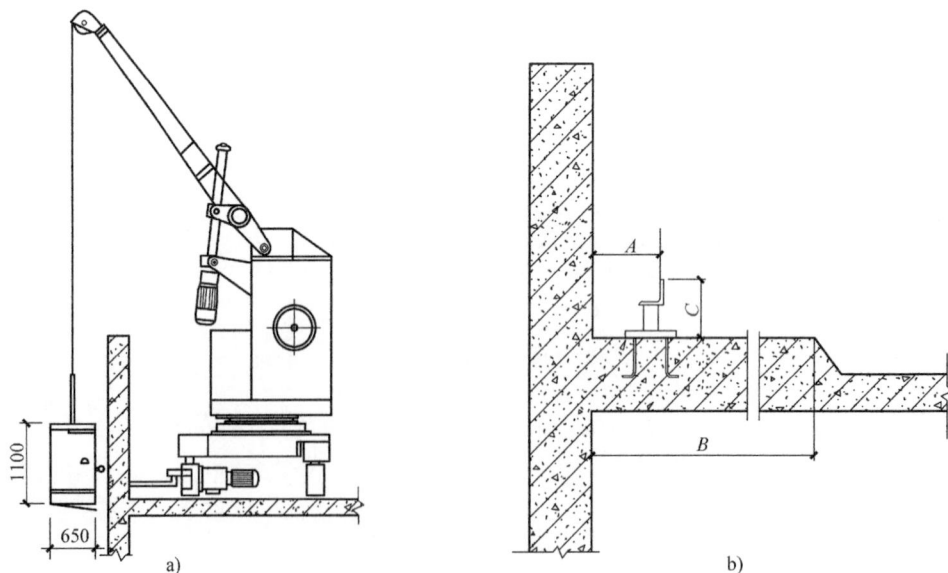

图5-9-4 屋面轮载式擦窗机
a) 剖面示意图 b) 节点示意图

注: 预埋件尺寸

A	B	C
≥100	≥1200	≥150

及吊船等组成。该机型为小型擦窗机设备，适用于楼顶布置花园平台、观光平台的场合，不影响楼顶布置的整体美观。轮载式擦窗机的行走通道屋面必须为混凝土刚性屋面，坡度小于2%。

5. 插杆式（图5-9-5） 该机型为小型擦窗机设备，由插杆和吊船组成，有落地式和附墙式两种。该电动吊船与轨道式吊船不同，它自身配置有升降的提升机、安全锁、收缆器等。屋面插杆式擦窗机是在屋顶上预埋若干底座，将插杆插在底座上再配上吊船就可以进行工作。需要变换位置时，只需将插杆拔出换到另外的底座上即可。

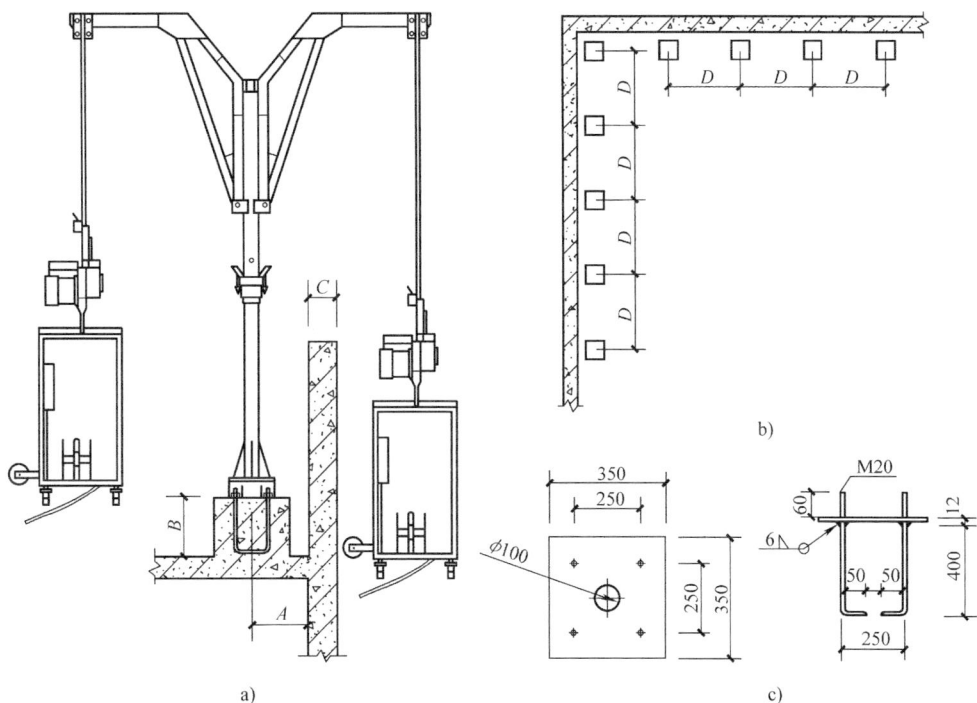

图 5-9-5 插杆式擦窗机

a）剖面示意图 b）平面示意图 c）节点示意图

注：   预埋件尺寸

A	B	C	D
≥350	≥400	≥250	2200

该擦窗机就位操作麻烦、常布置于裙房和楼顶的局部位置。但其价格便宜，业主以造价为首选条件时，常采用此方案。

6. 悬挂式（图5-9-6、图5-9-7） 此机型为小型擦窗机设备，由高强铝合金轨道、爬轨器、电动吊船和安全系统等组成。

爬轨器带动吊船沿轨道水平行走，依靠吊船内的卷扬系统可使吊船垂直移动，从而使工作人员能够到达建筑物的各个立面。适用于楼顶层面较多或空间较小、建筑造型复杂、其他擦窗机不易安装的场合。悬挂式擦窗机可做成外立面布置或屋檐隐藏式布置。

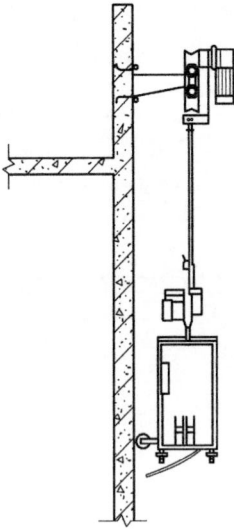

图 5-9-6　悬挂式擦窗机剖面示意图

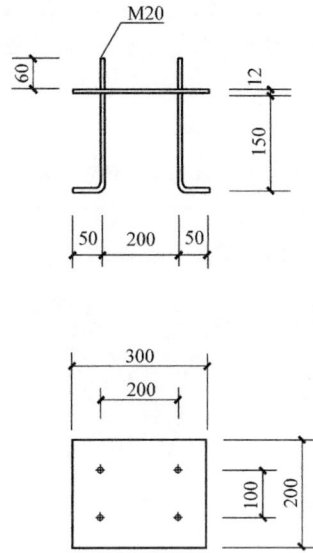

图 5-9-7　悬挂式擦窗机节点示意图

第六章 各个设计阶段的专业配合

建筑工程设计具有交叉作业，综合协调的特点，任何一个工程，都是各个专业协作的结果。特别是现代建筑，规模大、功能全、技术含量高，设计周期一般都比较紧张。设计中出现的问题不少是由于专业之间交流不够、了解不足而导致的。而建筑设计完成的质量，除了要求设计人员对本专业的各类技术熟练掌握和运用外，很大程度上依赖各专业的配合，配合深入、到位，就会使建成的建筑物从空间到使用上更加舒适、合理、简洁、经济；稍有疏忽和遗漏将可能造成经济损失和设计缺陷。因而各专业在确定方案时，都应时时想着工程的整体。一个工程各专业协同度越高，它的整体效果就越好。建筑整体设计不仅仅局限于建筑与结构、设备专业的配合，而且涵盖了与建筑相关的各个因素，如外部环境、建筑构造、技术、材料、施工等，因此，合作与协同的能力对建筑师来说至关重要。建筑师应发挥其在工程设计中的主导作用，主持好各项建筑工程设计。

要想达到这样的境界，建筑师在设计实践中需要树立工程整合的观念，从被动地接收资料变成主动去和各专业沟通、配合；要养成多角度思考和解决问题的习惯，在实践和积累中提高变通能力和综合能力。建筑师需要掌握各专业的相关知识，熟悉各专业的职责分工、协调与配合，了解哪些修改会对别的专业产生较大的影响，从而避免产生设备管线与结构的梁相互打架、吊顶达不到设计高度或设备无法有效安装等问题，这样在主持工程的时候不仅得心应手，还能拓宽设计思路，最终使设计作品取得更好的效果。

第一节 不同设计阶段的工作流程

一、方案设计阶段

方案设计阶段的互提资料主要是为了保证方案的可行性。方案设计过程中设计主持人应召集各专业负责人介绍并讨论方案设想。建筑专业负责人介绍主要经济技术指标，以及主要建筑的层数、层高和总高度等项指标，功能布局的设计意图，提出平、立、剖面图，必要时配以透视图和模型。最后，建筑专业把各专业所提供的资料融入最终的方案成果中，各专业应编写方案设计说明，经济专业应估算工程造价。

二、初步设计阶段

初步设计阶段的互提资料主要是为了解决工程设计中的技术问题。方案设计经审查批准，定案后，即可安排地质勘探。结构专业应布置勘探点并提出地质勘探要求，各专业均须针对确定的方案进一步收集和补充有关资料，如市政资料、设计标准等。建筑专业设计主持人应组织各专业负责人研究审查意见，各专业应提出方案中有必要进行调整的内容。由建筑专业修改后，提出第一版作业图，应包括总图、平、立、剖面图，其中建筑平面图是各专业工作的基础和最根本的依据。另外，应给结构专业提供主要材料的做法，给设备专业提供防火分区图，然后各专业平行开展工作。各专业应配合进度互提资料，建筑专业根据各专业提出的设计要求，修改后提出第二版作业图，各专业分别在此基础上绘制初步设计图纸。建筑专业设计主持人还要组织管线综合、专业会签和初步设计说明书的编写。初步设计说明书中，除总说明和各专业设计说明以外，消防设计专篇、节能设计专篇、环保设计专篇、人防设计专篇等由各专业联合编写。

三、施工图设计阶段

施工图设计阶段，建筑专业首先组织各专业在初步设计（或方案设计）的基础上，通过各专业间的配合，及时提出调整意见，确定各专业需要补充及优化设计的内容。然后建筑专业依据各专业的反馈设计资料，完善作业图（平、立、剖面图等）图纸设计，并提供给各专业，各专业接到资料后，复核设计条件是否满足设计要求。各专业同时也进行施工图设计工作，并将反馈资料分批（次）互提。各专业在配合过程中需要放大、细化详图，设备管线留洞以及各专业需要互提部分资料，可在不影响其他专业方案和进度的前提下，根据排定的配合进度表稍晚提出。建筑专业设计主持人还要组织管线综合和专业会签工作。

第二节　建筑专业与结构专业的配合

一、方案设计阶段

方案设计阶段，建筑师构思出的建筑平面和立面雏形首先必须控制好整体建筑的长宽比和高宽比，特别是高层建筑，要满足抗震设计的基本要求。有时单靠结构设计是很难做到的。所以建筑专业要尽量选择规则对称的平面，最好使地震力作用中心与刚度中心重合，同时注意竖向刚度均匀而连续，避免刚度突变或结构不连续，为结构设计提供便利条件。结构工程师在理解建筑师的设计意图的基础上提供专业意见，尽可能满足建筑师的构思，在结构造型、结构布置及抗震方面提供专业意见，为方案的可行性、合理性和可实施性提供保证。结构工程师需要解决的问题是：根据建筑使用功能、平面尺寸、总高度以及抗风抗震要求，确定合适的结构体系和结构类型、合理的柱网尺寸、抗侧力构件的合适位置和大约数量、恰当的层高以及建筑平面是否要设缝分成独立的结构单元，初估基础埋深、可能的基础形式。

二、扩初和施工图设计阶段

扩初和施工图设计阶段，建筑专业与结构专业的配合归纳如下：

（1）±0.000相对海拔高程、室内外高差、室外是否要填土（涉及基坑开挖深度，地下室露天顶板的标高及荷重计算，结合勘测报告，确定抗浮水位）。

同时，当地下室的范围超出一层的轮廓线时，应考虑上面的覆土层厚度满足景观绿化和室外管线的需要，并提予结构工程师考虑相应荷载。当消防车道下面为地下室时，结构应考虑消防车的荷载。

（2）楼层结构标高与建筑标高的相互关系（建筑面层荷重）。

（3）楼层使用功能详细分布、楼层孔洞位置及尺寸（决定楼层结构布置）。

（4）地下室防水做法（防水层材料类别），地下室底板集水坑位置及尺寸。

（5）楼梯编号及其定位尺寸（梯板长度、宽度，以确定楼梯的结构形式）。

（6）电梯底坑深度、消防梯集水坑位置及深度（涉及基础或承台形式）。

（7）自动扶梯平面位置、长度、宽度、起始梯坑平面尺寸及深度（决定其支承条件和衡量楼层净高尺寸）。

（8）地下室斜车道坡长，车道出入口部高度（决定坡道的支承条件，出入口处是否需要做反梁）。

（9）电梯门旁或门顶指示灯设置位置及尺寸（决定剪力墙预留孔洞）。

（10）大厨房地面做法（决定结构层降低或采用建筑找平垫高）。

（11）屋面坡度做法（采用结构找坡或是建筑找坡）。

（12）屋面水池平面位置、尺寸及是否设置屋顶绿化（确定合理的支承条件）。

（13）顶棚吊顶做法（全部吊顶或局部吊顶或不吊顶需做平板结构）。

（14）外墙门窗口尺寸及立面做法（确定外围梁高及窗框做法）。

（15）外墙饰面材料（确定围护结构材料品种）。

（16）室内间隔墙布置情况（固定的或是灵活隔断以决定楼面等效荷载）。

（17）如果设擦窗机，擦窗机的型式及对结构的要求。

结构设计应尽可能利用不影响建筑空间灵活性的部位，比如将电梯井道、楼梯间、部分管道井布置为剪力墙，或利用某些特殊造型做成筒或角筒，满足结构抗震要求。

第三节　建筑专业与设备专业的配合

建筑专业除提供总平面图、平面图、立面图、剖面图等作业图外，给设备专业特别要提供防火分区图、吊顶平面图以及建筑的使用人数等。建筑不吊顶的部位，设备专业要根据结构梁板布置图设计烟感和喷洒头。

给水排水、暖通、电气专业应给建筑专业提出设备系统的设想方案，估算设备机房所需的面积及高度要求、合理的位置。设备用房一般有给水排水专业的消防水池、水泵房和水处理机房、水箱等；暖通专业的锅炉房、冷冻机房和热交换间；电气专业的高低压配电室、柴油发电机房以及弱电机房及管理中心等，要尽量靠近负荷中心布置。不同工程设备要求不同，机房和管井的位置和大小由设备专业的工程师提出，经建筑师整合后再与设备工程师协商确定。有些大型设备需设置吊装孔，由于吊装孔会多次开启使用，故不宜放在房间内，以免影响房间使用。对于建筑内的锅炉房或直燃机房等，暖通专业应提出泄爆井（或泄爆面）的位置和面积要求。

设备用房约占总建筑面积的12%，其中暖通空调专业机房约占总建筑面积的8%，给水排水专业机房约占总建筑面积的2%，电气专业机房约占总建筑面积的2.5%。

设计时需要特别注意，消防水泵房必须设置直通室外的安全出口；柴油发电机房的排烟管井必须引至屋顶排出；地下室应有进、排气口或通风窗；变配电室的顶部不允许有厨房、浴、厕、洗衣房、水池等存在漏水隐患的房间；变配电房、水泵房、柴油发电机房不宜放在较低位置，以免万一发生事故会被水淹；地下设备用房门的防火等级应为甲级并向外开启。

设备专业应给总图专业提供给水排水、热力、电气与市政接口位置、高程，包括主要管道布置、管径以及构筑物（化粪池、隔油池、水表井、水泵接合器、阀门井、管线检修井、烟囱、室外箱式变压器、储油罐等）的位置，上述管道、构筑物的定位尺寸。

第四节　结构专业与设备专业的配合

设备专业与结构专业的配合归纳如下：

（1）设备用房位置、设备外形尺寸及重量（确定楼面荷载及设备吊装井尺寸）。

（2）楼层厕所形式（决定下凹深度或是否要设双层楼板）。

（3）大厨房地面做法（决定结构层降低或采用建筑找平垫高）。

（4）设备管道穿行形式（是否需要横穿楼层梁或剪力墙）。

给水排水、暖通、电气专业应给结构专业提出设备机房位置和高度要求，以及要在楼板、剪力墙上开的大洞，以及要在屋顶板或楼板上放置的较重设备等。

设备专业设计是建立在建筑方案和结构方案之上的，水暖、通风、空调、电气照明的管线都要敷设于或穿过建筑墙体和结构构件。而对结构构件而言，不是任何位置都可以留洞，所以结构设计应为设备专业预留一些合理的位置，并对留洞削弱进行结构补强。框架柱是主要承重构件，断面禁忌削弱，不宜横向穿洞；框架梁不宜在剪力较大的梁端留洞，最好在跨中且在梁高高部留洞，还应进行强度核算。

给水排水专业还应与结构专业配合地下车库及设备用房内的集水坑布置，尽量不影响承台地梁等，如不可避免，需调整承台或地梁顶标高或高度。

建筑物大多都需要做避雷系统，靠电气专业另行设置，一方面浪费财力物力，另一方面也影响建筑物美观，所以一般用结构梁柱主筋来做避雷系统。具体做法是：由电气专业根据需要指定用围梁主筋焊接成封闭环并与柱主筋焊接，这样就形成了横竖两个方向的避雷网。

第五节　给水排水、暖通、电气专业之间的配合

地下室的设备用房、标准层内的设备间和管井是设备和管线集中的地方，这些地方往往是各专业"互争"的地盘。综合解决得好，各专业都顺畅；若解决不好，不但管线互相干扰，而且会造成系统不合理的布置，能量无谓的消耗，造成无法弥补的后患。设计时各专业应反复配合，合理地划分好空间。

设备专业在确定各自的设计方案后，应向有关专业提出相应的技术要求。

给水排水专业和暖通专业应给电气专业提供详细设备的用电量、需要防雷接地和防静电的设备名称（如油气锅炉房、烟囱、燃气放散管、可燃气体管道等）。给电讯专业提供各系统的控制要求。

给水排水专业应给暖通专业提供给水排水专业设备用房对通风、温度有特殊要求的房间位置、参数；由动力专业提供热源时，所需的耗热量；如果热媒为蒸汽，还需要提出凝结水的回水方式；采用气体消防的防护区灭火后的通风换气要求。

暖通专业应给给水排水专业提供暖通机房各用水点、排水点的位置、水量及用途；冷却循环水量、水温、冷冻机台数及控制要求；宽度超过 1.2m 的风管位置、高度（水专业需考虑增加消防喷洒保护）；不采暖房间的部位、名称（水专业需考虑保温防冻措施）等。

电气专业应给给水排水专业提供电气用房的给水排水及消防要求，柴油发电机房用水要求、柴油发电机房外形尺寸、油箱间的布置等。

电气专业应给暖通专业提供柴油发电机房的发热量及排气降温要求；电气发热量较大的房间的设备发热量（如：变配电室、大型计算机主机房等）；有空调的房间照明瓦数（W/m^2）。

第六节　专业配合进度计划表

不同工程的专业配合工作内容和进度要求不尽相同，专业配合进度计划应由设计主持人组织各专业负责人编排。一般工程的专业配合进度可参考表6-6-1、表6-6-2并结合工程情况进行调整。

表6-6-1　初步设计专业配合进度计划表

项目名称：　　　　　　　　　　设计号：　　　　设计阶段：初步设计

序号	专业配合工作内容	提出专业	接收专业	提交日期	备注
1	专业会	各专业负责人	各专业负责人	月　日	
2	各专业针对方案返回意见	建筑	各专业	月　日	
3	建筑提供第一版作业图（平、立、剖）、材料做法	建筑	各专业	月　日	1/6时段①
4	设备提供机房、管井的位置、尺寸	给水排水、暖通、电气	建筑	月　日	
5	暖通提供冷却塔补水量	暖通	给水排水	月　日	
6	结构提供资料	结构	各专业	月　日	结构计算简图
7	建筑提供第二版（正式）作业图（平、立、剖）、防火分区图	建筑	各专业	月　日	1/2时段
8	给水排水、暖通给电气提供资料	给水排水、暖通	电气	月　日	
9	各专业互提资料	各专业	各专业	月　日	
10	管线综合	各专业	各专业	月　日	
11	总图给各专业提供总平面图	总图②	各专业	月　日	
12	各专业提交初步设计说明文件及图纸目录	各专业	设计总专业	月　日	
13	给总图设计返提管线平面图	各专业	总图	月　日	
14	个人脱手、校对	各专业	各专业	月　日	
15	专业会审	各专业	各专业	月　日	
16	审核、审定	各专业	各专业	月　日	
17	会签、晒图	各专业	设计总工程师	月　日	
18	交付图纸　给经济专业提供初步设计图纸一套及初步设计说明一份	项目经理	建设方经济专业	月　日	
19	给甲方提供概算书	经济专业项目经理	建设方	月　日	

设计文件深度按照中华人民共和国住房和城乡建设部《建筑工程设计文件编制深度规定》（2008年版）执行。

① 时段——从设计开始到个人脱手之间的设计时间。

② "总图"即总图设计专业。

表 6-6-2　施工图专业配合进度计划表附表

项目名称：　　　　　　　　　　　　　设计号：　　　设计阶段：施工图

序号	专业配合工作内容	提出专业	接收专业	提交日期		备注
1	工种会	各专业负责人	各专业负责人	月	日	
2	建筑提第一版作业图（平、立、剖）、材料做法、防火分区	建筑	各专业	月	日	1/6 时段
3	设备给建筑提机房、管井	水、暖、电	建筑	月	日	
4	结构给各专业提资料	结构	各专业	月	日	结构计算简图
5	管线初步综合	各专业	各专业	月	日	
6	建筑提第二版（正式）作业图（平、立、剖）、防火分区	建筑	各专业	月	日	1/2 时段①
7	水、暖给电提资料（用电量），水提消火栓位置	水、暖	电	月	日	
8	设备专业提大于 800mm 的洞、集水坑位置、尺寸	水、暖、电	结构	月	日	
9	卫生间详图、电梯详图、楼梯详图	建筑	各专业	月	日	
10	空调给电气专业提供阀门、用电点位置	暖	电	月	日	
11	结构给各专业提模板图	结构	各专业	月	日	
12	建筑提吊顶、墙身图	建筑	各专业	月	日	
13	管线综合	各专业	各专业	月	日	
14	提清全部洞口（板及墙上大于 300mm 的洞及预埋套管、梁上所有洞及预埋套管、结构构件上的密排洞口）	水、暖、电	结构	月	日	
15	建筑提第三版作业图（用于各专业校对）	建筑	各专业	月	日	3/4 时段
16	个人脱手、校对	各专业	各专业	月	日	
17	专业会审	各专业	各专业	月	日	
18	审核、审定	各专业	各专业	月	日	
19	会签、晒图	各专业	设总	月	日	
20	交付图纸	项目经理	建设方	月	日	

设计文件深度按照中华人民共和国住房和城乡建设部《建筑工程设计文件编制深度规定》(2008 年版)执行。

① 时段——从设计开始到个人脱手之间的设计时间。

第七章　建筑施工图校审

第一节　设计人员岗位职责

设计单位正式提交的设计文件，一般要实行三校两审制度。三校即设计人自校、自审；校对人校对；专业负责人复核；两审即审核、审定。正式提交的每一张图纸要经过至少3个人的签字，从而保证设计质量。设计的岗位一般包括：审定人、审核人、设计主持人、专业负责人、校对人、设计人。各岗位所承担的责任如下：

一、审定人

（1）根据设计任务书要求，检查、分析设计基础文件，及时指导方案、初步设计和施工图设计，以确保施工图设计能够按方案、初步设计确定的原则实施。

（2）审定本专业技术措施和技术条件以及各阶段相应的设计文件。审查设计是否符合规划设计条件、任务书、各设计阶段批准文件、规范、规程、标准等；审定设计深度是否符合规定要求；设计概算不超出标准；建筑面积不超出任务委托的面积；检查设计文件是否齐全等。

（3）应重点审查涉及规范、规程、标准中有关安全方面的重大原则问题以及工程中采用的新材料、新技术等重大技术问题。

二、审核人

（1）审核全部设计文件（包括图纸和计算书等）的正确性、完整性及深度是否符合规定要求，设计文件是否符合规划设计条件和设计任务书的要求，以及是否符合审批文件规定。

（2）审核设计是否符合方针政策及国家和工程所在地区的规范、规程、标准，避免图面错、漏、碰、缺。

（3）审查专业接口是否协调统一，构造做法、设备选型是否正确，图面索引是否标注正确、说明清楚。

（4）检查设计、校对、工种负责人在设计工作中所负的技术责任是否达到要求。

三、设计主持人（设计总负责人）

（1）对设计项目负主要技术责任。

（2）根据设计任务书要求和有关主管部门的批示组织各专业检查、分析设计资料，组织各专业进行现场踏勘，提出设计原则和统一技术条件。

（3）严格控制本项目批准的基建投资、建筑面积。

（4）认真贯彻执行有关的规范、规程、标准。

（5）认真审查建筑作业图的深度和正确性，确保按时按质将建筑作业图发至其他专业人员，并负责组织和检查各专业间的配合协作和互提设计资料工作。

（6）在设计过程中适时召开会议，解决专业之间的矛盾。组织管线综合。

（7）在审定之前组织各专业负责人进行专业间图纸会审。

（8）负责组织各专业负责人整理、保管设计及施工过程中形成的设计文件；负责图纸及设计文件的归档工作。

（9）组织各专业设计人员提供施工服务。进行现场施工图交底，施工配合和竣工验收。

（10）组织设计人员按照甲方的合理要求对设计文件进行更改。

四、专业负责人

（1）配合设计主持人组织和协调本专业的设计工作，对本专业设计项目负主要责任，重大技术问题应事先和审定人、审核人的意见取得一致。

（2）执行本专业应遵守的规范、规程、标准；编制本专业的统一技术措施和技术条件，采用有效版本的标准图、通用图，使用有效版本的计算机应用软件。

（3）做好各专业之间的配合协作及互提资料，参加会审、会签工作。

（4）检查设计、校对人在设计工作中所负的技术责任是否达到要求。

（5）组织本专业设计人员完成各阶段设计工作，负责本专业设计文件的验证和完整性，包括各种原始资料、互提资料、图纸、各级人员的校审记录。

（6）配合设计主持人进行施工图交底，负责处理设计更改，解决施工中出现的有关问题，履行洽商手续；参加工程验收、服务、总结和工程回访工作。

五、校对人

（1）校对人应充分了解设计意图，对所承担的设计图纸、说明书和计算书进行全面校对，使设计符合确定的设计原则、规范、措施和技术条件，数据合理正确，避免图面错、漏、碰、缺。

（2）校对人在校对设计文件时应协调本专业和相关专业的有关资料，对设计图中的每一个尺寸和构造的正确性负责，对设计图纸相应关系的正确性负责，校对过的每张图纸均须填写《校对审图记录单》。

（3）校对人应逐条检查设计人对《校对审图记录单》中提出的问题的落实情况，督促设计人员及时处理存在的问题。

六、设计（制图）人

（1）设计（制图）人在专业负责人指导下进行设计工作，根据专业负责人分配的任务熟悉设计资料，了解设计要求和设计原则，正确进行设计，并配合设计进度，做好专业内部和其他专业的配合工作。

（2）设计（制图）人对本人承担的设计内容在技术上负主要责任。做到设计正确，选用计算公式正确、参数合理、运算可靠，满足设计要求；符合现行的国家及地方的规范、规程、标准和技术条件。正确选用本专业的标准图、通用图。

（3）设计（制图）人应对所绘制图纸的图面质量负责，做到交待清楚，与本专业内部及有关专业的图纸相互一致，尺寸准确。设计深度符合《建筑工程设计文件编制深度的规定》要求。图纸在送交校对人校核前，应认真自校，保证设计质量。

（4）设计（制图）人应对校对人、专业负责人、审核人、审定人提出的修改意见逐条进行落实，并在《校对审图记录单》上记载处理结果。

（5）受专业负责人委派下施工现场，处理有关问题，处理结果及时向专业负责人汇报，工程洽商应报专业负责人及审核人审核并签署。

第二节　建筑专业施工图校对提纲

本提纲所列校对内容为最低要求，请校对人充分发挥各自的技术水平和主观努力，对所校图纸尽可能提出更高要求。

本提纲本着"面不要太宽，校对内容要具体化"的原则编写，分为说明；主要平面图、立面图、剖面图；详图；图面要求四个部分。

本提纲既可供校对人员掌握，也可供设计人员自校时参考。使用时应根据现行的设计要求进行修改补充。

一、说明

（一）设计说明

（1）本工程的设计依据是否叙述明确。

（2）本子项的设计规模和建筑面积是否与图纸一致。

（3）本子项的相对标高与总图绝对标高的对应关系是否一致。

（4）本子项的耐火等级，工厂或仓库的生产类别是否叙述明确。本子项抗震设防烈度是否叙述明确。

（5）其他文字说明是否与设计图纸有矛盾；需要重点说明的内容(如:电梯设置、防火分区、节能环保、防水防潮、防震防腐、防爆、屏蔽、采用新技术、新材料,以及隐蔽工程验收等)是否准确无误。

（二）材料做法表

（1）所列内容是否满足本工程设计的要求，并与设计图纸一致。

（2）各类做法的用料、配比、工序、厚度是否恰当、合理。

（3）需待以后看样确定的材料和颜色是否已经注明。

（三）房间装修用料表

（1）表中所列房间或空间(如走道)有无遗漏。

（2）每个房间的楼地面、墙面、顶棚、踢脚、台面等所采用的装修做法是否合理，并符合功能使用要求。

（3）材料的燃烧性能和耐火等级是否满足规范要求。

（4）表中所注各种做法的编号是否与材料做法表或设计图纸上所注相符。

（四）门窗表

（1）门窗类别、设计编号、洞口尺寸是否与设计图纸一致。

（2）门窗数量是否准确无误。

（3）采用标准图集号、门窗代号或详见设计图号是否准确。

（4）特种门窗、防火门等级是否加注明确。

（五）建施图纸目录

（1）图名与每张建施图图签上所列图名是否一致。

（2）图纸规格与实际是否一致。

（六）采用标准图目录

（1）标准图集是否为现行有效版本，当地审图单位是否同意选用。

（2）所注标准图集号与图纸所注是否一致，所列内容有无遗漏。

（七）其他

是否说明砌体墙的留洞、构造柱标注原则，其做法应详见结施总说明。本工程采用的特殊图例或索引标志需在设计说明中注明。

二、主要平面图、立面图、剖面图

（一）平面图

（1）纵横柱网，承重墙的轴线号是否齐全、准确。

（2）柱距（开间）、跨度（进深）尺寸；墙体厚度，柱子大小与轴线关系尺寸；门窗洞口尺寸；分段尺寸；外包总尺寸是否齐全、准确。

（3）伸缩缝、沉降缝、抗震缝的位置尺寸是否齐全、准确。

（4）内隔墙定位尺寸和厚度。内门、门洞、内窗定位尺寸，宽度尺寸是否齐全、准确。构造柱、过梁（砖混结构）是否标注明确。

（5）房间名称或编号是否齐全、准确。

（6）门窗编号、门的开启方向是否准确、合理，并与门窗表核对无误。

（7）防火分区、防火墙、防火门的设置是否符合防火规范；疏散楼梯，袋形走道等设计是否符合防火规范。

（8）室内、外地面标高、各层标高、有高差的楼地面标高是否齐全、准确。

（9）电梯、楼梯位置，楼梯上下方向示意及主要尺寸是否齐全、准确（详细尺寸在楼、电梯放大图上标注）。

（10）卫生间内卫生洁具、水池、台、柜、隔断等示意位置是否与详图一致（详细尺寸在放大图上标注）。

（11）室内外踏步、斜坡、阳台、雨篷、通风竖井、管线竖井、烟囱、垃圾道、消防梯、雨水管等的设计是否合理；其位置尺寸是否齐全、准确；与相应详图是否一致。

（12）地坑、地沟、地漏，各种平台、人孔、墙上预留孔的位置尺寸、标高是否齐全、准确。与结构、设备工种有关的要核对各工种有关图纸。

（13）所有平面放大部位的索引有无遗漏，所引图纸是否准确。

（14）平面节点放大或详图索引有无遗漏，所引图纸号和详图号或标准图号是否准确。

（15）一层平面所标注的剖面线是否与剖面相符；剖面号和剖面所在图号是否准确。

（16）一层平面有无指北针；与总平面图是否一致。

（二）屋顶平面图

（1）轴线号、标注尺寸与平面图是否一致。

（2）女儿墙、变形缝、屋顶高差等位置是否标注明确。

（3）檐口、檐沟、落水口、坡向、坡度、分水线是否设计合理、标注明确，尺寸及坡度准确。

（4）楼梯间、电梯机房、水箱间、天窗、屋顶上人孔、室外消防梯等是否齐全、准确；与平面图是否相符。

（5）出屋顶风帽、进排风道、擦窗机的支座和轨道、冷却塔基础、电视天线基础等位置是否准确，是否与有关专业核对并会签。

（6）详图索引有无遗漏，所引图纸号和详图号是否准确。

（三）立面图

（1）建筑物两端及分段轴线号是否与平面图相符。

（2）所示建筑物外形、檐口、门窗、变形缝、平台、踏步、花台、阳台、消防梯、室外扶梯、雨篷、雨水管等是否准确；与平面图、剖面图和有关详图是否相符。

（3）立面图上装饰处理、石料及粉刷分格线示意等是否标注明确，与有关详图是否一致。

（4）外墙预留孔尺寸、标高是否与平面图一致；并与有关专业的图纸核对无误。

（5）室外地坪、一层地坪、主要檐口、女儿墙顶、建筑物最高点等标高是否与剖面图一致。

（6）详图索引有无遗漏，所引图纸号和详图号是否准确。

（7）各种墙面装修用料做法是否标注明确，并与材料做法表一致。

（四）剖面图

（1）柱、承重墙的轴线号是否与平面图相符。

（2）所剖到的室外地面、各层楼板及地下室、吊顶、地沟、地坑、楼电梯、踏步、坡道、散水、防潮层、门窗洞口、雨篷、平台、阳台、屋顶结构、檐口或女儿墙、出顶天窗、楼梯间等是否齐全；与平面图和有关详图是否相符。

（3）可见立面图上的门窗、雨水管、装修、预留孔等是否与平面及有关详图相符。

（4）室外地坪标高、底层地面标高、各层楼面及地下各层标高、楼梯平台标高、屋架底标高、屋面檐口或女儿墙顶标高、烟囱顶标高、出屋顶水箱间、楼梯间、电梯机房顶部标高、门窗顶及窗台标高、底坑深度标高、预留孔、平台标高等是否齐全并准确无误。主要标高应与结构、设备专业有关图纸核对。

（5）所注高度尺寸是否与相应标高一致。

（6）节点构造详图索引是否齐全，所引图纸号和详图号是否准确

三、详图

（1）详图所示的轴线号、标高、承重结构、控制尺寸是否与所在平面图、剖面图相一致。

（2）详图索引是否与所在图纸相一致。

（3）详图与结构（如墙身节点、楼电梯详图等）设备（如卫生间布置、吊顶平面上各种装置综合、管道井及吊顶的检查孔等）专业密切有关时，应核对各专业有关图纸，并取得认可或会签。

（4）与安全有关部位（如防水、防火、抗震、防腐蚀、防攀登、防跌落、防拥堵等的处理是否合理并符合规范要求，吊顶及悬挂构件是否安全可靠，是否明确楼梯栏杆、扶手及临空栏板承受水平荷载的要求，保温和防结露的处理是否周到等）应重点核对。

（5）与人体活动有关的部位（如楼梯是否碰头、卫生间布置是否合理等）应重点核对。

（6）详图的控制总尺寸与分尺寸和控制标高与高度尺寸是否准确无误。

（7）门窗的洞口尺寸和分格尺寸是否齐全、合理，并符合内外墙面装修厚度的要求；玻璃、五金的规格是否标注明确。铝合金门窗的产品系列是否合理。外门窗的物理性能要求、安全玻璃的使用部位是否注明。

（8）详图所示用料是否合理，构造是否相宜，工序是否得当，施工是否方便。设计意图是否已经交代清楚。

（9）详图所示材料做法编号是否与有关图纸一致。

四、图面要求

（1）图例、索引标志，绘图方法是否符合"制图标准"和本工程的统一技术条件。

（2）图名、比例是否齐全、准确。

（3）图纸表现方法，繁简程度、比例大小特别不当时，应提出来与设计人或工种负责人商榷修改。

（4）图面布置疏密程度特别不合理时，应提出来与设计人或工种负责人商榷修改。

第三节　建筑专业施工图常见问题

虽然执行了三校两审制度，由于工程复杂、设计周期较短，施工图文件中，还是会出现由于设计人员考虑不周和对规范、规程的理解不够全面造成的一些不当做法和错误。中国建筑标准设计研究院编制的《国家建筑标准设计图集》05SJ807《民用建筑工程设计常见问题分析及图示——建筑专业》比较系统地整理了建筑专业施工图的常见问题，并提出改进措施，配有插图和提示，很有参考价值。

尽管工程千差万别，设计中有很多问题是共性的。各审图单位每年都会统计审查情况及质量通病，对每一个设计人员都有警示作用。以下列出一些建筑专业施工图常见问题，方便设计人员自查。

一、总平面布置图

施工图文件中，总平面布置图的表达深度差别较大，大部分工程只做到平面定位图，不符合《建筑工程设计文件编制深度规定》的有关要求。主要问题有：

（1）总平面图要有一定的范围。只有用地范围不够，要有场地四邻原有规划的道路、建筑物、构筑物，多数施工图只有用地范围内的布置图。

（2）总平面图应绘制保留原地形和地物。场地测量坐标网及测量标高，包括场地四邻的测量坐标（或定位尺寸）。有些工程的总图未绘出保留原地形和地物。

（3）竖向设计。有的工程只标注了建筑物的 ±0.000 设计标高相对场地的测量标高数值，有的甚至只标注室内外高差数，场地竖向设计未考虑周边城市道路的控制标高，造成以下问题：

1）竖向设计标高不符合规划部门的控制标高。

2）场地内与场地外围的城市道路标高衔接不上或衔接不合理。

3）场地及其道路的标高不利于排水。

4）场地内道路未标注设计标高，特别是交接处、建筑物的入口处，未标注道路坡长、坡向、坡度以及地面的关键性标高，也未绘出路面的设计断面。

（4）总图未进行土方工程平衡设计。盲目的竖向设计，往往会带来不必要的挖方或填方，增加造价，造成经济损失。

（5）总图设计没有必要的详图设计。比如道路横断面、路面结构，反映管线上下、左右尺寸关系的剖面图，以及挡土墙、护坡排水沟、广场、活动场地、停车场、花坛绿地等详图，场地的排水、场地内道路与城市道路的关系，给施工带来困难，也无法保证总图的合理性。

（6）消防车道宽度不满足消防要求。消防车道距离高层建筑外墙小于 5m，不满足消防登高面要求。

二、建筑设计说明

（1）技术经济指标，总说明中常常缺少占地面积指标。

（2）装修做法是设计文件中非常重要的内容，有的工程只用文字简要说明，表达不完整。应编制材料做法表和房间装修用料表，把装修做法完整地表达清楚。

（3）门窗表和门窗详图。门窗表中应把玻璃的颜色、材质、安全玻璃和防火玻璃等的使用部位、框的材质和颜色要求，以及其他的一些特殊的加工要求标注清楚。对门窗性能，如防火、隔声、抗风压、保温、空气渗透、雨水渗透等技术要求应加以说明。门窗详图应确定合理的固定扇、开启扇的大小、开启方式等并标注清楚。

（4）防火设计说明应按《建筑工程设计文件编制深度规定》要求，绘制防火分区图，注明每层建筑平面中各防火分区面积和分区分隔位置。

（5）节能设计的说明，经常出现的问题有：

1）外窗，特别东西窗未增加相应的保温隔热措施。

2）外保温的燃烧性能和防火措施未标注或达不到要求。

3）导热系数的主体部位值与平均值概念不清，把建筑主体部位的 K 值作为平均 K 值说明。

4）未编制节能设计计算书及节能设计审查文件。（造成节能设计不完善）。

（6）幕墙工程（包括玻璃幕墙、金属幕墙、石材幕墙等）及特殊的屋面工程，与其他特殊构造，对其设计、制作、安装等技术要求未加说明。

（7）电梯和自动扶梯的型号选择及性能参数要求（包括功能、载重量、速度、停站数、提升高度等）未说明。

（8）墙体预留孔及楼板预留孔，管道井楼层的封堵方式等未说明。

（9）屋面防水等级未说明，或屋面具体做法不符合相应的防水等级要求。常见问题为：把屋面混凝土结构层作为一道防水设防，或卷材厚度不符合相应防水等级要求。

（10）有关民用建筑，建筑材料有害物质限量未说明。

三、建筑平面图

（1）底层平面未绘制指北针。

（2）底层平面未标注剖切符号。

（3）底层平面未绘出散水坡。

（4）墙体或柱网的细部尺寸不全。

（5）承重墙、非承重墙的定位尺寸、墙厚标注不全。

（6）未标注设置变形缝的位置尺寸及其详图索引。

（7）标高及房间名称标注不全。

（8）未标注最大允许设计活荷载。

（9）未标注主要建筑设备和固定家具的位置及相关做法索引，如卫生间的器具、雨水管、水池、橱柜、洗衣机位置等。

（10）未标注楼梯上下方向及其编号和索引。

（11）未标注主要结构和建筑构造部件的位置及尺寸标注和做法索引，如中庭、天窗、地沟、重要设备基础、各平台、夹层、人孔、阳台、雨篷、台阶、坡道、散水、明沟等做法索引。

（12）未标注楼地面预留孔洞和通气管道、管线竖井、烟道、垃圾道等的位置、尺寸和做法索引，以及墙体预留空调机孔的位置、尺寸及标高。

（13）未标注室外标高、各层标高、屋面标高。

（14）未标注车库的车位数和通行路线。

（15）未标注屋顶平面上有关女儿墙、檐口、天沟、坡度、坡向、雨水口、屋脊（分水线）变形缝、楼梯间水箱间、电梯机房、屋面上人孔、检修梯等的详图索引号，及相应标高等。

（16）对局部复杂的部位缺局部放大的平面图。

四、建筑立面图

（1）立面图与平面图不一致。立面图两端无轴线编号，立面图未标比例。

（2）多数立面图只表示层高的标高。未将立面外轮廓尺寸及主要结构和建筑构造的部位。如女儿墙顶、檐口、烟囱、雨篷、阳台、栏杆、空调隔板、台阶、坡道、花坛、勒脚、门窗、幕墙、洞口、雨水立管、粉刷分格线条等以及关键控制标高表示清楚。

（3）立面图上还应该把平面图上、剖面图上未能表达清楚的标高和高度，特殊的洞口、构件的位置等均应标注清楚。

（4）立面图上装饰材料名称、颜色在立面图上标注不全。特别是底层的台阶、雨篷、橱窗细部较为复杂的未能标注，也未索引详图。

五、建筑剖面图

（1）剖面位置不是选择在层高不同、层数不同、内外空间比较复杂，具有代表性的部位。局部较复杂的建筑空间以及平面、立面表达不清楚的部位，也没有绘制局部的剖面图。

（2）剖面图漏注墙、柱、轴线编号及相应尺寸，墙、柱、轴线之间的尺寸关系未标注清楚。

（3）剖切到或可见的主要结构和建筑构造部位，如室外地面、底层地。坑、地沟、夹层、吊顶、屋架、天窗、女儿墙、台阶、坡道、散水等及其他装修等可见的内容没能完整的表示。

（4）高度尺寸标注不完整。一般只注外部尺寸及标高，未表示内部尺寸，如地沟深度、隔断、内窗、内洞口、平台、吊顶等的标高。

（5）有些节点构造详图索引号在平面图上、立面图上表示不清楚。而应在剖面图上标注详图索引的，也未能标注。

六、构件安全与防火性能

（一）楼梯

（1）梯段踏步级数。有出现违反不应超过18步，亦不小于3步的规定，出入口平台下（梁下尺寸）不满足大于或等于2.0m，梯段净高不满足大于或等于2.2m的规定。楼梯平台净宽不满足以下要求：从扶手中心线标起，不小于梯段宽度，并不得小于1.20m。

（2）有儿童使用的建筑。楼梯梯井大于0.2m时，未设安全防护措施，住宅、托、幼建筑、中小学校及少年儿童专用活动场所、文化娱乐建筑、商业服务建筑、体育建筑、园林景观等允许儿童进入的活动场所，楼梯竖向立杆间距大于0.11m，不满足规范要求。

（3）需设防烟楼梯间的建筑，室外疏散楼梯，在楼梯周围2m范围内的墙上开设窗洞口，不满足规范要求。

（4）封闭楼梯间及防烟楼梯间前室的内墙上，有开设其他门洞或封闭楼梯间门采用普通门，未采用乙级防火门或双向弹簧门（用于低层建筑的封闭楼梯间）。

（5）需设封闭楼梯间的建筑的首层楼梯间。将走道和门厅等包括在楼梯间内形成扩大的封闭楼梯间，但未采用乙级防火门等防火措施与其他走道和房间隔开。

（6）儿童使用场合的栏杆防攀登的措施，不同程度存在问题。

（7）疏散门不应采用卷帘门，而应采用向疏散方向开启的平开门。

（二）电梯设计

（1）消防电梯的一些构造要求未能满足。特别突出的问题是消防电梯井、机房与相邻其他电梯井、机房之间未采用耐火极限不低于 2.00h 的墙隔开，当在隔墙上开门时未按规定开设甲级防火门。此外，常见消防电梯前室未按规定设消火栓。

（2）消防电梯井道底应考虑排水，但有的消防电梯没设计排水设施和贮水的空间。

（三）建筑构配件

（1）防火墙设在转道附近时。内转角两侧墙上的门、窗、洞口之间的最近边缘水平距离不满足大于或等于 4.00m 的要求，又没有采取相应的防火措施；还有紧靠防火墙两侧窗的水平距离满足不了大于或等于 2m 的要求，又没有采取相应的防火措施。

（2）分别独立设置的电缆井、管道井、排烟道、排气道、垃圾道等竖向管道井、井壁上设检查门，其检查门未采用丙级防火门。

（3）阳台、外廊、室内回廊、上人屋面及室外楼梯等临空栏杆（栏板）、女儿墙等安全防护（包括高度、防攀登、防坠落和竖杆间距等）。经常会不满足规范要求（防护栏杆高度应从可踏面算起）。

（4）无直接对外开窗的卫生间需设排气道。并需设有进风口，设计时（住宅）往往缺排气道或进风口。

（四）建筑无障碍设计

无障碍设计（在工程建筑强制性条文中）规定了：办公、科研建筑；商业服务建筑；文化、纪念建筑；观演、体育建筑；交通医疗建筑；学校、园林建筑；高层、中层住宅及公寓建筑等以及它们需设计无障碍设计的范围，各施工图存在问题较多。业主往往认为，我单位无残疾人员，不必作无障碍设计，有些设计人员一味迁就业主，不作无障碍设计，有的仅在入口处设计坡道，漏做无障碍厕所及电梯设计，针对这一问题，有待于设计人员和全社会提高认识，重视无障碍设计，以体现社会对残疾人的关怀和人性化设计。

第四节　建筑施工图审查

根据国务院《建设工程质量管理条例》和建设部《关于印发〈建筑工程施工图设计文件审查暂行办法〉的通知》（建设〔2000〕41 号文）（以下简称 41 号文），各地已陆续开展施工图设计文件审查工作。

施工图设计文件审查机构审查的重点是对施工图设计文件中涉及安全、公众利益和强制性标准、规范的内容进行审查。建设行政主管部门可结合施工图设计文件报审这一环节，加强对该项目勘察设计单位资质和个人的执业资格情况、勘察设计合同及其他涉及勘察设计市场管理等内容的监督管理。

施工图设计文件中除涉及安全、公众利益和强制性标准、规范的内容外，其他有关设计的经济、技术合理性和设计优化等方面的问题，可以由建设单位通过方案竞选或设计咨询的途径加以解决。

住房和城乡建设部工程质量安全监督与行业发展司组织有关专家编制了《建筑工程施工图设计文件审查要点》，用以指导全国的施工图审查工作，引导审查人员抓住重点、规范操作，保证审查质量。该要点主要由三部分组成：一是工程建设强制性条文，该部分内容以住房和城乡建设部正式颁布的文件为准；二是条文以外的部分强制性标准规范，这部分是根据专家以往的经验，尤其是根据各地审查人员的审查实践，将容易出现涉及公共利益和公众安全的内容，从众多的一般强制性标准规范中筛选出来的；三是勘察设计文件的编制深度。该要点供各审查机构在审查工作中参考使用，各省、自治区、直辖市人民政府建设行政主管部门可根据本地区的实际情况适当增加有关内容。因其出版日期为 2003 年 1 月 1 日，参考时应注意，在这之后发布的规范和标准应自行更新。

以下摘录《施工图审查要点(试行)》中的总则和建筑专业审查要点：

一、总则

（一）为指导建筑工程施工图设计文件审查工作，根据《建设工程质量管理条例》和《建设工程勘察设计管理条例》，特制定建筑工程施工图设计文件(以下简称施工图)审查要点。

（二）本要点供施工图审查机构进行民用建筑工程施工图技术性审查时参考使用。工业建筑工程的施工图，可根据工程的实际情况参照本要点进行审查。

（三）建设单位报请施工图技术性审查的资料应包括以下主要内容：

（1）作为设计依据的政府有关部门的批准文件及附件。

（2）审查合格的岩土工程勘察文件(详勘)。

（3）全套施工图(含计算书并注明计算软件的名称及版本)。

（4）审查需要提供的其他资料。

（四）施工图技术性审查应包括以下主要内容：

（1）是否符合《工程建设标准强制性条文》和其他有关工程建设强制性标准。

（2）地基基础和结构设计等是否安全。

（3）是否符合公众利益。

（4）施工图是否达到规定的设计深度要求。

（5）是否符合作为设计依据的政府有关部门的批准文件要求。

（五）本要点所涉及标准内容以现行规范规程内容为准。

（六）各省、自治区、直辖市人民政府建设行政主管部门可根据本地的具体情况，对本要点做出必要的补充规定。

二、建筑专业审查要点

序号	项　　目	审　查　内　容
2.1	编制依据	建设、规划、消防、人防等主管部门对本工程的审批文件是否得到落实，如人防工程平战结合用途及规模、室外出口等是否符合人防批件的规定；现行国家及地方有关本建筑设计的工程建设规范、规程是否齐全、正确，是否为有效版本
2.2	规划要求	建筑工程设计是否符合规划批准的建设用地位置，建筑面积及控制高度是否在规划许可的范围内

（续）

序号	项　目	审　查　内　容
2.3		施工图深度
2.3.1	设计说明基本内容	（1）编制依据：主管部门的审批文件、工程建设标准 （2）工程概况：建设地点、用地概貌、建筑等级、设计使用年限、抗震设防烈度、结构类型、建筑布局、建筑面积、建筑层数与高度 （3）主要部位材料做法，如墙体、屋面、门窗等（属于民用建筑节能设计范围的工程可与《节能设计》段合并） （4）节能设计：严寒和寒冷地区居住建筑应说明建筑物的体形系数、耗热量指标及主要部位围护结构材料做法、传热系数等 夏热冬冷地区居住建筑应说明建筑物体形系数及主要部位围护结构材料做法、传热系数、热惰性指标等 （5）防水设计：地下工程防水等级及设防要求、选用防水卷材或涂料材质及厚度、变形缝构造及其他截水、排水措施 屋面防水等级及设防要求、选用防水卷材或涂料材质及厚度、屋面排水方式及雨水管选型 潮湿积水房间楼面、地面防水及墙身防潮材料做法、防渗漏措施 （6）建筑防火：防火分区及安全疏散 消防设施及措施：如墙体、金属承重构件、幕墙、管井、防火门、防火卷帘、消防电梯、消防水池、消防泵房及消防控制中心的设置、构造与防火处理等 （7）人防工程：人防工程所在部位、防护等级、平战用途、防护面积、室内外出入口及进、排风口的布置 （8）室内外装修做法 （9）需由专业部门设计、生产、安装的建筑设备、建筑构件的技术要求，如电梯、自动扶梯、幕墙、天窗等 （10）其他需特殊说明的情况，如安全防护、环保措施等
2.3.2	图纸基本要求	（1）总平面图：标示建设用地范围、道路及建筑红线位置、用地及四邻有关地形、地物、周边市政道路的控制标高 明确新建工程（包括隐蔽工程）的位置及室内外设计标高、场地道路、广场、停车位布置及地面雨水排除方向 （2）平、立、剖面图纸完整、表达准确。其中屋顶平面应包含下述内容：屋面检修口、管沟、设备基座及变形缝构造；屋面排水设计、落水口构造及雨水管选型等 （3）关键部位的节点、大样不能遗漏，如楼梯、电梯、汽车坡道、墙身、门窗等。图中楼梯、上人屋面、中庭回廊、低窗等安全防护设施应交待清楚 （4）建筑物中留待专业设计完善的变配电室、锅炉间、热交换间、中水处理间及餐饮厨房等，应提供合理组织流程的条件和必要的辅助设施
2.4	强制性条文	《工程建设标准强制性条文》（房屋建筑部分）2002版中有关建筑设计、建筑防火等建筑专业的强制性条文（具体条款略） 注：《工程建设标准强制性条文》（房屋建筑部分）2002版已废止，现行有效版本为《工程建设标准强制性条文》（房屋建筑部分）2009年版
2.5		建筑设计重要内容
2.5.1	室内环境设计	（1）JGJ 26—1995《民用建筑节能设计标准（采暖居住建筑部分）》第3.0.5（附录A）条。结合本地区节能实施细则规定的实施范围，确定建筑耗热量指标 （2）JGJ 37—1987《民用建筑设计通则》第4.7.1（三）条。严寒及寒冷地区厕所、浴室，特别是公共厕浴，应有良好的通风、排气，即使有外窗，也应设置排气设施 （3）各类建筑物中重点噪声源，如空调机房、通风机房、电梯井道等的隔声、减振措施 注：JGJ 26—1995《民用建筑节能设计标准（采暖居住建筑部分）》已废止，现行有效版本为JGJ 26—2010《严寒和寒冷地区居住建筑节能设计标准》备案号J997—2010 JGJ 37—1987《民用建筑设计通则》已废止，现行有效版本为GB 50352—2005《民用建筑设计通则》

（续）

序号	项　目	审　查　内　容
2.5.2	防水设计	防水设计包括地下工程、屋面工程、潮湿积水房间的防水、防潮做法三部分： （1）GB 50108—2001《地下工程防水技术规范》第3.3.1条、4.3.4条、4.4.6条。地下工程防水卷材及涂料防水层的厚度要求 （2）GB 50207—2002《屋面工程质量验收规范》第3.0.1条、4.1.4条、4.3.6条及5.3.4条、6.1.1条。屋面工程防水设计内容应包括：防水等级、设防要求及选用材料的技术指标 JGJ 37—1987《民用建筑设计通则》第4.4.2（二）条。屋面排水方式正确的选择 屋面排水设计合理性的衡量，如排水是否顺畅，雨水口分布是否均匀，汇水面积与雨水管径是否配套 （3）潮湿积水房间楼面、地面及墙面、顶棚的防水、防潮措施 注：GB 50108—2001《地下工程防水技术规范》已废止，现行有效版本为GB 50108—2008《地下工程防水技术规范》。 JGJ 37—1987《民用建筑设计通则》已废止，现行有效版本为GB 50352—2005《民用建筑设计通则》。
2.5.3	无障碍设计	《城市道路和建筑物无障碍设计规程》JGJ 50—2001第5.2.2条、7.2.4条、7.5.1条。成片开发建设的低层、多层居住区、宿舍区宜考虑无障碍住房套型；室内外高差较大的建筑不宜采用无台阶入口，如入口仅设坡道，坡道坡度应符合最大限值的规定；从三级起台阶应设扶手中、高层设残疾人坡道的住宅应保证至各层电梯厅、地下停车库的无障碍通行要求
2.5.4	托儿所、幼儿园	JGJ 39—1987《托儿所、幼儿园建筑设计规范》第2.1.1条、3.1.7条、3.1.8（表3.1.8）条、3.7.3（一）条、4.2.3条。托儿所、幼儿园应有独立的建筑基地，相应的室外游戏场地及安全防护设施；幼儿生活用房应有良好的朝向，满足房间采光、通风的基本要求；窗台距地小于0.6m时，楼层无室外阳台应设护栏，距地面1.3m内不应设平开窗
2.5.5	中、小学校	GBJ 99—1986《中、小学校建筑设计规范》第2.3.4条、3.2.1（二）、（三）条、4.2.3条、4.2.11条、7.1.1条、7.3.2条。教室布置应考虑保护视力的基本要求，应具有良好的采光、通风条件；教职工厕所应与学生厕所分设；男、女生宿舍应分区域或分单元布置
2.5.6	商店	JGJ 48—1988《商店建筑设计规范》第3.2.12（三）条。大、中型商店应设顾客卫生间
2.5.7	饮食建筑	JGJ 64—1989《饮食建筑设计规范》第3.3.7（二）、（三）条、3.4.1条。厨房应有为工作人员独立设置的交通及卫生设施；未做详细设计的厨房不能遗漏通风、排气设施
2.5.8	汽车库	JGJ 100—1998《汽车库建筑设计规范》第3.2.1条、3.2.11条、4.1.7（表4.1.7）条、4.1.8条、4.1.9条、4.1.13条、4.1.19条、4.2.14条。为保证人行与车行安全，汽车库室内最小净高、汽车坡道纵坡、缓坡设置及汽车通道转弯半径应符合规定；楼地面应有排水坡度，并设置相应的排水系统；为减少地下汽车库废气对周边环境的污染，排风口应满足出地坪的高度要求
2.5.9	医院	JGJ 49—1988《综合医院建筑设计规范》第3.1.5（二）、（三）条、3.6.5（三）条。医院主楼梯的平台宽度不宜小于2m；注意满足设无影灯的手术室对室内净高的特殊要求
2.5.10	住宅	GB 50096—1999《住宅设计规范》第3.2.4条、3.8.1条、4.1.8条、4.5.2条、5.1.4条、5.1.5条、5.3.3条。暗厅面积应有所限制；良好通风、隔声是保证住宅环境功能质量的重要因素；住宅套内平面布置应方便家具搬运；设置单台电梯的高层单元式住宅应具备相邻单元借用电梯的条件；住宅建筑内不宜布置餐饮店 住宅外窗设计，应考虑玻璃清洁工作的安全问题 注：GB 50096—1999《住宅设计规范》已废止，现行有效版本为GB 50096—1999《住宅设计规范》（2003年版）。住宅设计还应遵照GB 50368—2005《住宅建筑规范》。

（续）

序号	项　　目	审 查 内 容
2.6		建筑防火重要内容
2.6.1	多层建筑防火	GBJ 16—1987《建筑设计防火规范》(2001 年版) （1）第5.1.2条。多层建筑设置中庭或自动扶梯超过防火分区允许的建筑面积，应采取防火分隔措施(当采用防火卷帘阻断人行疏散通道时，应设置可自行关闭的防火小门) （2）第5.2.3条。燃油、燃气锅炉房防火间距应执行工业厂房(丁类)防火间距的规定 （3）第6.0.1条。当建筑物沿街部分长度超过150m，或总长度超过220m时，应设置消防通道 （4）第7.1.1条。建筑物屋盖为耐火极限低于0.5h的非燃烧体、高层工业建筑屋盖为耐火极限低于1.0h的非燃烧体时，防火墙应高出屋面40cm （5）第7.1.5条。紧靠防火墙两侧门窗洞口之间水平距离不应小于2m，如防火墙设置在转角处，内转角门、窗洞口之间最近的水平距离不应小于4m （6）第10.3.3条。附设在建筑物内的消防控制室宜设在底层或地下一层，应采用防火隔墙与其他部位隔开，并应设置直通室外的安全出口 注：GBJ 16—1987《建筑设计防火规范》(2001 年版)已废止，现行有效版本为50016—2006《建筑设计防火规范》。多层和高层建筑防火规范合并的 GB 500＊＊—20＊＊《建筑设计防火规范》即将出台。
2.6.2	高层建筑防火	GB 50045—1995《高层民用建筑设计防火规范》(2001 年版) （1）第3.0.1条。高层建筑应根据其使用性质、火灾危险性、疏散和扑救难度等进行分类 （2）第3.0.8(2、3)条。高层建筑玻璃幕墙内不同防火分区楼层间应设置高度不低于0.8m的不燃烧实体裙墙；幕墙与楼板、隔墙处缝隙应采用不燃烧材料严密填实 （3）第4.1.4条。消防控制室宜设在首层或地下一层，应采用防火分隔措施，并应设置直通室外的安全出口 （4）第4.1.9条。高层建筑使用可燃气体的房间或部位宜靠外墙设置 （5）第4.3.1条。当高层建筑沿街长度超过150m，或总长度超过220m时，应设置消防通道 （6）第5.2.1条。防火墙设在转角附近时，内转角两侧墙上的门、窗洞口之间最近边缘水平距离不应小于4m （7）第5.2.3条。防火墙上必须开设门窗洞口时，应设置能自行关闭的甲级防火门、窗 （8）第5.2.8条。地下室内存放可燃物平均重量超过$30kg/m^2$的房间应设置防火墙和甲级防火门 （9）第5.4.4条。采用防火卷帘做防火分区的分隔，其耐火极限不应低于3.0h(当采用防火卷帘阻断人行疏散通道时，应设置可自行关闭的防火小门) （10）第6.2.7条。除允许设一座疏散楼梯及顶层为外通廊式住宅的高层建筑，通向屋顶的疏散楼梯不宜少于两座，且不应穿越其他房间 （11）第6.3.3(2、3、6、11)条。消防电梯前室面积：居住建筑不应小于$4.5m^2$；公共建筑不应小于$6.0m^2$。当与防烟楼梯间合用前室时，其面积：居住建筑不应小于$6.0m^2$；公共建筑不应小于$10.0m^2$ 消防电梯前室首层应设置直通室外的出口，或经过长度不超过30m的通道通向室外 消防电梯井、机房与相邻其他电梯井、机房之间应设置防火分隔，隔墙上的洞口应设置甲级防火门 消防电梯井底应设排水设施 （12）第7.5.1条、7.5.2条。在高层建筑内设置消防水泵房时，应设防火隔墙，隔墙上的洞口应设置甲级防火门 当消防水泵房设在首层时，其出口宜直通室外，当设在地下室或其他楼层时，其出口应直通安全出口 注：GB 50045—1995(2001 年版)《高层民用建筑设计防火规范》已废止，现行有效版本为 GB 50045—1995(2005 年版)《高层民用建筑设计防火规范》。多层和高层建筑防火规范合并的 GB500＊＊—20＊＊《建筑设计防火规范》即将出台。

（续）

序号	项　目	审　查　内　容
2.6.3	内装修防火	GB 50222—1995《建筑内部装修设计防火规范》第 3.4.1（表3.4.1）条，有关地下建筑内部装修材料燃烧等级的规定 注：GB 50222—1995《建筑内部装修设计防火规范》现行有效版本为 GB 50222—1995《建筑内部装修设计防火规范》(2001 年修订版)
2.6.4	汽车库、修车库、停车场	GB 50067—1997《汽车库、修车库、停车场设计防火规范》 （1）第5.3.3 条。汽车坡道两侧应用防火墙与停车区隔开，坡道出入口应采用水幕或设置甲级防火门、防火卷帘等措施与停车区隔开 （2）第6.09 条、6.0.10 条。汽车疏散坡度的宽度不应小于4m，双车道不应小于7m；两个汽车疏散出口之间的间距不应小于10m，毗邻设置应设防火隔墙
2.6.5	中、小学	GBJ 99—1986《中、小学校建筑设计规范》第6.2.1 条。中、小学校教学楼走道最小净宽的规定
2.6.6	图书馆	JGJ 38—1999《图书馆建筑设计规范》第6.2.7 条。书库楼板不得任意开洞，所有提升设备及竖井井壁均应采用非燃烧体材料制成，井壁上的传递洞口应安装防火闸门
2.6.7	剧场	JGJ 57—2000《剧场建筑设计规范》第8.1.1 条、8.1.2 条、8.1.3 条、8.1.4 条、8.1.5 条、8.1.7 条、8.1.8 条、8.1.9 条、8.1.10 条、8.1.11 条、8.1.12 条及 8.2.2 条。剧场建筑与其他建筑合建或毗连时，应形成独立的防火分区；剧场舞台与后台部分的隔墙及舞台下部台仓周围的墙体均应采用防火隔墙，主台通向各处的洞口应设置甲级防火门或水幕；舞台上部屋顶或侧墙上应设置通风排烟设施；舞台内严禁设置燃气加热装置，后台使用燃气装置时应设防火隔墙和甲级防火门；高低压配电室与舞台、侧台、后台相连时，必须设置前室及甲级防火门；观众厅出口门、疏散外门及后台疏散门应符合有关宽度、踏步设置等规定；观众厅吊顶、检修马道及各界面构造均应采用不燃材料
2.6.8	旅馆	JGJ 162—1990《旅馆建筑设计规范》第4.0.4 条。集中式旅馆的每一个防火分区应有2个独立的安全出口
2.6.9	商店	JGJ 48—1988《商店建筑设计规范》第4.2.4 条、4.2.5 条。大型商店营业厅在5层以上时，宜设置不少于2座直通屋顶平台的楼梯间；商店营业部分疏散人数应按规定计算，并以此确定疏散外门、楼梯、走道的宽度
2.7		国家及地方法令、法规
2.7.1	国家法令、法规	（1）《中华人民共和国建筑法》第五十七条。建筑设计单位对设计文件选用的建筑材料、建筑构配件和设备，不得指定生产厂、供应商 （2）《中华人民共和国大气污染防治法》第四十四条。城市饮食服务业的经营者，必须采取措施，防治油烟对附近居民的居住环境造成污染 （3）建设部关于建设领域推广应用新技术、新产品，严禁使用淘汰技术与产品的《技术与产品公告》
2.7.2	地方法令、法规	由各省市自行补充

附录 A　设计报审所需材料

因工程项目所在地区不同、项目的类别不同，设计报审所需材料也不尽相同，需要咨询当地的规划或建筑主管部门，按要求准备相应的报审资料。以下列出各个设计阶段的报审资料供参考。

一、建筑设计规划报审材料

建筑工程报建：建设单位或开发商开发建设的项目，必须符合城市规划的要求，向市规划主管部门办理项目规划的申报手续，在取得"两证一书"（建设用地规划许可证、建设工程规划许可证、审定设计方案通知书）后，方可开工建设。一般工程需要办理的规划管理手续及需送审的图纸和资料为：

阶　　段	需送审的图纸和资料
1. 申报规划要点以获取规划要点通知书	在项目建议书报批或可行性研究报告编制之前，建设单位(或开发商)要向规划局申报规划要点 规划要点是计划立项或建设工程可行性研究的规划基本依据。计划部门可以要求建设单位初始规划部门对于开发项目的意见，再行决定对可行性研究报告的批复。申报规划要点必备文件有： (1) 建设单位对拟建项目意图或方案的说明 (2) 方案示意图 (3) 1/2000 或 1/500 地形图 2 份(其中一份用铅笔划出用地范围) (4) 其他
2. 申报项目选址、定点，申领《建设工程选址意见通知书》及规划设计条件	在项目建议书批复后，建设单位应向规划部门申报项目选址、定点，规划部门即向申请单位下发选址规划意见通知书，对项目用地的位置、面积、范围等提供较详细的意见，并同时下达规划设计条件；申报选址定点的必备文件有： (1) 计划部门批准立项的文件 (2) 建设单位或其上级主管部门申请用地的函件 (3) 工程情况的简要说明和选址要求 (4) 拟建方案 (5) 意向位置的 1/2000 或 1/500 地形图 2 份 (6) 其他
3. 根据规划设计条件完成方案设计并报审通过	(1) 规划设计条件，是项目选址后，由建设单位申请，规划部门下达的委托设计机构进行规划方案设计的依据性文件。开发商在完成方案设计后，须向规划部门提出审定申请 (2) 通过审定的设计方案，是编制初步设计或施工图的依据，也是取得建设用地规划许可证的必备条件；申报设计方案的必备文件有： 1) 设计方案报审表 2) 总平面图 2 份(单体建筑 1/500,居住区 1/1000) 3) 各层平、立、剖面图，街景立面图等(1/200 或 1/100)2 份 4) 方案说明书(局审项目还需增报下列文件及图纸) 5) 环境关系平面图(1/1000 或 1/2000)

（续）

阶　段	需送审的图纸和资料
3. 根据规划设计条件完成方案设计并报审通过	6）工程位置图 1 份 7）环境关系模型（1/1000） 8）其他
4. 申领《建设用地规划许可证》	开发商依据审定的设计方案通知书和可行性研究报告批复，并在规划主管部门征询土地及拆迁部门有关用地及拆迁安置的意见后，应向规划局申领建设用地规划许可证，该证是取得土地使用权的必备文件
5. 根据审定设计方案通知书的要求完成初步设计并报审通过	当根据审定设计方案通知书的要求，经其他行政主管部门批准或取得有关协议后，可申报初步设计。申报初步设计必备文件有： 1）包括说明、图纸、概算等的初步设计全套文件 2）计划和规划方面的文件资料 3）其他
6. 申领建设工程规划许可证	申领建设工程规划许可证，是在项目列入年度正式计划后，申请办理开工手续之前，需进行的验证工程建设符合规划要求的最后法定程序，该证是申办开工的必备文件。申报建设工程规划许可证的必备文件有： 1）年度施工任务批准文件 2）工程施工图纸（1/500 或 1/1000 总平面图 4 份，1/100 或 1/200 各层平面、立面剖面图，基础平面、剖面图和设计图纸目录 1 份） 3）工程档案保证金证明 4）审定方案通知书要求征求的其他行政主管部门审查意见和要求取得的有关协议 5）其他

二、人民防空工程审核报审材料

阶　段	需送审的图纸和资料
方案设计阶段	一、办理内容：批准《结合民用建筑修建防空地下室审批表》（附件：《防空地下室设计条件通知单》） 二、报审资料： 1. 选址阶段人防部门的签署意见 2. 提供城市规划部门对总体方案审核批准意见 3. 总体方案设计图纸及拟建项目说明（一式三份） 4. 土地权属证件（包括《建设用地规划许可证》、《土地使用证》等） 5. 对申请易地建设的单位，需填写《人民防空工程易地建设申请表》；对申请拆除报废人防工程的单位，要求报送拆除方案资料并填写《人民防空工程拆除报废申请表》 三、核准条件： 1. 确定拟建人防工程防护类别、抗力等级、防化等级、应建面积、使用功能、工程布局等技术指标 2. 符合易地建设条件的项目，受理建设单位易地建设申请，按"易地建设审批"行政许可项目办理 3. 符合人防工程拆除、报废条件的项目，受理建设单位拆除报废申请，按"人防工程拆除、报废审批"行政许可项目办理

（续）

阶　　段	需送审的图纸和资料
初步 设计 阶段	一、办理内容：签发初步设计审查意见 二、报审资料 　1. 送审的人防工程初步设计应包括：说明书，总平面图，首层平面图，防空地下室的建筑平时平面图、战时平面图、剖面图、口部详图和采暖、通风、给水、排水、电气（照明）平面图等 　2. 主要设备、材料表；主要技术措施和技术经济指标；防护功能平战转换专篇 　3. 主要防护门框材料表（一式三份）；主体结构形式、断面和防护系统图 　4. 对是否满足总体设计方案核准条件的设计说明 　5.《防空地下室设计条件通知单》 三、核准条件 　1. 总体设计方案已基本落实 　2. 核准的单体人防工程设计，基本符合人防工程设计规范及国家强制性规划要求
施工 图设 计阶段	一、办理内容：签发施工图设计审查意见 二、报审资料 　1. 批准的立项文件和可行性研究报告 　2. 初步设计审查批准文件、初步设计文件 　3. 人防工程《施工图设计文件技术性审查报告》 　4. 人防工程施工图设计图纸（建结风水电）（一式三份） 　5. 符合施工图设计深度要求的各专业计算书 　6. 工程勘察成果报告 　7. 初步设计审查意见 三、核准条件 　1. 人防设计方案核准内容已全面落实（未按核准面积设计时，补交易地建设费） 　2. 施工图设计通过人防施工图审查 　3. 各专业设计深度符合现行《建筑工程设计文件编制深度规定》规定的设计深度

注：送审的正式蓝图（折叠成20cm×30cm）装订成册并装入城市建设档案标准图盒。

三、建筑设计防火审核报审材料

（一）《建设工程消防监督管理规定》的相关要求

《建设工程消防监督管理规定》（公安部令第106号）自2009年5月1日起实施。按照《建设工程消防监督管理规定》的要求，建设、设计、施工、工程监理等单位应当遵守消防法规、国家消防技术标准，对建设工程消防设计、施工质量和安全负责。公安机关消防机构依法实施建设工程消防设计审核、消防验收和备案、抽查。其中，与消防设计和报审相关的条文有：

第二章　消防设计、施工的质量责任

第九条　设计单位应当承担下列消防设计的质量责任：

（一）根据消防法规和国家工程建设消防技术标准进行消防设计，编制符合要求的消防设计文件，不得违反国家工程建设消防技术标准强制性要求进行设计；

（二）在设计中选用的消防产品和有防火性能要求的建筑构件、建筑材料、室内装修装饰材料，应当注明规格、性能等技术指标，其质量要求必须符合国家标准或者行业标准；

（三）参加建设单位组织的建设工程竣工验收，对建设工程消防设计实施情况签字确认。

第三章　消防设计审核和消防验收

第十三条　对具有下列情形之一的人员密集场所，建设单位应当向公安机关消防机构申请消防设计审核，并在建设工程竣工后向出具消防设计审核意见的公安机关消防机构申请消防验收：

（一）建筑总面积大于二万平方米的体育场馆、会堂，公共展览馆、博物馆的展示厅；

（二）建筑总面积大于一万五千平方米的民用机场航站楼、客运车站候车室、客运码头候船厅；

（三）建筑总面积大于一万平方米的宾馆、饭店、商场、市场；

（四）建筑总面积大于二千五百平方米的影剧院，公共图书馆的阅览室，营业性室内健身、休闲场馆，医院的门诊楼，大学的教学楼、图书馆、食堂，劳动密集型企业的生产加工车间，寺庙、教堂；

（五）建筑总面积大于一千平方米的托儿所、幼儿园的儿童用房，儿童游乐厅等室内儿童活动场所，养老院、福利院，医院、疗养院的病房楼，中小学校的教学楼、图书馆、食堂，学校的集体宿舍，劳动密集型企业的员工集体宿舍；

（六）建筑总面积大于五百平方米的歌舞厅、录像厅、放映厅、卡拉 OK 厅、夜总会、游艺厅、桑拿浴室、网吧、酒吧，具有娱乐功能的餐馆、茶馆、咖啡厅。

第十四条　对具有下列情形之一的特殊建设工程，建设单位应当向公安机关消防机构申请消防设计审核，并在建设工程竣工后向出具消防设计审核意见的公安机关消防机构申请消防验收：

（一）设有本规定第十三条所列的人员密集场所的建设工程；

（二）国家机关办公楼、电力调度楼、电信楼、邮政楼、防灾指挥调度楼、广播电视楼、档案楼；

（三）本条第一项、第二项规定以外的单体建筑面积大于四万平方米或者建筑高度超过五十米的其他公共建筑；

（四）城市轨道交通、隧道工程，大型发电、变配电工程；

（五）生产、储存、装卸易燃易爆危险物品的工厂、仓库和专用车站、码头，易燃易爆气体和液体的充装站、供应站、调压站。

第十五条　建设单位申请消防设计审核应当提供下列材料：

（一）建设工程消防设计审核申报表；

（二）建设单位的工商营业执照等合法身份证明文件；

（三）新建、扩建工程的建设工程规划许可证明文件；

（四）设计单位资质证明文件；

（五）消防设计文件。

第十六条　具有下列情形之一的，建设单位除提供本规定第十五条所列材料外，应当同时提供特殊消防设计的技术方案及说明，或者设计采用的国际标准、境外消防技术标准的中文文本，以及其他有关消防设计的应用实例、产品说明等技术资料：

（一）国家工程建设消防技术标准没有规定的；

（二）消防设计文件拟采用的新技术、新工艺、新材料可能影响建设工程消防安全，不符合国家标准规定的；

（三）拟采用国际标准或者境外消防技术标准的。

第十七条 公安机关消防机构应当自受理消防设计审核申请之日起二十日内出具书面审核意见。但是依照本规定需要组织专家评审的，专家评审时间不计算在审核时间内。

第十八条 公安机关消防机构应当依照消防法规和国家工程建设消防技术标准强制性要求对申报的消防设计文件进行审核。对符合下列条件的，公安机关消防机构应当出具消防设计审核合格意见；对不符合条件的，应当出具消防设计审核不合格意见，并说明理由：

（一）新建、扩建工程已经取得建设工程规划许可证；

（二）设计单位具备相应的资质条件；

（三）消防设计文件的编制符合公安部规定的消防设计文件申报要求；

（四）建筑的总平面布局和平面布置、耐火等级、建筑构造、安全疏散、消防给水、消防电源及配电、消防设施等的设计符合国家工程建设消防技术标准强制性要求；

（五）选用的消防产品和有防火性能要求的建筑材料符合国家工程建设消防技术标准和有关管理规定。

第十九条 对具有本规定第十六条情形之一的建设工程，公安机关消防机构应当在受理消防设计审核申请之日起五日内将申请材料报送省级人民政府公安机关消防机构组织专家评审。

省级人民政府公安机关消防机构应当在收到申请材料之日起三十日内会同同级住房和城乡建设行政主管部门召开专家评审会，对建设单位提交的消防技术方案进行评审。

参加评审的专家应当具有相关专业高级技术职称，总数不应少于七人，并应当出具专家评审意见。评审专家有不同意见的，应当注明。省级人民政府公安机关消防机构应当在专家评审会后五日内将专家评审意见书面通知报送申请材料的公安机关消防机构，同时报公安部消防局备案。对三分之二以上评审专家同意的消防技术方案，受理消防设计审核申请的公安机关消防机构应当出具消防设计审核合格意见。

第二十条 建设、设计、施工单位不得擅自修改经公安机关消防机构审核合格的建设工程消防设计。确需修改的，建设单位应当向出具消防设计审核意见的公安机关消防机构重新申请消防设计审核。

第二十一条 建设单位申请消防验收应当提供下列材料：

（一）建设工程消防验收申报表；

（二）工程竣工验收报告；

（三）消防产品质量合格证明文件；

（四）有防火性能要求的建筑构件、建筑材料、室内装修装饰材料符合国家标准或者行业标准的证明文件、出厂合格证；

（五）消防设施、电气防火技术检测合格证明文件；

（六）施工、工程监理、检测单位的合法身份证明和资质等级证明文件；

（七）其他依法需要提供的材料。

第二十二条 公安机关消防机构应当自受理消防验收申请之日起二十日内组织消防验收，并出具消防验收意见。

第二十三条　公安机关消防机构对申报消防验收的建设工程，应当依照建设工程消防验收评定标准对已经消防设计审核合格的内容组织消防验收。

对综合评定结论为合格的建设工程，公安机关消防机构应当出具消防验收合格意见；对综合评定结论为不合格的，应当出具消防验收不合格意见，并说明理由。

第二十四条　对通过消防设计审核的高层建筑、地下工程，以及采用新技术、新工艺、新材料的建设工程，公安机关消防机构应当重点进行监督检查，督促施工单位落实工程建设消防安全和质量责任。

第四章 消防设计和竣工验收的备案抽查

第二十五条　对本规定第十三条、第十四条规定以外的建设工程，建设单位应当在取得施工许可、工程竣工验收合格之日起七日内，通过省级公安机关消防机构网站的消防设计和竣工验收备案受理系统进行消防设计、竣工验收备案，或者报送纸质备案表由公安机关消防机构录入消防设计和竣工验收备案受理系统。

第二十六条　公安机关消防机构收到消防设计、竣工验收备案后，应当出具备案凭证，并通过消防设计和竣工验收备案受理系统中预设的抽查程序，随机确定抽查对象；被抽查到的建设单位应当在收到备案凭证之日起五日内按照备案项目向公安机关消防机构提供本规定第十五条或者第二十一条规定的材料。

公安机关消防机构应当在收到消防设计、竣工验收备案材料之日起三十日内，依照消防法规和国家工程建设消防技术标准强制性要求完成图纸检查，或者按照建设工程消防验收评定标准完成工程检查，制作检查记录。检查结果应当在消防设计和竣工验收备案受理系统中公告。

第二十七条　公安机关消防机构发现消防设计不合格的，应当在五日内书面通知建设单位改正；已经开始施工的，同时责令停止施工。

建设单位收到通知后，应当停止施工，对消防设计组织修改后送公安机关消防机构复查。经复查，对消防设计符合国家工程建设消防技术标准强制性要求的，公安机关消防机构应当出具书面复查意见，告知建设单位恢复施工。

第二十八条　公安机关消防机构实施竣工验收抽查时，发现有违反消防法规和国家工程建设消防技术标准强制性要求或者降低消防施工质量的，应当在五日内书面通知建设单位改正。

建设单位收到通知后，应当停止使用，组织整改后向公安机关消防机构申请复查。经复查符合要求的，公安机关消防机构应当出具书面复查意见，告知建设单位恢复使用。

第二十九条　建设工程的消防设计、竣工验收未依法报公安机关消防机构备案的，公安机关消防机构应当依法处罚，责令建设单位在五日内备案，并纳入抽查范围；对逾期不备案的，公安机关消防机构应当在备案期限届满之日起五日内通知建设单位，责令其停止施工、使用。

(二) 建设工程消防设计文件申报要求

本要求依据《建设工程消防监督管理规定》，参照《建筑工程设计文件编制深度规定》制定。建设单位依法申报建设工程消防设计审核和备案所提供的消防设计文件应当符合本要求。

1. 一般要求

（1）消防设计文件应当包括设计说明书，有关专业的设计图纸，主要消防设备、消防产品及有防火性能要求的建筑构件、建筑材料表，重点反映依照国家工程建设消防技术标准强制性要求设计的内容。

（2）消防设计文件应当按照下列顺序编排：

1）封面：项目名称、设计单位、日期。

2）扉页：设计单位法定代表人、技术总负责人、项目总负责人和各专业负责人的姓名，并经上述人员签署或授权盖章。

3）设计文件目录。

4）设计说明书。

5）设计图纸。

2. 新建、扩建工程消防设计文件申报内容

设计说明书：

（1）工程设计依据。包括政府有关主管部门的批文，设计所执行的主要法规和所采用的主要标准（包括标准的名称、编号、年号和版本号），有关部门对本工程批准的规划许可技术条件，建设单位提供的有关使用要求或生产工艺等资料。

（2）建设规模和设计范围。包括工程的设计规模及项目组成，分期建设内容和对续建、扩建的设想及相关措施，承担的设计范围与分工。

（3）总指标。包括能反映建筑规模的总建筑面积、建筑占地面积、建筑高度以及剧院、体育场馆等场所的座位数、车库的停车位数量，厂房、仓库等的火灾危险性类别等。

（4）采用新技术、新材料、新设备和新结构的情况。

（5）具有特殊火灾危险性的消防设计和需要设计审批时解决或确定的问题。

（6）总平面。包括场地所在地的名称及位置，场地内原有建筑物、构筑物以及保留、拆除的情况，建筑物、构筑物满足防火间距的情况，功能分区，竖向布置方式（平坡式或台阶式），人流和车流的组织、出入口、停车场（库）的布置及停车数量的确定，消防车道及高层建筑消防扑救场地的布置，道路主要的设计技术条件。

（7）建筑、结构。包括建筑面积、建筑层数、层高和总高，建筑防火类别、耐火等级和结构选型，建筑物构件的构造及燃烧性能、耐火极限，建筑物使用功能和工艺要求，建筑的功能分区、平面布局、立面造型及与周围环境的关系，建筑的安全疏散、消防电梯以及交通组织、垂直交通设施的布局，防火防烟分区的划分等。

（8）建筑电气

1）消防电源、配电线路及电器装置。包括消防电源供电负荷等级确定、消防用电设备的配电线路选择及敷设方式、备用电源性能要求及启动方式；变、配、发电站的位置、数量、容量及设备技术条件和选型要求；消防技术标准有要求的导线、电缆、母干线的材质、型号和敷设方式，以及配电设备、灯具的选型、安装方式；消防应急照明的照度值、电源型式、灯具配置、线路选择及敷设方式、控制方式、持续时间；消防疏散指示标志的设置部位、照度、供电时间等。

2）火灾自动报警系统和消防控制室。包括保护等级的确定及系统组成，消防控制室位置的确定，火灾探测器、报警控制器、手动报警按钮、控制台（柜）等设备的选择，火灾报警与消防联动控制要求；控制逻辑关系及控制显示要求；概述火灾应急广播、火灾警报装置

及消防通信，概述电气火灾报警，消防主电源、备用电源供给方式，接地及接地电阻要求，传输、控制线缆选择及敷设要求，应急照明的联动控制方式等；当有智能化系统集成要求时，应说明火灾自动报警系统与其他子系统的接口方式及联动关系。

（9）消防给水和灭火设施

1）消防水源。由市政管网供水时，应说明供水干管方位、接管管径及根数、能提供的水压；采用天然水源时，应说明水源的水质及供水能力、取水设施；采用消防水池供水时，应说明消防水池的设置位置，有效容量及补水量的确定，取水设施及其技术保障措施。

2）消防水泵房。包括设置位置、结构形式、耐火等级、设备选型、数量、主要性能参数、运行要求。

3）室外消防给水系统。包括室外消防用水量标准及一次灭火用水量、总用水量的确定，室外消防给水管道及室外消火栓的布置，系统供水方式、设备选型及控制方式。

4）室内消火栓系统。包括室内消火栓的设置场所、用水量的确定，室内消防给水管道及消火栓的布置，系统供水方式、设备选型及控制方式，消防水箱的容量、设置位置及技术保障措施。

5）灭火设施。对自动喷水灭火系统等各类自动灭火系统的设计原则、设计参数、系统组成、控制方式以及主要设备选择等予以说明。

（10）防烟排烟及暖通空调。包括设置防排烟的区域及方式，防排烟系统送风量、排烟量的确定，防排烟系统及设施配置、控制方式；暖通空调系统的防火措施。

（11）热能动力。包括室内燃料系统的种类、管路设计及敷设方式、燃气用具安装使用要求等燃料系统的设计说明；锅炉型式、规格、台数及其燃料系统等锅炉房设计说明；气体站房、柴油发电机房、气体瓶组站等其他动力站房的设计说明。

设计图纸：

（1）总平面

1）区域位置图。

2）总平面图：场地四邻原有及规划道路的位置和主要建筑物及构筑物的位置、名称，层数、间距；建筑物、构筑物的位置、名称、层数；消防车道及高层建筑消防扑救场地的布置等。

（2）建筑、结构

1）平面图：主要结构和建筑构配件，平面布置，房间功能和面积，安全疏散楼梯、走道，消防电梯，平面或空间的防火、防烟分区面积、分隔位置和分隔物。

2）立面图：立面外轮廓及主要结构和建筑构件的可见部分；屋顶及屋顶高耸物、檐口（女儿墙）、室外地面等主要标高或高度。

3）剖面图：应准确、清楚地标示内外空间比较复杂的部位（如中庭与邻近的楼层或错层部位）；各层楼地面和室外标高，以及室外地面至建筑檐口或女儿墙顶的总高度，各楼层之间尺寸及其他必需的尺寸等。

（3）建筑电气

1）消防控制室位置平面图。

2）火灾自动报警系统图，各层报警系统设置平面图。

（4）消防给水和灭火设施

1）消防给水总平面图。

2）各消防给水系统的系统图，平面布置图。

3）消防水池和消防水泵房平面图。

4）其他灭火系统的系统图及平面布置图。

（5）防烟排烟及暖通空调

1）防烟系统的系统图、平面布置图。

2）排烟系统的系统图、平面布置图。

（6）热能动力

1）锅炉房设备平面布置图。

2）其他动力站房平面布置图。

3. 改建、内装修工程消防设计文件申报内容

设计说明书：

（1）工程设计依据。包括设计所执行的主要法规和所采用的主要标准（包括标准的名称、编号、年号和版本号），建设单位提供的有关使用要求或生产工艺等资料。

（2）建设规模和设计范围。包括工程的设计规模及项目组成，承担的设计范围与分工。

（3）改建或装修设计的面积等指标。

（4）工程原已设置（或新增）的主要消防设备、消防产品及有防火性能要求的建筑构件、建筑材料等。

（5）采用新技术、新材料、新设备和新结构的情况。

（6）具有特殊火灾危险性的消防设计和需要设计审批时解决或确定的问题。

（7）装修专业。包括原工程用途、分类和耐火等级等概况以及本工程概况；本工程使用功能和工艺要求、功能分区、平面布局以及对原工程改建情况；装修各部位采用的装修材料燃烧性能等级，除用文字说明以外亦可用表格形式表达。

装修专业设计图纸

（1）建筑平面图：原工程总平面图和平面图；本工程平面图，平面或空间的防火、防烟分区面积，分隔位置和分隔物。

（2）装修图纸：应体现工程各部位顶棚、墙面、地面、隔断的装修材料以及固定家具、装饰织物、其他装饰材料的选用，可采用平面图、立面图、剖面图和节点详图表示。

四、绿化工程审核报审材料（扩初）

（1）工程位置关系示意图。

（2）总平面图。

（3）绿地分布图（1/200 或 1/500；建设用地范围较大的可用 1/1000）：用地红线、绿地范围线、需保护树木的准确树位、建筑物悬挑部分投影线、图例、准确计算绿地指标在内的技术经济统计表、周边环境、建筑层数、地下室和其他地下设施范围，并加盖建设单位和设计单位公章。

（4）交通组织图。

（5）首层平面图。

（6）地下一层平面图。

（7）剖面图。

（8）地下管网综合图。

（9）规划局拨地图（或设计范围图）。

（10）规划局审定盖章的总平面图。

（11）设计说明材料。

（12）工程项目的有关批准文件、规划设计条件通知书和审定设计方案通知书。

（13）古树名木及大树（应按规定保护）的位置及与建筑的关系图、统计资料和与工程相关需要移伐树木的数量、树种、规格及现状位置图。

（14）其他有关图纸材料等。

五、交通工程审核报审材料（扩初）

1. 总平面交通组织流线分析图，须标示拟建项目内外部各单项交通的组织流线——机动车流线、非机动车流线、行人流线、项目内部道路宽度、各对外交通出入口的宽度。

2. 项目外部四至范围的道路红线、横断面。

3. 主要技术经济指标：包括占地面积、总建筑面积（地上、地下分列）及面积分配明细、绿化率、机动车停车数量（地上、地下、机械）、非机动车停车数量等交通组织设计的文字说明。

4. 区域路网规划图（在上面标注建设项目的地理位置）。

5. 首层和标准层平面图。

6. 地下各层平面图纸、停车库坡道详图。

7. 建筑结构剖面图及立面图。

8. 住宅项目须提交户型图及户型面积明细列表。

9. 报审图纸目录。

10. 全套图纸的 CAD 光盘电子文件。

上述资料须折叠成 A4 制式，以散图形式装入"城市建设档案"盒。

初步设计经政府有关部门及业主审批通过后，方可进行下一个设计阶段——施工图设计。

六、施工图审查报审材料

建筑工程施工图设计文件审查报审表

工程名称						
建设地址				工程概算		万元
建设单位			联系人		电话	
总建筑面积	m²	建筑高度	m	结构类型		
设计起止日期		年　月起至　年　月止		工程设计号		
工程项目负责人及注册号				设备专业负责人		
建筑专业负责人及注册号				电气专业负责人		
结构专业负责人及注册号				动力专业负责人		

序号	资料名称	份数	备注
1	建设工程规划许可证（含附件、附图）（复印件）	1	与施工图内容一致
2	设计单位资质证书（复印件）	1	请注明单位所在地
3	消防审批意见书（复印件）	1	

（续）

序号	资 料 名 称	份数	备 注
4	设计方案招标投标备案表（复印件）	1	如未进行招标应由主管部门出具书面意见
5	人防审批意见书、通知单或易地建设文件（复印件）	1	
6	岩土工程勘察报告（详勘）岩土工程勘察报告审查批准通知书及报告（复印件）	1	审查结束勘察报告返回
7	居住建筑：建筑物耗热量指标计算表 公共建筑：节能设计计算表	1	节能表上应按规定签字并盖节能章
8	总平面布置图（盖图纸报审专用章，注册建筑师章，注册结构工程师章，民用建筑加盖节能章）	1	
9	超限高层结构抗震设防审查意见书（复印件）	1	仅超限高层
10	结构计算书（机算部分注明软件名称，版本号，盖注册结构工程师章）	1	审查结束原件返回
11	全套施工图（分专业装订成大本） （1）建筑图（含总平面布置图） （2）结构图 （3）给水排水图 （4）暖通空调图（动力图） （5）强弱电图	3	审查合格后审查单位在每张图上盖章后返回（应将其中一份图交设计单位归档）；供销售项目的建筑图为5套
12	本报审表	3	建设单位盖章
送审图纸要求	1. 总平面图及各专业图纸目录、总说明和主要平面图须盖本年度设计单位图纸报审专用章 2. 注册师本人应按照注册执业规定在图上盖章签字。注册建筑师、结构师章号应与设计单位报审专用章上的证书编号相符 3. 民用建筑的建筑、暖通专业的主要平面图上盖节能章 4. 各专业图应有其他专业负责人在会签栏上签字 5. 送审的施工图设计文件应满足编制深度要求		

注：有的省市要求电子资料等按当地要求增补。

（一）建筑工程施工图设计文件审查报审资料

1. 规划管理部门核发的《建设工程规划许可证》及附件、附图，规划意见书。

2. 有关部门对勘察报告、消防、人防的审查批准通知书或专项审批意见书。

3. 初审时提供一套完整的施工图（建筑专业须在图纸目录、总图、总说明盖图纸报审专用章、注册建筑师章；居住建筑和公共建筑的建筑、暖通图加盖节能章；结构专业须在图纸目录、说明盖图纸报审专用章、注册结构工程师章；水、暖、电专业在图纸目录、说明盖图纸报审专用章）。一张该项目建筑总平面布置图（盖图纸报审专用章、注册建筑师章、注册结构工程师章，居住建筑和公共建筑加盖节能章）。

4. 注明计算软件名称与版本的结构专业计算书一套。

5. 岩土工程勘察报告（详勘）。

6. 节能计算资料。

7. 设计方案招投标备案表(复印件)。

8. 审查需要提供的其他资料(根据工程的具体情况定)。

(二) 修改图纸及送复审报审资料

1. 如审查意见涉及建设单位的决策或涉及勘察报告时，设计单位拿到审查意见后，应将此类问题提请建设单位或勘察单位解决后再修改图纸。

2. 修改图纸如不改变图号，目录可不必修改。如改变图号、版本号，或增加设计文件，或改变图纸编排顺序，则应修改图纸目录。

3. 如用其他设计变更文件修改图纸，包括洽商、设计变更通知单等，须具体说明变更情况，包括绘制必要的图纸。所有设计变更文件均必须每页1个编号，并且列入图纸目录，此时应修改图纸目录。

4. 所有修改图纸及设计变更文件，必须有设计、校对、专业负责人和设计总负责人等4个岗位责任人签字，并按规定盖章。

5. 盖章要求如下：

(1) 各专业图纸目录、设计说明和总平面图应盖由省、自治区、直辖市勘察设计管理部门颁发的设计单位图纸报审专用章，居住建筑和公共建筑的建筑与暖通图加盖节能章。

(2) 建筑图纸或设计变更文件加盖注册建筑师章。

(3) 结构图纸或设计变更文件加盖注册结构工程师章。

6. 复审时送修改后的建筑专业设计图(含总平面布置图)和设计变更文件三份(供销售的建设项目为五份)，其他专业设计图和设计变更文件3份(均包括初审合格图纸)。如总平面图修改，另送1份。

7. 复审须送设计单位对审查意见书的回复意见一份，请设计单位对审查意见逐条说明修改情况。如按审查意见修改了原图，应回答"已修改，见×××图"。如按审查意见修改图纸时，增加了设计文件或改变图纸编排次序，请在回复意见中说明变更情况。如不按审查意见修改或部分修改，请阐明理由和根据，包括反对意见、政府部门对某些政策性问题的指示等。当政府部门有特殊批示时，复审时应提交批示的复印件。

8. 设计单位对审查意见书的回复意见书应盖设计单位报审章，并由修改施工图的设计人员签字和盖执业资格章。

附录B　常用规范、标准目录

一、规范性资料（注意随规范更新）

1. 工程建设标准强制性条文［房屋建筑部分］2009 年版
2. 《规划、建筑、景观》全国民用建筑工程设计技术措施 2009
3. 《防空地下室》全国民用建筑工程设计技术措施 2009
4. 《节能专篇》全国民用建筑工程设计技术措施 2007

二、制图标准

1. GB/T 50001—2010《房屋建筑制图统一标准》
2. GB/T 50103—2010《总图制图标准》
3. GB/T 50104—2010《建筑制图标准》
4. GB/T 10609—2009《技术制图 复制图的折叠方法》

三、建筑通用规范

（一）常用规范

1. 《建筑工程设计文件编制深度规定》(2008 年版)
2. GB 50352—2005《民用建筑设计通则》
3. GB/T 50378—2006《绿色建筑评价标准》
4. GB/T 50353—2005《建筑工程建筑面积计算规范》
5. JGJ 50—2001《城市道路和建筑物无障碍设计规范》
6. GB/T 50326—2006《建设工程项目管理规范》
7. GB/T 50504—2009《民用建筑设计术语标准》

（二）防火规范

1. 《建筑设计防火规范》GB 500＊＊—201＊（2010 年 11 月 25 日送审稿初稿）
2. GB 50222—1995《建筑内部装修设计防火规范》（2001 年修订版）
3. GB 50098—2009《人民防空工程设计防火规范》
4. GB 50067—1997《汽车库、修车库、停车场设计防火规范》
5. GB 8624—2006《建筑材料及制品燃烧性能分级》
6. GB12955—2008《防火门》
7. GB16809—2008《防火窗》
8. CECS154：2003《建筑防火封堵应用技术规程》
9. CECS 200：2006《建筑钢结构防火技术规范》

（三）构造规范

1. GB 50574—2010《墙体材料应用统一技术规范》
2. GB 50037—1996《建筑地面设计规范》
3. GB 50108—2008《地下工程防水技术规范》
4. GB 50345—2004《屋面工程技术规范》

5. JGJ155—2007《种植屋面工程技术规程》

6. JGJ102—2003 J280—2003《玻璃幕墙工程技术规范》

7. JGJ 133—2001 J133—2001《金属与石材幕墙工程技术规范》

8. GB/T 21086—2007《建筑幕墙》

9. JGJT 172—2009《建筑陶瓷薄板应用技术规程》

10. JGJ/T 14—2004《混凝土小型空心砌块建筑技术规程》

11. JGJ/T 157—2008《建筑轻质条板隔墙技术规程》

12. JGJ 103—2008《塑料门窗工程技术规程》

13. JGJ 169—2009《清水混凝土应用技术规程》

14. JGJT 175—2009《自流平地面工程技术规程》

15. JGJT 223—2010《预拌砂浆应用技术规程》

16. CECS 195—2006《聚合物水泥、渗透结晶型防水材料应用技术规程》

17. GB 50404—2007《硬泡聚氨酯保温防水工程技术规范》

18. CECS 196：2006《建筑室内防水工程技术规程》

19. CECS 255：2009《建筑室内吊顶工程技术规程》

20. CECS 218：2007《水景喷泉工程技术规程》

21. CECS 211：2006《自动门应用技术规程》

22. DB11T 521—2007《建筑装饰工程石材应用技术规程》（北京市地方标准）

23. Q/QTJ001—2008《FTC自调温相变蓄能建筑材料应用技术规程》（天津市地方标准）

（四）节能规范

1.《民用建筑节能条例》（中华人民共和国国务院令第530号自2008年10月1日起施行）

2.《民用建筑节能管理规定》（建设部令第143号自2006年1月1日起施行）

3. GB 50178—1993《建筑气候区划标准》

4. GB 50189—2005《公共建筑节能设计标准》

5. GB 50176—1993《民用建筑热工设计规范》（正在修编）

6. JGJ26—2010《严寒和寒冷地区居住建筑节能设计标准》备案号 J997—2010

7. JGJ134—2010《夏热冬冷地区居住建筑节能设计标准》备案号 J995—2010

8. JGJ75—2003《夏热冬暖地区居住建筑节能设计标准》（正在修编）

9. JGJ129—2000《既有采暖居住建筑节能改造技术规程》

10. JGJ144—2004《外墙外保温工程技术规程》（正在修编，已有 JGJ144—2008 征求意见稿）

11. GB 50034—2004《建筑照明设计标准》（正在修编）

12. GB 50364—2005《民用建筑太阳能热水系统应用技术规范》

13. JGJ203—2010《民用建筑太阳能光伏系统应用技术规范》

14. GB 50411—2007《建筑节能工程施工质量验收规范》

15. JGJ/T 132—2009《居住建筑节能检测标准》备案号 J85—2009

16. JGJ 176—2009《公共建筑节能改造技术规范》备案号 J885—2009

17. CQC3118—2010《建筑门窗节能认证技术规范》

（五）环保规范

1. GB 50325—2010《民用建筑工程室内环境污染控制规范》

2. GB 18580—2001《室内装饰装修材料人造板及其制品中甲醛释放限量》

3. GB 18581—2009《室内装饰装修材料溶剂型木器涂料中有害物质限量》

4. GB 18582—2008《室内装饰装修材料 内墙涂料中有害物质限量》

5. GB 18583—2008《室内装饰装修材料 胶粘剂中有害物质限量》

6. GB 18584—2001《室内装饰装修材料 木家具中有害物质限量》

7. GB 18585—2001《室内装饰装修材料 壁纸中有害物质限量》

8. GB 18586—2001《室内装饰装修材料聚氯乙烯卷材地板中有害物质限量》

9. GB 18587—2001《室内装饰装修材料地毯、地毯衬垫及地毯用胶粘剂中有害物质释放限量》

10. GB 18588—2001《混凝土外加剂中释放氨限量》

11. GB 24410—2009《室内装饰装修材料 水性木器涂料中有害物质限量》

12. JC 1066—2008《建筑防水涂料中有害物质限量》

13. GB 6566—2010《建筑材料放射性核素限量》

14. GB T18883—2002《室内空气质量标准》

15. GB 3096—2008《声环境质量标准》

16. HJ2[1].4—2009《环境影响评价技术导则_声环境》

17. GB/T 50121—2005《建筑隔声评价标准》

18. GB 50118—2010《民用建筑隔声设计规范》

19. HJ 554—2010《饮食业环境保护技术规范》

20. GB 50463—2008《隔振设计规范》

21. GB 50400—2006《建筑与小区雨水利用工程技术规范》

（六）安防规范

1. GA 27—2002《文物系统博物馆风险等级和安全防护级别的规定》

2. GA 38—2004《银行营业场所风险等级和防护级别的规定》

3. GB 50394—2007《入侵报警系统工程设计规范》

4. GB 50395—2007《视频安防监控系统工程设计规范》

5. GB 50396—2007《出入口控制系统工程设计规范》

（七）建筑材料、构配件

1. JGJ /T191—2009《建筑材料术语标准》备案号 J996—2009

2. JGJ133—2009 J255—2009《建筑玻璃应用技术规程》

3. GB 157631.—2009《建筑用安全玻璃 第1部分：防火玻璃》

4. GB 15763.2—2005《建筑用安全玻璃 第2部分：钢化玻璃》

5. GB 15763.3—2009《建筑用安全玻璃 第3部分：夹层玻璃》

6. GB 15763.4—2009《建筑用安全玻璃 第2部分：均质钢化玻璃》

7. GB/T 11944—2002《中空玻璃》

8. JG/T 231—2007《建筑玻璃采光顶》

9. GB/T 8478—2008《铝合金门窗》

10. JG/T 207—2007《钢塑共挤门窗》

11. JGT 177—2005《自动门》

12. GB 17565—2007《防盗安全门通用技术条件》

13. JG 189—2006《电动采光排烟天窗》

14. JGT 233—2008《建筑门窗用通风器》

15. GB/T 7106—2008《建筑外门窗气密、水密、抗风压性能分级及检测方法》

16. GB/T 8484—2008《建筑外门窗保温性能分级及检测方法》

17. GB/T11976—2002《建筑外窗采光性能分级及检测方法》

18. GB/T 8485—2008《建筑门窗空气声隔声性能分级及检测方法》

19. LYT 1923—2010《室内木质门》

20. GB/T11228—2008《住宅厨房及相关设备基本参数》

21. GB/T11977—2008《住宅卫生间及相关设备基本参数》

22. JCT 854—2008《玻璃纤维增强水泥排气管道》

23. JGT 184—2006《住宅整体厨房》

24. JGT 183—2006《住宅整体卫浴间》

25. GBT 13095—2008《整体浴室》

26. GB/T 7025.1—2008《电梯主参数及轿厢、井道、机房的型式与尺寸 第1部分：Ⅱ、Ⅲ、Ⅵ类电梯》

27. GB/T 7025.2—2008《电梯主参数及轿厢、井道、机房的型式与尺寸 第2部分：Ⅳ类电梯》

28. GB/T 7025.3—1997《电梯主参数及轿厢、井道、机房的型式与尺寸 第3部分：Ⅳ类电梯》

29. JG5071—1996《液压电梯》

30. GB 16899—1997《自动扶梯和自动人行道的制造与安装安全规范》

31. GB 7588—2003《电梯制造与安装安全规范》

32. GB 19154—2003《擦窗机》

33. GBT 25181—2010《预拌砂浆》

34. GBT 17795—2008《建筑绝热用玻璃棉制品》

35. GBT 20473—2006《建筑保温砂浆》

36. GB 18445—2001《水泥基渗透结晶型防水材料》

37. GB 18967—2009《改性沥青聚乙烯胎防水卷材》

38. GB 21897—2008《承载防水卷材》

39. GB 23440—2009《无机防水堵漏材料》

40. GBT 20973—2007《膨润土》

41. GBT 23260—2009《带自粘层的防水卷材》

42. GBT 23445—2009《聚合物水泥防水涂料》

43. GBT 23446—2009《喷涂聚脲防水涂料》

44. GBT 23457—2009《预铺湿铺防水卷材》

45. JCT 1067—2008《坡屋面用防水材料 聚合物改性沥青防水垫层》

46. JGT 193—2006《钠基膨润土防水毯》

47. GBT 24492—2009《非承重混凝土空心砖》

48. GBT 24493—2009《装饰混凝土砖》

49. JCT 637—2009《蒸压灰砂多孔砖》

50. NY/T 671—2003《混凝土普通砖和装饰砖》

51. GBT 23451—2009《建筑用轻质隔墙条板》

52. GBT 23450—2009《建筑隔墙用保温条板》

53. GBT 23451—2009《建筑用轻质隔墙条板》

54. JGT 216—2007《小单元建筑幕墙》

55. GBT 17748—2008《建筑幕墙用铝塑复合板》

56. GBT 23443—2009《建筑装饰用铝单板》

57. GBT 22412—2008《普通装饰用铝塑复合板》

58. GBT 24137—2009《木塑装饰板》

59. GBT 24312—2009《水泥刨花板》

60. GBT 23261—2009《石材用建筑密封胶》

61. GBT 18601—2009《天然花岗石建筑板材》

62. GBT 18600—2009《天然板石》

63. GBT 23452—2009《天然砂岩建筑板材》

64. GBT 23453—2009《天然石灰石建筑板材》

65. GBT 23266—2009《陶瓷板》

66. JCT 1080—2008《干挂空心陶瓷板标准》

67. JGT 251—2009《建筑用遮阳金属百叶帘》

68. JGT 252—2009《建筑用遮阳天篷帘》

69. JGT 253—2009《建筑用曲臂遮阳篷》

70. JGT 254—2009《建筑用遮阳软卷帘》

71. JGT 255—2009《内置遮阳中空玻璃制品》

72. GBT 9779—2005《复层建筑涂料》

73. GBT 23455—2009《外墙柔性腻子》

74. JGT 157—2009《建筑外墙用腻子》

75. JGT 235—2008《建筑反射隔热涂料》

76. GBT 23444—2009《金属及金属复合材料吊顶板》

77. GBT 22083—2008《建筑胶粘剂分级和要求》

78. GB 24264—2009《饰面石材用胶粘剂》

四、居住建筑规范

1. GB 50096—1999《住宅设计规范》(2003 年版)

2. GB 50368—2005《住宅建筑规范》

3. GB/T 50340—2003《老年人居住建筑设计标准》

4. GB/T 50362—2005《住宅性能评定技术标准》

5. JGJ 47—1988《住宅建筑技术经济评价标准》

6. GB 50180—1993《城市居住区规划设计规范》(2002 年版)

7. JGJ 36—2005《宿舍建筑设计规范》

8. CECS 179—2009《健康住宅建设技术规程》

9.《CSI 住宅建设技术导则》(试行)2010 年 10 月

五、各类公共建筑规范

1. JGJ39—1987《托儿所、幼儿园建筑设计规范》

2. GBJ 99—1986《中小学校建筑设计规范》(正在修编，已有 GB50099—2008 征求意见稿)

3. JGJ 122—1999《老年人建筑设计规范》

4. JGJ41—1987《文化馆建筑设计规范》

5. JGJ38—1999《图书馆建筑设计规范》

6. JGJ25—2010《档案馆建筑设计规范》备案号 J1079—2010

7. JGJ 66—1991《博物馆建筑设计规范》

8. JGJ218—2010《展览建筑设计规范》备案号 J1081—2010

9. JGJ57—2000《剧场建筑设计规范》

10. JGJ58—2008《电影院建筑设计规范》

11. JGJ 67—2006 J556—2006《办公建筑设计规范》

12. JGJ49—1988《综合医院建筑设计规范》(正在修编，已有 2004 报批稿)

13. JGJ 40—1987《疗养院建筑设计规范》(试行)

14. JGJ62—1990《旅馆建筑设计规范》(正在修编)

15. JGJ48—1988《商店建筑设计规范》(试行)(正在修编，已有 JGJ48 – 201X 征求意见稿)

16. JGJ 64—1989《饮食建筑设计规范》

17. JGJ 60—1999《汽车客运站建筑设计规范》

18. JGJ 86—1992《港口客运站建筑设计规范》

19. GB50226—2007《铁路旅客车站建筑设计规范》

20. GB 50091—2006《铁路车站及枢纽设计规范》

21. CJJ 15—1987《城市公共交通站、场、厂设计规范》

22. CJJ 14—2005《城市公共厕所设计标准》

23. JGJ100—1998《汽车库建筑设计规范》

24. JGJ 124—1999《殡仪馆建筑设计规范》

25. GB 50285—1998《调幅收音台和调频电视转播台与公路的防护间距标准》(2008)

26. JGJ 76—2003《特殊教育学校建筑设计规范》

27. GB 50346—2004《生物安全实验室建筑技术规范》

28. GB 50333—2002《医院洁净手术部建筑技术规范》

29. GB 50174—2008《电子信息系统机房设计规范》

30. GB 50072—2010《冷库设计规范》

31. JGJ 31—2003《体育建筑设计规范》

32. JGJ 91—1993《科学实验建筑设计规范》

33. GB 50156—2002《汽车加油加气站设计与施工规范》(2006 年版)

34. GB 50447—2008《实验动物设施建筑技术规范》

35. JGJ 156—2008《镇(乡)村文化中心建筑设计规范》

36. GB 50038—2005《人民防空地下室设计规范》

六、与建筑专业相关的结构、设备专业规范

1. GB 50086—2001《建筑结构可靠度设计统一标准》

2. GB 50007—2002《建筑地基基础设计规范》

3. GB 50009—2001《建筑结构荷载规范》(2006 年版)

4. GB 50003—2001《砌体结构设计规范》

5. GB 50011—2010《建筑抗震设计规范》

6. GB 50013—2006《室外给水设计规范》

7. GB 50014—2006《室外排水设计规范》

8. GB 50084—2001《自动喷水灭火系统设计规范》(2005 年版)

9. GB 50140—2005《建筑灭火器配置设计规范》

10. GB 50338—2003《固定消防炮灭火系统设计规范》

11. GB 50370—2005《气体灭火系统设计规范》

12. CJJ122—2008 J821—2008《游泳池给水排水工程技术规程》

13. GB—T50265—2010《泵站设计规范》

14. GB 50069—2002《给水排水工程构筑物结构设计规范》

15. GB 50019—2003《采暖通风与空气调节设计规范》

16. GB 50366—2005《地源热泵系统工程技术规范》

17. JGJ142—2004《地面辐射供暖技术规程》

18. GB 50029—2006《城镇燃气设计规范》

19. GB 50041—2008《锅炉房设计规范》

20. JGJ16—2008《民用建筑电气设计规范》

21. GB 50057—1994《建筑防雷设计规范》(2000 年版)

22. GB 50116—1998《火灾自动报警系统设计规范》

23. GB 50371—2006《厅堂扩声系统设计规范》

24. JGJ 153—2007《体育场馆照明设计及检测标准》

25. GB 50201—1994《防洪标准》

26. GB 50311—2007《综合布线系统工程设计规范》